化工设计

（第2版）

王彦斌　苏　琼　主编

中国科学技术出版社
·北　京·

图书在版编目（CIP）数据

化工设计 / 王彦斌，苏琼主编 . -- 2 版 . -- 北京：中国科学技术出版社，2025. 7. -- ISBN 978-7-5236-1423-5

Ⅰ. TQ02

中国国家版本馆 CIP 数据核字第 2025VR3931 号

参编人员	王成君
策划编辑	王晓义
责任编辑	李新培
封面设计	郑子玥
正文设计	中文天地
责任校对	焦　宁
责任印制	徐　飞
出　　版	中国科学技术出版社
发　　行	中国科学技术出版社有限公司
地　　址	北京市海淀区中关村南大街 16 号
邮　　编	100081
发行电话	010-62173865
传　　真	010-62173081
网　　址	http://www.cspbooks.com.cn
开　　本	787mm × 1092mm　1/16
字　　数	569 千字
印　　张	26
版　　次	2025 年 7 月第 1 版
印　　次	2025 年 7 月第 1 次印刷
印　　刷	涿州市京南印刷厂
书　　号	ISBN 978-7-5236-1423-5
定　　价	99.00 元

前 言

在化学工业蓬勃发展的当下，化工设计作为连接理论与实践、科研与生产的关键桥梁，其重要性愈发凸显。它是将抽象的化工系统（如工厂、车间或装置）的技术方案、工艺流程、生产装备等精准转化为工程语言的过程，是一门融合多学科知识的综合性学科。化工设计课程是培养学生工程能力和创新能力的核心课程之一，本教材是为化工设计课程而编写的。

教材第 1 版于 2005 年由甘肃科学技术出版社出版。第 2 版根据新工科人才培养和工程教育理念，紧跟行业发展趋势，在第 1 版教材的基础上，结合编者多年来在化工设计领域的教学心得、工程实践及指导毕业设计、全国大学生化工设计大赛等的经验，修订成书。从章节架构上，合并了第 1 版第四章和第七章，增加了第九章、第十章和第十一章，融入了计算机辅助设计在化工设计中的应用实例，每章后面补充了思考与练习题。利用 Aspen Plus、ProMax、Pdmax 等主流流程模拟和三维设计软件，对工艺过程进行物料衡算、能量衡算，优化全厂换热网络，对主要设备进行详细选型与工艺计算，使学生能够熟练掌握现代化工设计工具，提升实际工程设计能力。为促进课程思政与专业课程的融合，第 2 版还增加了工程伦理、化工节能新技术和新设备、经济技术指标等内容。

第 2 版以工艺设计为主线，层层递进，脉络清晰，系统且完整地阐述了化工设计的基本程序、核心内容与实用方法，对工艺流程设计、设备布置设计及管道布置设计等关键环节进行重点剖析，详细讲解其原则与实施路径。同时，规范且翔实地介绍了化工图样的表示方法，确保学生能够准确理解和运用工程绘图语言。在内容编排上，力求系统性与实用性兼具，所采用的代号、符号、图纸等严格遵循最新国家标准与行业标准。

在使用第 2 版进行教学时，教师可根据实际教学情况和学生专业特点，对各章节的授课课时进行灵活安排。建议总授课课时在 32~90 学时，具体分配可根据课程重点和学生需求进行调整。

本书由长期投身化工设计教学的教师编写：第一章、第二章、第三章、第四章由西北民族大学王彦斌编写，第五章、第六章、第七章、第八章由西北民族大学苏琼编写，第九章、第十章、第十一章由西北民族大学王成君编写。本书由苏琼拟定大纲、组织编写，并审定书稿。在编写过程中，团队广泛调研、充分研讨，参考大量前沿文献与实际工程案例，数易其稿。但限于编者水平，书中难免存在不足之处，恳请批评指正，以便再次修订时完善。

资助项目

化学工程与工艺省级高水平“四新”建设专业（2024SJSXZY-02）；

化学工艺学省级教学团队（2024SJJXTD-17）；

化学工程与工艺省级课程思政示范专业（2021GSKCSZZY-01）；

教育部产学合作协同育人项目“四新”建设背景下专创融合创新创业人才培养提升工程（220505877264319）；

西北民族大学有机化学创新团队（1001660139）、生物质复合材料化学创新团队（1001660141）。

目录

第一章　化工设计概述

化工设计是化学工业建设的核心环节，对工程项目的成败具有关键性影响。化学工业是国民经济建设和发展的生力军，国家每年都有数万亿元人民币的投资项目。这些项目设计水平的优劣决定着中国工业的现代化程度和经济的发展水平。设计是关键实践环节，是现代科技成果转化为生产力的重要纽带和桥梁，任何先进的科技成果，都必须通过科学的设计才能付诸实施，才能达到工艺上可靠、经济上合理、技术上先进、符合安全卫生条例和环境规范、生产中便于操作等要求，才能和国际接轨，使产品走向世界。

在现代科学技术日新月异的今天，化工设计显得尤为重要。它不仅需要继承传统的设计方法，同时必须采用现代的设计手段，处理来自方方面面的庞杂信息，避免各种人为因素的干扰，提出更加科学合理的优化设计方案。

第一节　化工设计的分类

化工设计可根据项目性质分类，也可按设计性质分类。

一、根据项目性质分类

（一）新建项目设计

新建项目设计包括新产品设计和采用新工艺或新技术产品的设计。这类设计一般是由开发研究单位提供基础设计，然后由工程研究部门根据建厂地区的实际情况做出工程设计。

（二）重复建设项目设计

由于市场需求，有些产品需要再建生产线。由于新建厂的某些具体条件与原厂不同，即使产品的规模、规格、生产工艺等因素完全相同，但仍需要设计部门重新进行设计。

（三）已有装置的改造设计

一些老的产品，当质量和产量均不能满足客户要求，或者由于技术原因，原材料和能量消耗过高，导致产品成本偏高而缺乏市场竞争力时，必须进行改造。即通过过程分析，消除影响产品产量和质量的因素，优化生产过程操作控制，改革设备结构，优化设备尺寸，提高原材料、能量的综合利用率，更新局部工艺和设备。该类设计往往由生产企业自行设计解决。

二、根据设计性质分类

一个新产品或一项新技术从试验研究开始到进行工厂或装置的建设，整个阶段一般需要2大类设计：新技术开发过程设计和工程设计。

（一）新技术开发过程中的设计

化工新技术开发过程中要进行概念设计、中试设计和基础设计3种设计。这一类设计由研究单位的工程开发部门负责进行。若研究单位设计力量不足，可委托设计单位或与设计单位合作进行。

1. 概念设计

概念设计是参照常规工程设计的方法和步骤进行的一种假想设计。概念设计是基础研究结束后，以未来工业化时的最佳规模作为概念设计的规模，设计工艺流程，进行全系统的物料衡算、热量衡算和设备工艺计算，确定工艺操作条件及主要设备材质和型号，确定“三废”治理措施，并对基建投资、产品成本等主要技术经济指标进行核算。

通过概念设计一方面可及早发现基础研究中存在的问题和不足之处，并提出解决问题的途径和方案；另一方面通过技术经济评价，可得出开发的新产品或新技术是否有工业化价值。

2. 中试设计

中试设计是对概念设计中的一些结果和设想的验证。中试设计的流程和设备结构形式不一定与工业装置完全相同，但本质上必须反映工业装置的特性和规律，能得到基础设计所需要的全部数据，使工业装置投产时不会出现没有预料到的问题。中试设计的试验项目和规模由概念设计确定。中试设计的内容基本上和工程设计相同，但由于规模较小，一般不画出管道、仪表、管架等安装图纸。

3. 基础设计

基础设计是新技术开发的最终成果。内容包括将要建设的生产装置的一切技术要点。基础设计必须详细说明工业生产过程、工艺特点、反应原理、工艺参数、操作条件，包括化学工程数据、反应工程数据及利用这些数据进行设计计算的结果，提出管道流程和控制方案。基础设计中还要运用系统工程理论和计算机模拟技术对工艺流程和工艺参数进行优化，从而降低定额、产品成本及项目投资，提高项目的经济效益，其中对关键技术要有详细的技术说明和数据。基础设计是工程设计的依据。工程设计单位根据基础设计，再结合建厂地区的具体条件即可进行完整的工程设计。

（二）工程设计

工程设计根据工程的重要性、工程规模的大小、技术的复杂程度和成熟程度及计划任务书要求分为一段设计、二段设计和三段设计。这类设计由设计单位负责进行。一段设计指对那些技术上比较简单、规模较小的工厂或车间的设计，可直接进行施工图设计，即一次完成设计。技术上比较成熟的大中型工厂或车间的设计，为了简化设计步骤，缩短设计时间，可按扩大初步设计和施工图设计 2 个阶段进行。而重要的大型企业或重大工程项目，技术要求严格，工艺流程复杂，为了保证设计质量，通常分 3 个阶段进行设计，即初步设计、扩大初步设计和施工图设计。

1. 初步设计

初步设计阶段应根据设计任务书，对设计对象进行全面的研究，寻求技术先进、经济合理、安全适用、“三废”治理完善的设计方案，主要确定全厂的设计原则、标准、方案和水、电、汽的供应方式和用量，关键设备的造型及产品成本，“三废”治理，项目投资等的最佳方案。初步设计的内容一般包括以下 9 个方面。

（1）总论，包括设计的依据、指导思想和建设规模。

（2）工艺设计，包括原料、燃料、动力用量的来源、工艺流程、设备型号、配置及新技术的采用情况。

（3）建筑设计，包括主要建筑物的设计及占地面积和土地利用情况。

（4）公用工程设计，包括公用和辅助工程的实施。

（5）生活福利设施设计，包括生活福利区建设、抗震、人防措施的设计。

（6）总图，厂址选择、厂区及周边总平面布置图、竖向布置。

（7）运输，主要是道路交通设计和产品运输方案等。

（8）各项技术经济指标。

（9）其他，包括外部协作条件、生产组织和劳动定员。

初步设计阶段应编写初步设计说明书，作为此设计阶段的设计成品。

2. 扩大初步设计

根据已批准的初步设计，解决初步设计中的主要技术问题，使之更明确、更具体。准确程度必须能满足控制投资或报价使用的工程概算。

例如，工艺部分应有工艺流程图及工艺流程说明、物料流程图和物料表、管道流程图、各车间主要设备的选择说明和计算依据、较为详细的车间平面布置图、设备一览表等；建筑部分要说明采用的建筑结构、基础工程和施工条件等基本的技术要求。

扩大初步设计阶段应编写扩大初步设计说明书及工程概算书。

3. 施工图设计

根据已批准的扩大初步设计，结合建厂地区条件，在满足安全、进度及建筑工程施工、设备管道安装、设备的制作及自动控制工程等建设造价的要求下进行施工图设计，即根据建筑施工、设备制造及安装工程的需要将初步设计中确定的设计原则和设计方案进一步具体化。它是进行工程施工的依据，为施工服务。此设计阶段的设计成品包括详细的施工图纸、必要的文字说明和工程预算书。

施工图纸包括：带控制点工艺流程图，厂房平面布置图、立面布置图，设备制造图，设备安装图，管道施工图，土建施工图，供电、供热、给排水、仪表控制及电器线路安装图等。

除此之外，为了新产品、新技术的推广，或者使一些通用的建设项目设计更规范、更科学，还要进行标准设计。标准设计是工程设计标准化的重要组成部分，是经过反复实践、多次修改，最后经过鉴定并正式颁发的设计。标准设计的推行对减少设计人员的重复劳动，缩短设计周期，提高设计质量有十分重要的意义。标准设计主要分 3 大类：国家标准设计、部颁标准设计和省、市、自治区标准设计。

第二节　化工设计的工作程序

一、基本建设程序

工程项目从设想到建成投产这一阶段称为基本建设阶段，因此工程项目建设程序是指建设项目从最初的酝酿、可行性研究、决策到工程设计、组织施工、试车投产、竣工验收、交付使用的全过程中，各个时期的工作内容及其应遵循的先后次序。整个过程可以分为投资决策前时期、投资时期和生产时期 3 个时期。投资决策前时期，主要是做好技术经济分析工作，以选择最佳方案，确保项目建设顺利进行和取得最佳经济效果，大体包括机会研究或项目建议书、可行性研究、评估和决策、编制计划或技术设计任务书、扩大初步设计或总体设计、施工图设计等阶段，国内和国外稍有不同。投资时期包括谈判、订立合同、设计、施工、试运转等阶段。生产时期，是指正式投产后进行生产的阶段。

一般的化工设计的工作程序是以基础设计为依据提出项目建议书，经上级主管部门审批后对拟建项目进行可行性研究，写出可行性研究报告，报批后，编写计划任务书，进行初步设计或扩大初步设计，经上级主管部门认可后进行施工图设计。

如图 1–1 所示为中国现行的基本建设程序，如图 1–2（a）和图 1–2（b）所示分别为美国现行的基本建设程序与俄罗斯现行采用的基本建设程序（注：俄罗斯沿用苏联的基本建设程序）。

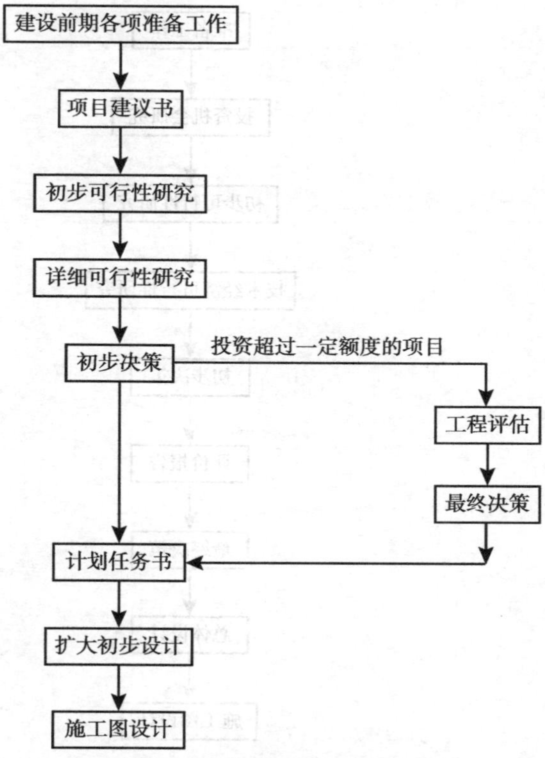

图 1–1 中国现行的基本建设程序

二、项目建议书

项目建议书是基本建设程序中最初阶段的工作，是对拟建设项目的轮廓设想。项目的主管单位根据国民经济、社会发展的长远规划和市场对产品的需求，结合资源情况和现有生产力状况，在广泛调查、收集资料、踏勘厂址、基本弄清建厂的技术经济条件后，提出具体的项目建议书，向国家或地方主管部门进行推荐。

项目建议书的具体内容如下。

（1）项目名称。

（2）项目建设的目的和意义，即提出该建设项目的背景、依据，并阐述投资的必要性和经济意义。

（3）产品供求的初步预测。

（4）产品方案和拟建规模。

（5）工艺技术初步方案（原料路线、技术来源、生产方法等）。

（6）资源及主要原材料、燃料和动力的供应。

（7）建厂条件和厂址初步方案。

（8）公用工程和辅助设施初步方案。

（9）环境保护。

（10）工厂组织和劳动定员估算。

（11）项目实施初步方案。

（12）投资估算和资金筹措方案。

（13）经济效益和社会效益的初步评价。

（14）结论和建议。

项目建议书由各部门、各地区、各企业提出，批准的项目建议书是正式开展可行性研究、编制计划任务书的依据。

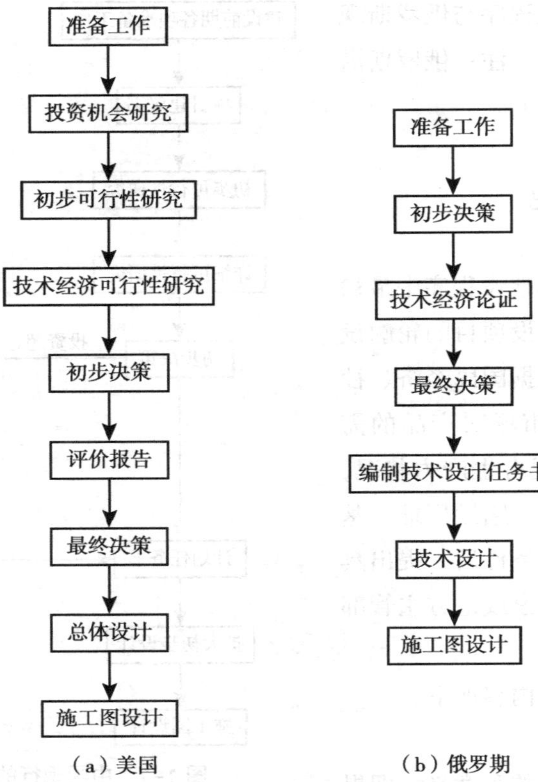

图 1-2　美国与俄罗斯现行基本建设程序

三、可行性研究

项目建议书经综合部门平衡、筛选后，要进一步做好资源的补充勘探、工程地质、水文地质勘探、地形测量、地震气象、环保资料收集、科学研究、工程工艺技术试验等工作，并按国家规定的内容对项目进行可行性研究论证，即根据国民经济长期规划和地区规划、行业规划的要求，全面分析论证建设项目在经济上是否合理，技术上是否先进，条件上是否可行，经过方案比较，选择最佳方案，编写可行性研究报告，为项目的投资决策，及编制和审批计划任务书提供科学的、可靠的、准确的依据。可行性研究是对基本建设项目的必要性和可行性进行科学的分析预测，是对项目进行深入的技术经济论证。

不同国家的可行性研究在内容上有所差异，但无论国内还是国外，可行性研究是项目建设前期的一个关键阶段，是基本建设前期工作的重要内容，是基本建设程序中的组成部分。在这一阶段，要对工程项目建设提供技术、经济、商业等方面的依据，为拟建项目选择经济合理的工艺技术路线，并对整个项目做出经济评价，保证在建设时期能最大限度地节省时间和资金，在生产经营时期获得最大的投资效果。

（一）美国与俄罗斯可行性研究

由图 1–2 可知，美国与俄罗斯可行性研究一般分为投资机会研究、初步可行性研究、可行性研究、评价与决策 4 个阶段。

1. 投资机会研究

投资机会研究即项目意向，提出工程项目投资方向的建议。一份投资机会研究报告应对几个投资机会或项目意向提出建议，即根据自然资源、市场需求、国家政策、国际贸易等方面的情况，通过调查、预测和分析研究，选择建设项目，寻找最有利的投资机会。投资机会研究的一般内容如下。

（1）自然资源情况。

（2）现有产业格局。

（3）市场供求情况。

（4）国家工业发展政策。

（5）简单经济效益和社会效益评价。

投资机会研究主要依据情报资料进行合理的估算，而不是详尽的计算。由于只是从众多投资机会中挑选有利的投资机会，以少量的花费迅速确定有关项目的投资可能性，所以投资机会研究相当粗略。

2. 初步可行性研究

初步可行性研究又称预可行性研究或可行性初步研究，是机会研究的深入，逐步明确投资决策。该研究的主要目的是分析机会、研究结论，并在详细分析资料基础上做出投资结论；确定是否有必要进行下一步的可行性研究；项目中的哪些关键性问题需要做辅助性的专题研究；该项目有无发展潜力等。项目一旦确定可进入可行性研究。

3. 可行性研究

此阶段又称详细可行性研究或最终可行性研究，是投资决策前期研究的关键阶段。主要内容如下。

（1）项目的背景和历史。

（2）市场需求预测和建设规模。

（3）资源、原材料、燃料及公用设施情况。

（4）建厂条件和厂址方案。

（5）项目的技术方案。

（6）环境保护。

（7）生产组织及劳动定员。

（8）项目实施计划及进度。

（9）经济评价。

（10）评价结论。

（二）中国的可行性研究

中国可行性研究报告的内容和深度随项目的性质、规模不同而有所差异，主要内容如下。

1. 总论

内容包括项目名称、进行可行性研究的单位、技术负责人，项目提出的背景、投资的必要性和经济意义，可行性研究编制的依据、原则、研究范围、研究的主要过程，结论概要，存在的主要问题和建议。

2. 市场预测

国内外市场情况，产品价格分析。

3. 产品的生产方案及生产规模

包括产品生产方案的选择与比较，生产规模和生产装置规模的选择，产品、中间体和副产品的品种、数量、规格及质量指标。

4. 工艺技术方案

包括工艺技术方案的选择，物料平衡，消耗定额，主要设备的选择，工艺和设备拟采用标准化的情况等内容。

5. 原材料、燃料及水、电、蒸气的来源与供应

包括主要原材料、辅助材料、燃料的种类、规格、年需用量，主要原辅材料市场分析，矿产资源的品位、成分、储量等初步情况，水电、蒸气和其他动力供应，供应方案选择、资源利用合理性分析。

6. 建厂条件和厂址选择布局方案

包括建厂条件、厂址选择、所在区域的土地利用规划情况和土地主管部门的意见。

7. 公用工程和辅助设施方案

包括总图运输、给排水、供电及电讯、供热、储运设施、维修设施、土建、人防设施、生活福利设施等。

8. 环境保护及安全、工业卫生

说明环境质量现状、执行标准，阐述项目污染物排放、治理措施与方案，开展环境影响分析并提出问题建议；明确执行标准规范，分析环境及生产中的职业安全有害因素，列安全卫生措施、监督管理、投资估算，做预期效果分析。

9. 工厂组织、劳动定员和人员培训

包括企业管理体制及组织机构设置，生产班制与人力资源配置，人员培训与安置。

10. 项目实施规划

包括项目建设的基本要求和总安排；建设阶段的划分及年度、季度进度计划；勘察、设计的周期和进度，设备订货和制造的周期和进度，工程施工周期和进度，调试、投产及生产时间等。

11. 投资估算和资金筹措

包括主体工程和辅助配套工程所需要的总投资、使用计划，生产流动资金估算，资金来源，筹措方式及贷款的偿付方式。

12. 财务、经济评价及社会效益评价

包括产品成本和费用估算，销售收入和税金估算，财务分析，改、扩建和技术改造项目财务分析特点，外商投资项目财务分析特点，境外投资项目财务分析特点，非工业类项目评价特点。

13. 结论

包括综合评价和研究报告的结论、存在问题及建议等内容。

14. 附件

包括编制可行性研究报告依据的有关文件；有关协作单位或主管部门签订的各种意向协议书或签署意见；各类审查、审批意见。

四、计划任务书

在可行性研究的基础上，按照上级审定的建设方案，落实各项建设条件和协作配合条件，审核技术经济指标，比较确定厂址，落实建设资金，编写计划任务书或设计任务书，为项目的设计提供依据。

计划任务书的主要内容如下。

（1）建设目的和依据。

（2）建设规模、产品方案或纲领、生产方法或工艺原则。

（3）矿产资源、水文地质、原材料、燃料、动力、供水、运输等协作条件。

（4）资源综合利用、环境保护、"三废"治理的要求。

（5）建设地区或地点，占用土地估算。

（6）防空、抗震的要求。

（7）建设工期。

（8）投资控制数。

（9）劳动定员控制数。

（10）要求达到的经济效益。

五、设计阶段

根据工程的重要性、技术的复杂性及计划任务书的要求选择三段设计、两段设计或一段设计。

第三节 化工设计的内容

化工设计是由工艺与非工艺各种不同专业组成的以工艺专业为主体的设计，既包括工艺的设计，设备与管路的设计，还包括土建设计，辅助设施、配套设施（如电气、供排水、通风采暖、控制、仪表等）的设计，工程概算和预算等非工艺设计项目。因此，化工设计是工艺设计人员和非工艺设计人员集体劳动的结晶，各个专业之间有着紧密的联系，同时又有不同的任务和要求。

化工设计主要包括以下内容。

（1）化工工艺设计。

（2）总图运输设计。

（3）公用工程（供电、供热、给排水、采暖通风）设计。

（4）土建设计。

（5）自动控制设计。

（6）机修、电修等辅助车间设计。

（7）外管设计。

（8）工程概算与预算。

化工工艺设计是化工设计的主体，为了使整个化工厂建设得经济合理，节省投资，首先要做好先进的化工工艺设计，为其他专业提供正确的设计条件和数据，使各个专业的要求得到合理的解决和统一，确保设计质量。此外，根据多年的设计经验提出的“四化原则”在化工设计中也可作为参考。

（1）工厂布置一体化：各生产厂房及辅助厂房尽可能布置在一起，以节省占地。

（2）生产装置露天化：化工设备尽量布置在露天，既可改善工作条件，防止有害气体积累，又可节省投资。

（3）公用工程社会化：水、电、蒸气供应，铁路进线，机修等尽量利用社会条件，协作进行。

（4）引进技术国产化：为了降低投资，锻炼国内的技术力量，在必须引进国外先进技术时，尽量利用国内的人力资源和物力资源。

第四节 化工工艺设计

一、化工工艺设计内容

化工厂的设计内容十分庞杂，但核心是化工工艺设计。工艺专业是化工设计的主体，任何化工工程的设计都是从工艺设计开始，以工艺设计结束。工艺设计决定整个设计，其他非工艺设计都建立在工艺设计的基础上，并且在整个工程设计过程中要服从工艺设计，同时工艺设计又要考虑和尊重其他各专业的特点和合理要求。

化工工艺设计的主要内容如下。

（1）原料路线和技术路线的选择。

（2）工艺流程设计。

（3）物料衡算。

（4）能量衡算。

（5）工艺设备的设计和选型。

（6）车间布置设计。

（7）化工管道设计。

（8）非工艺设计项目考虑，即由工艺设计人员提出非工艺设计项目的设计条件。

（9）编制设计文件：包括编制设计说明书、附图和附表。

在设计的不同阶段，要求进行的内容和深度各不相同，如物料衡算和能量衡算一般在初步设计阶段进行，管道设计则在施工图阶段才能进行。

工艺技术路线是指将原料加工成为产品的方法，包括工艺流程、生产方法、工艺设备和技术方案等内容。其中，生产方法、工艺流程、技术方案的确定，即方案设计决定了整个生产在技术上是否先进，经济上是否合理，是决定设计好坏的关键性因素。方案设计要考虑以下 5 个方面的问题。

（一）原料路线及生产方法的选择

一个产品的生产可以用不同的原料和不同的生产方法，原料路线的选择就是确定以什么做原料生产产品，也就是在众多不同的原料路线的备选方案中，选择一个既能满足项目的功能要求，又有实施可能性，经济效益和社会效益均佳的方案。选择原料路线主要考虑的因素如下。

（1）原料来源及纯度。原料是构成产品成本、决定产品价格的重要组成部分。新项目的上马必须保证有充足、易得、高品质、低成本的可靠的原料来源，尽可能选择当地或附近的原料，并且首先立足于国内，其次再考虑进口，以减少运输费用和货运量，只有这样才能保证工厂正常、持久地生产。原料纯度对生产也有很大的影响，如杂质会引起催化剂中毒，导致副反应的发生，收率和选择率降低等。原料质量低劣易造成产品质量差，需要对原料进行预处理，这样就会增加生产成本，降低经济效益。因此，在保证质量的前提下选用廉价的、能够可靠供应的原料。

（2）经济性。不同的原料要求采用不同的生产方法、工艺流程和化工设备，操作条件、自控要求、安全要求、燃料和动力要求及“三废”处理也各不相同。原料路线对厂址的选择、环境保护等方面也有影响。因此，原料路线的选择对项目的投资、成本、利润等均会产生决定性的影响。

（3）资源利用的合理性。任何资源都是有限的，有限的资源应尽可能获得好的经济效果。

总之，原料路线的选择应注重原材料的发展方向，采用价廉、易得、对环境影响小的原料，即原料路线应具备环保性、成本低廉等特点。原料的不同将导致产品的生产方法的差异，也将影响产品的生产成本和利润，因此要通过技术经济比较优选出生产方法。

（二）生产工艺路线的确定

在正式进行工艺流程设计前，首先必须确定化工产品生产的技术方案或工艺路线，并进行工艺路线论证，通过对各种工艺路线的全面分析对比，选择一条技术先进、经济合理、安全可靠、符合中国国情的、切实可行的工艺路线。

确定工艺路线主要考虑的因素如下。

（1）技术可行性、先进性。技术可行性是工艺路线选择的首要原则，只有经过科学试验与大生产的检验证实是可靠的技术才能选用。技术可行性可从2个方面判定：一是流程是否通畅，运转是否可靠、安全，工艺是否稳定，消耗定额、生产能力、产量、“三废”排放能否达到要求，能否生产出符合国家标准的产品；二是该技术是否与当地实际条件相符，如资金和人力资源能否承受、使用和管理。技术先进性是指采用先进工艺、先进设备，主要考虑技术经济指标优良、原材料及能源消耗少、成本低、环境优良。确定工艺技术路线必须做到可靠性和先进性的统一，选择成本低、利润高、投资少、便于控制、产品质量有保障、符合当地实际的生产方法。

（2）工艺过程所处的发展阶段。任何一个工艺过程的发展都要经历从新生期、成长期、成熟期到衰退期的过程。处于成长期的工艺过程，技术先进，并且可靠、成熟，成功的把握大，在相当长的时期能获得较稳定的经济效益，选择处于该时期的工艺过程较理想。

（3）经济合理性。工艺技术路线的经济合理性主要表现在投产后能否取得较高的经济效益，资金、原材料、公用工程和人力等能否得到经济地使用。

此外，公用工程中的水源及电力供应、环境保护、安全生产、国家有关的政策与法规在确立工艺路线时都是应该考虑的因素，各因素中任意一项未达到规定要求，均可以否决此项目的建设。

（三）生产规模的确定

生产规模的确定需要有一个理论上的核算和评价标准，该标准就是经济上最合理的规模，即企业的最优规模。在这种企业规模下，生产过程和工艺流程最合理，原材料、燃料、动力的利用率最高，生产组织和劳动组织最科学，设备的负荷最充分，即该规模是成本费用最低、盈利最高、投资效率最高的规模。

（四）产品规格

在化工工艺设计中，必须确定适当的产品规格。产品规格的确定依据产品的市场定位，市场的要求是第一位的。对于大众产品必须达到国家或国际通用标准；对于新产品需要考虑成本、需求、发展的要求来确定规格，高规格产品的生产成本远远高于低规格产品的生产成本。例如，如果95%纯度的氢氧化钠已达到一定时期的市场要求，就没有必要一定要把规格定在98%。因为从95%提高到98%，所付出的费用与前期费用相当。因此，合适的产品规格对工厂的经济效益是至关重要的。

（五）生产控制方式

按照生产要求和工厂的具体条件，通过认真比较、权衡，决定采用间歇生产方式还是连续生产方式，人工控制还是自动控制，或者两者结合的生产控制方式，以保证生产的正常进行。

此外，生产厂房的形式和厂房结构、能量的回收利用，“三废”的治理方案等问题，在设计方案时都是需要考虑的因素。

二、工艺设计的程序

工艺设计也是按照初步设计或扩大初步设计，再到工艺施工图设计，由浅入深的步骤进行的。初步设计或扩大初步设计的程序及设计成品如图1–3所示，工艺施工图设计的程序及设计成品如图1–4所示。图中双线方框代表设计成品。

三、工艺设计文件

（一）初步设计或扩大初步设计文件

初步设计的设计文件包括设计说明书和说明书的附图、附表2个部分内容，具体内容和编写要求随设计范围、规模大小和主管部门的要求而不同。一个装置或一个车间的初步设计说明书的内容如下。

1. 设计依据

（1）文件，如计划任务书及其他批文等。

（2）技术资料，如中试试验报告、调查报告等。

2. 设计指导思想和设计原则

（1）指导思想：设计所遵循的具体方针政策和指导思想。

（2）设计原则：总括各专业的设计原则，如工艺路线选择、设备的选型和材质选用、自控水平等原则。

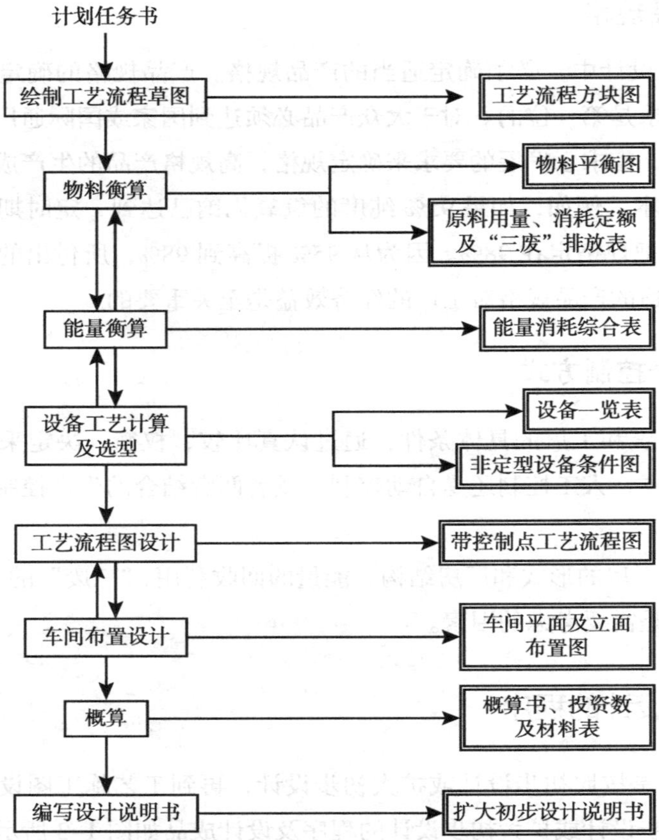

图 1–3　初步设计或扩大初步设计的程序及设计成品

3. 产品方案

（1）产品名称和性质。

（2）产品质量规格。

（3）产品规模（吨 / 年）。

（4）副产品数量（吨 / 年）。

（5）产品包装方式。

4. 生产方法和工艺流程

（1）生产方法：扼要说明设计所采用的原料路线和工艺路线。

（2）化学反应方程式：写出方程式，注明化学反应名称和主要操作条件。

（3）工艺流程：工艺划分简图，用方块图表示；带控制点工艺流程图和流程简述。

5. 车间装置的组成和生产制度

（1）车间（装置）组成。

（2）生产制度，年工作日、操作班制，间歇或连续生产。

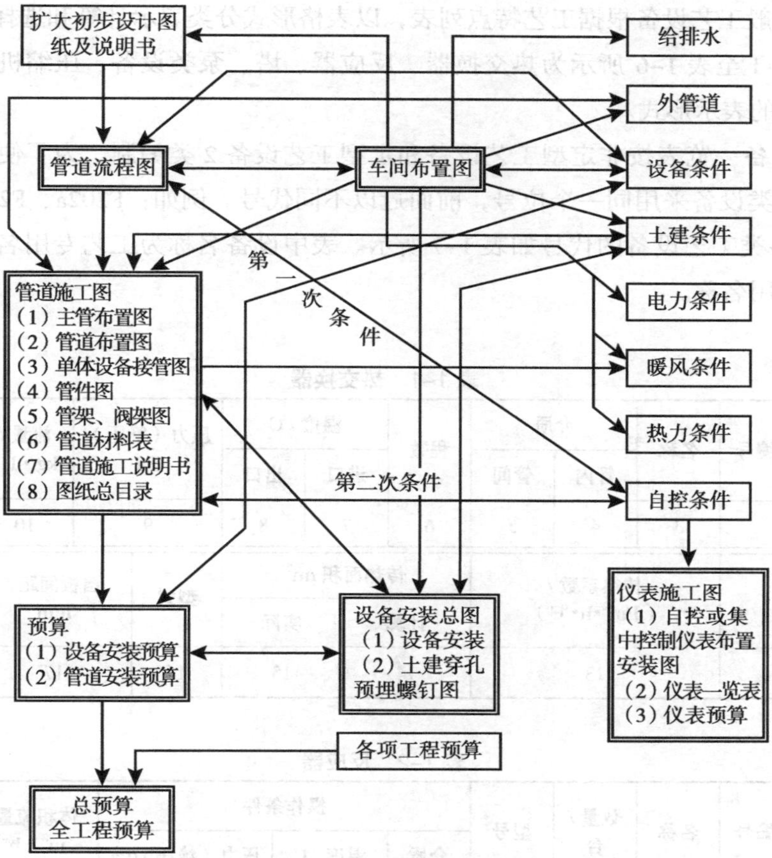

图 1–4　工艺施工图设计的程序及设计成品

6. 原料、中间产品的主要技术规格

（1）原料、辅助原料的主要技术规格。

（2）中间产品及成品的主要技术规格。

7. 工艺计算

1）物料计算

（1）物料计算的基础数据。

（2）物料计算结果以物料平衡图表示，单位用小时（连续操作）或用每批投料量 kg 或 m^3（分批操作），采用的计量单位在一个项目内要统一。

2）主要工艺设备的选型、化工计算和材料选择

（1）基础数据来源：包括物料及热量计算数据、主要化工数据等。

（2）主要工艺设备的工艺计算：按流程编号为序进行编写，内容包括承担的工艺任务、工艺计算（包括操作条件、数据、公式、运算结果、必要的接管尺寸等）、最终结论（包括计算结果的论述、设计选取、材料选择）。

（3）一般工艺设备根据工艺特点列表，以表格形式分类表示计算和选择结果。

如表 1–1 至表 1–6 所示为热交换器、反应器、塔、泵类设备、压缩机、风机类设备及电动机的表示形式。

工艺设备一览表按非定型工艺设备和定型工艺设备 2 类编制，为了便于查找，同一工序的各类设备采用同一个位号，前面冠以不同代号。例如：F202a、F202b、H202、T202 等。各类工艺设备的代号如表 1–7 所示。表中设备名称为工艺专用名称，而设备图纸上写通用名称。

表 1–1　热交换器

序号	流程编号	名称	介质		程数	温度 /℃		压力（绝压）/Pa	流量 / $kg \cdot h^{-1}$	平均温度 /℃
			管内	管间		进口	出口			
1	2	3	4	5	6	7	8	9	10	11

热负荷 / $J \cdot h^{-1}$	传热系数 / $(J/m^2 \cdot h \cdot ℃)$	传热面积 /m^2		型式	挡板间距 / mm	备注
		计算	实际			
12	13	14	15	16	17	18

表 1–2　反应器

序号	流程编号	名称	数量 / 台	型号	操作条件			体积流量 / $m^3 \cdot h^{-1}$	装料系数
					介质	温度 /℃	压力（绝压）/Pa		
1	2	3	4	5	6	7	8	9	10

停留时间 / min	容积 / m^3	平均温度 / ℃	热负荷 / $J \cdot h^{-1}$	传热系数 / $(J/m^2 \cdot h \cdot ℃)$	传热面积 /m^2		备注
					计算	实际	
11	12	13	14	15	16	17	18

表 1–3　塔

序号	流程编号	名称	介质	操作温度 /℃		塔顶压力（绝压）/Pa	回流比	气体负荷 / $m^3 \cdot h^{-1}$	液体负荷 / $kg \cdot h^{-1}$
				塔顶	塔底				
1	2	3	4	5	6	7	8	9	10

允许空塔线速	塔径 /mm		塔板型式	填料高度 /mm		塔板数		塔高 /mm
	计算	实际		计算	实际	计算	实际	
11	12	13	14	15	16	17	18	19

表 1-4 泵类设备

序号	流程图位号	名称	型号	流量/ $m^3 \cdot h^{-1}$	扬程（水柱）/m	泵压力/Pa			吸入高度（水柱）/m
						进口	出口	压差	
1	2	3	4	5	6	7	8	9	10

介质				原动机型号	电压（V）或蒸气压（表压）/Pa	功率/kW	数量/台	重量/t		密封要求	备注
名称	温度	密度	黏度					单重	总重		
11	12	13	14	15	16	17	18	19	20	21	22

表 1-5 压缩机、风机类设备

序号	流程图位号	名称	型号	排气量/ $m^3 \cdot h^{-1}$	主要气体成分	温度/℃		压力（表压）/Pa		防爆或防酸
						进口	出口	进口	出口	
1	2	3	4	5	6	7	8	9	10	11

叶片数及角度	原动机型号	功率/kW	电压（V）或蒸气压（表压）/Pa	安装方位	传动方式	数量/台	重量/t		备注
							单重	总重	
12	13	14	15	16	17	18	19	20	21

表 1-6 电动机

序号	流程图位号	名称	型号	技术条件	单位	数量	重量/t		备注
							单重	总重	
1	2	3	4	5	6	7	8	9	10

表 1-7 各类工艺设备的代号（参照 HG/T 20519.2—2009）

工艺设备类别	代号	工艺设备类别	代号
一、定型设备		2. 换热器、再沸器、冷却器、蒸发器	E
1. 泵类	P	3. 反应器	R
2. 压缩机类、鼓风机类	C	4. 储罐、计量槽	V
二、非定型设备		5. 干燥器、过滤器等	Z
1. 塔	T	6. 工业炉	F

3）工艺用水、蒸气、冷冻用量（表 1-8）

表 1–8　工艺用水、蒸气、冷冻用量

设备编号	设备名称	规格	单位	小时用量		日用量	备注
				最大	平均		
1	2	3	4	5	6	7	8

4）分批操作的设备要排列工艺操作时间表和动力负荷曲线

8. 主要原材料、动力消耗定额及消耗量

原材料、动力消耗定额及消耗量要用表格形式表示，如表 1–9 所示。

表 1–9　原材料、动力消耗定额及消耗量

序号	名称	规格	单位	每吨产品消耗定额	消耗量		备注
					每日	每年	
1	2 原材料 ⋮ 动力 水蒸气 ⋮	3	4	5	6	7	8

9. 生产控制分析

（1）包括中间产品、生产过程质量控制的常规分析和“三废”分析等。

（2）主要生产控制分析项目（表 1–10）。

（3）分析仪器设备表。

表 1–10　主要生产控制分析项目

序号	取样地点	分析项目	分析方法	控制指标	分析次数	备注
1	2	3	4	5	6	7

10. 仪表和自动控制

（1）控制方案说明，具体表示在工艺流程图上。

（2）控制测量仪器设备汇总表。

11. 技术保安、防火及工业卫生

（1）工艺物料性质及生产过程的特点。

（2）技术保安措施。

（3）消防。

（4）通风：设计说明及设备材料汇总表。

12. 车间布置

（1）车间布置说明，包括生产部分、辅助生产部分和生活部分的区域划分、生产流向、防毒、防爆的考虑等。

（2）设备布置的平面图与剖面图。

13. 公用工程

1）供电

（1）设计说明，包括电力、照明、避雷、弱电等。

（2）设备、材料汇总表。

2）供排水

（1）供水。

（2）排水，包括清下水、生产污水、生活污水、蒸气冷凝水等。

（3）消防用水。

3）蒸气

各种蒸气用量及规格等。

4）冷冻与空压

（1）冷冻。

（2）空压：包括压缩用气和仪表用气。

（3）设备、材料汇总表。

14.“三废”治理及综合利用

（1）“三废”情况汇总表（表1–11）。

（2）处理方法及综合利用途径。

表1–11 “三废”情况汇总表

序号	工序名称	排放量	成分含量	规定排放标准	设计排放标准	备注

15. 车间维修

（1）任务、工种和定员。

（2）主要设备一览表。

16. 土建

（1）设计说明。

（2）车间（装置）建筑物、构筑物表。

（3）建筑平面图、立面图、剖面图。

17. 车间装置定员

包括生产工人、分析工、维修工、辅助工、管理人员，如表 1–12 所示。

表 1–12 车间装置定员表

序号	职能名称	人员配备班制	人数			备注
			每班	轮休	合计	
	共计					

18. 概算

包括总概算、综合概算、单位工程概算。

19. 技术经济

1）投资（表 1–13）

表 1–13 投资

序号	项目	投资 / 万元	备注
1	工艺设备及安装		
2	工艺管道及安装		
3	供电照明		
4	自控		
5	通风		
6	土建		
7	其他		
	总计		

2）产品成本

（1）计算数据：包括各种原料、中间产品的单价和动力单价依据；折旧费、工资、维修费、管理费用依据。

（2）成本计算：①原料和动力单耗费用如表 1–14 所示；②折旧、工资、维修、管理费用及其他费用；③产品工厂成本。

表 1-14　原料和动力单耗费用

名称	单价 /（元 /t 或元 /m³）	耗量 / t 或 m³	总价	名称	单价 /（元 /t 或元 /m³）	耗量 / t 或 m³	总价
原料 ……				动力 ……			
小计				小计			
				合计			

（3）技术经济指标（表 1-15）。

表 1-15　技术经济指标

序号	指标名称	设计指标	备注	序号	指标名称	设计指标	备注
1	设计规模 /t · h^{-1} （1）产品 （2）副产品			7	产品车间成本 /（元 /t）		
2	年工作日 /d（或 h）			8	运输量 /t · a^{-1} （1）运进 （2）运出		
3	总收率 /% 阶段收率 /%			9	基建材料用量 /t （1）钢材 （2）特殊钢材 （3）木材 （4）水泥		
4	车间定员 （1）生产人员 （2）非生产人员						
5	主要原材料及动力消耗 （1）原材料 （2）动力：电、蒸气、燃料			10	“三废”排出量 /m³ · h^{-1} （1）废气 （2）废水 （3）废渣 /t · h^{-1}		
6	建筑及占地面积 /m² （1）建筑面积 （2）占地面积			11	车间投资 / 万元		

20. 附件

附表 1　工艺设备一览表

附表 2　自控仪表一览表

附表 3　公用工程设备材料表

附图 1　物料流程图

附图 2　带控制点工艺流程图

附图 3　车间布置图（平面图及剖面图）

附图 4　关键设备总图

附图 5　建筑平面图、立面图、剖面图

（二）工艺施工图设计文件

编制各主项施工图设计文件时，首先应编写主项图纸总目录、非定型设备图纸目录和工艺图纸目录。

工艺施工图设计文件的具体内容如下。

1. 工艺设计说明

工艺设计说明可根据需要按下列各项内容编写。

（1）工艺修改说明：说明对前段设计的修改变动。

（2）设备安装说明：主要及大型设备吊装、建筑预留孔、安装前设备可放位置。

（3）设备的防腐、脱脂、除污的要求和设备外壁的防锈、涂色要求及试压、试漏和清洗要求等。

（4）设备安装需要进一步落实的问题。

（5）管路安装说明。

（6）管路的防腐、涂色、脱脂、除污的要求和管路的试压、试漏和清洗要求。

（7）管路安装需要统一说明的问题。

（8）施工时应注意的安全问题和应采取的安全措施。

（9）设备和管路安装所采用的标准规范和其他说明事项。

2. 管道仪表流程图

管道仪表流程图要详细描绘装置的全部生产过程，着重表达全部工艺设备的全部管道的连接关系，测量、控制及调节的全部手段。

3. 辅助管路系统图

辅助管路系统图需要表示出系统的全部管路。

4. 首页图

当设计项目（装置）范围较大，设备布置和管路安装图需要分别绘制时应编制首页图。

5. 设备布置图

设备布置图包括平面图与剖面图，其内容应表示出全部工艺设备的安装位置和安装标高，以及建筑物、构筑物、操作台等。

6. 设备一览表

根据设备订货分类的要求，分别做出定型工艺设备表、非定型工艺设备表、机电设备表等，格式如表 1–16 至表 1–18 所示。

7. 管路布置图

管路布置图包括管路布置平面图和剖面图，其内容应表示出全部管路、管件和阀件及其在空间的位置，简单的设备轮廓线及建、构筑物外形。

表 1–16 定型工艺设备表

<table>
<tr><td colspan="2" rowspan="3">设计单位名称</td><td colspan="2">工程名称</td><td colspan="2"></td><td colspan="6" rowspan="3">定型工艺设备表
（泵类、压缩机、鼓风机类）</td><td>编制</td><td colspan="2"></td><td colspan="2">年 月 日</td><td rowspan="2">库号</td><td colspan="2"></td></tr>
<tr><td colspan="2">设计项目</td><td colspan="2"></td><td>校对</td><td colspan="2"></td><td colspan="2">年 月 日</td><td colspan="2"></td></tr>
<tr><td colspan="2">设计阶段</td><td colspan="2"></td><td>审核</td><td colspan="2"></td><td colspan="2">年 月 日</td><td colspan="2">第 页</td><td>共 页</td></tr>
<tr><td rowspan="2">序号</td><td rowspan="2">流程图位号</td><td rowspan="2">名称</td><td rowspan="2">型号</td><td rowspan="2">流量或排气量 / $m^3 \cdot h^{-1}$</td><td rowspan="2">扬程 / Pa</td><td colspan="2">介质</td><td colspan="2">温度 /℃</td><td colspan="3">压力 /Pa</td><td rowspan="2">原动机型号</td><td rowspan="2">功率 / kW</td><td rowspan="2">电压（V）或蒸气压（表压）/ Pa</td><td rowspan="2">数量</td><td rowspan="2">单重 / kg</td><td rowspan="2">单价 / 元</td><td rowspan="2">备注</td></tr>
<tr><td>名称</td><td>主要成分</td><td>入口</td><td>出口</td><td>单位</td><td>入口</td><td>出口</td></tr>
<tr><td></td><td></td><td></td><td></td><td></td><td></td><td></td><td></td><td></td><td></td><td></td><td></td><td></td><td></td><td></td><td></td><td></td><td></td><td></td><td></td></tr>
<tr><td></td><td></td><td></td><td></td><td></td><td></td><td></td><td></td><td></td><td></td><td></td><td></td><td></td><td></td><td></td><td></td><td></td><td></td><td></td><td></td></tr>
</table>

表 1–17 非定型工艺设备表

<table>
<tr><td colspan="2" rowspan="3">设计单位名称</td><td colspan="2">工程名称</td><td colspan="3"></td><td colspan="3" rowspan="3">非定型工艺设备表</td><td>编制</td><td colspan="2"></td><td colspan="2">年 月 日</td><td rowspan="2">库号</td><td colspan="2"></td></tr>
<tr><td colspan="2">设计项目</td><td colspan="3"></td><td>校对</td><td colspan="2"></td><td colspan="2">年 月 日</td><td colspan="2"></td></tr>
<tr><td colspan="2">设计阶段</td><td colspan="3"></td><td>审核</td><td colspan="2"></td><td colspan="2">年 月 日</td><td colspan="2">第 页</td><td>共 页</td></tr>
<tr><td rowspan="2">序号</td><td rowspan="2">流程图位号</td><td rowspan="2">名称</td><td rowspan="2">主要规格</td><td colspan="3">操作条件</td><td rowspan="2">材料</td><td rowspan="2">面积 /m^2 或 容积 /m^3</td><td rowspan="2">附件</td><td rowspan="2">数量</td><td rowspan="2">重量 / kg</td><td rowspan="2">单价 / 元</td><td rowspan="2">复用或设计</td><td rowspan="2">图纸库号</td><td colspan="2">保温</td><td rowspan="2">备注</td></tr>
<tr><td>主要介质</td><td>温度</td><td>压力 / kPa</td><td>材料</td><td>厚度</td></tr>
<tr><td></td><td></td><td></td><td></td><td></td><td></td><td></td><td></td><td></td><td></td><td></td><td></td><td></td><td></td><td></td><td></td><td></td><td></td></tr>
<tr><td></td><td></td><td></td><td></td><td></td><td></td><td></td><td></td><td></td><td></td><td></td><td></td><td></td><td></td><td></td><td></td><td></td><td></td></tr>
</table>

表 1–18 机电设备表

<table>
<tr><td colspan="2" rowspan="3">设计单位名称</td><td>工程名称</td><td colspan="2"></td><td rowspan="3">机电设备表</td><td>编制</td><td colspan="2"></td><td rowspan="2">图号</td><td colspan="2"></td></tr>
<tr><td>设计项目</td><td colspan="2"></td><td>校对</td><td colspan="2"></td><td colspan="2"></td></tr>
<tr><td>设计阶段</td><td colspan="2"></td><td>审核</td><td></td><td colspan="2">第 页</td><td colspan="2">共 页</td></tr>
<tr><td rowspan="2">序号</td><td rowspan="2">流程图位号</td><td rowspan="2">名称</td><td rowspan="2">型号规格</td><td rowspan="2">技术条件</td><td rowspan="2">单位</td><td rowspan="2">数量</td><td colspan="2">重量 /t</td><td colspan="2">价格 / 元</td><td rowspan="2">备注</td></tr>
<tr><td>单重</td><td>总重</td><td>单价</td><td>总价</td></tr>
<tr><td></td><td></td><td></td><td></td><td></td><td></td><td></td><td></td><td></td><td></td><td></td><td></td></tr>
<tr><td></td><td></td><td></td><td></td><td></td><td></td><td></td><td></td><td></td><td></td><td></td><td></td></tr>
</table>

8. 管段图

管段图是表示一段管道在空间的位置的图形，也叫空视图或单线图。

9. 管架和非标准管架图

参照 HG/T 20519.5—2009。

10. 管段表

绘制管段图时，可不单独绘制管段表，其内容可填入管段图的附表中。

11. 管架表

参照 HG/T 20519.4—2009。

12. 综合材料表

综合材料表按以下 3 类材料进行编制：①管路安装材料及管架材料；②设备支架材料；③保温防腐材料。

综合材料表的格式如表 1–19 所示。

表 1–19　综合材料表

序号	材料名称	规格	单位	数量	材料	标准或图号	备注
1	2	3	4	5	6	7	8

13. 设备管口方位图

管口方位图应表示出全部设备管口、吊钩、支脚及地脚螺栓的方位，并标注管口编号、管口和管径名称。对塔还需要表示出地脚螺栓、吊柱、直爬梯和降液管位置。

14. 换热器条件图

参照 HG/T 20519.32—2009 和 GB/T 151—2014。

第五节　化工厂的总图设计

化工厂的总图设计是一项复杂的系统工程，设计过程中有许多因素，如厂址的选定、总图布置、公用工程、安全与卫生、土建设计、自动控制、技术经济等都是十分重要的，考虑不全面，不仅影响工程项目的经济状况，甚至会使建成的工厂无利可图。下面讨论前两项因素，其他因素在后面的章节中讨论。

一、厂址的选择

厂址选择是工业基本建设的一个重要环节。该项工作的好坏对工厂的建设进度、投资数量、经济效益及环境保护等方面会带来重大的影响，正确选择厂址也是保证安全生产的前提。厂址的选择必须根据拟建项目的技术经济、工业布局和城市规划的要求，结合建厂地区的自然地理特征、自然气候、运输条件、水源和动力供应条件、建筑施工条件及工人住宅区布置条件等进行多方案的技术经济和安全性比较，选择一个能最大限度满足建设和生产经营要求的、建厂费用和经营费用最省的建厂位置。

（一）选厂原则

厂址选择需要考虑多方面的因素，是一项政策性、技术性都很强的工作。厂址选择的基本原则如下。

（1）厂址应选在原料、燃料供应和产品销售便利的地区，并在储运、机修、公用工程和生活设施等方面具有良好协作条件的地区。

（2）厂址应靠近水量充足和水质良好的水源。例如，有温度较低的充足水源则更好，这样可节省冷却设备，节约投资，但应注意防止易燃液体、有毒物质污染水源。

（3）厂址应有便利的交通网络条件，便于原材料与产品的运输。在有条件的地方，优先考虑采用水运。对于有超重、超长或超大设备的工厂，应注意沿途是否具备运输条件。

（4）厂址最好靠近热电厂，以便获得大量的蒸气和电力。

（5）选厂要注意节约用地，不占或少占耕地。厂区面积、形状和其他条件应满足工艺流程合理布置的需要。厂区适当留有发展余地及必要的安全距离。

（6）厂址应选在居民区的下风向和江河下游，但又不受其他企业的烟气影响的地方。窝风的盆地不宜建厂，在全年主导风向不明时，应以夏季风向为主。同时，要对工厂投产后对环境可能造成的影响做出预评价。

（7）化工厂排出的废渣，应有适当的洼地堆放或填埋。

（8）要有良好的气象条件，考虑季节风、台风、雷击及地震的影响。厂址应不受洪水淹没，地下水位最好在4m以下或低于地下建筑物的深度。

（9）厂址地区的自然地形应有利于厂房和管线的布置、交通联系和场地排水。

（10）厂址选择还应考虑厂址附近能够得到的劳动力的种类、数量和工资水平等。

在考虑以上因素的同时，厂址应避免布置在下列地区。

（1）发震断层地区和基本烈度9度以上的地震区。

（2）厚度较大的Ⅲ级自重湿陷性黄土地区。

（3）土崩地段或易遭受洪水、泥石流、滑坡、积雪等危害的地区。

（4）生产过程中有易燃、有毒、粉尘、噪声的企业不应选在居民集中的地区。

（5）有开采价值的矿藏地区或已采矿坑上面。

（6）对机场、电台、航空站等使用有影响的地区。

（7）国家规定的历史文物、生物保护和风景游览地区。

（二）厂址选择的阶段

厂址的选择按其工作内容划分为3个阶段：准备工作阶段、现场工作阶段和编制报告阶段。按其工作深度分为2个阶段：规划性选厂阶段和工程性选厂阶段。

规划性选厂阶段是厂址选择的第一阶段，目的是选择拟建项目的建设地点。该项工作由综合部门或项目的主管部门根据国民经济远景发展的战略要求，结合资源分布和现有生产力的配置情况及勘察、测量等技术经济资料，在比较广阔的地域范围内进行选择。并应在初步选定的区域内提出多个可供考虑的建厂址，做出方案比较，供研究抉择。

工程性选厂阶段是厂址选择的第二阶段。目的是在国家审定的建厂地点，通过比较详细的工程地质、水文地质、勘察测量和经济调查等资料，确定拟建项目的具体建设场地。工程性选厂一般由拟建项目的主管部门或项目建设单位邀请勘察设计单位及有关部门共同进行，对工业企业在不同场地进行建设的优缺点及建设费用、生产经营费用等进行技术经济比较和综合分析评价，以便选择最佳的建设场地，确定东、西、南、北四至，然后写出选厂报告，绘制草图，按规定程序报上级机关审批。

二、总图布置

工厂布置涉及生产过程中使用的机器设备、各种物料和从事生产的操作人员之间的合理配置。工厂布置的基本任务是结合厂区的各种自然条件和外部条件确定生产过程中各种机器设备的空间位置，使其获得最合理的物料和人员的流动路线，其实质是为了寻求物料和人员的最佳运输方案，它包括总图布置和车间布置。总图布置又称厂区布置，车间布置又称厂房（装置）布置。

总图布置关系厂区的总体规划和布置，是最主要的部分，主要解决全厂所有的建筑物和构筑物在平面和竖向上的布置，运输网和地上、地下工程技术管网的布置，行政管理、福利及美化设施的布置等问题，也就是工厂的总体布局。

（一）总图布置的布置原则

化工厂的总图布置应从全面出发，合理布局，正确处理生产与安全、局部与整体、近期和远期的关系。总图布置应符合防火、防爆基本要求，满足设计规范及标准的规定，合理布置交通运输道路、管线及绿化环境，合理考虑发展、改建和扩建的要求。

（1）生产要求：总体布置满足生产要求就是要求各种物料和人员的输送距离为最小。首先要求保证径直和短捷的生产作业线，尽可能避免交叉和迂回，使各种物料的输送距离为最小。同时将水、电、蒸气等公用系统耗量大的车间尽量集中布置，以形成负荷中心，并与供应来源靠近，使各种公用系统介质的输送距离为最小。总体布置还应使人流的交通路线径直和短捷，货流与货流之间、货流与人流之间都应尽可能避免交叉和重叠。

（2）安全要求：化工生产具有易燃、易爆、有毒的特点，总体布置应充分考虑安全布局，严格遵守防火、卫生等安全规范和标准的有关规定，重点是防止火灾和爆炸的发生，并考虑一旦发生危险时能及时疏散和有效救援。

（3）发展要求：总体布局要求有较大的弹性，使其对工厂的发展变化有较大的适应性。也就是说，随着工厂不断的发展变化，厂区的生产布局和安全布局仍然合理。

如图 1–5 所示为化学纤维联合企业的总平面布置图，该总平面布置具有如下特点。

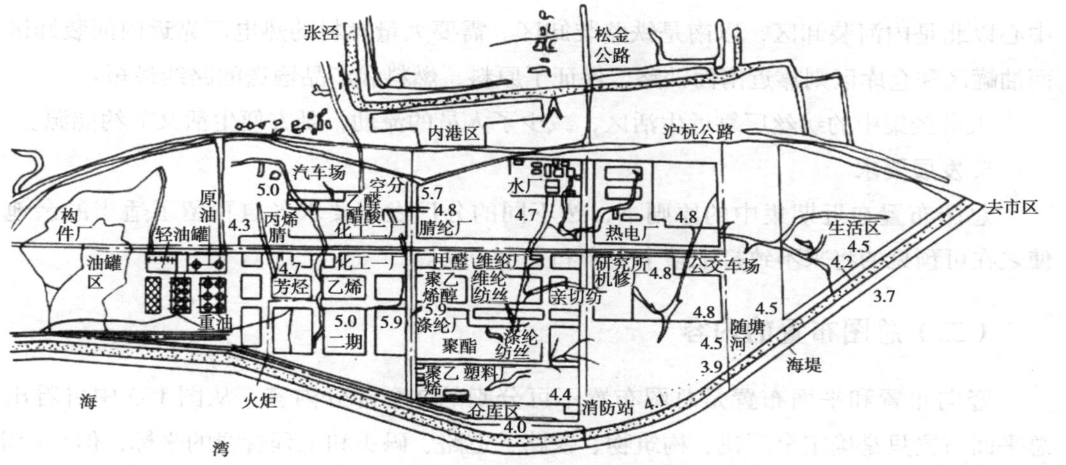

图 1–5 化学纤维联合企业的总平面布置图

1. 流程合理，生产作业线短捷

总图布置结合厂址自然条件和厂外运输条件，以生产石油化工初级原料（乙烯、丙烯、芳烃等）的化工一厂为中心，与生产合成纤维单体和化工原料（乙醛、醋酸、丙烯腈等）的化工二厂、腈纶厂、维尼纶厂、涤纶厂集中在一起，物料流顺而短捷。

2. 负荷集中靠近供应来源

化工一厂、化工二厂、腈纶厂、维尼纶厂、涤纶厂、维纶纺丝厂和涤纶纺丝厂构成全厂生产中心，是水、电、蒸气、气（氧气、氮气）耗量大的单元，成为全厂的负荷中心，并且供应来源（水厂、热电厂、空分）靠近负荷中心，减少了管道输送距离和压力损失。

3. 满足防火、卫生要求

厂区按不同危害性质加以功能分区，在布置上考虑风向地形等自然条件，并设置安全距离。

该地区夏季主导风向是东南风，冬季主导风向是西北风，因此将生活区布置在东面，然后按污染程度由小到大的顺序自东向西依次布置，即按辅助厂（机修厂、热电厂、水厂）、纺丝厂到化工厂的顺序布置。并且生产装置与生活区有 1.5km 以上的距离，能满足卫生要求。

为了防止火灾和爆炸事故的发生，将各类明火源（如加热炉、乙烯车间的裂解炉及机修、变电设施等）布置在主导风向的上风侧或平行风侧，而可能散发可燃气体的设备布置在下风侧；油罐集中在油罐区，布置在下风侧或平行风侧，靠近厂区偏远地带；火炬是一个明火源，在点燃失灵情况下又是一污染源，它在总图上与生产装置及油罐区成平行风侧布置，并保持较大距离。

4. 运输

化工一厂、化工二厂、腈纶厂、涤纶厂、纺丝厂等构成了全厂生产中心，在生产中心以北是内河装卸区，以南是铁路装卸区。需要大量燃料的热电厂靠近内河装卸区，而油罐区和仓库区则靠近南面铁路，保证了原料、燃料和产品输送的路线最短。

人员较集中的纺丝厂靠近生活区，减少了人员的流动，既方便生活又节约能源。

5. 发展要求

总图布置在近期集中的原则下，按不同的分厂发展要求各自预留了适当的余地，使之在可预见的将来不致打乱整个生产和安全布局。

（二）总图布置的内容

竖向布置和平面布置是总图布置不可分割的2个部分内容。从图1–5中可看出，总平面布置只是确定全厂建、构筑物、铁路、道路、码头和工程管线的坐标，但只确定坐标还不够，还必须确定它们的标高，这就是所谓竖向布置。竖向布置的目的是利用和改造自然地形使土方工程量为最小，并使厂区雨水能顺利排除。竖向布置的方式有平坡式和台阶式2种。平坡式布置的场地由连续的不同坡度的坡面组成，台阶式由不连续的不同地面标高的台地组成。

此外，总图布置还包括规划、布置工厂的各种公用系统管网（水管、蒸气管、压缩空气管）和物料输送管网。

第六节 工程伦理学

一、工程伦理学的含义

工程伦理学是关于工程建设与伦理道德关系研究的一门学科，主要指对人类在工程实践活动中所面临的伦理问题的道德反思，包括作为工程师职业伦理的狭义工程伦理、研究和讨论工程活动中伦理问题的广义工程伦理。工程伦理学是以工程活动中的社会伦理关系为对象，进行系统研究和学术建构的理工与人文两大领域交叉融合的新学科，涉及工程学、医学、生物学、化学、物理学等自然科学和伦理学、社会学、哲学、政治学、法律学、自然辩证法等哲学社会科学，它主要是讨论工程活动中的社会综合价值和价值关系，以及这些价值如何实现。工程伦理学对工程实践中涉及的工程与社会、工程与人、工程与环境的关系要进行合乎一定社会伦理价值的思考，对于工程共同体的行为规范要进行合乎一定社会价值标准的引导。

二、工程伦理学的目标

工程伦理学主要是为工程共同体在面临工程决策、价值选择和解决工程实践中的伦理问题提供及时指导，从而维护公众的整体利益，促进经济、社会、生态环境的和谐发展。帮助那些将要面对工程决策、工程设计施工和工程项目管理的人们建立起明确的社会责任意识、社会价值眼光和对工程综合效应的道德敏感，以使其在职业活动中能够清醒地面对各种利益与价值的矛盾，做出符合人类共同利益和长远发展要求的判断和抉择，并以严谨的科学态度和踏实的敬业精神为社会创造优质的产品和服务。

三、工程伦理学的内容

工程伦理学的道德基础是公正地处理有关的各种利益关系，主要是业主与承包人的利益关系、工程与社会的利益关系、工程与自然的关系。也就是说，应实施利益的平等原则，公正地分配工程效益。工程伦理学的道德规范是对从事工程设计、建设和项目管理工作的工程技术人员的道德要求。其主要道德规范是：责任、公平、安全、风险。前两项是普遍伦理原则，后两项是工程伦理学特有的原则。工程伦理学的内容主要分为以下 5 个部分。

（1）对工程的价值审视。通过对工程决策和实施过程中各阶段面临的价值冲突和道德问题的初步扫描，引起对工程活动中伦理课题的关注和思索，进而寻找解决矛盾的措施。

（2）工程伦理学的基本原则。工程伦理与一般伦理原则及传统伦理原则有关系，工程实践中的价值选择具有约束力和共通性的指导原则。

（3）典型工程领域的道德课题探讨。以某些应用范围较广、社会影响面大的具体工程科学为切入点，通过案例分析，深入探讨特定的工程领域正面临的道德课题及其解决的前景，以期引起科技工作者的警惕。

（4）对工程过程的伦理审视。重点探讨在一般工程环节的运作中进行道德审视与约束的内容，科技工作者必须充分考虑该工程项目对公众的健康，对人类的生存环境，对子孙后代发展，对国家、雇主和消费大众的伦理义务与所负有的责任。

（5）工程师职业道德素质与规范。在充分总结工程活动的道德要求和科技工作者实践的基础上，提出工程师及其他技术工作者应具备的伦理素养和道德规范，并指出人道主义是工程伦理的首要原则，物尽其用是工程师职业道德的一个起码要求。

四、化学工程伦理

（一）化学工程伦理

化学工程伦理是工程伦理学的一个分支，是针对化学化工的特点提出的适合化学工程的伦理规范，是从社会而非技术的角度审视化学工程，是将化学工程活动中涉及的工程与生态、工程与环境、工程与人的关系置于伦理学的范畴进行审视，以考量化学工程主体在化工工程的决策和设计、化工工程的操作和运行等环节的价值判断标准和行为规范准则。化学工程伦理的标准应该对一个由受化工工程影响人群、受影响动植物、受影响环境和受影响生态共同组成的道德共同体负有道德关怀的责任。

化学工程伦理要满足的是“人的全面发展”，包括人对经济、环境、资源等多方面的要求。化学工程伦理不能简单地用化学工程师的职业伦理来代替，它应该包括 2 个部分：一是从化学化工学科和化工技术的范畴审视化学工程；二是从化学工程师的职业和职业活动来审视化学工程。化学工程伦理是化学工程师的职业伦理、工程决策的实质伦理和程序伦理、环境伦理及所涉及利益主体的生命伦理的有机统一。

（二）化学工程师职业伦理

对化学工程师的职业伦理要求可参考美国工程师职业发展理事会（ECPD）在其章程中的表述：“在履行工程师责任的过程中，工程师应当将公众安全、健康和福祉置于首要的地位。”这个伦理责任的践行在化学工程中的含义是：科学、责任、公正。

化学工程师职业伦理的科学性要求化工工艺选择的科学性及工程目标的科学性；化学工程师职业的责任性要求在工程设计、运行的过程中体现人本与人道主义和可持续发展的原则；化学工程师职业的公正性要求在工程实践活动中应该始终树立维护各个权利主体的合理合法利益的意识，正确体现个人与集体、集体与国家、工程与环境、工程与资源、工程与生态、现在与未来之间的利益辩证关系，体现化学工程师人格的真、善、美。

（三）化学工程师的责任

（1）化学工程师对产品的责任。产品责任是与化学工程师最为密切的责任之一。在化学工程实践中，化学工程师要负责设计和监督制造产品，化工产品的质量形成和实现过程就是产品的研究开发、设计、生产制造、交换和消费的过程，即产品的设计部门、生产部门、销售部门和消费部门都应当承担相应的产品质量责任。因此，化学工程师作为产品设计者要对产品的质量和安全负责。

表 1–20 所示是美国化学工程师协会制定的产品责任法规，以及其对会员职业道德方面要求的简单介绍。

《中华人民共和国产品质量法》第四十三条规定："因产品存在缺陷造成人身、他人财产损害的，受害人可以向产品的生产者要求赔偿，也可向产品的销售者要求赔偿。属于产品的生产者的责任，产品的销售者赔偿的，产品的销售者有权向产品的生产者追偿。属于产品的销售者的责任，产品的生产者赔偿的，产品的生产者有权向产品的销售者追偿。"

（2）化学工程师对人的责任。化学工程实践是人类为了实现某种特定目的而进行的一项创造性的活动，在工程活动中要充满人文关怀，以人为本。在化学工程的实践中，除了考虑有关的经济技术规范外，还必须尊重和考虑群众的基本要求，维护群众的切身利益，尽可能选择有利于广大群众的物质和精神需要，而不是损害群众的切身利益的方案，既要考虑投资者的利益，又要兼顾大多数人的利益。

表 1–20　美国化学工程师协会制定的产品责任法规

产品管理法规的目的是将健康、安全和环境保护的意识融入产品设计、制造、销售、使用、循环和弃置等各环节中，该法规提供了产品管理实践中持续改进的监测方法和指南
该法规涉及产品生命周期的各个环节，有赖于各个环节承担相应责任才能成功实施。设计产品的每个人都有义务致力于环境保护和产品的安全使用，所有雇主都有责任提供安全的工作场所，使用或加工产品的所有人员都必须遵守安全和环境友好的操作规则
该法规要求每个企业必须独立申报对其产品、客户和业务往来实施法规要求细则的认证
执行该法规的过程中，相关责任归属的指导性原则 在规划已有产品和新产品与过程中，优先考虑健康、安全和环境影响 研制并生产能够安全制造、运输、使用和处理的化学品 进行或支持与产品、过程和废物料和健康、安全和环境影响有关的研究 向客户咨询化工产品安全使用、运输和处理的信息 及时向官方、雇员、客户和公众报告与化学品相关的健康或环境危害，并建议保护措施 完善并与他人分享法规管理细则，而且向其他生产、加工、使用、运输或处理化学品的企业提供支持

（3）化学工程师对社会的责任。化学工程师在工程实践中总要对社会产生影响，要求化学工程师对社会公众利益予以伦理上的重视，将公众的安全、健康和福利置于首要地位，并承担相应的社会责任。化学工程师在工程实践中应尽量避免技术的负面效应，或者是在有限的条件下将负面影响降到最低，将最好的、最有利于社会发展的技术手段应用到工程实践。作为化学工程师应当设计出更环保、更实用、更节能、更有利于社会发展的产品，即化学工程师要将当代技术的发展趋势和技术成果应用到工程实践中，推动社会和化工技术的进步。

化学工程师对社会的责任也包括生态责任。随着化工工程技术活动和产品的增多，化学工程师的工程实践活动对自然环境产生巨大的影响，造成了环境污染和自然资源的破坏，加剧了生态的恶化。化学工程的实践是通过与环境不断进行物质、能量和信息的交换而制造出符合人们需要的产品，而化学工程师是负责产品的设计、生产等环节，更能准确、全面地预见化工工程活动的未来结果，应担负更多的生态环境责任。需要化学工程师树立强烈的环境道德责任感，自觉对工程进行环境生态监督，对工程进行环境道德审视，保证工程活动与环境生态之间形成良性互动关系。生态责任的最终目标是要达到人与自然的和谐。因此，和谐责任也是化学工程师在工程实践中应当遵守的责任，要有一种人与自然和谐共生的理念。生态责任是化学工程师的一种反思伦理，它要求工程师在工程实践中尊重自然规律，正视人类的主体地位，实现人与自然的可持续和谐发展。

思考与练习题

（1）新建一个化工厂需要经历哪3个建设阶段？

（2）化工厂设计如何划分阶段？有哪些主要程序？各程序的任务是什么？

（3）国际通用设计体制中工程设计的3个阶段是怎样划分的？

（4）国内传统上对化工设计阶段是如何划分的？

（5）一家化工厂从设想到能够把原料转化为产品的现实工厂要经历哪些步骤？

（6）为什么要编制可行性研究报告？

（7）试述初步设计阶段、扩大初步设计阶段和施工图设计阶段分别起什么作用。

（8）国内化工厂的设计前期工作步骤与内容是什么？

（9）化工厂选址要考虑哪些方面的因素？

（10）如何根据建设项目的具体要求进行化工厂选址？

（11）石油化工厂按设施不同分成哪几个功能区？每个功能区各包括哪些主要设施？

（12）化学工程伦理包含哪些内容？

（13）你认为工程师应该是什么样的人？应该具备什么能力？

（14）从专业的角度，谈谈你心中的化学工业。

第二章　工艺流程设计

工艺流程设计是化工工艺设计的核心内容，与车间布置设计共同构成决定车间（装置）基本布局与功能的关键性环节，与设备的设计、选型与布置、工艺计算和管路设计等有直接的关系。

工艺流程设计是在确定的生产工艺路线基础上进行的，从具体的化工设计工作进程来看，它最先开始，随着工艺专业和其他专业设计工作的进展，在初步设计、扩大初步设计和施工图设计各个阶段不断得到补充和修改，几乎是在最后完成。它贯穿整个设计过程中，由浅入深、由定性到定量逐步分阶段进行，反映了化工生产由原料进入产品输出整个生产过程的全貌。

第一节　工艺流程设计的任务和方法

任何一个化工过程都是从一种或几种化工原料出发，经过一系列温度变化、压力变化、相变化、物理分离、化学反应等物理的或化学的过程，即单元操作过程才能最终制得产品，这些单元操作过程的合理组合便形成一个完整的工艺流程。具体地说，首先这一系列单元操作必须在相应的单元设备里进行，而这些单元设备之间必须用管道进行连接。为了便于控制物料，在设备和管道的相应位置需要安装一些测量、显示和控制元件。设备、连接的管道和相应的控制元件一起就组成了一个化工工艺流程。

一、工艺流程设计的任务

工艺流程设计的主要任务包括 2 个方面。

（1）确定工艺流程中各个生产过程的具体内容、顺序和组合方式，达到由原料制得所需产品的目的。具体内容：①确定整个流程的组成，即确定由原料到产品全过程所采用的生产过程或工序，以及这些生产过程或工序之间如何连接；②确定每个生产过程或工序的具体任务，即物料通过该生产过程或工序发生什么物理变化、化学变化及能量变化；③确定每个生产过程或工序的组成，即采用多少和由哪些设备来完成这一生产过程，以及各种设备之间如何连接，并明确每台设备的作用和工艺参数，确定各设备的操作条件；④确定控制方案，选用合适的控制仪表；⑤合理利用原料及能量，确定水、电、蒸气和燃料的消耗；⑥确定“三废”治理和综合利用方案；⑦确定安全生产措施，如设置安全阀、阻火器和事故储槽等。

（2）在工艺流程设计的不同阶段，绘制不同的工艺流程图，即以图解的形式表示出生产过程中物料和能量变化及流向，所采用的化工过程和设备，化工管道流程和计量控制流程。

二、工艺流程设计的方法

任何一个工艺流程可分为4个部分：原料预处理过程、反应过程、产物的后处理过程和“三废”处理过程。进行工艺流程设计时需要以反应过程为中心，设计的一般方法如下。

（一）确定主反应装置

根据反应过程的特点、产品要求、物料特性、基本工艺条件决定采用反应器的型式、操作方式（连续操作还是间歇操作）、能量供给和移出方式。若反应在催化剂存在下进行，还需要考虑催化反应的方式和催化剂的选择。

（二）确定原料的预处理方式

根据反应对原料纯度、温度、压力和加料方式等提出的要求，采用预热（冷）、汽化、干燥、粉碎筛分、提纯精制、混合、配制、压缩等单元操作过程来达到。由于原料的性质、处理方法的不同可选取不同的装置及不同的输送方式，从而可设计出不同的流程。

（三）确定产物的后处理方式

由于反应原料的不同特性和反应过程的复杂性，产物常常不是单一的一种成分，常含有杂质，产生的原因主要有：一是由于副反应的存在导致生产副产物；二是由于反应时间、化学平衡等条件的限制使未反应的某种原料有剩余，混在产物中；三是原料中含有的杂质被带入产物中或杂质参与反应生成了无用且有害的物质。此外，还有其他各种各样的原因都会导致产物的复杂性，必须采取相应的各种不同措施加以处理。产物的净化、分离等化工单元操作过程往往是整个工艺过程中最复杂、最关键的部分，也是制约整个工艺生产能否进行、保证产品质量的关键。因此，应选择合理的分离净化设备或装置，以达到预期的净化效果和能力。

经分离净化后合格的产品若直接作为商品出售，还需要经过筛选、包装、灌装、计量、储存、输送等后处理过程，这些过程同样需要一定的工艺设备装置和工艺操作。

未反应的物料从产物中被分离出来后，应设计合适的循环方式使之循环回反应设备中继续参与反应，也可以引出加工成其他副产物。因副反应而生成的副产物被分离出来后，也应设计出相应的化工单元操作过程进行处理。

（四）制定“三废”的处理措施

在生产过程中排放的各种废气、废液和废渣，应研究设计治理方案和流程综合利用，加以回收；无法回收利用的应妥善处理；若含有有害物质，在排放前应达到排放标准，做到“三废”治理与环境保护，“三废”治理工艺与主产品工艺同时设计、同时施工、同时投产运行。污染问题不解决，不得投产。

（五）确定操作条件和控制方案

一个完善的工艺设计除了工艺流程外，为了使每个过程、每台设备发挥预定作用，应当确定整个流程中各个单元设备的操作条件，如物料流量、组成、温度、压力等，而为了正确实现并保持这些操作条件，就必须确定恰当的控制方案，选用合适的控制仪表，以保证生产出合格产品。

（六）确定公用工程的配套措施

生产工艺中的配套设施包括工艺用水（如冷却水、溶剂用水、洗涤用水等）、蒸气（如原料用气、加热用气、动力用气等）、压缩空气、氮气及冷冻、真空等，其他如生产用电、上下水、空调、采暖通风应与其他专业密切配合。

（七）制定安全生产措施

工艺流程设计时还需要考虑化工装置在开车、停车、长期运转及检修过程中可能存在的不安全因素，遵照国家的各项有关规定，结合生产过程中物料性质和生产特点，制订出切实可靠的安全措施，除设备材质和结构的安全措施外，还应设置事故槽、安全阀、放空管、安全水封、防爆板、阻水栓等以保证安全生产。

（八）保温、防腐设计

这是工艺流程设计和施工安装的最后一道工序，管道和设备的保温和防腐应根据介质的温度、特性和状态及周围环境状态来确定。

保温就是选择合适的保温材料，确定一个经济合理的保温厚度，同时根据所选保温材料确定保温结构，设备或管道处于下列情形均应保温。

（1）管道或设备表面区温度超过 50℃，需要减少热损失。

（2）要求输送管道或设备内的介质不结晶、不凝结。

（3）制冷系统的设备和管道中介质输送要求保冷。

（4）介质的温度低于周围空气露点温度，要求保冷。

（5）季节变化大，有些常温湿气或液体冬季易冻结，有些介质在夏季易引起蒸发汽化。

化工生产中的物料介质大多数都具有或轻或重的腐蚀性，因此所选用的设备和管道应使用能够抵抗介质侵蚀的耐腐蚀材料，还可采用衬里和涂层等防腐措施。

第二节 工艺流程图

把各个单元操作按照一定的目的要求有机组合在一起，形成一个完整的生产工艺过程，并用图形描绘出来，即得到工艺流程图。工艺流程设计是根据不同的目的分阶段进行的，各个阶段的设计成果都是用各种工艺流程图和表格表达出来的，但阶段不同，流程图的内容、重点和深度也有所不同，但这些图样之间有密切的联系。

按照设计阶段的不同，工艺流程图可分为方块流程图、工艺流程草图、工艺物料流程图、带控制点工艺流程图、管道仪表流程图。

一、方块流程图

方块（框）流程图是在工艺路线选定后，工艺流程进行概念性设计时完成的一种流程图，不编入设计文件，通常是用来向决策机构、高级管理部门提供该工艺过程的快速说明，如可行性研究报告中所提供的就是方块流程图。

在方块流程图中，一个车间或工段的一个操作单元或整个工艺流程的一个部分用细实线矩形框表示，流程线只画出主要物流，用粗实线表示，流程方向用箭头画在流程线上。图上注明车间名称，各车间原料、半成品和成品的名称、来源、去向等。方块流程图较简单，但却能将一个化学加工过程的轮廓表达出来，如经历的反应过程，需要哪些单元操作来处理原料和分离成品，是否有副产物，如何处理，有无循环结构等。

二、工艺流程草图

工艺流程草（简）图是用来表达整个工厂或车间生产流程的图样，在设计的初始阶段绘制，是一个半图解式的工艺流程图，如图 2–1 所示为碳八分离工段工艺流程草图。工艺流程草图实际上是方块流程图的一种变体或深入，只带有示意的性质，是设计开始时供工艺方案讨论常用的流程图，也是工艺流程图设计的依据，为将要进行的物料

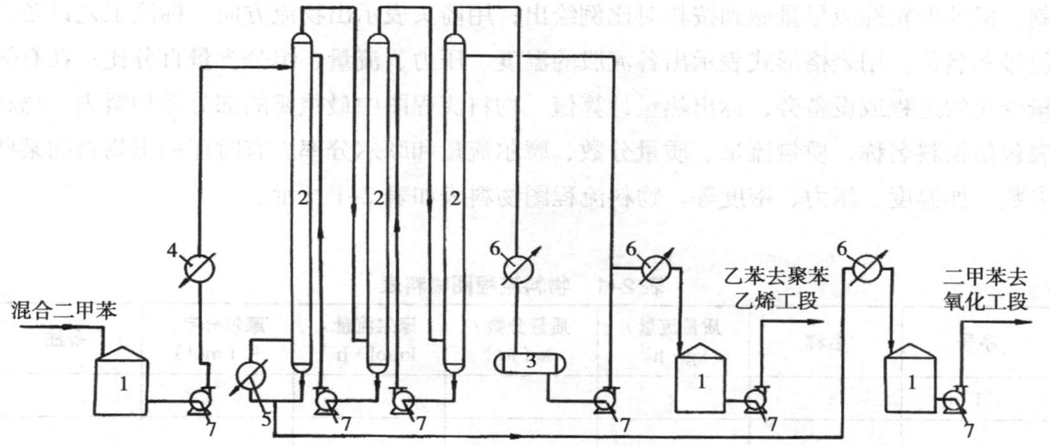

图 2–1 碳八分离工段工艺流程草图

注：1—储槽；2—乙苯塔；3—回流槽；4—预热器；5—再沸器；6—冷却器；7—泵。

衡算、能量计算及部分设备的工艺计算服务的，并不编入设计文件，由于此时尚未进行定量计算，因而只能定性地标出由原料转化成产品的变化、流向及所采用的各种化工单元及设备。

工艺流程草图一般由物料流程、图例和设备一览表 3 个部分组成。流程草图中应画出全部物料管线和一部分动力管线（如水、蒸气、压缩空气和真空等）。物料管线用粗实线画出，动力管线用中粗实线画出。在管线上用箭头表示物料的流向，物料名称在管线的上方或右方用文字注明，图中的设备只画出大致轮廓和示意结构，备用设备一般省略不画。设备名称可直接注写在设备图形上，但大多统一编号，然后按编号顺序在流程图的下方或图纸空白处集中列出各设备的编号和名称。

图例中只需要标出管线图例，阀门、仪表等无须标出。设备一览表只包括序号、位号、设备名称和备注，有时也可省略。

三、工艺物料流程图

物料流程图简称物流图，是在物料衡算和热量衡算完成后绘制的，以图形与表格相结合的形式反映物料衡算和热量衡算的结果，使设计流程定量化。物料流程图是初步设计阶段的主要设计成品，列入初步设计阶段的设计文件中，为设计审查提供资料，并作为进一步设计的重要依据，由于标注了物料衡算和热量衡算的结果数据，可作为日后生产操作和技术改造的参考资料，因而是一项非常有用的设计档案资料。

绘制物料流程图时，尚未进行设备设计，所以物料流程图中设备的外形不必精确，常用图例表示出主要工艺设备及部分关键的辅助设备，设备大小不要求严格按比例绘制，但外形轮廓应尽量做到按相对比例绘出；用箭头表示出物流方向，标注工艺设备的位号和名称；用表格形式表示出各流股的温度、压力、流量、组分含量百分比；在有热量变化的过程或设备旁，标出热量计算值。物料流程图中最重要的部分是物料表。物料表包括物料名称、质量流量、质量分数、摩尔流量和摩尔分率。有时还列出物料的某些参数，如温度、压力、密度等。物料流程图物料表如表 2–1 所示。

表 2–1 物料流程图物料表

序号	名称	质量流量 / $kg \cdot h^{-1}$	质量分数 / %（*wt*）	摩尔流量 / $kmol \cdot h^{-1}$	摩尔分率 / %（mol）	备注
1						
2						
⋮						
合计						

热量衡算的结果常常也表示在相应设备附近，如换热器旁注明热负荷。如图 2–2 所示为碳八分离工段物料流程图。

四、带控制点工艺流程图

在初步设计阶段，除了完成工艺计算、确定工艺流程，还应确定主要工艺参数的控制方案，因此在设备设计计算结束，控制方案确定后，还要绘制带控制点工艺流程图。带控制点工艺流程图和工艺物料流程图一样作为设计的正式成果编入初步设计阶段的设计文件中。

带控制点工艺流程图的内容如下。

（1）用图例表示出全部工艺设备，画出工艺物料管道、辅助管道。

（2）表示出工艺物料和辅助管道的流向及工艺物料管道上的阀门、异径管等有关附件，但不必绘出法兰、弯头、三通等一般管件。

（3）表示出工艺参数（如温度、压力、流量、液位、物料组成、浓度等）的测量点和自动控制方案。

（4）标注全部设备的位号和名称。

（5）表示出全部管道的管道代号、管径、材料、保温等。

带控制点工艺流程图由物料流程、控制点和图例 3 个部分组成，是由工艺专业人员和自控专业人员合作完成的。通过带控制点工艺流程图，可以比较清楚地了解设计的全貌。如图 2–3 所示为碳八分离工段带控制点工艺流程图。

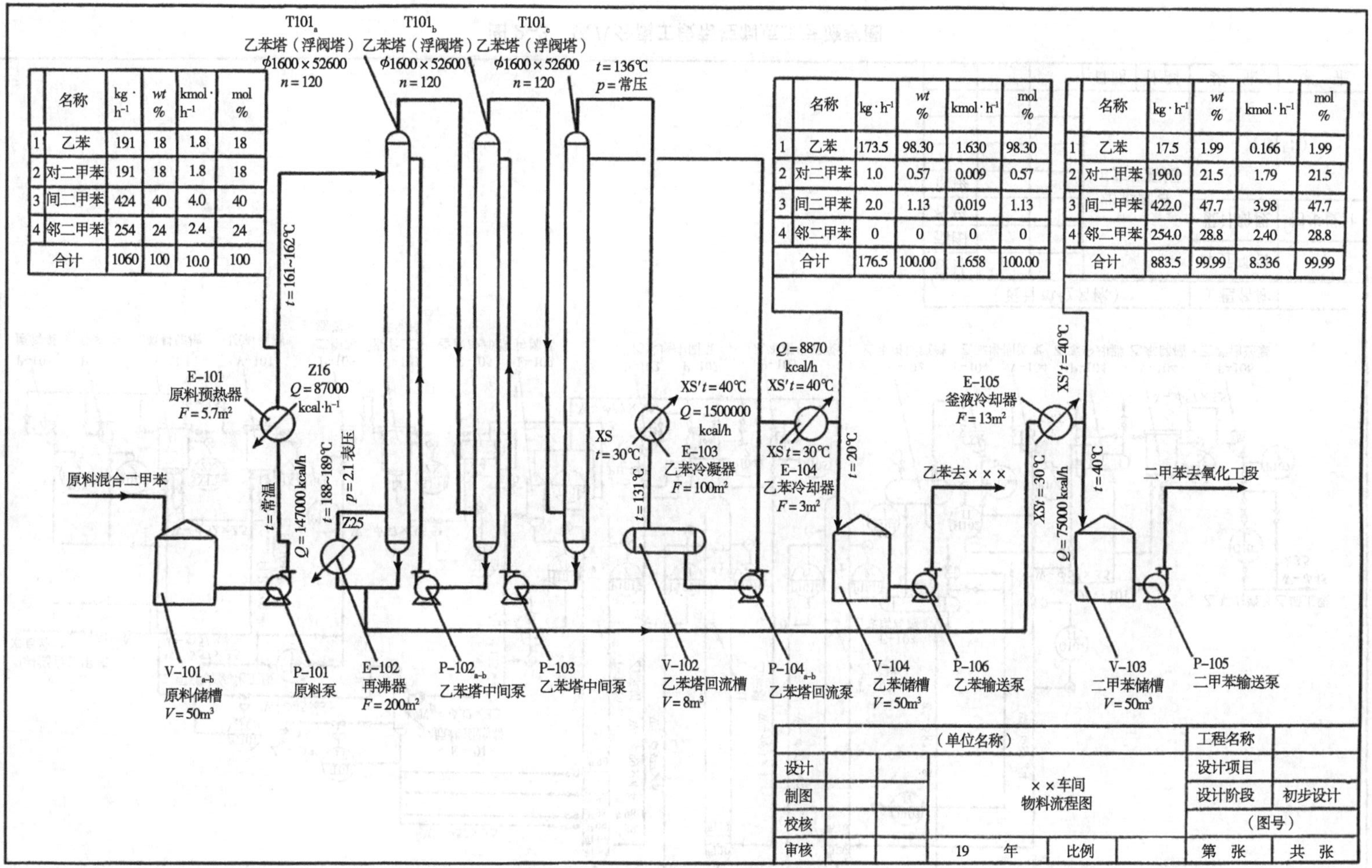

	名称	kg·h⁻¹	wt %	kmol·h⁻¹	mol %
1	乙苯	191	18	1.8	18
2	对二甲苯	191	18	1.8	18
3	间二甲苯	424	40	4.0	40
4	邻二甲苯	254	24	2.4	24
	合计	1060	100	10.0	100

	名称	kg·h⁻¹	wt %	kmol·h⁻¹	mol %
1	乙苯	173.5	98.30	1.630	98.30
2	对二甲苯	1.0	0.57	0.009	0.57
3	间二甲苯	2.0	1.13	0.019	1.13
4	邻二甲苯	0	0	0	0
	合计	176.5	100.00	1.658	100.00

	名称	kg·h⁻¹	wt %	kmol·h⁻¹	mol %
1	乙苯	17.5	1.99	0.166	1.99
2	对二甲苯	190.0	21.5	1.79	21.5
3	间二甲苯	422.0	47.7	3.98	47.7
4	邻二甲苯	254.0	28.8	2.40	28.8
	合计	883.5	99.99	8.336	99.99

图 2-2 碳八分离工段物料流程图

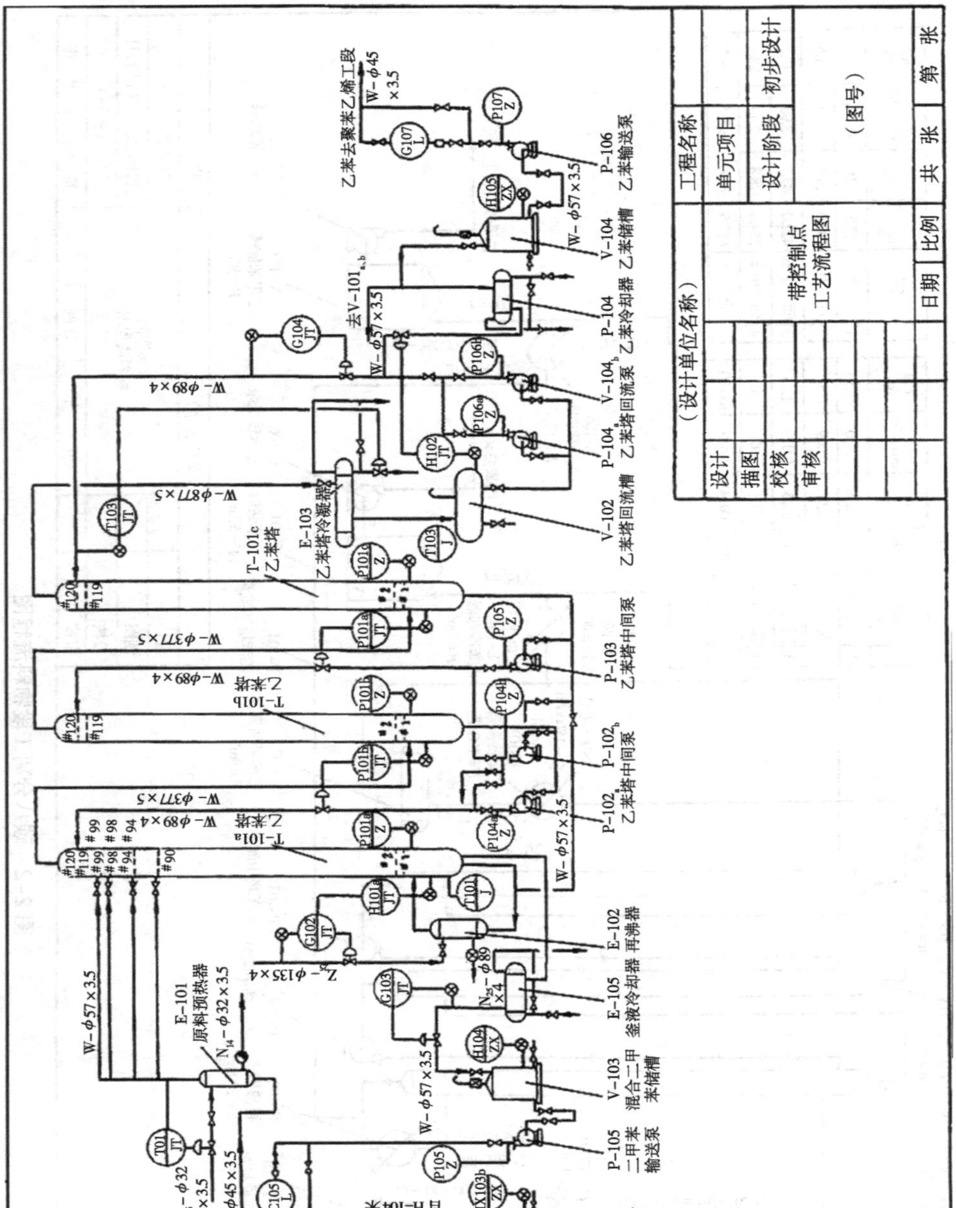

图 2-3 碳八分离工段带控制点工艺流程图

五、管道仪表流程图

管道仪表流程图又称 PID 图、PI 图、施工流程图。它是在施工图设计阶段进行的，是该设计阶段的主要设计成果之一，列入施工图设计阶段的设计文件中，是工艺流程设计、设备设计、管道布置设计、自控仪表设计的综合成果，是所有设计文件中最重要、最基础的文件。管道仪表流程图是设备布置设计和管道布置设计的依据，也为管路安装及施工，仪表测量点和控制调节器安装、维修、运行提供指导。它与带控制点工艺流程图的主要区别是不仅更详细地描绘了本装置的全部生产过程，并且着重表达全部设备的全部管道连接关系、测量、控制及调节的全部手段。

（一）管道仪表流程图的内容

管道仪表流程图应详细地描绘装置的全部生产过程，标示出全部设备、全部工艺物料管线和辅助管线，包括在工艺流程设计时考虑为开车、停车、事故、维修、取样、备用、再生所设置的管线及全部的阀门、管件，并要详细标注所有的测量、控制和调节手段的安装位置和功能代号，公用工程管线也要在图上表示出来，具体如下。

（1）设备：包括设备的名称和位号；设备的主要规格和参数；接管和连接形式；设备安装标高；驱动装置（如泵、风机、压缩机）类型和功率；泄放去向。

（2）配管：包括所有工艺、公用工程管线规格（如管径、管道等级、介质流向等）；管口（如放空口、放净口、蒸气吹扫口和冲洗口等）；其他管线（如蒸气伴热管、电伴热管、夹套管、保温管等）；管件（如阀门、补偿器、软管、过滤器、盲板、疏水器、可拆卸短管和非标准的管件等）；取样点位置及接管尺寸。

（3）仪表与仪表配管：包括调节阀、旁通阀、安全阀的尺寸、使用压力等；仪表的冲洗、吹扫等。

如图 2-4 所示为管道仪表流程图。

（二）管道仪表流程图的组成

管道仪表流程图的图面一般包括设备图形、管线和管件、标注、图例、标题栏、附注等内容。

（1）设备图形、管线和管件：将各设备的简单形状按工艺流程次序，表示在同一平面上，配以连接的主辅管线及管件、阀门、仪表控制点符号等。

（2）标注：注写设备位号及名称，管道号、管径及管道等级，管段编号，仪表控制点图形符号、字母代号、仪表位号，必要的尺寸、数据等。

（3）图例：对流程图中所采用的代号、符号及其他标注的说明，有时还有设备位

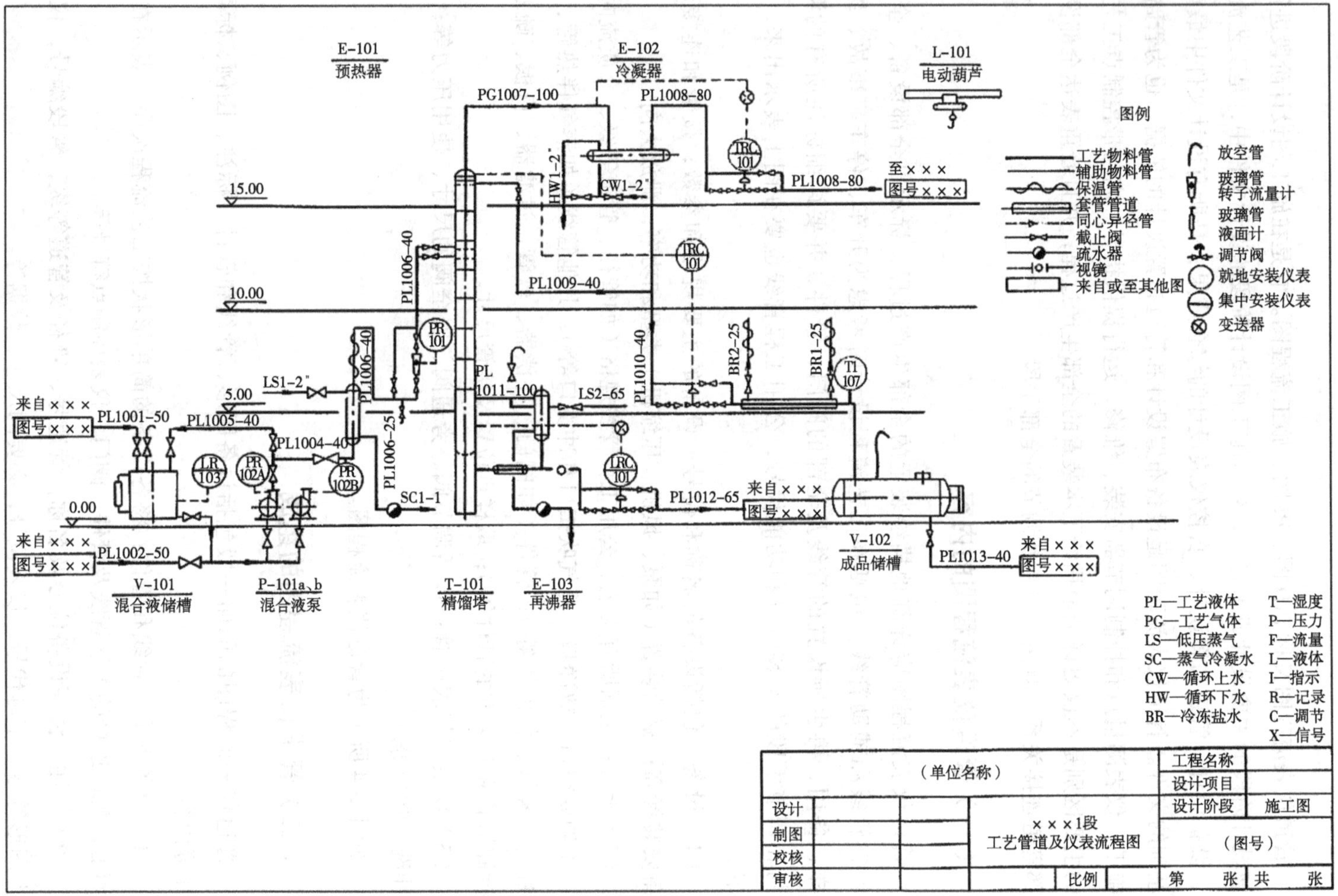
E-101
预热器
E-102
冷凝器
L-101
电动葫芦
PG1007-100
PL1008-80
图例
HW1-2"
CW1-2"
TRC 101
PL1008-80
至×××
图号×××
15.00
10.00
5.00
0.00
PL1006-40
PL1009-40
TRC 101
PR 101
PL1010-40
BR2-25
BR1-25
TI 107
LS1-2"
PL 1011-100
LS2-65
来自×××
图号×××
PL1001-50
PL1005-40
PL1004-40
PL1006-25
LR 103
PR 102A
PR 102B
SC1-1
LRC 101
PL1012-65
PL1002-50
PL1013-40
V-101
混合液储槽
P-101a、b
混合液泵
T-101
精馏塔
E-103
再沸器
V-102
成品储槽
工艺物料管
辅助物料管
保温管
套管管道
同心异径管
截止阀
疏水器
视镜
来自或至其他图
放空管
玻璃管
转子流量计
玻璃管
液面计
调节阀
就地安装仪表
集中安装仪表
变送器
PL—工艺液体
PG—工艺气体
LS—低压蒸气
SC—蒸气冷凝水
CW—循环上水
HW—循环下水
BR—冷冻盐水
T—湿度
P—压力
F—流量
L—液体
I—指示
R—记录
C—调节
X—信号
（单位名称）
工程名称
设计项目
设计阶段
施工图
设计
制图
校核
审核
×××1段
工艺管道及仪表流程图
（图号）
比例
第 张 共 张

图2-4 管道仪表流程图

号的索引等。

（4）标题栏：注写图名、图号、设计项目、设计阶段等。

（三）比例与图幅

管道仪表流程图一般以车间（装置）或工段（分区或工序）为单位绘制一张比较复杂的工艺流程，也可分成数张绘制，但需要使用同一个图号，并在图号上标示出前后顺序。图上设备图形按其实际高低的相对位置一般按 1∶100 或 1∶200 比例绘制，对于过大或过小的设备，可适当缩小或放大绘制比例，使整幅图中的设备都表达清楚，故实际上并不全按比例绘制，因此在标题栏中的“比例”一栏不予注明。图幅一般均采用 A1 图纸，特别简单的可采用 A2 图纸。

一般情况下，化工设计的流程图主要绘制物料流程图（PFD 图）和带控制点工艺流程图或管道仪表流程图（PID 图），在设计计算时经常用流程框图表示，物料衡算后的物流量及组成以物流图（或框图）表示，全厂（或车间）总体及各设备的能量消耗以能流图表示。

第三节　工艺流程图的图形符号及标注方法

一、设备的画法及标注

（一）设备的画法

化工设备在图上一般按比例用细实线（$b/3$=0.3mm 左右）绘制，设备的简单图形必须显示出设备形状特征的主要轮廓，如储槽、塔、换热器等；有时还画出具有工艺特征的内件示意结构，如塔板、填充物、搅拌器、加热管、冷却管、插入管等，但要用细虚线（$b/3$）绘制；也可将设备画成剖视形式表示，设备上的管口一般不予画出，若需要画出用单线表示；设备上的电动机等可用矩形框中注写“M”字样表示。常用设备的外形画法可参照中华人民共和国化学工业部标准“管道及仪表流程图上的设备、机器图例”中的规定，如表 2–2 所示。在流程图上一律不表示设备的支脚、支架、基础和平台。

设备间的高低和楼面高低的相对位置，一般也按比例根据高低相对位置绘制，低于地面的需要相应画在地平线以下，尽可能符合实际安装情况。有位差要求的设备，还要注明其限定尺寸。设备间的横向距离，视管线绘制及图面清晰的要求而定，避免管线过长，或过于密集而导致标注不便，图面不清晰；横向顺序应与主要物料管线一致，勿使管线形成过量往返。

2 个或 2 个以上相同的系统或设备，一般应全部画出，若只画 1 套，被省略的系统或设备用细双点划线矩形框表示，框内注明设备的位号、名称，并绘出引至该系统或设备的一段支管。

（二）设备的标注

图中每台设备都应编写设备位号。设备的位号、名称一般标注在图中相应设备上方或下方，即在流程图的上端或下端，并且各设备在横向之间的标注方式应基本排成一行，标注的设备名称要求排列整齐，并尽可能正对设备。图纸同一高度方向出现 2 个设备图形时，偏上方的设备标注在图纸上端；出现 2 个以上，可按设备的相对位置将某些设备的标注放在另一设备标注的下方。

设备位号由设备代号和设备编号 2 个部分组成。设备代号用设备英文名称的第一个字母大写表示，化工设备图例如表 2–2 所示。设备代号之后是设备编号，一般用三位（或四位）数字组成，第 1 位（或前 2 位）数字为设备的分类号，代表设备所在的工段、工序或车间代号。后 2 位数字为设备序号，是将本工段的设备按流程顺序编写得到的。例如，设备位号 R208 表示第 2 工段（或车间）的第 8 号反应器。相同设备可用尾号加以区别，尾号用小写英文字母表示，如 T725a、T725b。设备位号在整个工段（或车间）内不得重复。施工图设计与初步设计中的编号应一致，若施工图设计中设备有所增加，则位号应按顺序增补，如有取消，原有设备位号不再使用，设备名称也应前后一致。设备位号和设备名称用粗实线分开，位号写在上面，中间也可不用粗实线分开，如图 2–5 所示。

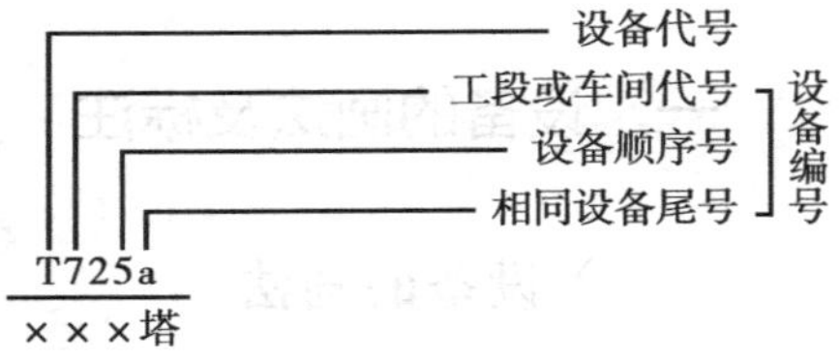

图 2–5　设备的标注

表 2–2　化工设备图例

设备名称	代号	图例
压缩机	C	 鼓风机  旋转式压缩机（卧式） 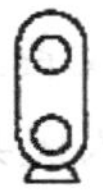 旋转式压缩机（立式） 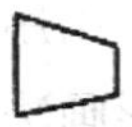 离心式压缩机 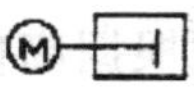 往复式压缩机 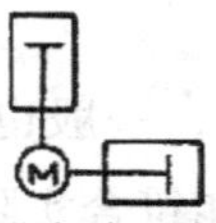 二段往复式压缩机 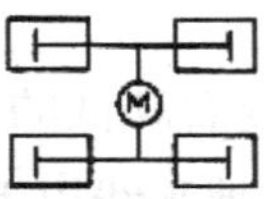 四段往复式压缩机

续表

设备名称	代号	图例
换热器	E	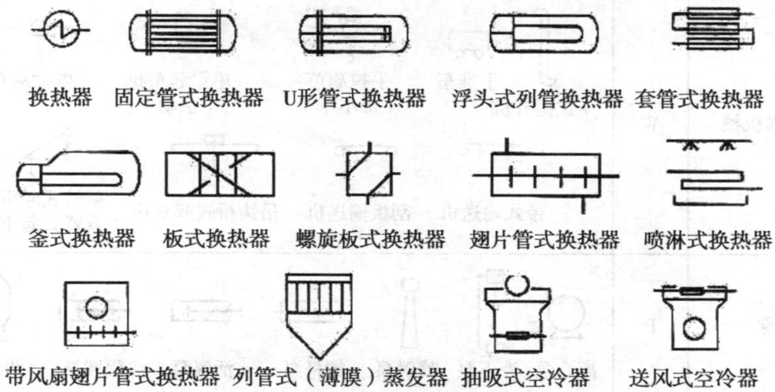 换热器 固定管式换热器 U形管式换热器 浮头式列管换热器 套管式换热器 釜式换热器 板式换热器 螺旋板式换热器 翅片管式换热器 喷淋式换热器 带风扇翅片管式换热器 列管式（薄膜）蒸发器 抽吸式空冷器 送风式空冷器
工业炉	F	 厢式炉 圆筒炉 圆筒炉
烟囱	M	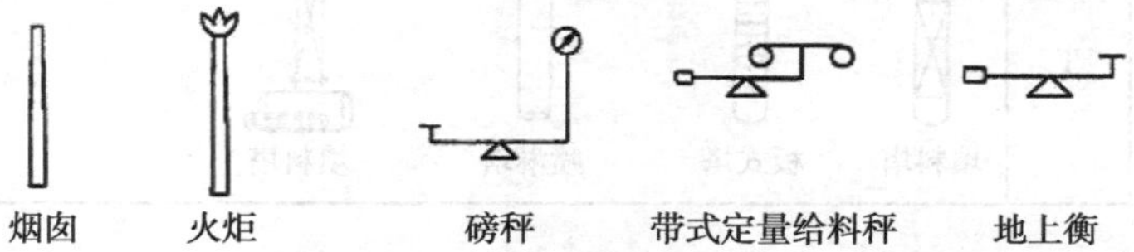 烟囱 火炬 磅秤 带式定量给料秤 地上衡
反应器	R	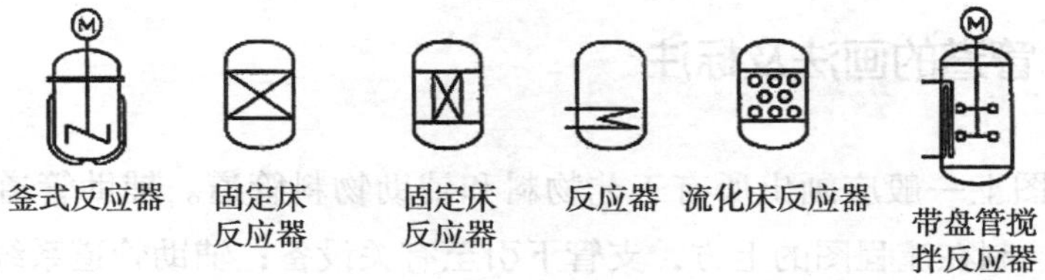 釜式反应器 固定床反应器 固定床反应器 反应器 流化床反应器 带盘管搅拌反应器
分离机	S	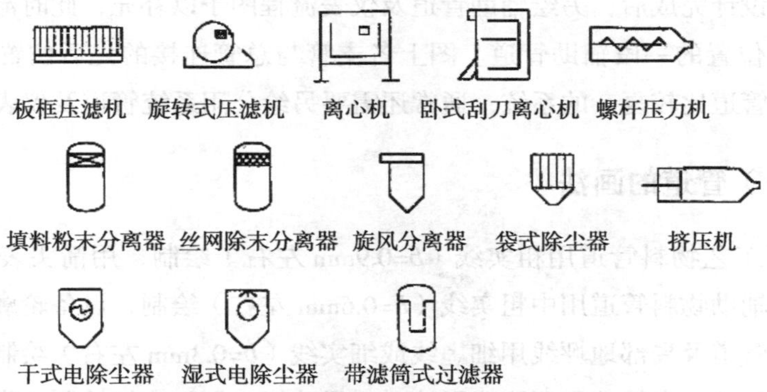 板框压滤机 旋转式压滤机 离心机 卧式刮刀离心机 螺杆压力机 填料粉末分离器 丝网除末分离器 旋风分离器 袋式除尘器 挤压机 干式电除尘器 湿式电除尘器 带滤筒式过滤器

续表

设备名称	代号	图例
运输机械	W	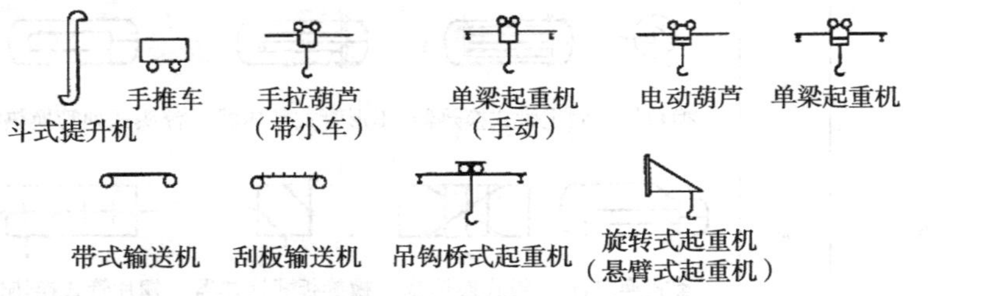 斗式提升机 手推车 手拉葫芦（带小车） 单梁起重机（手动） 电动葫芦 单梁起重机 带式输送机 刮板输送机 吊钩桥式起重机 旋转式起重机（悬臂式起重机）
泵	P	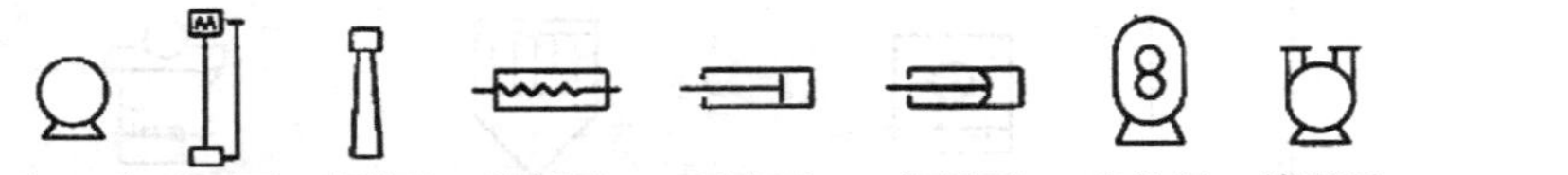 离心泵 液下泵 喷射泵 螺杆泵 活塞泵 隔膜泵 齿轮泵 旋涡泵
储槽	V	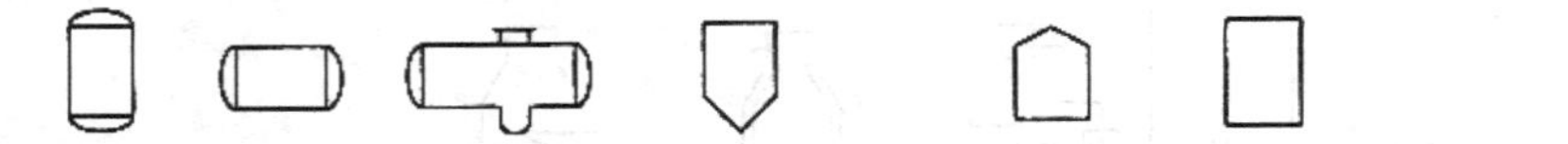 立式储槽 卧式储槽 卧式储槽 立式锥形储槽 立式平底锥形储槽 储槽
塔	T	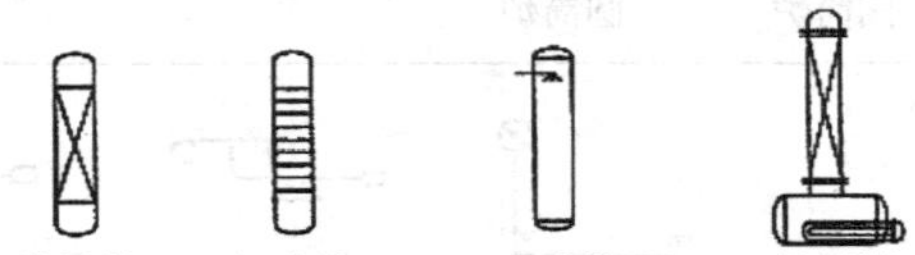 填料塔 板式塔 喷淋塔 填料塔

二、管道的画法及标注

流程图上一般应画出所有工艺物料和辅助物料管道。辅助管道系统较简单时，可将其总管绘制在流程图的上方，支管下引至有关设备；辅助管道系统较复杂时，待工艺管道布置设计完成后，另绘辅助管道及仪表流程图予以补充，此时流程图上只绘出与设备相连接位置的一段辅助管道。图上各支管与总管连接的先后位置应与管道布置图一致。公用管道比较复杂的系统，通常还需要另绘公用系统管道及仪表流程图。

（一）管道的画法

主要工艺物料管道用粗实线（b=0.9mm 左右）绘制，用箭头表示管道中物料的流动方向，辅助物料管道用中粗实线（b=0.6mm 左右）绘制，设备轮廓、管道上的各种附件、仪表管道及局部地坪线用细虚线或细实线（b=0.3mm 左右）绘制。一般情况下流程图上不标尺寸，有特殊需要注明尺寸时，尺寸线也用细实线绘制。常用管道及管件图例如表 2–3 所示。

表 2-3 常用管道及管件图例

序号	图例	名称	序号	图例	名称
1		喷淋管	24		T 型过滤器
2		主要物料管道	25		阻火器
3		辅助物料管道	26		多孔管
4		设备管道附件、阀门及尺寸线	27		焊接管帽
5		物料流向箭头	28		软管活接头
6		蒸气伴热管道	29		管端平管接头
7		套管	30		管端活接头
8		固体物料线或不可见主要物料管道	31		管堵
9		电伴热管道	32		管道法兰
10		螺纹焊接式连接	33		盲板
11		法兰式连接	34		盲通两用板
12		不可见辅助物料管道	35		扩大管段节流装置
13		软管	36		消音器
14		翅片管	37		疏水器
15		取样口	38		爆破板
16		原有管道	39		敞口排水斗
17		波浪线	40		水表
18		断裂线	41		管座
19		双线管道	42		视镜
20		引出线	43		膨胀节
21	来自××× 图×××	连接符号	44		锥形过滤器
22		同心异径管	45		Y 型过滤器
23		偏心异径管	46		放空管

绘制时，还应注意以下 6 点。

（1）保温伴热等管道需要画出一小段（约 10mm）保温层；固体物料除用粗虚线表示外，还要写出物料名称。

（2）绘制管道时，应尽量避免管道与设备、管道与管道交叉、重叠，不能避免时，应将其中一根管道断开或曲折绕过，断开处的间隙应为线粗的 5 倍左右。管道要尽量画成水平和垂直，不用斜线，若斜线不可避免，应只画出一小段，尽量使各设备之间管道表达清楚、排列整齐。

（3）一般工艺管道由图纸左右两侧方向出入，与其他图纸上的管道连接、放空或去泄压系统的管道，在图纸上方离开。公用工程管道既可从左右或底部出入图纸，就近标出公用工程代号及相邻图纸号，也可在相关设备附近注上公用工程代号，然后在公用工程分配图上详细标出与该设备相接的管道尺寸、压力等级及阀门配置等。所有出入图纸的管道都要带箭头，并注出连接图纸号、管道号、介质名称和相连接设备的位号等相关内容。

（4）管道上的取样口、放气口、排液管、液封管等应全部画出。放气口应画在管道的上边，排液管则画在管道下侧，U 型液封管尽可能按实际比例长度表示。

（5）本流程图与其他流程图连接的物料管道应引至近图框处。不同图号的图纸上的物料管道有连接，在管道端部画一个由粗实线构成的 30mm × 6mm 矩形空箭头框，如图 2-6 所示，框中写明连接图的图号，上方则注明物料来向或去向的设备位号或管段号。进入本流程图的物流画在图纸的左边，流出本流程图的物流画在图纸的右边，并在相应高度位置进入下一张图。

（6）当管线改变管道等级时，应标明分界点位置和管道等级。

图 2-6　连接物料管道的标注及画法

（二）管道的标注

流程图上要对每条管道进行标注。一般横向管道标注在管道的上方，竖向管道（直管）标注在管道的左边。若标注位置不够时，可将部分标注内容移至管道下方或右方。

管道的标注内容包括管道号、管径和管道等级 3 个部分。前 2 个部分之间用一短横线隔开，管道等级与前 2 个部分之间流出适当的空隙。有隔热或隔音措施的管道，还要在管道等级之后加注隔热隔音代号，两者间也用一短横线隔开，如图 2-7（a）所示。有时不标注管道等级代号，而注出管材代号与壁厚尺寸等，如图 2-7（b）所示。标注内容较多时，可将管道号、管径和后面内容分别标注在管线的两侧。

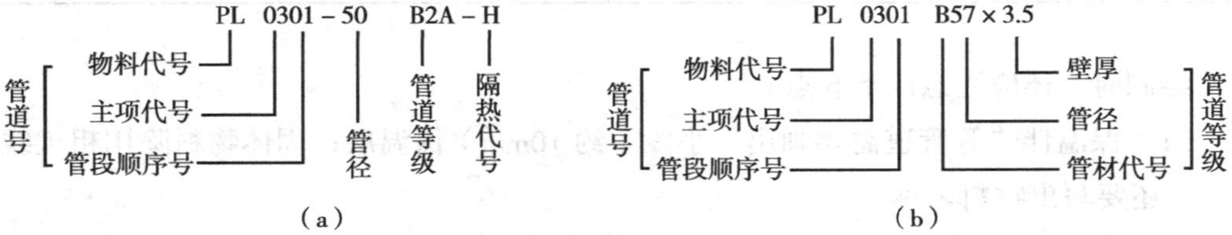

图 2-7　管道的标注

1. 管道号

管道号由物料代号、主项代号、管道分段顺序号（管段顺序号）组成。

物料代号一般以物料的英文名称的首字母大写表示，或以分子式表示，或采用国际通用代号，也可以在类别代号的右下角注以阿拉伯数字，以区别该类物料的不同状态和性质。如表 2-4 所示为常用物料代号。

表 2-4 常用物料代号

物料代号	物料名称	物料代号	物料名称	物料代号	物料名称
A	空气	GO	填料油	PL	工艺液体
AM	氨	H	氢	PW	工艺水
BD	排污	HM	载热体	R	冷冻剂
BF	锅炉给水	HS	高压蒸气	RO	原料油
BR	盐水	HW	循环冷却水回水	RW	原水
CS	化学污水	IA	仪表空气	SC	蒸气冷凝水
CW	循环冷却水上水	LO	润滑油	SL	泥浆
DM	脱盐水	LS	低压蒸气	SO	密封油
DR	排液、排水	MS	中压蒸气	SW	软水
DW	饮用水	N	氮	TS	伴热蒸气
F	火炬排放气	NG	天然气	VE	真空排放气
FG	燃料气	O	氧	VT	放空气
FO	燃料油	PA	工艺空气		
FS	熔盐	PG	工艺气体		

主项代号也就是工段或工序代号，用一位数字或两位数字表示。管道分段顺序号按工艺流程顺序用两位数字 01、02……编号。

有些流程图不按物料编号，管道号由设备号和管段号 2 个部分构成，前 3 位数字为设备号，第 4 位数字是管段号，如“5141”表示与 514 设备连接的第 1 段管道，前面无须标注物料代号。

2. 管径

管径一般标注公称直径。水管、煤气输送钢管用公称直径 D_N（Dg）表示，如 D_N25。公制管以 mm 为单位，只标注数字，不标注单位，如 50、150……英制管以英寸为单位，需标注英寸的符号，如 1/2″、4″……

工程管道所用的钢管，如各种碳素钢和各种合金钢管，由于管子的材料多样，不同等级的管子壁厚也不同，习惯表示法为管子外径 × 壁厚，如 57×3.5，单位均为 mm。

3. 管道等级

为了简化管道及管件规格，管道按温度、压力、介质腐蚀程度等情况，预先设计了各种不同的管材、壁厚及阀门等附件的规格，做出各种等级规定，以便于按等级规定进货和施工，因此图上可直接注出本设计选定的各管道等级代号。如果没有预先规定，则需要标注管道有关的信息，如管材代号、管径和壁厚等，如 B57×3.5，“B”为不锈钢代号，“57”为管道外径，“3.5”为管壁厚度，无缝钢管则在外径尺寸前冠以“ϕ”符号。

4. 隔热及隔音代号

管道的使用温度范围及隔热隔音功能类型，以英文字母和数字或英文字母给以标注。例如，“G9”表示温度在 −100 ~2℃的不锈钢管，用保冷材料保冷。“EE”表示温度在 94~400℃的碳钢或铁合金管，用三线蒸气伴热。管道使用温度范围代号如表 2–5 所示，隔热及隔音类型代号如表 2–6、表 2–7 所示。

表 2–5　管道使用温度范围代号

代号	温度范围 /℃	管材	代号	温度范围 /℃	管材
A	−100~2	碳钢或铁合金	G	−100~2	不锈钢
B	2~20	碳钢或铁合金	H	2~20	不锈钢
C	21~70	碳钢或铁合金	J	21~93	不锈钢
D	71~93	碳钢或铁合金	K	94~650	不锈钢
E	94~400	碳钢或铁合金	L	＞650	不锈钢
F	401~650	碳钢或铁合金			

表 2–6　隔热类型代号

类型代号	用途	备注	类型代号	用途	备注
1	热量控制	采用保温材料	6	隔热（低于 21℃）	采用保冷材料
2	保温	采用保温材料	7	防止表面冷凝（低于 15℃）	采用保冷材料
3	人身防护	采用保温材料	8	保冷（高于 2℃）	采用保冷材料
4	防火	采用保温材料	9	保冷（高于 2℃）	采用保冷材料
5	隔热（21℃或更高）	采用保温材料	A~U	加热保温	根据表 2–7

表 2–7　隔音类型代号

蒸气	电	水	加热类型
A			单线伴热（带隔热用石棉布及隔离片）
B	K		单线伴热（带隔热用石棉布）
C	J	Q	单线伴热
D	L	R	平行或往复双线伴热
E		U	三线伴热
F			四线伴热
G	M	S	单线螺旋型伴热
H		T	夹套

三、管件和阀门的图形符号

在工艺流程图中，管件和阀门都是以符号表示的，常用管件的图形符号如表 2–3 所示，常用阀门的图形符号如表 2–8 所示。管件中的一般连接件，如法兰、三通、弯头、管接头等，若无特殊需要均不予画出。竖管上的阀门在图上的高低位置应大致符合实际高度。

表 2–8　常用阀门的图形符号

序号	名称	图例	序号	名称	图例
1	闸阀		9	角式截止阀	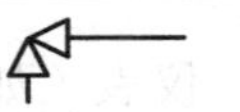
2	截止阀		10	角式节流阀	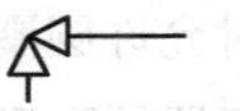
3	止回阀		11	球阀	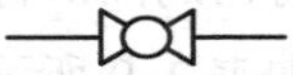
4	直通旋塞		12	节流阀	
5	三通旋塞		13	减压阀	
6	四通旋塞	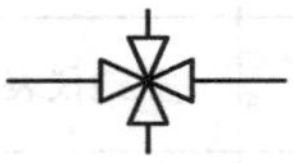	14	放料阀	
7	隔膜阀		15	柱塞阀	
8	蝶阀		16	插板阀	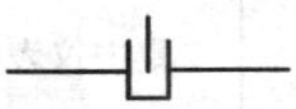

续表

序号	名称	图例	序号	名称	图例
17	弹簧式安全阀	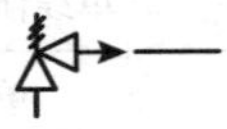	24	集中安装阀门	
18	重锤式安全阀	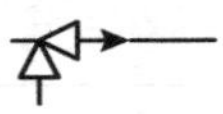	25	集中安装阀门	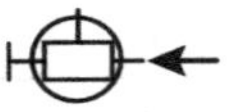
19	高压截止阀	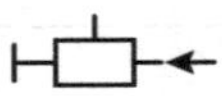	26	底阀	
20	高压节流阀		27	平面阀	
21	高压止回阀	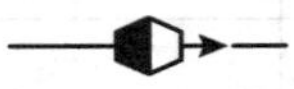	28	浮球阀	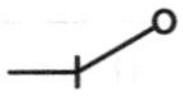
22	阀门带法兰盖		29	高压球阀	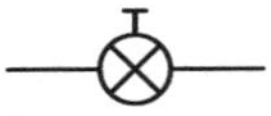
23	阀门带堵头		30	针型阀	

四、仪表控制点的表示

在流程图上，仪表及控制点应用代号、符号在相应管道的大致安装位置上予以表示。仪表控制点的标注包括图形符号、字母代号和仪表位号3个部分。

（一）图形符号

仪表（如检测、显示、控制等）的图形符号为直径约10mm的细线（*b*/3）圆，需要时允许圆圈断开。必要时，检测仪表或检出元件也可以用象形符号或图形符号表示。执行器的图形符号由调节机构和执行机构2个部分组成。仪表、调节及执行机构图形符号如表2-9所示。

表2-9 仪表、调节及执行机构图形符号

序号	名称	图例	序号	名称	图例
1	就地安装仪表		4	就地仪表盘面安装仪表	
2	嵌在管道中	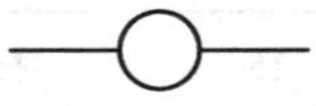	5	集中仪表盘后安装仪表	
3	集中仪表盘面安装仪表		6	就地仪表盘后安装仪表	

续表

序号	名称	图例	序号	名称	图例
7	集散控制系统数据采集		16	电磁执行机构	
8	孔板	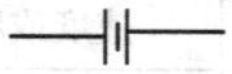	17	活塞执行机构	
9	文氏里管及喷嘴		18	带气动阀门定位器的气动薄膜执行机构	
10	转子流量计		19	能源中断时直通阀开启	
11	过程连接或机械连接线		20	能源中断时直通阀关闭	
12	气动信号线 电动信号线	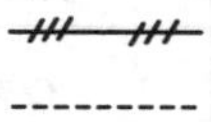	21	带人工复位装置的执行机构	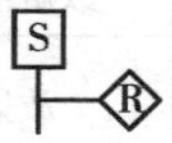
13	带弹簧的气动薄膜执行机构		22	带远程复位装置的执行机构	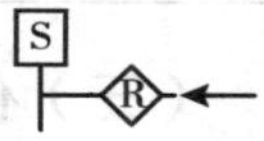
14	无弹簧的气动薄膜执行机构		23	能源中断时：三通阀流体流动方向 A → C	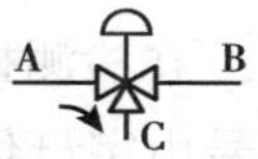
15	电动机执行机构		24	能源中断时：四通阀流体流动方向 C → A 和 D → B	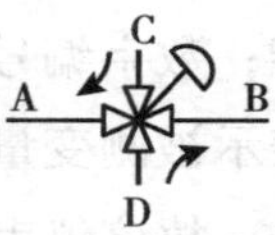

（二）字母代号

常用被测变量和仪表功能的字母代号如表 2-10 所示。

表 2-10 常用被测变量和仪表功能的字母代号

字母	第 1 个字母		后继字母	字母	第 1 个字母		后继字母
	被测变量或初始变量	修饰词	功能		被测变量或初始变量	修饰词	功能
A	分析		报警	F	流量	比（分数）	
B	喷嘴火焰		供选用	G	尺度（尺寸）		玻璃
C	电导率		控制	H	手动（人工触发）		
D	密度	差		I	电流		指示
E	电压（电动势）		检出元件	J	功率	扫描	

续表

字母	第1个字母		后继字母	字母	第1个字母		后继字母
	被测变量或初始变量	修饰词	功能		被测变量或初始变量	修饰词	功能
K	时间或时间程序		自动、手动操作器	S	速度或频率	安全	开关或联锁
L	物位		指示灯	T	温度		传达（变送）
M	水分或湿度			U	多变量		多功能
N	供选用		供选用	V	黏度		阀、挡板、百叶窗
O	供选用		节流孔	W	重量或力		套管
P	压力或真空		试验点（接头）	X	未分类		未分类
Q	数量或件数	积分、积算	积分、积算	Y	供选用		继动器或计算器
R	放射性		记录或打印	Z	位置		驱动、执行或未分类的执行器

（三）仪表位号

在检测控制系统中，构成一个回路的每个仪表或元件都有自己的仪表位号。仪表位号由字母代号和数字编号组成。第1个字母表示被测变量，后继字母表示仪表的功能；数字编号表示仪表的顺序号，可按车间或工段进行编号。例如，"PI301"中的"P"表示被测变量为"压力"，"I"表示仪表功能为"指示"，"3"为工段号，"01"为仪表序号，故该仪表用作压力指示。在流程图中，标注仪表位号的方法是将字母代号填写在圆圈的上半部分，数字编号填写在圆圈的下半部分，如 PI/301。

第四节　典型设备的自控流程

自控流程设计是流程图设计中的一个重要环节，化工生产过程中，任何单元设备对流程设计都有一定的要求，并且有一定的共性。典型的单元设备主要有反应釜、换热器、蒸馏塔、泵等，下面介绍其自控流程。

一、反应器

化学反应是一个复杂的单元，由于原料、反应条件、反应速度及热效应的不同，各工艺过程使用的反应器是不同的，不同反应器的控制方案不相同，但也具有一些共同的规律。

（一）釜式反应器

釜式反应器的温度控制方案主要有以下 3 种。

（1）改变进料温度：若物料经过预热或冷却进入反应釜，可通过改变进入预热器或冷却器的加热剂或冷却剂的量来调节进入反应釜的原料温度，从而调节釜内温度，调节方案如图 2–8（a）所示。

（2）改变加热剂或冷却剂流量：通过改变加热剂或冷却剂的流量，调节釜内温度，如图 2–8（b）所示。该法结构简单，但加热剂或冷却剂流量相对较小，釜温与加热剂或冷却剂的温差较大，当内部温度不均匀时，易造成局部过热或局部过冷。

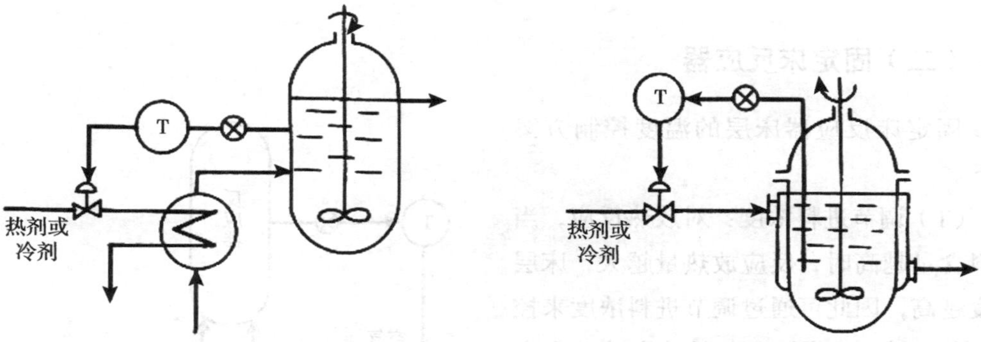

（a）改变进料温度　　（b）改变加热剂或冷却剂流量

图 2–8　反应釜的温度控制方案

（3）串级调节：根据反应釜的不同情况，采用釜温与加热剂或冷却剂的流量串级调节，如图 2–9（a）所示，该法对克服载热体流量和压力的干扰较及时有效，但对载热体温度变化的干扰却得不到反映；釜温与夹套温度串级调节，如图 2–9（b）所示，该法对载热体方面来的干扰具有综合反映的效果，并且对来自反应器内的干扰也有一定的反映；釜温与釜压串级调节，如图 2–9（c）所示。

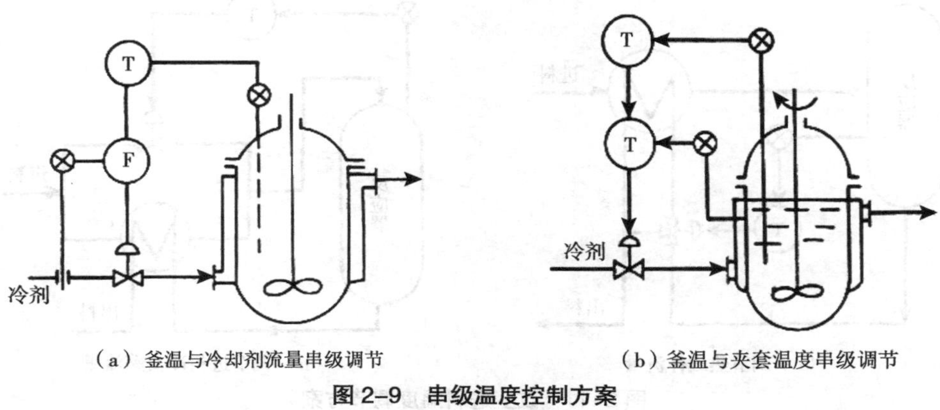

（a）釜温与冷却剂流量串级调节　　（b）釜温与夹套温度串级调节

图 2–9　串级温度控制方案

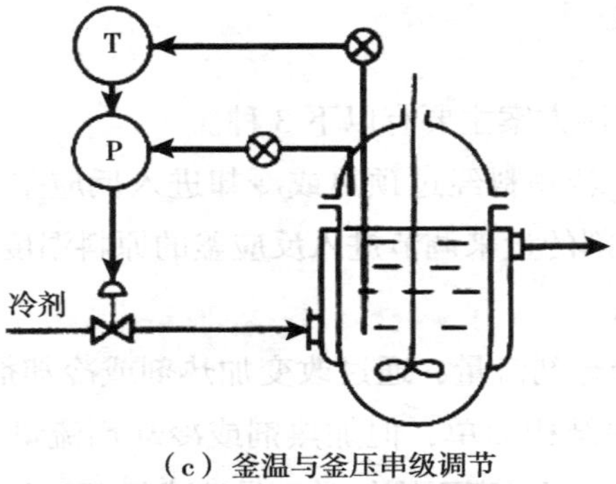

（c）釜温与釜压串级调节

续图 2-9 串级温度控制方案

（二）固定床反应器

固定床反应器床层的温度控制方案如下。

（1）调节进料浓度：对放热反应，当原料含量越高时，反应放热量越大，床层温度越高，因此可通过调节进料浓度来控制床层温度，如图 2-10 所示为硝酸生产中的氨氧化反应器，通过改变氨和空气的比值可改变进料浓度。

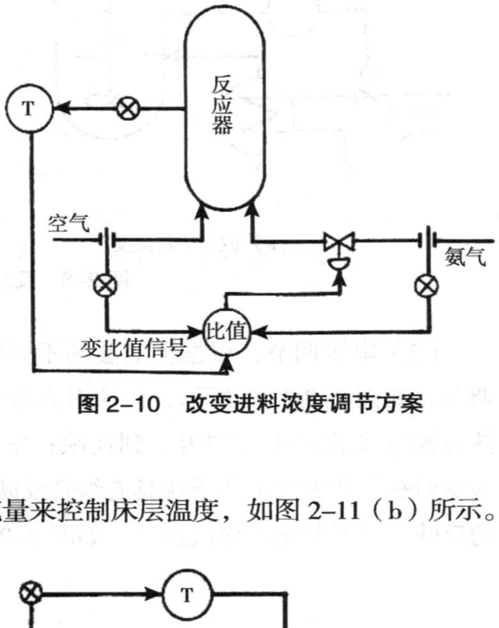

图 2-10 改变进料浓度调节方案

（2）调节进料温度：若原料进反应器前需要预热，可通过改变预热器的热载体流量调节进料温度，从而控制床层温度，如图 2-11（a）所示，也可通过调节进料冷支路流量来控制床层温度，如图 2-11（b）所示。

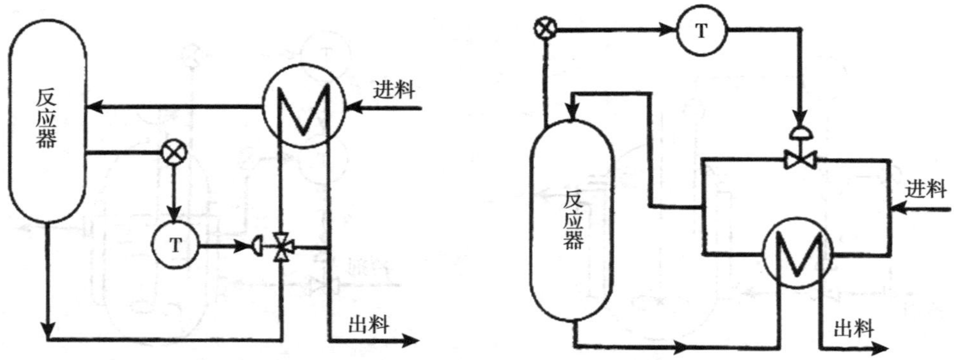

（a）调节热载体流量 （b）调节进料冷支路流量

图 2-11 改变进料温度调节方案

（3）调节段间冷激气量：多段绝热冷激式固定床反应器，可通过调节段间冷激气量来控制床层温度。如图 2–12（a）所示为原料气冷激，可用改变段间冷原料气量调节床层温度；如图 2–12（b）所示为水冷激，可用改变段间冷水量调节床层温度。

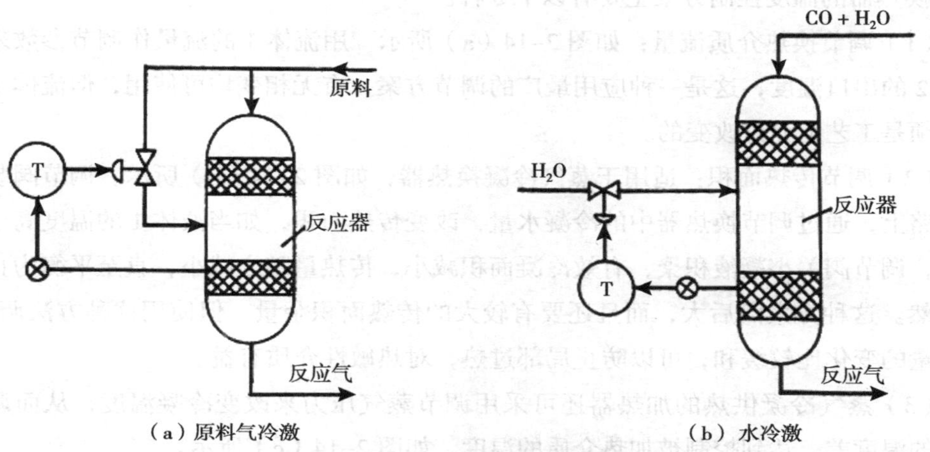

图 2–12　改变段间冷激气量调节方案

（三）流化床反应器

流化床反应器床层温度的控制可采用调节原料气入口温度的办法，也可通过控制冷却剂流量的办法来实现，如图 2–13 所示。

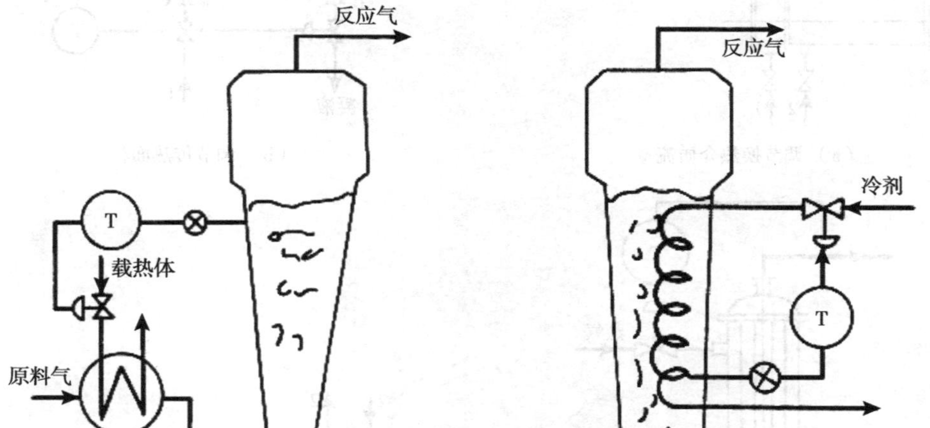

图 2–13　流化床反应器床层温度的调节方案

二、换热器

换热器的温度控制方案主要有以下 3 种。

（1）调节换热介质流量：如图 2–14（a）所示，用流体 1 的流量作调节参数来控制流体 2 的出口温度，这是一种应用最广的调节方案，有无相变均可使用，但流体 1 的流量必须是工艺上允许改变的。

（2）调节传热面积：适用于蒸气冷凝换热器，如图 2–14（b）所示。调节阀装在凝液管路上，通过调节换热器中的冷凝水量，改变传热面积，如当液体 1 的温度高于给定值时，调节阀关小凝液积聚，有效冷凝面积减小，传热量随之减小，直至平衡为止；反之亦然。这种方案滞后大，而且还要有较大的传热面积余量。但使用这种方法调节时，传热量的变化比较缓和，可以防止局部过热，对热敏性介质有益。

（3）蒸气冷凝供热的加热器还可采用调节蒸气压力来改变冷凝温度，从而调节加热器的温度差，达到控制被加热介质的温度，如图 2–14（c）所示。

（4）分流调节：如图 2–14（d）所示，在用工艺流体作载热体回收热量时或冷却水

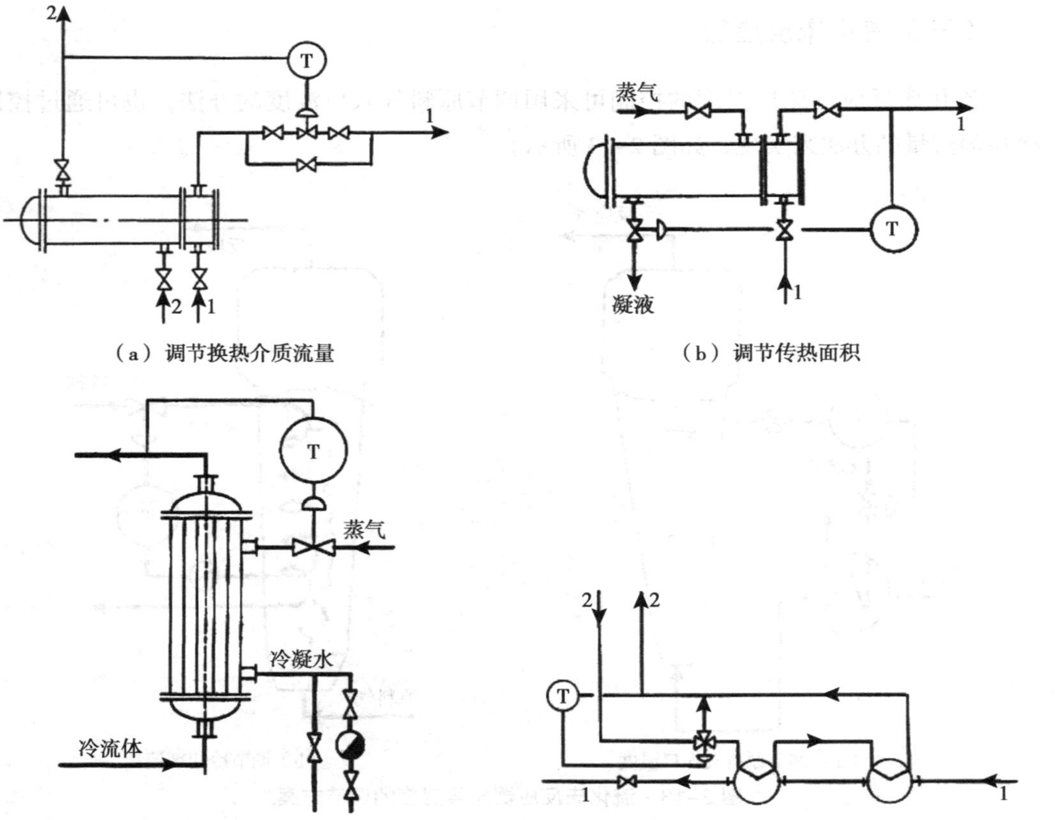

（a）调节换热介质流量　（b）调节传热面积

（c）调节蒸气压力　（d）分流调节

图 2–14　换热器温度控制方案

流量不允许改变时，2个流量都不能调节。此时可利用三通阀使其中一个流体走分路，使部分流体走旁路，然后与换热器出来的部分相混合，以调节温度。三通阀可装在换热器的进口处，用分流阀；也可装在换热器的出口处，用合流阀。该方案迅速及时，但传热面要有余量。

三、蒸馏塔

蒸馏塔是化工、炼油厂应用极为广泛的传质过程设备。

（一）蒸馏塔的基本控制方案

蒸馏塔的自动控制比较复杂，控制变量多，控制方案也很多，但基本形式只有按精馏段指标控制和按提馏段指标控制2种。

1. 按精馏段指标控制

取精馏段某点成分或温度为被调参数，回流量（L_R）、馏出液量（D）或塔内蒸气量（V_S）为调节参数。该控制方案适合于馏出液的纯度要求较釜液高的情况，如主产品为馏出液时。

采用该方案时，于L_R、D、V_S及釜液量（B）四者中选择一个作为控制成分的手段，选择另一个保持流量恒定，其余2个则按回流罐和再沸器的物料平衡，由液位调节器进行调节。

按精馏段指标控制最常用的方案是用精馏段塔板温度控制L_R，并保持V_S流量恒定，如图2-15所示的A方案。当回流比（L_R/D）很大时，一般用精馏段塔板温度控制D，并保持V_S流量恒定，如图2-15所示的B方案。

2. 按提馏段指标控制

当对釜液的成分要求比对馏出液的高时，如塔底为主要产品时，常采用按提馏段指标控制方案。例如，对塔顶和塔底产品的质量要求相近，又是液相进料，也往往采用此方案。

按提馏段指标控制最常用的方案是用提馏段塔板温度控制加热蒸气量，从而控制V_S，并保持L_R恒定，D和B都按物料平衡关系，由液位调节器控制，如图2-16所示的A方案，也是目前应用最多的方案。该法比较简单，调节迅速，在一般情况下也比较可靠。

也可用提馏段塔板温度控制釜液流量B，并保持L_R恒定，D由回流罐的液位调节，蒸气量由再沸器的液位调节，如图2-16所示的B方案。该方案当B较小时比较平稳。

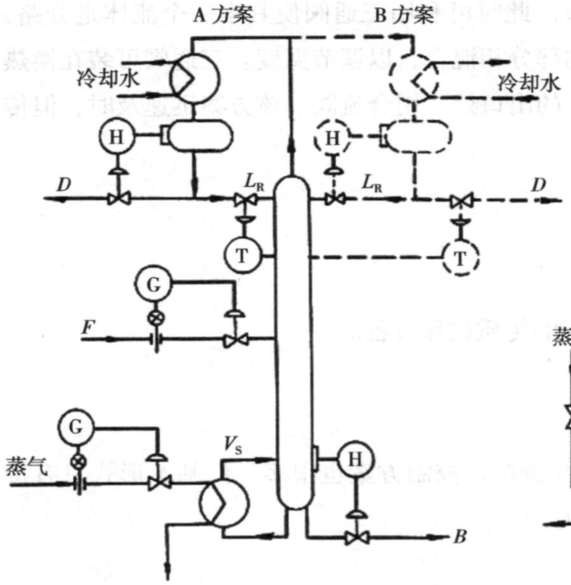

图 2–15　按精馏段指标控制的方案

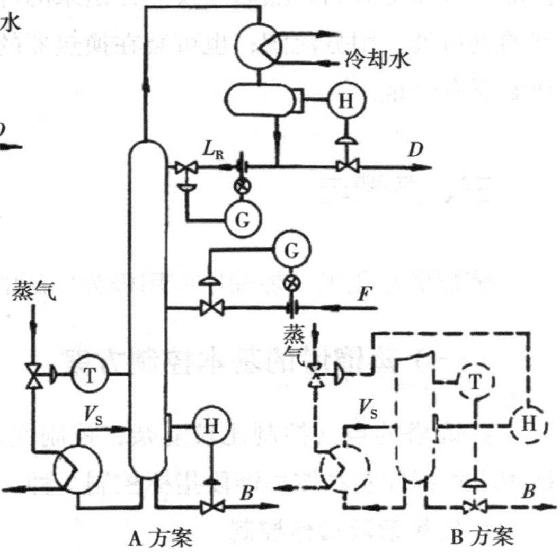

图 2–16　按提馏段指标控制的方案

（二）蒸馏塔的具体控制方案

蒸馏塔的具体控制方案可按塔顶、塔底及进料系统分别考虑。

1. 塔顶的流程与调节方案

蒸馏塔塔顶压力稳定是平稳操作的重要因素，因为塔顶压力的变化将引起塔内气相流量和塔板上气 – 液平衡条件的变化，从而使操作条件改变，影响产品的质量。因此，塔顶方案的基本要求是：把出塔蒸气的绝大部分冷凝下来，把不冷凝气体排走；调节 L_R 和 D 的流量和保持塔内压力稳定。

1）常压塔

如图 2–17（a）所示为最常见的常压塔塔顶流程，塔顶通过回流罐上的放气口与大气相通，以保持常压。常压塔的塔顶冷凝器的温度调节系统必须使凝液过冷（可用冷却水流量控制），这样调节阀才能有效地控制，并且可避免馏出液也不致在管道内降压而部分汽化，对阀和泵产生气蚀作用。

如果冷却水上游的压力波动较大，可采用对冷却水流量的串级调节。

2）加压塔

加压塔控制方案的确定，不仅与塔顶馏出物的状态密切相关，而且还和塔顶馏出物中不凝性气体量的多少有关。加压塔包括液相出料和气相出料 2 种，但以前者为多。若为液相出料，一方面要保持塔的压力稳定，另一方面还需要把可冷凝的组分全部冷凝下来。一般通过控制压力就能达到上述目的。

馏出物中含有少量不凝性气体时，可用冷凝器的传热量来调节塔顶压力。传热量减小，蒸气不能全部冷凝，塔压升高；反之，塔压降低。冷凝器的传热量可通过调节冷却水流量的方法控制，如图 2–17（b）所示，也可采用旁路的方法控制，如图 2–17（c）所示。

馏出物中含有较多不凝性气体时，除调节传热量外，必须同时辅以不凝性气体放空。放空可采取自动的方法间歇放空，也可采取经常放空一小部分不凝性气体，但前者较后者经济。

馏出物中不含或仅含微量不凝性气体时，控制塔压可采用的方案较多。若冷凝器位于回流罐上方，可用冷凝器的冷剂流量，或直接调节顶部气相流量，或采用热旁路方法，或用冷凝器排液量与热旁路相结合等方法控制塔压。若冷凝器位于回流罐下方，可采用浸没式冷凝器塔压控制方案。

3）减压塔

减压塔与加压塔在液相出料时相仿，通常对真空度和温度分别进行调节。减压塔真空度的获得一般都依靠蒸气喷射泵或电动真空泵，因此减压塔真空度的控制涉及真空泵的控制。蒸气喷射泵入口的蒸气压力保持恒定，用吸入一部分空气或惰性气体去排空管的方式相当方便，如图 2–17（d）所示，也可通过改变不凝性气体的抽吸量来控制真空度。

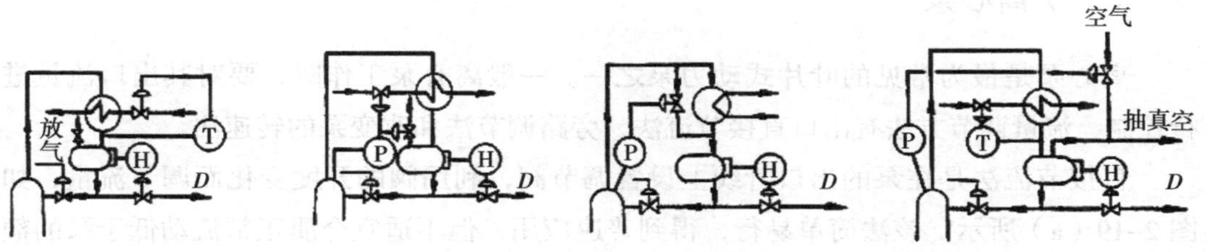

（a）常压塔　（b）加压塔（用冷却水量控制）　（c）加压塔（旁路控制）　（d）减压塔

图 2–17　塔顶的流程与调节方案

2. 塔底的流程与调节方案

再沸器主要有对流循环式（如热虹吸式）和沉浸式 2 种形式。热虹吸式再沸器传热强度较高，可通过控制蒸气用量或冷凝水排出量来调节，热虹吸式再沸器塔底流程如图 2–18（a）所示。采用控制蒸气用量的方案，蒸气压力可能太低，甚至出现负压；控制冷凝水排出量方案适用于再沸器的传热面积有较大余量且塔釜温度较低的情况。

沉浸式再沸器的塔底流程如图 2–18（b）所示。

此外，蒸馏塔操作中的流量参数，如塔的进料量、回流量等对塔的稳定操作直接相关，也应采用适当的控制方法。

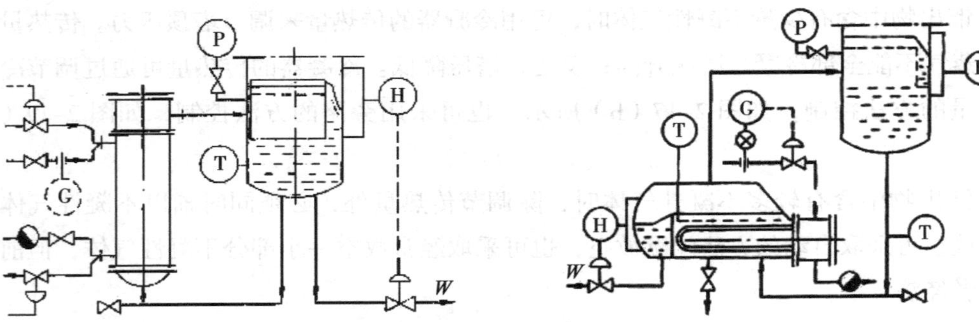

（a）热虹吸式再沸器　　（b）沉浸式再沸器

图 2-18　塔底流程

四、泵

泵按作用于液体的原理分为叶片式和容积式 2 大类。化工生产中最常用的泵为离心泵、齿轮泵和真空泵。大多数泵由电动机驱动，因此在流程图中一般都略去驱动机的符号，仅标出泵的功率。当排气可以利用时，采用蒸气透平驱动，某些应急泵应选用柴油机、汽油机作为驱动机。

（一）离心泵

离心泵是最为常见的叶片式动力泵之一。一般离心泵工作时，要对其出口流量进行控制，流量调节方法有出口直接节流法、旁路调节法和改变泵的转速法。

直接节流法是在泵的出口管线上设置调节阀，利用阀的开度变化而调节流量，如图 2-19（a）所示。该法简单易行，得到普遍应用，但不适宜介质正常流动低于泵的额定流量的 30% 以下的场合。

旁路调节法是在泵的进出口旁路管道上设置调节阀，使一部分液体从出口返回到进口管线以调节出口流量，如图 2-19（b）所示。该法耗费能量，使泵的总效率降低，但调节阀的尺寸比直接节流法小，可用于介质流量偏低的场合。

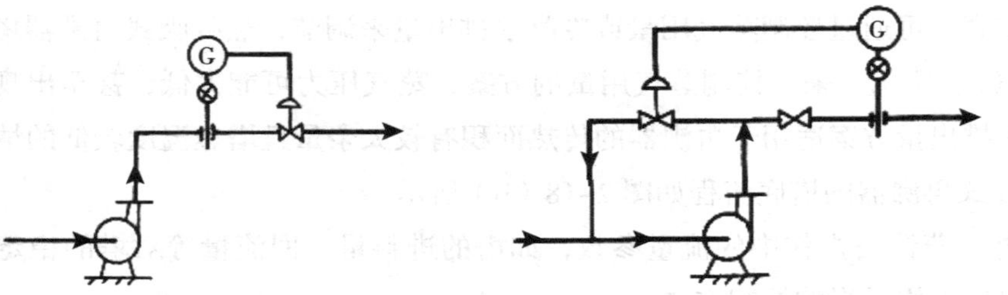

（a）泵出口直接节流调节　　（b）旁路调节

图 2-19　离心泵的流量调节

当泵的驱动机选用汽轮机或可调速电机时，就可采用调节汽轮机或电机的转速来调节泵的转速，从而调节流量。该法节约能量，但驱动机及调速设施的投资较高，一般只适用于较大功率的机泵。

当离心泵设有分支路时，即一台泵要分送几路并联管路时，可采用如图 2-20 所示的调节方案。

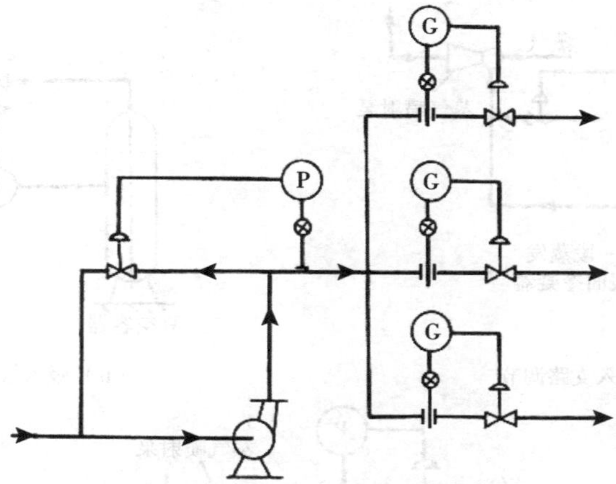

图 2-20 设有分支路泵的调节方案

（二）容积式泵

容积式泵的特点是当流量减小时，泵的压力急剧上升，因此不能在出口管道上直接安装节流装置来调节流量，通常采用旁路调节或改变转速和冲程大小来调节流程。如图 2-21（a）所示为常见容积式泵的旁路调节流程。以蒸汽机或汽轮机为原动机的场合，可通过改变蒸气流量来调节泵的转速，达到控制流量的目的，如图 2-21（b）所示。

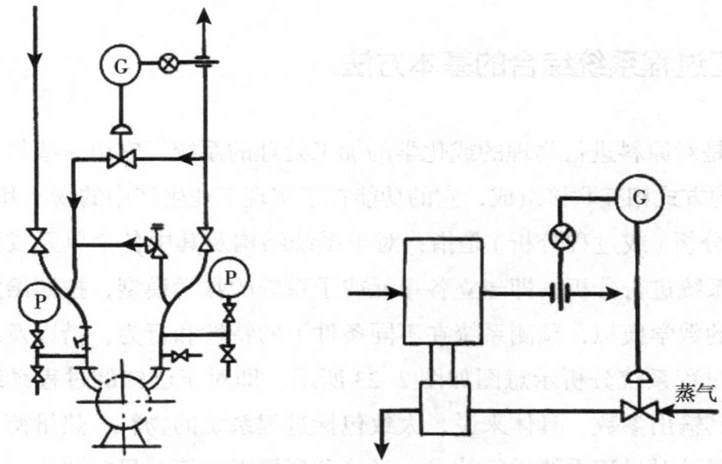

（a）旁路调节　　（b）蒸气流量调节

图 2-21 容积式泵的流量调节

（三）真空泵

真空泵可采用吸入支路调节和吸入管阻力调节的方案来控制真空系统的真空度，如图 2–22（a）和图 2–22（b）所示。用蒸气喷射泵抽真空时，真空度还可用调节蒸气量的方法来控制，如图 2–22（c）所示。

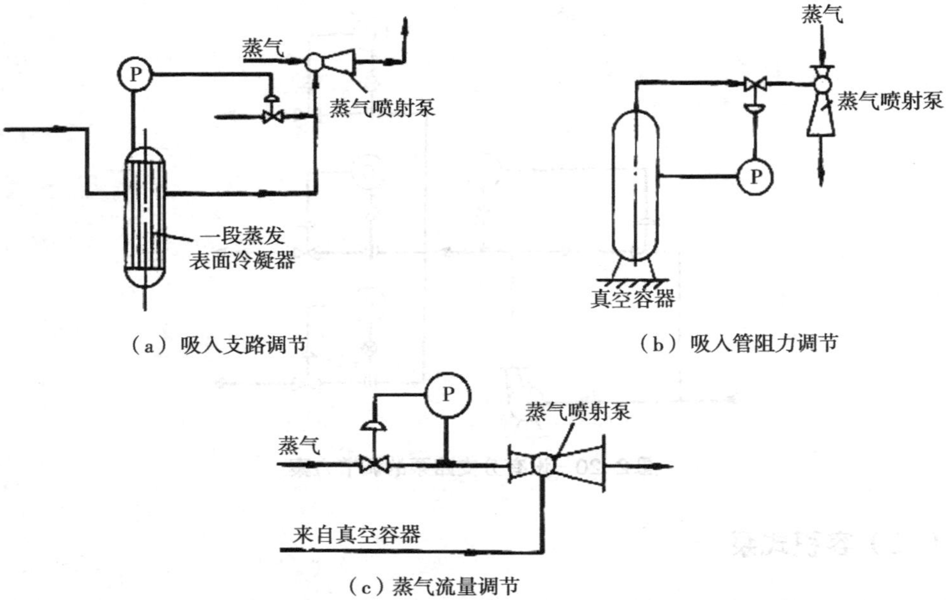

图 2–22 真空泵的真空度调节

第五节 化工过程系统综合

一、化工过程系统综合的基本方法

过程系统是对原料进行物理的或化学的加工处理的系统，它由一些特定功能的过程单元按照一定的方式相互联接组成，它的功能在于实现工业生产中的物质和能量的转换。

过程系统分析（或过程分析）是指：对于系统结构及其中各个单元或子系统均已给定的现有过程系统进行分析，即建立各单元或子系统的数学模型，按照给定的系统结构进行整个系统的数学模拟，预测系统在不同条件下的特性和行为，借以发现其薄弱环节并加以改进。过程系统分析示意图如图 2–23 所示，即对于已知的过程系统，给定其输入参数，求解其输出参数。具体来说，大致包括过程系统的物料、热量衡算，确定设备负荷、费用，以及对过程系统进行技术、经济和环境影响等多目标评价。化工过程模拟系统是过程系统分析的主要工具。

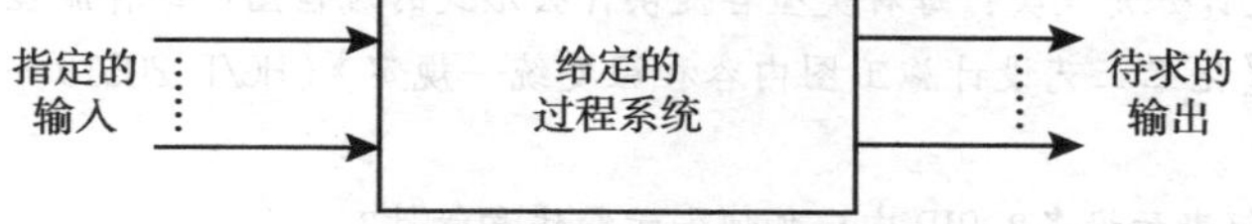

图 2-23 过程系统分析示意图

过程系统综合（或过程综合）是过程系统工程学的核心内容，是指按照规定的系统特性，寻求所需要的系统结构及其各子系统的性能，并使系统按规定的目标进行最优组合。过程系统综合示意图如图 2-24 所示，即当给定过程系统的输入参数及规定其输出参数后，确定出满足性能的过程系统，包括选择所采用的特定设备及其间的联络关系，并提供某些变量的初值。在设计新建装置时，过程综合用于从众多备选方案中选择最优流程。

图 2-24 过程系统综合示意图

过程系统综合需要以过程分析为基础，同时过程系统综合又对过程分析提出新的要求，过程系统设计是综合与分析交替过程的整体。

过程系统综合是一个极为复杂的大系统、多目标最优组合问题，是过程系统工程学的一个前沿领域。过程系统综合的方法可归纳成 4 种基本方法：①分解法；②直观推断法；③调优法；④结构参数法。

二、化工节能的新技术

节能降耗对于实际化工生产具有很现实的意义，过程系统的能量集成是节约能量的有效方法。化工节能的新技术有多效精馏、热泵精馏、热耦精馏、夹点技术等。

思考与练习题

（1）化工生产方法选择的原则有哪些？

（2）比较连续过程和间歇过程。

（3）一个生产过程的结构应从哪几个层次进行分析？

（4）工艺流程设计的总步骤有哪些？原则是什么？任务是什么？

（5）工艺流程设计分哪几类？每种类型各提供什么形式的流程图？每种流程图各有什么作用？

（6）认真学习《化工工艺设计施工图内容和深度统一规定》（HG/T 20519—2009）关于工艺流程图的内容。

（7）PID 中应如何表示设备？PID 中应如何表示管线和管件？

（8）设备位号的命名规则是什么？

（9）管道组合号的命名规则有哪些？

（10）绘制一张以 98% 硫酸为原料，稀释生产 20kt/a 30% 硫酸的物料流程图。

（11）绘制一张以 98% 硫酸为原料，稀释生产 20kt/a 30% 硫酸的管道及仪表流程图。

（12）什么是过程系统综合？

（13）化工节能新技术有哪些？

第三章 物料衡算与热量衡算

物料衡算与热量衡算是工艺设计的基石，是基于物理及化学的基本原理，对单元操作或整体流程的物料与热量平衡进行精确计算，计算出原料的消耗量、副产品量、输出过程物料损耗量及“三废”的生成量，确定原材料的消耗定额及动力，如蒸气、水、电、煤或其他燃料的消耗定额，从而确定产品成本及总的经济效益，同时还可确定各物流的流量、组成和状态、能量负荷及其等级、各单元设备内物质转换与能量传递的速度，为生产设备和生产辅助设备的选型及设计、管路设施与公用工程的设计等方面提供依据。

第一节 物料衡算

一、基本原理

（一）物料衡算的目的

物料衡算是利用过程中已知的某些物流的流量和组成，通过建立物料及组分的平衡方程式，求解其余未知的物料流量及组成。通过物料衡算还可以达到如下目的。

（1）根据算得的各设备的输入及输出的物流量、摩尔分率组成及其他组成，进行设备的选型及设计，确定“三废”排放位置、数量及组成，由此提出“三废”治理方案。

（2）确定原材料的消耗定额，判断是否达到设计要求。

（3）作为热量衡算的依据。

（4）根据计算结果绘出物流图，进行管路设计及材质选择，仪表及自控设计等。

（二）物料衡算的依据

物料衡算的理论基础源于质量守恒定律。物料衡算按其计算范围，可分为单元操作的物料衡算和化工过程的物料衡算 2 类，前者是化工设备设计的前提，后者是化工过程设计的前提。

根据质量守恒定律，对一给定系统，物料衡算的一般表达式如下。

$$输入量 - 输出量 + 生成量 - 消耗量 = 积累量 \tag{3-1}$$

应用物料衡算式既可对总物料，也可对其中任一组分或元素进行衡算。

对稳定操作过程，积累量为零，故可得出如下表达式。

$$输入量 - 输出量 + 生成量 - 消耗量 = 0 \tag{3-2}$$

对无化学反应的过程可得出如下表达式。

$$输入量 - 输出量 = 积累量 \tag{3-3}$$

对无化学反应的稳定操作过程可得出如下表达式。

$$输入量 = 输出量 \tag{3-4}$$

无化学反应时，一般只需要列出总的衡算式或组分衡算式，有化学反应时需要列出元素衡算式。

进行具体物料衡算时，需要知道下列数据和相关资料。

（1）设计任务书中确定的技术方案、操作方法、产品生产能力、年工作时。

（2）建设单位或研究单位所提供的要求、设计参数及小试中试数据，主要有：①化工单元过程的化学反应方程式、原料配比、转化率、选择率、总收率，催化剂的状态、用量、回收方法、安全性能等；②原料及产品的分离方式，分离剂的用量，各步的回收率；③特殊化学品的物性，如沸点、熔点、饱和蒸气压、闪点等。

（3）工艺流程示意图。

（三）物料衡算的基本步骤

物料衡算的基本步骤如下。

（1）确定衡算对象、体系，画出整个生产流程物料流程示意图或流程方框图（图 3–1）。

绘制流程图时，着重考虑物料的种类和走向，输入输出明确。一般用方框表示体系（可以是一个单元操作或设备，也可以是过程的一部分或整体），以箭头表示物流方向，要标明出入系统的各股物流，每股物流编号或命名，已知的物料流量、组成及操作条件也要进行标注。

图 3–1　整个生产流程物料流程示意图

（2）划定物料衡算范围。

（3）收集数据资料。

数据资料包括2类：一是设计任务规定的已知条件。例如，生产规模和生产时间；原辅材料、中间产品、产品的规格，包括原料的有效成分和杂质含量，气体或液体混合物的组成等；有关的定额和技术指标，如产品单耗、配料比、循环比、固液比、气液比、回流比、转化率、选择性、单程收率、总收率。二是计算所需要的有关物理、化学、工艺常数，如临界参数、密度、状态方程参数、蒸气压、气液平衡常数等。收集数据时，可查阅手册及有关资料，或经验确定，也可根据物理化学的基本定律进行计算，但应注意数据的可靠性、准确性和适用范围。

（4）写出主、副产品的化学反应方程式。

（5）选定计算基准。

（6）列出物料平衡方程及其他相关的约束式：归一化方程、恒沸组成、相平衡数据、化学平衡方程、回流比、相比等，统计变量个数与方程个数，确定设计变量的个数及全部设计变量，判断方程是否可解，然后求解。

（7）整理计算结果，列出物料平衡表，或者根据所需的换算基准列成原材料消耗表，并进行校核。

（8）绘制物料流程图。

物料流程图是物料衡算计算结果的一种表示方法，简单清楚地表示出各物料在流程中的位置和相互关系，并且查阅要方便。物料流程图作为设计成果编入设计文件。

物料衡算完毕后，通常应根据计算结果，从技术经济角度对单元过程设备或全流程进行分析评价，确定其生产能力、效率是否符合预期要求，物料损耗是否合理，工艺条件是否合适等，发现流程设计中存在的问题，逐步完善工艺流程设计，经过多次物料衡算，获得最佳流程设计方案。

（四）物料衡算基准

进行物料衡算时，必须选择一定的基准作为计算的基础。基准选得恰当，可使计算简化，同时也可缩小计算误差。通常采用的基准有下列6种。

（1）时间基准：对连续操作的设备，过程达到稳定后，往往以单位时间（如天、小时、秒）的投料量或生产产品量为计算基准，这种基准可直接与生产规模和设备的设计计算相联系。

（2）批量基准：以每批操作或一釜料的生产周期为基准，适用于间歇操作过程。

（3）质量基准：当系统介质为液、固相时，选择一定质量的原料或产品作为计算基准较适合。

（4）物质的量基准：当所用原料或产品是单一化合物，或由已知含量和相对分子质量的多组分组成，或有化学反应的过程，用物质的量（摩尔）作基准更方便。

（5）标准体积基准：对于气体物料进行衡算时，可采用标准体积基准，将实际情况下的体积换算为标准状态下的体积，即标准体积 m^3（STP），不仅排除了因温度、压力变化带来的影响，而且可直接换算为摩尔，其实质与物质的量基准相同。

（6）干湿基准：由于物料中均含有一定量的水分，选用基准时就有算不算水分的问题，计算水分在内的为湿基，不计算水分的为干基。

实际计算时，必须根据具体情况选择合适的基准，过程的物料衡算及能量衡算应在同一基准上进行。

［例 3–1］ 丙烷完全燃烧反应式为 $C_3H_8+5O_2 \rightarrow 3CO_2+4H_2O$，空气过量 25%，问生成 100 摩尔燃烧产物（烟道气）需要多少摩尔空气？

解:（1）以 1mol 原料气 C_3H_8 为计算基准。

根据反应方程式，1mol C_3H_8 需要 5mol O_2，并且需要过量 25%，即实际需氧量为 5×1.25=6.25mol，故所需空气量如下。

$$\frac{5\times1.25}{0.21}=29.76\text{mol}$$，其中 O_2 为 6.25mol，N_2 为 23.51mol。

以 1mol 原料气为基准的物料衡算结果如表 3–1 所示。

表 3–1 以 1mol 原料气为基准的物料衡算结果

组分	输入		输出	
	物质的量 /mol	质量 /g	物质的量 /mol	质量 /g
C_3H_8	1	44	0	0
O_2	6.25	200	1.25	40
N_2	23.51	658.3	23.51	658.3
CO_2	0	0	3	132
H_2O	0	0	4	72
合计	30.76	902.3	31.76	902.3

从表 3–1 可看出，31.76mol 燃烧产物需要空气 29.76mol，则 100mol 产物需要空气量如下。

$$\frac{100\times29.76}{31.76}\approx93.7\text{mol}$$

（2）以 1mol 入口空气为计算基准。

因空气过量 25%，用于燃烧的 O_2 的量为 1×0.21/1.25，故 C_3H_8 的量如下。

$$\frac{1\times0.21}{1.25}\times\frac{1}{5}=0.0336\text{mol}$$

以 1mol 空气为基准的物料衡算结果如表 3-2 所示。

表 3-2　以 1mol 空气为基准的物料衡算结果

组分	输入		输出	
	物质的量 /mol	质量 /g	物质的量 /mol	质量 /g
C_3H_8	0.0336	1.48	0	0
O_2	0.21	6.72	0.042	1.344
N_2	0.79	22.12	0.79	22.12
CO_2	0	0	0.101	4.44
H_2O	0	0	0.134	2.42
合计	1.0336	30.32	1.067	30.32

由计算结果可知，每生成 1.067mol 产物需要 1mol 空气，故 100mol 产物需要空气量如下。

$$\frac{1\times100}{1.067}\approx93.7\text{mol}$$

从以上计算可看出，采用 2 种基准得出的结果是相同的，故计算结果与采用的计算基准无关，因此可按便于计算的原则选择计算基准。

（五）物料衡算中的基本概念

1. 独立变量

假定含有 N_c 个组分的系统，如果每一股物流中都含有全部组分数 N_c 个，则每一股物流的变量数就是该股物流的组分摩尔分数的总数 N_c 和流量之和，即 N_c+1 个物流变量。若出入该系统的物流共有 N_s 股，该系统有 N_p 个设备参数，则系统的总变量数 N_v 如下。

$$N_v=N_s(N_c+1)+N_p \tag{3-5}$$

对于每股物流中不含有全部组分的情况，上式不适用，此时必须逐股统计变量。

2. 设计变量

设计变量是指在物料衡算之前必须预先赋值的变量或参数，又称为体系的自由度。若系统所含的独立变量总数为 N_v，独立方程数为 N_e，在物料衡算中，方程组有确定解的充要条件是独立方程的个数等于未知数的个数，故设计变量的个数 $N_d=N_v-N_e$。设计变量的选择需要根据实际问题的要求而定，求解物料平衡之前，必须首先对选定的设计变量赋值。

3. 方程式和约束式

物料衡算时，建立的方程式和约束式包括以下 3 类。

（1）物料平衡方程：包括总的物料平衡方程、各组分的物料平衡方程、元素原子平衡方程。

（2）分率约束式或物流约束式。

$$\sum_{j=1}^{N_c} x_{ij} = 1 (i = 1,2,\cdots, N_s) \tag{3-6}$$

式中 x_{ij}——第 j 组分在第 i 股物流中的摩尔分率（或质量分率）；

N_s——物流股数；

N_c——物流组分数。

每股物流中各组分的分率之和等于 1，N_s 股物流可建立 N_s 个约束式。

（3）设备或工艺条件的约束式。

常见的设备或工艺条件的约束式有：进料比（或两物流流量比）、精馏过程回流比、萃取过程溶剂比、反应过程的相平衡常数、转化率、化学平衡常数、选择性或其他限度。设备或工艺条件的约束式一般取决于工艺要求或设备要求，不同设备其约束式不同，有时设备约束式相当复杂。

4. 转化率

转化率是一个化学反应进行程度的标志，是指某一反应物在反应中转化掉的量与初始反应物的量之比，其表达式如下。

$$x = \frac{\text{反应物转化量}}{\text{反应物的起始量}} \times 100\% \tag{3-7}$$

数学表达式如下。

$$x_A = \frac{n_{A0} - n_A}{n_{A0}} \tag{3-8}$$

式中 x_A——反应物 A 的转化率；

n_{A0}——反应物 A 的初始量，mol；

n_A——反应后 A 的量，mol。

由转化率定义可知，转化率是针对反应物而言的，如果反应物不止一种，又不按反应计量系数来配比，那么根据不同反应物计算所得的转化率数值可能不同。生产中一般按不过量的反应物组分，即关键组分或限制组分来计算转化率。

对循环系统，有单程转化率和总转化率之分。单程转化率指物料通过反应器一次所达到的转化率，而总转化率是指新鲜原料从进入系统起到离开系统止所达到的转化率，也可表示如下。

$$\text{单程转化率} = \frac{\text{输入到反应器中的反应物} - \text{从反应器中输出的反应物}}{\text{输入到反应器的反应物}} \times 100\% \tag{3-9}$$

$$\text{总转化率} = \frac{\text{输入到过程中的反应物} - \text{从过程中输出的反应物}}{\text{输入到过程中的反应物}} \times 100\% \tag{3-10}$$

5. 收率和选择性

对单一反应，由于产物间必须满足反应式所确定的计量关系，利用转化率这样一个参数就足以确定反应物转化量与产物生成量之间的关系。

对复合反应系统，同时存在主反应和副反应，同一种原料可转化为几种产物，仅根据转化率是无法确定每一种产物的量，这时就需要使用收率或选择性2个变量对系统做完整的描述和进行反应物料组成的计算。

收率表示关键组分转化为目的产物的量与关键组分的投入量的比值。

$$\text{收率}=\frac{\text{生成目的产物所消耗的关键组分量}}{\text{进入反应系统的关键组分量}}\times 100\% \tag{3-11}$$

若以 Y 代表收率，其数学表达式如下。

$$Y=\frac{n_{\mathrm{P}}-n_{\mathrm{P0}}}{n_{\mathrm{A0}}}\cdot\frac{|v_{\mathrm{A}}|}{v_{\mathrm{p}}} \tag{3-12}$$

式中 n_{P}——目的产物的起始量；

n_{P0}——反应后目的产物的量；

n_{A0}——关键组分初始量；

v_{A}、v_{P}——分别为关键组分和目的产物的计量系数。

选择性表示实际转化为目的产物的关键组分的量与被转化掉的关键组分的量的比值。

$$\text{选择性}=\frac{\text{生成目的产物所消耗的关键组分量}}{\text{被转化掉的关键组分量}}\times 100\% \tag{3-13}$$

以 S 代表选择性，其表达式如下。

$$S=\frac{n_{\mathrm{P}}-n_{\mathrm{P0}}}{n_{\mathrm{A0}}-n_{\mathrm{A}}}\cdot\frac{|v_{\mathrm{A}}|}{v_{\mathrm{p}}} \tag{3-14}$$

式中 n_{A}——反应后关键组分的量。

反应选择性说明了主反应、副反应进行程度的相对大小。转化率、收率和选择性之间关系如下。

$$Y=Sx \tag{3-15}$$

二、物理过程（非化学反应过程）的物料衡算

物理过程是指在系统中，物料没有发生化学反应的过程，又称为化工单元操作，如流体输送、混合、粉碎、换热、分离（过滤、干燥、吸收、萃取、蒸发、结晶、

精馏）等。

（一）简单过程的物料衡算

仅有一个设备或虽由数个单元设备组成，但仅考虑过程的输入和输出，即整个过程可看成一个设备单元的过程称为简单过程，设备的边界就是系统的边界。

1. 混合过程

混合是指若干股物流在同一容器内混合为一股而流出。

［例 3–2］ 硝化混酸配制过程（图 3–2）：将含有 69%（质量分数，下同）H_2SO_4 的硝化废液与 93% 的工业硫酸和 97% 的 HNO_3 混合生产混酸，混酸组成为 46% 的 H_2SO_4、46% 的 HNO_3、8% 的 H_2O，各溶液的另一组分为水。产量为 1000kg/h。试完成其物料衡算。

解：取衡算基准为小时，以 W 表示各股物流的质量流量。

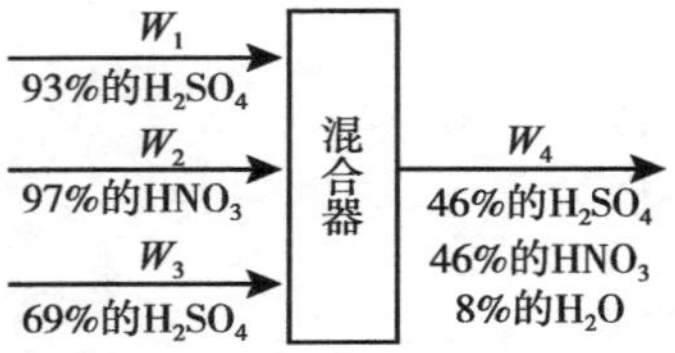

图 3–2 硝化混酸配制过程图

混合器总质量平衡：

$$W_1+W_2+W_3=W_4$$

混合器 H_2SO_4 平衡：

$$0.93W_1+0.69W_3=0.46W_4$$

混合器 HNO_3 平衡：

$$0.97W_2=0.46W_4$$

混合器 H_2O 平衡： $0.07W_1+0.03W_2+0.31W_3=0.08W_4$

将 W_4=1000kg/h 代入上面方程，解得：

$$W_1=404\text{kg/h}$$

$$W_2=474\text{kg/h}$$

$$W_3=122\text{kg/h}$$

混合过程的物料平衡表如表 3–3 所示。

表 3–3 混合过程的物料平衡表

流股	1		2		3		4	
组分	93% 的 H_2SO_4		97% 的 HNO_3		69% 的 H_2SO_4		混酸（46% 的 H_2SO_4、46% 的 HNO_3、8% 的 H_2O）	
	$kg \cdot h^{-1}$	%（wt）	$kg \cdot h^{-1}$	%（wt）	$kg \cdot h^{-1}$	%（wt）	$kg \cdot h^{-1}$	%（wt）
H_2SO_4	375.72	93	0	0	84.18	69	460	46
HNO_3	0	0	459.78	97	0	0	460	46
H_2O	28.28	7	14.22	3	37.82	31	80	8
合计	404	100	474	100	122	100	1000	100

2. 精馏过程

通过精馏塔物料衡算可找出塔顶、塔底产品的流量和组成与原料液的流量和组成之间的关系。

［例 3–3］ 一精馏塔用于分离乙苯 – 苯乙烯混合物，进料量为 3100kg/h，其中乙苯的质量分数为 60%。塔顶、塔底产品中乙苯的质量分数分别要求为 0.95、0.25。求塔顶馏出液和塔釜排出液的流量和组成。

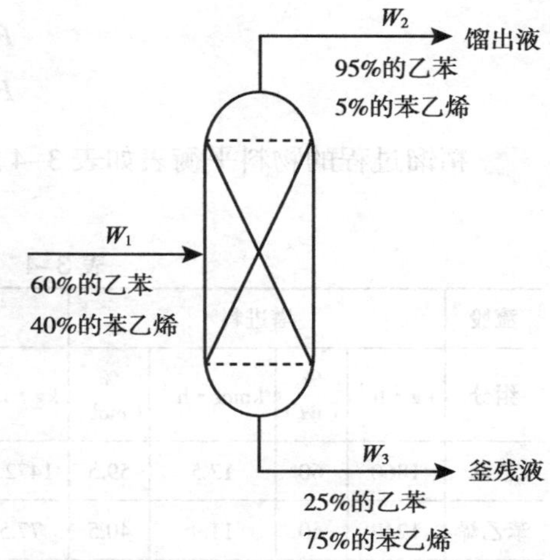

图 3–3 ［例 3–3］流程示意图

解：用 W_1、W_2、W_3 分别表示塔进料、塔顶馏出液和塔釜排出液的质量流量。

画出流程示意图，如图 3–3 所示。

总物料衡算式： $W_1=W_2+W_3$

乙苯平衡： $0.6\,W_1=0.95\,W_2+0.25\,W_3$

苯乙烯平衡： $0.4\,W_1=0.05\,W_2+0.75\,W_3$

将 W_1=3100kg/h 代入上面方程，得：

$$W_2=1550\text{kg/h}$$

$$W_3=1550\text{kg/h}$$

若求摩尔流量，需要对已知量进行换算。

乙苯和苯乙烯的分子量分别为：M_A=106.2，M_B=104.2。

设 F_1、F_2、F_3 分别表示进料、塔顶馏出液和塔釜排出液的摩尔流量，x_1、x_2、x_3 分别表示进料、塔顶和塔底产品中乙苯的摩尔分数。

$$F_1=\frac{3100\times0.6}{106.2}+\frac{3100\times0.4}{104.2}\approx29.4\text{kmol/h}$$

$$x_1=\frac{0.6/106.2}{0.6/106.2+0.4/104.2}\approx0.595$$

$$x_2=\frac{0.95/106.2}{0.95/106.2+0.05/104.2}\approx0.949$$

$$x_3=\frac{0.25/106.2}{0.25/106.2+0.75/104.2}\approx0.246$$

乙苯平衡： $F_1\times0.595=0.949F_2+0.246F_3$

$$F_1=F_2+F_3$$

将 $F_1 \approx 29.4$kmol/h 代入，解得：

$$F_2 \approx 14.6\text{kmol/h}$$
$$F_3 \approx 14.8\text{kmol/h}$$

精馏过程的物料平衡表如表 3–4 所示。

表 3–4　精馏过程的物料平衡表

流股	塔进料				塔顶馏出液				釜底排出液			
组分	$kg \cdot h^{-1}$	%（*wt*）	$kmol \cdot h^{-1}$	%（mol）	$kg \cdot h^{-1}$	%（*wt*）	$kmol \cdot h^{-1}$	%（mol）	$kg \cdot h^{-1}$	%（*wt*）	$kmol \cdot h^{-1}$	%（mol）
乙苯	1860	60	17.5	59.5	1472.5	95	13.9	94.9	387.5	25	3.6	24.6
苯乙烯	1240	40	11.9	40.5	77.5	5	0.7	5.1	1162.5	75	11.2	75.4
合计	3100	100	29.4	100	1550	100	14.6	100	1550	100	14.8	100

（二）多单元系统的物料衡算

一个系统由数个单元设备组成，如果对其中的每一个设备都要计算其流量及组成，这时就称为多单元系统。对每个单元可列出单元平衡方程式，若将整个系统作为一个单元，可列出总平衡方程式。

［例 3–4］ 采用 2 个串联的蒸发器浓缩 NaOH 溶液。蒸发器的总处理能力为 5000kg/h，进入第一个蒸发器的 NaOH 溶液浓度为 12%（质量分数，下同），浓缩到 20% 后输送到第二个蒸发器，进一步浓缩成 50% 溶液排出。计算每个蒸发器的蒸发水量及从第二个蒸发器送出的浓溶液量。

解：用 W_1、W_2 分别表示第一个蒸发器和第二个蒸发器的蒸发水量，F_1、F_2 分别表示从第一个蒸发器和第二个蒸发器送出的溶液量，流程示意图如图 3–4 所示。

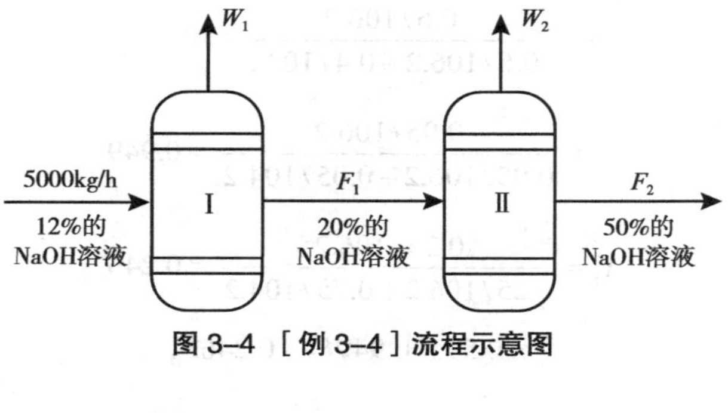

图 3–4 ［例 3–4］流程示意图

（1）求第一个蒸发器的蒸发量，衡算范围为第一个蒸发器，衡算基准为小时。

总质量平衡：$5000=W_1+F_1$

NaOH 平衡：$5000\times0.12=0.2\times F_1$

解得：

$$W_1=2000\text{kg/h}\quad F_1=3000\text{kg/h}$$

（2）求第二个蒸发器的蒸发量和从第二个蒸发器送出的浓溶液量。

假设不考虑两级之间的分配，将整个系统简化为一个单元。

总物料平衡：$5000=W_1+W_2+F_2$

NaOH 溶液平衡：$5000\times0.12=0.5\times F_2$

将 W_1=2000kg/h 代入，解得：

$$F_2=1200\text{kg/h},\ W_2=1800\text{kg/h}$$

三、反应过程的物料衡算

有化学反应的物料衡算比无化学反应过程的物料衡算要复杂，因为经过化学反应，原子与分子重新形成了完全不同的新物质，每一化学物质的输入与输出的摩尔流率或质量流率是不平衡的。此外，还涉及化学反应速率、转化率、产物的收率、选择性等因素。在进行物料衡算时必须考虑这些因素，化学反应过程物料衡算的主要方法如下。

（1）元素平衡法。

（2）直接计算法。

（3）利用反应速率进行物料衡算。

（4）利用惰性组分作物料衡算。

（5）以化学平衡进行衡算。

（6）以节点进行衡算等。

（一）利用元素的原子平衡的方法进行物料衡算

化学反应中化学物质虽然发生了变化，但反应前后各元素的原子数是相等的，这一原理在物料衡算中常常被使用。

［例 3–5］ 将［例 3–1］使用原子平衡的方法，以 100mol 烟道气作基准进行物料衡算。

解：画出流程示意图（图 3–5）。

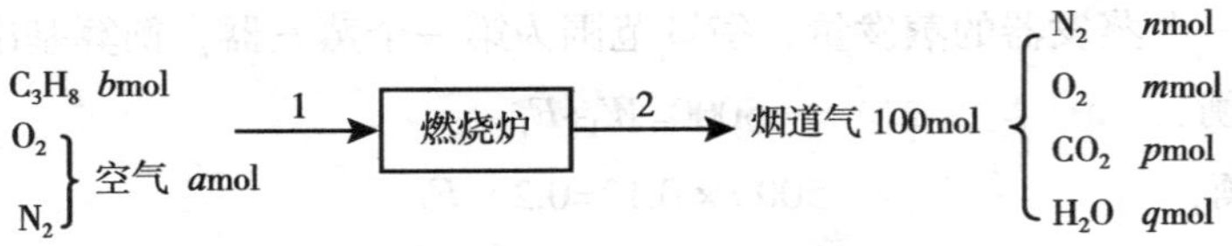

图 3–5 ［例 3–5］流程示意图

C 原子平衡： $3b=p$

H 原子平衡： $8b=2q$

O 原子平衡： $2\times0.21a=2m+2p+q$

N_2 平衡： $0.79a=n$

过量氧气： $0.21a\times(0.25/1.25)=m$

烟道气总量： $100=m+n+p+q$

解上述方程组得： $a=93.7\text{mol}$

$b=3.15\text{mol}$

因此，生成 100mol 烟道气需要加入空气 93.7mol。此计算结果与［例 3–1］计算结果相同。

（二）使用反应计量方程式作物料衡算

根据化学反应计量方程式进行物料衡算，又称为直接计算法，也是常用的方法之一。

［例 3–6］ 在催化剂作用下，甲醇空气氧化制甲醛，其反应方程式如下。

$$CH_3OH+1/2\,O_2 \rightleftharpoons HCHO+H_2O$$

为保证甲醇有足够转化率，进料中空气过量为 50%，甲醇转化率为 75%，试完成其物料衡算。

解：画出流程示意图（图 3–6）。

图 3–6 ［例 3–6］流程示意图

基准：100kmol/h CH_3OH 进料

甲醇转化率为 75% 时：

反应的 CH_3OH 量 =0.75 × 100=75kmol/h

未反应的 CH_3OH 量 =100–75=25kmol/h

根据反应方程式：

O_2 的需要量 =50kmol/h

O_2 的输入量 =50×（1+0.5）=75kmol/h

O_2 的输出量 =75−75×1/2=37.5kmol/h

N_2 的输入量 =N_2 的输出量 =75×（79/21）≈ 282kmol/h

生成 HCHO 的量 =75kmol/h

生成 H_2O 的量 =75kmol/h

甲醇氧化过程的物料平衡表如表 3–5 所示。

表 3–5 甲醇氧化过程的物料平衡表

组分	输入		输出	
	$kmol \cdot h^{-1}$	%（mol）	$kmol \cdot h^{-1}$	%（mol）
CH_3OH	100	21.9	25	5.0
O_2	75	16.4	37.5	7.6
N_2	282	61.7	282	57.0
HCHO	0	0	75	15.2
H_2O	0	0	75	15.2
合计	457	100	494.5	100.0

［例 3–7］ 萘用浓 H_2SO_4 磺化制 2– 萘磺酸为间歇操作。每批投料量：98.4%（质量分数，下同）的精萘 1540kg，98% 的浓 H_2SO_4 690L（密度 1840kg/m³）。磺化产物组成：8% 的 1– 萘磺酸，71% 的 2– 萘磺酸，7% 的游离硫酸，5.5% 的游离萘。在磺化过程中有 1.8% 的物料转变为蒸气排出，完成其物料衡算。

解：画出流程示意图（图 3–7）。

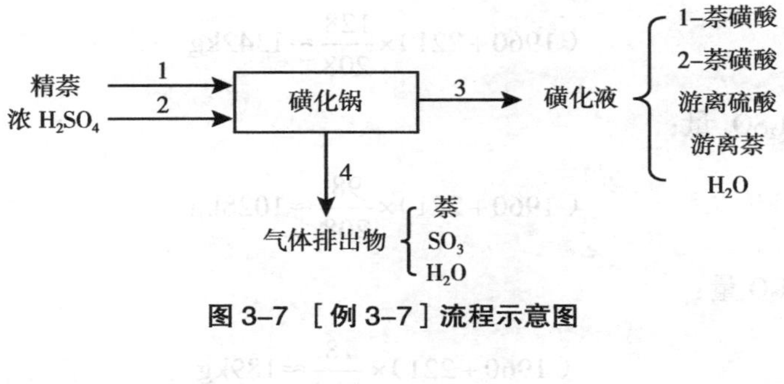

图 3–7 ［例 3–7］流程示意图

基准：一批磺化操作。

（1）进料。

加入精萘1540kg，其中萘为：$1540\times0.984\approx1515\text{kg}$

H_2O 为：$1540-1515\approx25\text{kg}$

加入浓 H_2SO_4：

$$690\times\frac{1840}{1000}\approx1270\text{kg}$$

其中 H_2SO_4：$1270\times0.98\approx1245\text{kg}$

H_2O：$1270-1245\approx25\text{kg}$

共加料：$1540+1270\approx2810\text{kg}$

其中，萘1515kg、H_2SO_4 1245kg、H_2O 50kg。

（2）出料。

磺化产物总重：$2810\times(1-0.018)\approx2760\text{kg}$

其中2-萘磺酸：$2760\times0.71\approx1960\text{kg}$

1-萘磺酸：$2760\times0.08\approx221\text{kg}$

游离 H_2SO_4：$2760\times0.07\approx193\text{kg}$

游离萘：$2760\times0.055\approx152\text{kg}$

H_2O：$2760-(1960+221+193+152)\approx234\text{kg}$

（3）反应消耗原料量。

主反应：

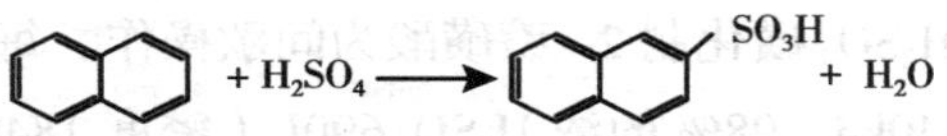

副反应：

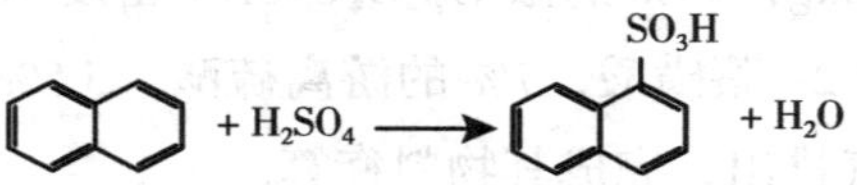

反应消耗萘量为：

$$(1960+221)\times\frac{128}{208}\approx1342\text{kg}$$

反应消耗 H_2SO_4 量：

$$(1960+221)\times\frac{98}{208}\approx1028\text{kg}$$

反应生成 H_2O 量：

$$(1960+221)\times\frac{18}{208}\approx189\text{kg}$$

（4）气体排出物组成。

对萘进行衡算：加入萘 1515kg，反应消耗萘 1342kg，磺化物料带出萘 152kg，排出萘量如下。

$$1515-(1342+152)=21\text{kg}$$

对 H_2SO_4 进行衡算：加入 H_2SO_4 1245kg，反应消耗 H_2SO_4 1028kg，磺化物料带出 H_2SO_4 193kg，排出 SO_3 量如下。

$$[1245-(1028+193)]\times\frac{80}{98}\approx 19.6\text{kg}$$

对 H_2O 进行衡算：精萘带入 H_2O 25kg，浓硫酸带入 H_2O 25kg，反应生成 H_2O 189kg，H_2SO_4 分解为 SO_3 所生成的 H_2O 如下。

$$[1245-(1028+193)]\times\frac{18}{98}\approx 4.4\text{kg}$$

磺化物料带出 H_2O 234kg。

排出水：　　　　　　$25+25+189+4.4-234=9.4\text{kg}$

气体排出物总量为：　　　　$21+19.6+9.4=50\text{kg}$

气体排出物组成：42% 的萘，39.2% 的 SO_3，18.8% 的 H_2O。

萘磺化过程的物料平衡表如表 3-6 所示（以一批操作为基准）。

表 3-6　萘磺化过程的物料平衡表

组分	输入		输出			
			磺化液		气体	
	kg	%（*wt*）	kg	%（*wt*）	kg	%（*wt*）
萘	1515	53.9	152	5.5	21	42
H_2SO_4	1245	44.3	193	7	0	0
2- 萘磺酸	0	0	1960	71	0	0
1- 萘磺酸	0	0	221	8	0	0
H_2O	50	1.8	234	8.5	9.4	18.8
SO_3	0	0	0	0	19.6	39.2
总计	2810	100	2760	100	50	100

（三）利用化学反应速率进行物料衡算

设化学反应$\nu_A A+\nu_B B\rightarrow\nu_C C+\nu_D D$的反应速率为 r，则任一组分 i 的物料衡算方程如下。

$$F_{i,\text{输入}} + v_i r = F_{i,\text{输出}} \tag{3-16}$$

式中 F_i——i 组分的物质的量流率；

v_i——化学计量系数，对生成物取“+”，对反应物取“–”。

［例3–8］ 合成氨原料气由发生炉煤气（78% 的 N_2，20% 的 CO，2% 的 CO_2，体积分数，下同）和水煤气（50% 的 H_2，50% 的 CO）混合而成，CO 需要通过 2 个变换反应器与水蒸气反应除去。反应方程式为：$CO+H_2O \rightleftharpoons CO_2+H_2$。蒸气流率是原料气总量（干基）的 2 倍，第一个反应器中 CO 的转化率为 80%，最后得到的物流中 H_2 与 N_2 之比为 3∶1，试计算中间和出口物流组成。

解：画出流程示意图（图 3–8）。

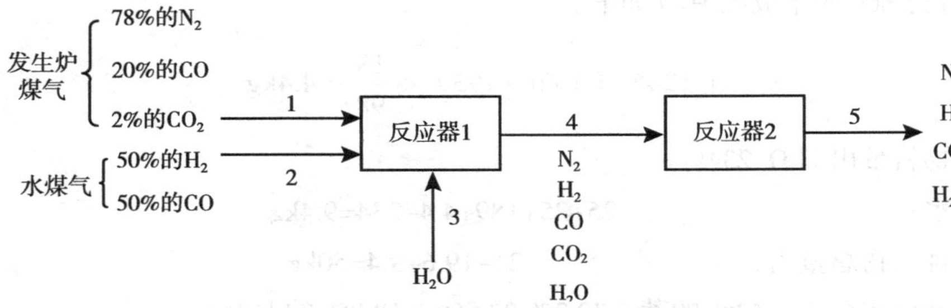

图 3–8 ［例 3–8］合成氨变换过程流程示意图

基准：发生炉煤气进料量为 100mol/h。

（1）将整个系统作为一个单元，只考虑输入和输出，总平衡方程如下。

N_2 平衡： $F_{5,N_2} = 0.78 \times 100 = 78\text{mol/h}$

CO_2 平衡： $F_{5,CO_2} = 0.02 \times 100 + r$

CO 平衡： $0 = 0.2 \times 100 + 0.5F_2 - r$

H_2 平衡： $F_{5,H_2} = 0.5F_2 + r$

H_2O 平衡： $F_{5,H_2O} = F_3 - r$

已知： $F_{5,H_2} = 3F_{5,N_2} = 3 \times 78 = 234\text{mol/h}$

$F_3 = 2(F_1 + F_2) = 2(100 + F_2)$

CO 和 H_2 平衡式相加可得 $F_2 = 214\text{mol/h}$

故 $F_3 = 2(100 + 214) = 628\text{mol/h}$

将 F_2 值代入 H_2 平衡式可得 $r = 127\text{mol/h}$

所以 $F_{5,CO_2} = 129\text{mol/h}$

$F_{5,H_2O} = 501\text{mol/h}$

（2）第一个反应器物料平衡方程式。

N_2 平衡： $F_{4,N_2} = 0.78 \times 100 = 78\text{kmol/h}$

CO_2 平衡：$$F_{4,CO_2}=0.02\times100+r$$

CO 平衡：$$F_{4,CO}=(0.2\times100+0.5\times214)\times(1-80\%)=0.2\times100+0.5\times214-r$$

H_2 平衡：$$F_{4,H_2}=0.5\times214+r$$

H_2O 平衡：$$F_{4,H_2O}=628-r$$

由 CO 平衡可得：$F_{4,CO}=25.4\ \text{mol/h}$　　$r=101.6\text{mol/h}$

解得：
$$F_{4,CO_2}=103.6\text{mol/h}$$
$$F_{4,H_2}=208.6\text{mol/h}$$
$$F_{4,H_2O}=526.4\text{mol/h}$$

合成氨变换过程的物料平衡表如表 3-7 所示。

表 3-7　合成氨变换过程的物料平衡表

组分	中间流 4		出口流 5	
	mol·h^{-1}	%（mol）	mol·h^{-1}	%（mol）
N_2	78	8.3	78	8.3
H_2	208.6	22.1	234	24.8
CO	25.4	2.7	0	0
CO_2	103.6	11.0	129	13.7
H_2O	526.4	55.9	501	53.2
总计	942	100	942	100

应用反应速率进行的衡算通常较少，但有时应用此法可以简化计算。

（四）利用惰性组分（联系物）作物料衡算

含有惰性组分的过程是生产中常见的过程之一。惰性组分是指在生产过程中不参加反应的物料，利用它的数量（质量或摩尔数）在反应器的进口、出口保持不变的特征进行物料衡算，可使计算简化，该惰性组分称为联系物。采用惰性组分为联系物作物料衡算是常常使用的一种方法，但当惰性组分数量很少，并且分析的相对误差很大时，则不宜采用此方法。

［例 3-9］ 将一股流率为 100kg/h，含有 84%（质量分数，下同）的 C 和 16% 的 H 的油分气流送入燃烧炉，与流率为 3.6kg/h 的水蒸气及过量的空气混合燃烧，燃烧尾气含 9.5% 的 CO_2（体积分数）。试求过剩的空气量。

解：以 1h 为计算基准，燃烧过程的反应式如下。

$$C + O_2 \rightarrow CO_2$$

$$H_2 + \frac{1}{2}O_2 \rightarrow H_2O$$

C 的进料量为 $\frac{0.84\times100}{12} = 7\text{kmol}$

H_2 的进料量为 $\frac{0.16\times100}{2} = 8\text{kmol}$

H_2O 的进料量为 $\frac{3.6}{18} = 0.2\text{kmol}$

根据反应方程式，需氧量为 $7+8\times\frac{1}{2} = 11\text{kmol}$

设过剩的氧气量为 x，则实际输入氧气量为 $11+x$。

N_2 为惰性组分，进出总量不变。

$$N_2\text{的输入量} = N_2\text{的输出量} = (11+x)\times\frac{79}{21}$$

生成 CO_2 量为 7kmol，生成 H_2O 量为 8kmol。

尾气总量为

$$x+(11+x)\times\frac{79}{21}+7+8+0.2 \approx 56.58+4.76x$$

依题意，CO_2 在尾气中占 9.5%，即

$$\frac{7}{56.58+4.76x} = 0.095$$

解得 $x = 3.59\text{kmol}$

空气过剩量与反应所需空气量的百分数等于氧气过量百分数，即

$$\frac{3.59}{11}\times100\% \approx 32.6\%$$

燃烧过程的物料平衡表如表 3-8 所示。

表 3-8 燃烧过程的物料平衡表

组分	C	H_2	N_2	O_2	H_2O	CO_2	合计
输入 / $\text{kmol}\cdot\text{h}^{-1}$	7	8	54.89	14.59	0.2	0	84.68
输出 / $\text{kmol}\cdot\text{h}^{-1}$	0	0	54.89	3.59	8.2	7	73.68

［例 3-10］ 用甲烷和氢的混合气与空气的完全燃烧加热锅炉，反应方程式如下。

$$CH_4 + 2O_2 \rightarrow CO_2 + 2H_2O \quad (1)$$

$$H_2 + \frac{1}{2}O_2 \rightarrow H_2O \quad (2)$$

燃烧产物组成如表 3–9 所示。

表 3–9　燃烧产物组成

组分	N_2	CO_2	O_2	H_2O	合计
%（mol）	72.19	8.12	2.44	17.25	100

计算（1）混合气中 CH_4 与 H_2 的摩尔比。

（2）空气与混合气的摩尔比。

解：流程示意图如图 3–9 所示。

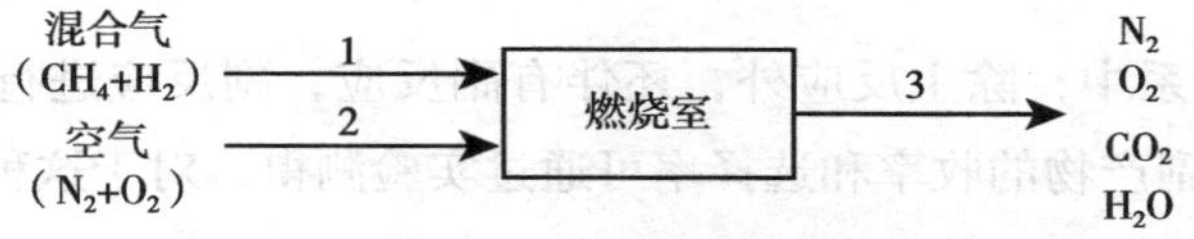

图 3–9 ［例 3–10］流程示意图

以 100mol 烟道气为基准，则产物中含 N_2 72.19mol，CO_2 8.12mol，O_2 2.44mol，H_2O 17.25mol。

N_2 为惰性组分，$F_{2,N_2} = F_{3,N_2} = 72.19\text{mol}$，故

$$F_{2,O_2} = 72.19 \times \frac{21}{79} \approx 19.19\text{mol}$$

根据反应方程式（1）　$F_{1,CH_4} = F_{3,CO_2} = 8.12\text{mol}$

CH_4 燃烧耗氧量为　$8.12 \times 2 = 16.24\text{mol}$

故 H_2 燃烧耗氧量为　$19.19-16.24-2.44 \approx 0.51\text{mol}$

由反应方程式（2）可知，混合气中氢的量为

$$F_{1,H_2} = 2 \times 0.51 = 1.02\text{mol}$$

因此，混合气中 CH_4 与 H_2 的摩尔比为

$$\frac{8.12}{1.02} \approx 7.96$$

空气与混合气的摩尔比为

$$\frac{72.19+19.19}{8.12+1.02} \approx 10.00$$

混合气燃烧过程的物料平衡表如表 3–10 所示。

表 3–10　混合气燃烧过程的物料平衡表

组分	输入		输出
	混合气 /mol	空气 /mol	烟道气 /mol
H_2	1.02	0	0
CH_4	8.12	0	0
O_2	0	19.19	2.44
N_2	0	72.19	72.19
CO_2	0	0	8.12
H_2O	0	0	17.25
合计	9.14	91.38	100

四、复合反应体系的物料衡算

在复合反应体系中，除主反应外，还伴有副反应，副反应进行的快慢和多少不易测得，但主产物、副产物的收率和选择率可通过实验测得，对于这种系统，可根据主产物、副产物的收率、选择率数据进行物料衡算。

［例 3–11］ 银催化乙烯氧化合成环氧乙烷，反应如下。

$$\text{主反应：} C_2H_4 + \frac{1}{2}O_2 \longrightarrow C_2H_4O$$

$$\text{副反应：} C_2H_4 + 3O_2 \longrightarrow 2CO_2 + 2H_2O$$

进入反应器的混合气体的流量为 1000kmol/h，其组成如下：10.0%（摩尔分数，下同）的 C_2H_4，19.0% 的 O_2，71.0% 的 N_2。乙烯的转化率为 25%，反应选择性为 80%，计算反应器出口气体的组成与流量。

解：环氧乙烷收率 = 0.25 × 0.8 = 0.2

CO_2 收率 = 0.25 ×（1–0.8）= 0.05

反应器出口气体各组分的流量为

乙烯：$$1000 \times 0.1 \times (1-0.25) = 75\text{kmol/h}$$

环氧乙烷：$$1000 \times 0.1 \times 0.2 = 20\text{kmol/h}$$

CO_2：$$1000 \times 0.1 \times 0.05 \times 2 = 10\text{kmol/h}$$

H_2O 与 CO_2 相等，为 10kmol/h。

N_2：$$1000 \times 0.71 = 710\text{kmol/h}$$

O_2：$$1000 \times 0.19 - \left(\frac{1}{2} \times 20 + \frac{3}{2} \times 10\right) = 165\text{kmol/h}$$

乙烯氧化过程的物料平衡表如表 3–11 所示。

表 3-11　乙烯氧化过程的物料平衡表

组分	进口气体		出口气体	
	$kmol \cdot h^{-1}$	%（kmol）	$kmol \cdot h^{-1}$	%（mol）
C_2H_4	100	10	75	7.6
O_2	190	19	165	16.7
N_2	710	71	710	71.7
C_2H_4O	0	0	20	2.0
CO_2	0	0	10	1.0
H_2O	0	0	10	1.0
合计	1000	100	990	100

五、循环过程的物料衡算

在反应过程中，如果反应物的转化率较低，为了充分利用原料，降低原料消耗，常常将未反应的原料与产物分离后，循环返回反应器入口，与新鲜原料一起再进入反应器反应，这类过程称为循环过程。在无化学反应过程中也有循环存在，如精馏塔塔顶的回流、过滤结晶过程滤液的返回都是循环过程的例子。

从前面讨论知道，无循环物流时，多单元系统的物料衡算可按顺序逐个进行，有循环物流时，由于循环返回处的流量尚未计算，循环量不知道，逐次计算不能计算出循环量。因此，循环过程的物料衡算比无循环过程要复杂。处理这类过程常用的方法有：①简单代数法，在循环存在时，列出物料平衡方程式并求解；②联立方程法，列出一组描述系统的方程式联立求解，并且可只保留求解再循环问题必须的方程式，该法构造简单，适于多种约束条件且都是线性方程的情况；③迭代法，又称试差法，先假设位于循环流中的任一流股值，由假设值围绕这个循环流进行计算，将假设值与计算值进行比较，确定此值是否收敛，否则需要重新假定一个估计值，直至估计值与计算值之差在一定的误差范围内。该法适用于较大系统的物料衡算，尤其是有非线性条件存在时，但计算冗繁，常选用计算机辅助计算方法。

对于只有 1 个或 2 个循环物流的简单情况，只要衡算基准和范围选择适当，计算常可简化。衡算时，一般先对全系统进行总的衡算，再对循环系统列出方程式求解，计算系统选取的好坏是解题的关键。

［例 3-12］ 苯加氢合成环己烷：$C_6H_6 + 3H_2 \rightarrow C_6H_{12}$。产量为 100kmol/h，进入反应器的气体组成为 80% 的 H_2，20% 的 C_6H_6（均为摩尔分数），苯的转化率为 99%，产物

物流中含有 3% 的 H_2，循环过程的流程图如图 3–10 所示。试计算：（1）产物物流的组成。（2）H_2 和 C_6H_6 的进料速率。（3）H_2 的循环速率。

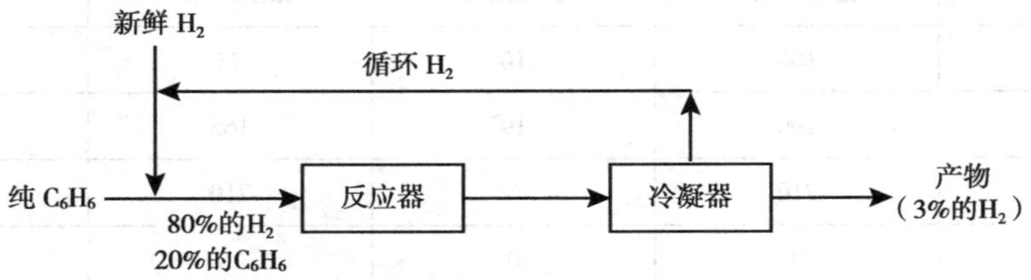

图 3–10 ［例 3–12］循环过程的流程图

解：（1）产物物流中包括：C_6H_{12}，未反应的 C_6H_6 和 3% 的 H_2。

苯的转化率为 99%，C_6H_{12} 产量为 100kmol/h，生产 100kmol/h 环己烷需要苯 100/0.99 ≈ 101.01kmol/h。

未反应的苯量为：　　　　$101.01\times(1-0.99)\approx 1.01\text{kmol/h}$

设产物中 H_2 的流率为 $F_{出,\ H_2}$，则

$$\frac{F_{出,\ H_2}}{100+1.01+F_{出,\ H_2}}=0.03$$

$$F_{出,H_2}\approx 3.12\text{kmol/h}$$

产物总量 = 100 + 1.01 + 3.12 ≈ 104.13kmol/h

产物物流的组成为

C_6H_{12} 摩尔分数：　$\dfrac{100}{104.13}\approx 0.96$

C_6H_6 摩尔分数：　$\dfrac{1.01}{104.13}\approx 0.01$

H_2 摩尔分数：　0.03

（2）苯的进料速率为 101.01kmol/h。

H_2 的进料速率为　　　$100\times 3+3.12\approx 303.12\text{kmol/h}$

（3）设 H_2 的循环速率为 $F_{循,\ H_2}$，进入反应器的 C_6H_6 为 20%，故

$$\frac{101.01}{101.01+303.12+F_{循,H_2}}=0.2$$

$$F_{循,\ H_2}\approx 100.92\text{kmol/h}$$

苯加氢过程的物料平衡表如表 3–12 所示。

表 3-12　苯加氢过程的物料平衡表

组分	进料		出料		循环气流 / kmol·h^{-1}
	kmol·h^{-1}	%（kmol）	kmol·h^{-1}	%（kmol）	
C_6H_6	101.01	25.0	1.01	1.0	0
H_2	303.12	75.0	3.12	3.0	100.92
C_6H_{12}	0	0	100	96.0	0
合计	404.13	100	104.13	100	100.92

第二节　热量衡算

一、基本原理

（一）热量衡算的目的

在化工生产中，能量的消耗是一项重要的技术经济指标，它是衡量化工生产方法或操作是否合理、先进的重要标志之一。因此，能量衡算是化工设计中极其重要的组成部分，物料衡算是能量衡算的基础，而物料衡算和能量衡算又是设备计算的基础。

能量的存在形式多种多样，有热能、动能、势能、电能、化学能、机械能和辐射能等，但在许多化工操作中，经常涉及的能量是热能，所以化工设计中的能量衡算主要是热量衡算。在化学反应过程中伴随着热效应，为维持反应在一定温度下进行，必须及时供给或移出一定的热量；原料一般都需要预热，而产物往往需要冷凝、分离，这些操作都存在热量的输入和输出问题，因此必须进行热量衡算。通过热量衡算，可以确定反应器的换热量、换热设备的热负荷、加热介质或冷却介质的用量及传热面积等设计参数，为换热器的设计提供依据，并确定单位产品的能耗指标，同时也为非工艺专业（电、热、冷暖、给水）设计提供设计条件做准备。

热量计算与设备计算的关系非常密切，因此常将热量计算放在设备工艺计算内同时进行。一般在物料衡算后先粗算一个过程的设备台数、大小，设定一个基本的设备型式和传热方式，然后进行设备的热量计算，如热量计算的结果与设定设备型式、大小有矛盾，则必须重新设计设备的大小和型式或加上适当的附件，以使设备既能满足物料衡算的要求又能满足热量衡算的要求。

（二）热量衡算方程

能量衡算的依据是能量守恒定律，它说明能的形式是可以相互转换的，但既不能凭空创造，也不会自行消失，任何一个系统和它的环境的能量，即总的能量是守恒的。

根据热力学第一定律，能量衡算方程如下。

$$Q+W=\Delta E=\Delta E_k+\Delta E_p+\Delta U \tag{3-17}$$

式中 ΔE——体系总能量的变化；

Q——体系从环境中吸收的能量；

W——环境对体系所做的功，$W=W_t+W_s$，W_t 为流动功，W_s 为轴功；

ΔE_k——体系动能的变化；

ΔE_p——体系势能的变化；

ΔU——体系内能的变化。

1. 封闭体系的热量衡算方程

封闭体系是指与环境之间只有能量交换，而无物质交换的体系，如间歇操作过程，体系中没有物质流动，动能和势能无变化，其热量衡算方程如下。

$$\Delta U=Q+W \tag{3-18}$$

若体系与环境没有功的交换，即 $W=0$，则

$$Q=\Delta U \tag{3-19}$$

2. 流动体系的热量衡算方程

流动体系是指物料连续地通过边界进出的体系，此时：

$$\text{能量输入速率}-\text{能量输出速率}=\text{能量积累速率} \tag{3-20}$$

$$\Delta U+g\Delta Z+\frac{1}{2}\Delta u^2+\frac{\mathrm{d}}{\mathrm{d}t}\left(U+gZ+\frac{1}{2}u^2\right)=W+Q \tag{3-21}$$

若为稳态过程，体系没有物质和能量的积累，能量衡算方程如下。

$$\Delta U+g\Delta Z+\frac{1}{2}\Delta u^2=W+Q \tag{3-22}$$

或

$$\Delta H+g\Delta Z+\frac{1}{2}\Delta u^2=W_s+Q \tag{3-23}$$

式中 $g\Delta Z$——单位质量流体的位能变化；

$\frac{1}{2}\Delta u^2$——单位质量流体的动能变化；

ΔH——单位质量流体的焓变。

在进行设备的热量衡算时，位能变化、动能变化、外功等项相对较小，可忽略不计，因此稳定流动系统的热量衡算式如下。

$$Q=\Delta H=H_2-H_1 \tag{3-24}$$

在大部分的化工生产过程中，如精馏、吸收、蒸发、热交换等过程中，其热量衡算多可写成以上简单形式，实际应用时，由于进入系统的物料不止一个，因此可改为如下衡算式。

$$\sum Q = \sum H_{out} - \sum H_{in} \tag{3-25}$$

式中 $\sum Q$——过程换热之和，包括热损失在内；

$\sum H_{out}$、$\sum H_{in}$——分别为离开系统和进入系统的各物料焓之和。

除利用式（3-25）作热量衡算外，还常使用下面形式的热衡算方程。

$$\sum Q_{in} = \sum Q_{out} \tag{3-26}$$

$$Q_1+Q_2+Q_3=Q_4+Q_5+Q_6+Q_7 \tag{3-27}$$

式中 $\sum Q_{in}$、$\sum Q_{out}$——分别为进入系统的热量和离开系统的热量；

Q_1——物料带入热量；

Q_2——过程放出的热量，包括物理变化和反应过程放热；

Q_3——加热介质供给的热量；

Q_4——物料带出热量；

Q_5——冷却介质移出的热量；

Q_6——过程吸收的热量，包括物理变化和反应过程吸热；

Q_7——热损失。

（三）热量衡算的方法

热量衡算的一般步骤与物料衡算相同，包括绘制系统流程示意图（标明已知条件和物料状态）、建立衡算范围、确定各组分热力学数据（如比焓、比热容、相变热等）、选择计算基准、列能量衡算方程式和约束式、求解方程组和结果整理等若干步骤。

热量衡算也要确定计算基准，包括 2 个方面：一是数量上的基准；二是相态的基准，即热力学函数的基准态或准温度。

数量上的基准指从哪个量出发来计算热量，可先按 1kmol 或 1kg 物料为基准计算热量，也可以直接用设备的单位时间（如小时）进料量来计算热量。若与物料衡算一起进行，可选用物料衡算所取的基准作为能量衡算的基准。基准态可以任意规定，以计算方便为原则，不同的物料可使用不同的基准，但对同一种物料，其进口和出口的基准态必须相同。由于文献上查到的热力学数据大多是 25℃时的数据，故选 298K 为基准温度计算较为方便。

二、热量的计算

（一）无相变时热量的计算

1. 恒压过程

$$Q=\Delta H=n\int_{T_1}^{T_2}C_{p,\mathrm{m}}\mathrm{d}T \tag{3-28}$$

或

$$Q=m\int_{T_1}^{T_2}C_p\mathrm{d}T \tag{3-29}$$

式中 n——物质的摩尔流率，kmol/h；

m——物质的质量流率，kg/h；

$C_{p,\mathrm{m}}$——定压摩尔热容，kJ/（kmol · K）；

C_p——比热容，kJ/（kg · K）；

T——温度，K。T_1 为基准温度或始温，T_2 为物料温度或终温。

C_p 可查阅手册得到。热容随温度而变，常用的热容与温度的函数关系式如下。

$$C_p=a+bT+cT^2+dT^3+eT^4 \tag{3-30}$$

a、b、c、d、e——物质的热容常数，可从相关手册查得。

若已知 T_1~T_2 温度范围的平均摩尔热容（$\overline{C}_{p,\mathrm{m}}$或$\overline{C}_p$），则：

$$Q=n\overline{C}_{p,\mathrm{m}}\Delta T=n\overline{C}_{p,\mathrm{m}}(T_2-T_1) \tag{3-31}$$

或

$$Q=m\overline{C}_p(T_2-T_1) \tag{3-32}$$

使用平均热容计算热量省去了积分计算，但准确度比积分法差。

2. 恒容过程

$$Q_V=\Delta U=n\int_{T_1}^{T_2}C_V\mathrm{d}T \tag{3-33}$$

式中 C_V——恒容摩尔热容。

物料的热量计算还可采用热焓：　　$Q=nH$　　（3-34）

式中 H——物质的焓。

（二）相变体系热量的计算

汽化和冷凝、熔化和凝固、升华和凝固这类相变过程往往伴有显著的内能和焓的变化。在恒定的温度和压力下，单位质量或摩尔的物质发生相的变化时的焓变称为相变热或潜热。计算相变热的常用方法如下。

（1）直接从热力学有关图表上查得。许多纯物质在正常沸点（或熔点）下的相变热数据，可从相关手册中查到。

（2）用公式计算。如果查到的数据其条件不符合要求时，可利用已知数据通过热力学计算求取，如已知 T_1、P_1 条件下的汽化热 ΔH_1，可由下式计算 T_2、P_2 条件下的汽化热 ΔH_2。

$$\Delta H_2 = \Delta H_1 + \int_{T_1}^{T_2} (C_{P,汽} - C_{P,液})\mathrm{d}T \tag{3-35}$$

式中 ΔH_1——T_1、P_1 条件下的摩尔汽化潜热；

ΔH_2——T_2、P_2 条件下的摩尔汽化潜热。

相变热与温度、压力有关，特别是相变温度对其影响较显著。

当温度差别不大时，ΔH 可近似地看成常数，此时也可按 Clausins–Clapeyron 方程估算 T_1~T_2 温度范围内的汽化热 ΔH_V：

$$\ln\frac{P_2}{P_1} = \frac{\Delta H_V}{R}\left(\frac{1}{T_1} - \frac{1}{T_2}\right) \tag{3-36}$$

式中 P_1、P_2——分别为与 T_1、T_2 相对应的饱和蒸气压；

R——通用气体常数。

（三）溶解与混合过程的热量计算

当固体、液体、气体溶质溶解于溶剂中时，由于分子间的相互作用与它们在纯态时不同，伴随这些过程就会有能量的放出或吸收，因而造成纯组分与混合物之间内能和焓的差别。1mol 溶质（气体或固体）于恒压恒温下溶于 $n$mol 溶剂中，形成溶液时的总热效应称为该浓度溶液的积分溶解热（ΔH_s），当 n 增大，ΔH_s 趋于一极限值时称为无限稀释积分溶解热。若溶质溶剂均为液体，则称混合热。溶解热和混合热数据可查阅相关手册或资料获得。

对气体混合物或结构相似的液体混合物可忽略 2 种分子间的作用，混合物的焓近似等于纯态时的焓。

（四）化学反应热的计算

在化学反应过程中总伴有热量的放出或吸收，为使系统的温度恒定，必须供给或移去热量。化学反应的热效应与反应条件有关，反应热可查阅文献或由实验测定，也可用已有的实验数据根据 Гесс 定律（盖斯定律）进行计算。

在标准条件下，纯组分在压力为 0.1MPa、温度为 25℃下反应时的热效应称为标准反应热，标准反应热可通过标准生成焓和标准燃烧热数据计算得到。

1. 由标准生成焓计算

$$\Delta H_r^\circ = \sum v_i \Delta H_f^\circ(\text{生成物}) - \sum v_i \Delta H_f^\circ(\text{反应物}) \tag{3-37}$$

式中 ΔH_r° ——标准反应热，kJ/kmol；

v_i——物质 i 的化学计量系数；

ΔH_f° ——物质的标准生成热，kJ/kmol。

2. 由标准燃烧热计算

$$\Delta H_r^\circ = \sum v_i \Delta H_c^\circ(\text{反应物}) - \sum v_i \Delta H_c^\circ(\text{生成物}) \tag{3-38}$$

式中 ΔH_c° ——物质的标准燃烧热，kJ/kmol。

由于一般手册中的生成热或燃烧热大多是25℃下的值，因此按式（3–37）和式（3–38）计算得到的是25℃时的反应热，而实际生产过程中的反应温度常常不是25℃，这时可以根据Гecc定律假设一合适的热力学途径，利用标准反应热间接求出不同温度（t℃）下的反应热（ΔH_r）。若已知一反应在25℃下的反应热为 ΔH_r°，求温度 t℃下的反应热（ΔH_r），可假设为如图3–11所示的热力学途径。

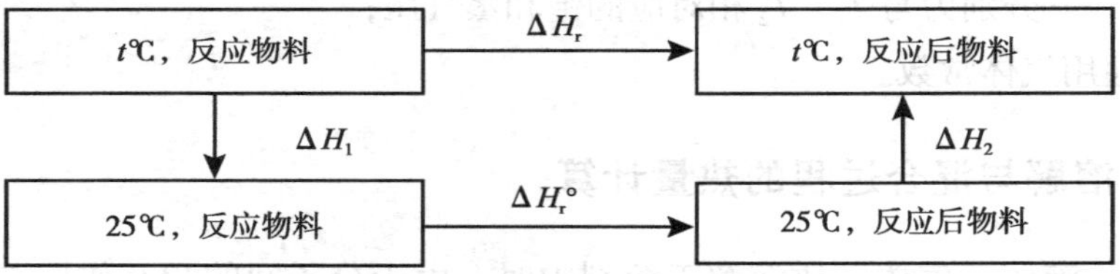

图3–11 热力学途径

ΔH_1 和 ΔH_2 是物料温度变化的焓变，可利用热容数据算出。这样，不同温度（t℃）下的反应热（ΔH_r）根据下式就可计算出来。

$$\Delta H_r = \Delta H_1 + \Delta H_r^\circ + \Delta H_2 \tag{3-39}$$

使用反应热数据时需要注意对应物质的聚集状态，因物质的聚集状态不同，反应热数值也不同，反应热与温度和压力有关，压力不变时可不考虑压力对反应热的影响，但不能忽略温度的影响，在高压下，压力对反应热的影响也不能忽略。

三、物理过程（非反应过程）的热量衡算

（一）混合过程

［例3–13］ 用95%（质量分数，下同）的 H_2SO_4 与20 %的发烟硫酸混合配制100%的 H_2SO_4 100kg，设混合温度为25℃，计算混合过程的放热量。

解：（1）先做物料衡算，求2种酸的用量（图3–12）。

基准：100kg 100% 的 H_2SO_4 溶液，以 W 表示各种酸的用量。

图3–12　［例3–13］流程示意图

将各种酸中所含的 H_2SO_4 的质量折算成 SO_3 的浓度如下。

95% 的 H_2SO_4：　$0.95\times\frac{80}{98}\approx0.7755$

100% 的 H_2SO_4：　$1.00\times\frac{80}{98}\approx0.8163$

20% 的发烟硫酸：　$0.2+0.8\times\frac{80}{98}\approx0.8531$

SO_3 平衡：　$0.7755\,W_1+0.8531W_2=0.8163\,W_3$

总物料平衡：　$W_1+W_2=W_3$

$$W_3=100\text{kg}$$

$$W_1=47.4\text{kg}$$

$$W_2=52.6\text{kg}$$

（2）计算放热量。

查得各种酸的 SO_3 摩尔溶解热如下。

95% 的 H_2SO_4 的（ΔH_s°）$_1$=−101.7kJ/mol SO_3

20% 的发烟 H_2SO_4 的（ΔH_s°）$_2$=−81.65kJ/mol SO_3

100% 的 H_2SO_4 的（ΔH_s°）$_3$=−90.85 kJ/mol SO_3

3种酸含 SO_3 的摩尔数如下。

$$n_1=47.4\times\frac{0.7755}{80}\approx0.459\text{kmol}$$

$$n_2=52.6\times\frac{0.8531}{80}\approx0.561\text{kmol}$$

$$n_3=100\times\frac{0.8163}{80}\approx1.02\text{kmol}$$

混合过程的热量变化如图3–13所示。

$$n_1(\Delta H_s^\circ)_1+n_2(\Delta H_s^\circ)_2+\Delta H_s=0+n_3(\Delta H_s^\circ)_3$$

$$Q=-\Delta H_s$$

$$=n_1(\Delta H_s^\circ)_1+n_2(\Delta H_s^\circ)_2-n_3(\Delta H_s^\circ)_3$$

$$\approx(1.02\times90.85-0.459\times101.7-0.561\times81.65)\times10^3$$

$$\approx181.05\text{kJ}$$

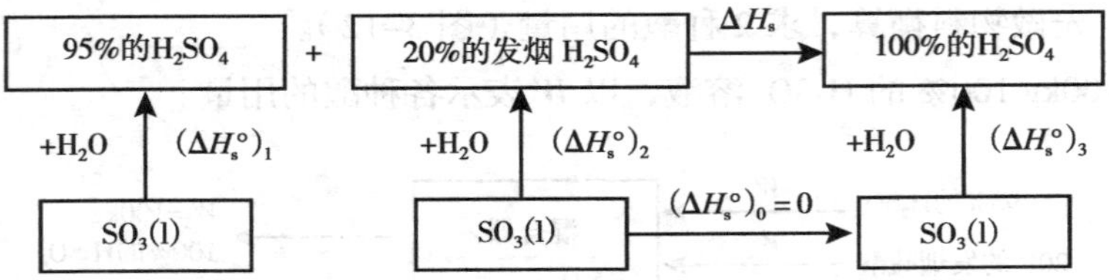

图 3-13 混合过程的热量变化

（二）增湿过程

［例 3-14］ 25℃的干空气以 2500m³（STP）/h 的流量通过一常压增湿器，从塔顶喷淋 91℃，流量为 33500kg/h 的热水，增湿后的空气出口温度为 84℃，每小时带出水蒸气 1958kg，热损失 350000kJ/h，求塔底热水出口温度。

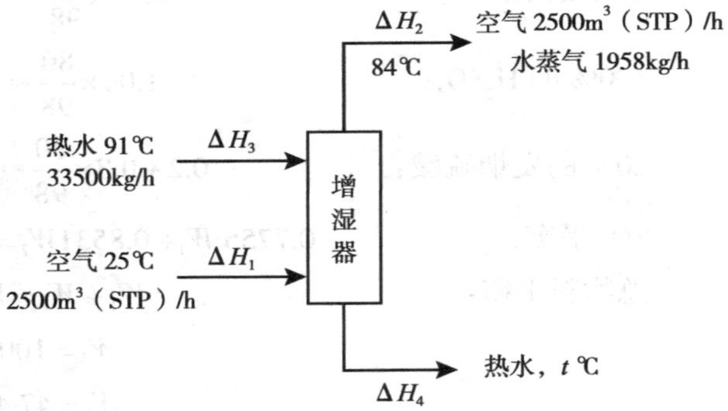

图 3-14 ［例 3-14］增湿过程的流程图

解：画出流程示意图（图3-14）。

（1）物料平衡。

塔底热水流出量为

$$33500-1958=31542\text{kg/h}$$

空气进出的质量流量（空气的平均分子量为 28.8）为

$$\frac{2500}{22.4}\times 28.8\approx 3214\text{kg/h}$$

（2）热量衡算。

基准：0℃液态水，0℃气态空气。

查得干空气的平均定压热容为 1.004kJ/（kg·K）；液态水的平均热容为 4.184kJ/（kg·K）；84℃，1atm 时水的汽化热为 2297kJ/kg。

设 ΔH_1、ΔH_2、ΔH_3、ΔH_4 分别代表空气进口、混合气出口、热水进口及出口的焓差。

$$\Delta H_1=3214\times 1.004\times(25-0)\approx 8.067\times 10^4\text{kJ/h}$$

$$\Delta H_2=3214\times 1.004\times(84-0)+1958\times 4.184\times(84-0)+1958\times 2297$$
$$\approx 5.457\times 10^6\text{ kJ/h}$$

$$\Delta H_3=33500\times 4.184\times(91-0)\approx 1.275\times 10^7\text{ kJ/h}$$

$$\Delta H_4=31542\times 4.184\times(t-0)\approx 131972t\text{ kJ/h}$$

热平衡方程为　　$$\Delta H_1+\Delta H_3=\Delta H_2+\Delta H_4+Q_{热}$$

即　　$$8.068\times10^4+1.275\times10^7=5.457\times10^6+131972t+350000$$

$$t\approx53.2℃$$

（三）精馏过程

［例 3-15］ 一精馏塔处理 5%（质量分数，下同）的乙醇溶液，进料温度为 95℃，进料流量为 10000kg/h。塔顶产品为 95% 的乙醇溶液，温度为 70℃，塔底釜液含 0.1% 的乙醇溶液，温度为 100℃；回流比为 3，塔顶冷凝器的热负荷为 6.91×10^6kJ/h，热损失为 3.5×10^5kJ/h，求：

（1）塔顶产物与塔釜产物的流量。

（2）回流量。

（3）塔底再沸器的热负荷。

（4）若再沸器的进口饱和水蒸气温度为 120℃，出口冷凝水温度为 105℃，求饱和水蒸气用量。

解：画出流程示意图（图 3-15）。

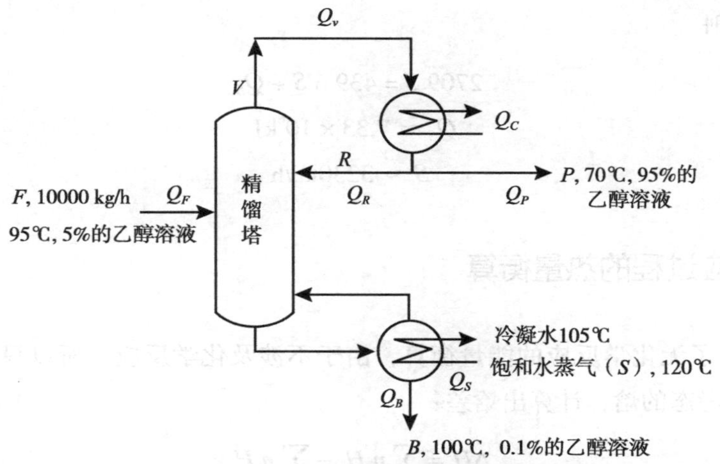

图 3-15 ［例 3-15］精馏过程的流程图

基准：1h。

（1）物料衡算。

以全塔为衡算范围

全系统衡算　　$$P+B=F=10000$$

乙醇的衡算　　$$10000\times0.05=0.95\times P+0.001\times B$$

解得塔顶产物流量　　$$P\approx516\ \text{kg/h}$$

塔釜废水量　　$$B\approx9484\ \text{kg/h}$$

对冷凝器： $R/P=3$

回流量： $R=3P\approx 3\times 516\approx 1548\ \text{kg/h}$

（2）热量衡算。

衡算范围为整个精馏设备，基准温度为0℃，查得95%的乙醇溶液的平均比热容为2.3kJ/（kg·K），5%的乙醇溶液和0.1%的乙醇溶液的比热容基本上与水相同，为4.2kJ/（kg·K）。

全塔总热量衡算方程： $Q_F+Q_S=Q_P+Q_B+Q_C+Q_{损}$

料液带进的热量： $Q_F=10000\times 4.2\times（95-0）=3.99\times 10^6\text{kJ}$

产品带出的热量： $Q_P=516\times 2.3\times（70-0）\approx 8.3\times 10^4\text{kJ}$

废水带出的热量： $Q_B=9484\times 4.2\times（100-0）\approx 3.98\times 10^6\text{kJ}$

冷凝器取出的热量： $Q_C=6.91\times 10^6\text{kJ}$

热损失： $Q_{损}=3.5\times 10^5\text{kJ}$

故再沸器的热负荷： $Q_S=8.3\times 10^4+3.98\times 10^6+6.91\times 10^6+3.5\times 10^5-3.99\times 10^6$

$\approx 7.33\times 10^6\text{kJ}$

再沸器的热量衡算如下。

查得120℃饱和水蒸气的焓为2709kJ/ kg，105℃水的焓为439.6 kJ/ kg，设饱和水蒸气用量为S，则

$$2709\,S=439.6\,S+Q_S$$

代入 $Q_S\approx 7.33\times 10^6\text{kJ}$

解得 $S\approx 3230\text{kg/h}$

四、反应过程的热量衡算

前面讨论了无化学反应的能量衡算，由于不涉及化学反应，所以只要计算进出口流股相对于参考态的焓，计算出焓差：

$$\Delta H=\sum_{输出}n_iH_i-\sum_{输入}n_iH_i \tag{3-40}$$

将 ΔH 代入热量衡算方程即可。

大多数化工生产过程都伴随有化学反应和热效应，为了保证过程在适宜的工艺条件下操作，需要向系统供给或从系统中移去热量，反应过程的热量衡算还需要加入化学反应的反应热。因此，反应过程的热量衡算包括：设备中发生的物理变化的热效应、化学反应的热效应、从外界输入的热量或从系统中移去的热量 、反应产物带出的热量、通过设备器壁散失的热量等，即

$$Q_2=Q_1+Q_r+Q_t-Q_{损}$$

式中 Q_1——进入反应器的物料带入的热量，kJ；

Q_2——离开反应器的物料带出的热量，kJ；

Q_r——反应过程的热效应，包括化学反应热 Q_P 及物理变化热 Q_u（溶解热、稀释热、熔化热）；

Q_t——供给或移去的热量；

$Q_{损}$——热量损失。

［例 3-16］ 物料衡算见本章［例 3-7］物料衡算结果。已知加入熔融萘的温度为110℃，加入 98% 的 H_2SO_4 的温度为 50℃，磺化过程排出蒸气温度为 160℃，磺化液出料温度为 160℃，液萘与硫酸进行磺化反应热为 20.94kJ/mol，热损失为 6.8×10^4kJ，完成其热量衡算（即求磺化过程中需要补充的热量）。

解：画出流程示意图（图 3-16）。

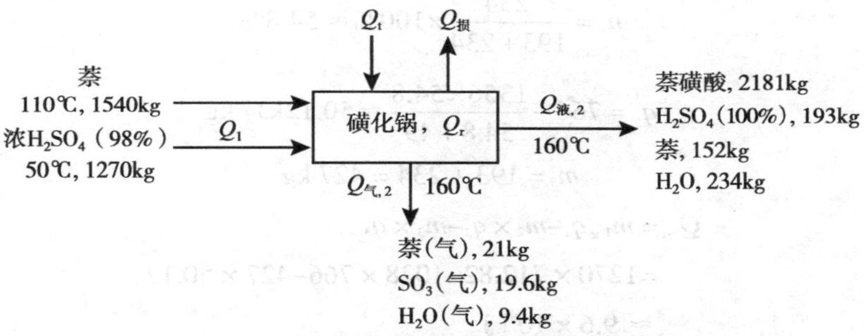

图 3-16 ［例 3-16］萘磺化过程的流程图

以 0℃为基准温度。

查得有关物质的平均热容数据如表 3-13 所示。

表 3-13 有关物质的平均热容数据

组分	萘	萘磺酸	98% 的 H_2SO_4	100% 的 H_2SO_4	SO_3（l）	SO_3（g，45~160℃）
C_P/［kJ/（kg·℃）］	2.24	1.91	1.47	1.42	2.78	0.71

查得有关物质的汽化潜热 ΔH_v 如表 3-14 所示。

表 3-14 有关物质的汽化潜热 ΔH_v

组分	液萘	SO_3（45℃）
ΔH_v/kJ·kg^{-1}	316	498

总热量衡算式：
$$Q_2 = Q_1 + Q_r + Q_t - Q_{损}$$

$$Q_1 = 1540 \times 110 \times 2.24 + 1270 \times 50 \times 1.47 \approx 4.7 \times 10^5 \text{kJ}$$

$$Q_r = Q_P + Q_u$$

H_2SO_4的无限稀释热可根据下式估算：

$$q_{稀}=766-\frac{1356n}{n+49}\text{kJ/kg}（被稀释酸）$$

式中 n——水的质量分数。

进入磺化器的H_2SO_4为98%的H_2SO_4，m_1=1270kg，$n_1=2\%$，故

$$q_1=766-\frac{1356\times2}{2+49}\approx712.82\text{kJ/kg}$$

参加反应的为100%的H_2SO_4，m_2=1028 kg，$n_2=0$

$$q_2=766\text{kJ/kg}$$

反应结束后，磺化液中含100%的H_2SO_4 193kg，H_2O 234kg

$$n_3=\frac{234}{193+234}\times100\%\approx54.8\%$$

$$q_3=766-\frac{1356\times54.8}{54.8+49}\approx50.12\text{kJ/kg}$$

$$m_3=193+234=427\text{ kg}$$

$$\begin{aligned}Q_u&=m_1\times q_1-m_2\times q_2-m_3\times q_3\\&=1270\times712.82-1028\times766-427\times50.12\\&\approx9.6\times10^4\text{kJ}\end{aligned}$$

$$Q_p=\frac{1028}{98}\times20.94\times10^3\approx2.2\times10^5\text{kJ}$$

$$Q_r=Q_p+Q_u\approx9.6\times10^4+2.2\times10^5\approx3.16\times10^5\text{kJ}$$

$$Q_2=Q_{液,2}+Q_{气,2}$$

160℃时水的热焓为654kJ/kg，故

$$\begin{aligned}Q_{液,2}&=2181\times1.91\times160+152\times160\times2.24+193\times1.42\times160+234\times654\\&\approx9.18\times10^5\text{ kJ}\end{aligned}$$

160℃时水蒸气的热焓为2763kJ/kg，故

$$\begin{aligned}Q_{气,2}&=21\times(160\times2.24+316)+19.6[45\times2.78+498+(160-45)\times0.71]+9.4\times2763\\&\approx5.4\times10^4\text{kJ}\end{aligned}$$

$$Q_2=Q_{液,2}+Q_{气,2}\approx9.18\times10^5+5.4\times10^4\approx9.72\times10^5\text{ kJ}$$

$$Q_{损}=6.8\times10^4\text{ kJ}$$

$$\begin{aligned}Q_t&=Q_2-Q_1-Q_r+Q_{损}\\&\approx9.72\times10^5-4.7\times10^5-3.16\times10^5+6.8\times10^4\\&\approx2.54\times10^5\text{kJ}\end{aligned}$$

故磺化过程需要补充热量2.54×10^5kJ。

［例 3–17］ 银催化剂上乙烯氧化合成环氧乙烷，反应如下。

$$\text{主反应：}C_2H_4(g) + \frac{1}{2}O_2(g) \longrightarrow C_2H_4O(g)$$

$$\text{副反应：}C_2H_4(g) + 3O_2(g) \longrightarrow 2CO_2(g) + 2H_2O(g)$$

进入反应器的混合气的温度为 210℃，流量为 1000kmol/h，组成为 C_2H_4 10%、O_2 19.0%、N_2 71.0%（摩尔分数），乙烯的转化率为 25%，反应选择性为 80%。反应温度维持在 250℃，该温度下主反应、副反应的反应热分别为：$-\Delta H^{\circ}_{523}$=105395kJ/kmol 乙烯，$-\Delta H^{\circ}_{523}$=1321726 kJ/kmol 乙烯，热损失按反应放出热量的 5% 考虑，求需移出的热量。

解：查得有关气体的热容数据如表 3–15 所示。

表 3–15　有关气体的热容数据

组分		C_2H_4	O_2	CO_2	N_2	水蒸气	C_2H_4O
C_p/［kJ/（kmol·K）］	210℃	64.43	31.38	0	30.04	0	0
	250℃	66.94	31.67	45.56	30.17	35.35	103.8

假设如下热力学途径（图 3–17）。

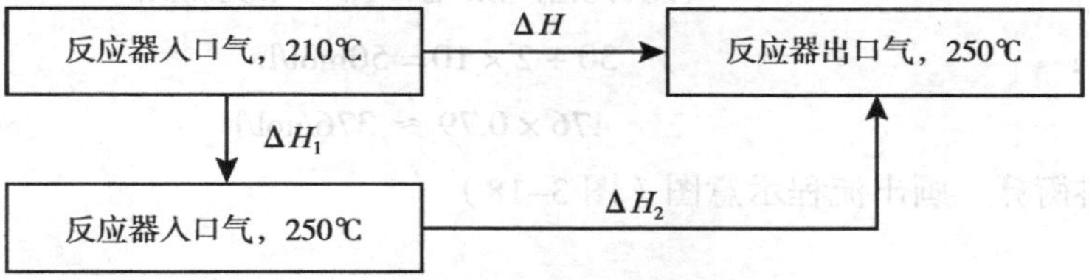

图 3–17　热力学途径

所以

$$\Delta H = \Delta H_1 + \Delta H_2$$

210℃时反应器入口混合气热容为

$$C_{p,1} = 0.1 \times 64.43 + 0.19 \times 31.38 + 0.71 \times 30.04$$
$$\approx 33.73\ \text{kJ/（kmol·K）}$$

250℃时反应器入口混合气热容为

$$C_{p,2} = 0.1 \times 66.94 + 0.19 \times 31.67 + 0.71 \times 30.17$$
$$\approx 34.13\ \text{kJ/（kmol·K）}$$

因此入口混合气在 210 ~ 250℃时的平均热容为

$$\overline{C}_{p,m} = \frac{1}{2}(C_{p,1} + C_{p,2}) \approx \frac{1}{2}(33.73 + 34.13) \approx 33.93\text{kJ/(kmol·K)}$$

所以

$$\Delta H_1 = 1000 \times 33.93 \times (250-210) \approx 1.36 \times 10^6\ \text{kJ/h}$$

$$\Delta H_2 = 1000 \times 0.1 \times 0.25 \times 0.8 \times (-105395) + 1000 \times 0.1 \times 0.25 \times (1-0.8) \times (-1321726)$$

$\approx -8.72\times10^6$ kJ/h

$$\Delta H=\Delta H_1+\Delta H_2\approx1.36\times10^6+(-8.72\times10^6)\approx-7.36\times10^6\ \text{kJ/h}$$

由热量衡算方程

$$\Delta H=Q_t+Q_{损}$$

$$Q_{损}=0.05\times(\Delta H)\approx0.05\times(-7.36\times10^6)\approx-3.68\times10^5\ \text{kJ/h}$$

$$Q_t=\Delta H-Q_{损}\approx-7.36\times10^6-(-3.68\times10^5)\approx-6.99\times10^6\ \text{kJ/h}$$

［例 3–18］ 甲烷在连续式反应器中用空气氧化生产甲醛，反应方程式如下。

$$主反应：CH_4(g)+O_2\longrightarrow HCHO(g)+H_2O(g)$$

$$副反应：CH_4(g)+2O_2\longrightarrow CO_2(g)+2H_2O(g)$$

进入反应器的甲烷的温度为 25℃，流量为 100mol/h，空气温度为 100℃，流量为 476 mol/h，出口产物温度为 150℃，其中 HCHO 流量为 30 mol/h，甲烷转化率为 40%，求需要从反应器取走多少热量？

解：以 1h 为计算基准，反应器出口各组分流量如下。

CH_4: $100\times(1-40\%)=60$ mol/h

CO_2: $100\times0.4-30=10$ mol/h

O_2: $476\times0.21-30-2\times10\approx50$ mol/h

$H_2O(g)$: $30+2\times10=50$mol/h

N_2: $476\times0.79\approx376$mol/h

根据物料衡算，画出流程示意图（图 3–18）

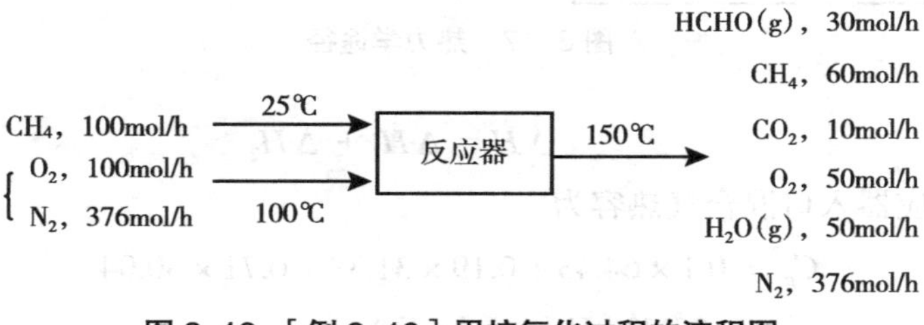

图 3–18 ［例 3–18］甲烷氧化过程的流程图

取基准温度为 25℃。

查手册得有关气体的平均摩尔热容数据如表 3–16 所示。

表 3–16 有关气体的平均摩尔热容数据

组分		O_2	N_2	H_2O	CO_2
C_P/[kJ/(mol·℃)]	100℃	0.0298	0.02916	0	0
	150℃	0.03006	0.02924	0.0340	0.04080

有关组分的标准生成热数据如表 3–17 所示。

表 3–17 有关组分的标准生成热数据

组分	CH_4	HCHO（g）	H_2O（g）	CO_2（g）
ΔH_f /（kJ·mol^{-1}）	–74.85	–115.90	–241.83	–393.5

进口各气体的焓值计算如下。

$$H_{进,CH_4} = (\Delta H_f)_{CH_4} = -74.85\ \text{kJ/mol}$$

$$H_{进,O_2} = \overline{C}_{p,100℃}(100-25) = 0.0298\times 75 = 2.235\ \text{kJ/mol}$$

$$H_{进,N_2} = \overline{C}_{p,100℃}(100-25) = 0.02916\times 75 = 2.187\ \text{kJ/mol}$$

出口各气体的焓值计算如下。

$$H_{出,O_2} = \overline{C}_{p,150℃}(150-25) = 0.03006\times 125 \approx 3.758\ \text{kJ/mol}$$

$$H_{出,N_2} = \overline{C}_{p,150℃}(150-25) = 0.02924\times 125 = 3.655\ \text{kJ/mol}$$

$$H_{出,CH_4} = (\Delta H_f^\circ)_{CH_4} + \int_{25}^{150} C_{P,CH_4}\mathrm{d}T$$
$$= -74.85 + 4.90$$
$$= -69.95\ \text{kJ/mol}$$

$$H_{出,HCHO} = (\Delta H_f^\circ)_{HCHO(g)} + \int_{25}^{150} C_{P,HCHO}\mathrm{d}T$$
$$= -115.90 + 1.16$$
$$= -114.74\ \text{kJ/mol}$$

$$H_{出,CO_2} = (\Delta H_f^\circ)_{CO_2(g)} + [\overline{C}_p(150-25)]$$
$$= -393.5 + 0.04080\times 125$$
$$= -388.4\ \text{kJ/mol}$$

$$H_{出,H_2O} = (\Delta H_f^\circ)_{H_2O(g)} + [\overline{C}_p(150-25)]$$
$$= -241.83 + 0.0340\times 125$$
$$= -237.58\text{kJ/mol}$$

进出口焓值表如表 3–18 所示。

表 3–18 进出口焓值表

组分	输入		输出	
	n/mol	H/kJ·mol^{-1}	n/mol	H/kJ·mol^{-1}
CH_4	100	–74.85	60	–69.95
O_2	100	2.235	50	3.758

续表

组分	输入		输出	
	n/mol	H/kJ · mol^{-1}	n/mol	H/kJ · mol^{-1}
N_2	376	2.187	376	3.655
HCHO	0	0	30	−114.74
CO_2	0	0	10	−388.4
H_2O	0	0	50	−237.58

过程总焓变：

$$\Delta H=\sum_{输出}n_iH_i-\sum_{输入}n_iH_i$$

$$=60\times(-69.95)+50\times3.758+376\times3.655+30\times(-114.74)+10\times(-388.4)+50\times(-237.58)-100\times(-74.85)-100\times2.235-376\times2.187$$

$$\approx-15401\text{kJ/h}$$

根据热量衡算方程得：

$$Q=\Delta H=-15401\text{kJ}$$

思考与练习题

（1）物料衡算的依据及步骤是什么？

（2）热量衡算的依据及步骤有哪些？

（3）以98%工业硫酸为原料，稀释生产30%的硫酸，生产规模为20kt/a，年生产天数为300d，试完成物料衡算。

（4）利用环己烯与联苯合成环己基联苯：$C_6H_{10}+C_{12}H_{10}\longrightarrow C_{18}H_{20}$

已知进料联苯4kmol/h，环己烯2kmol/h，环己烯的转化率为90%，反应的选择性为94.44%。试计算反应器出口物流的组成。

（5）利用丙烯与联苯生产二异丙基联苯：$2C_3H_6+C_{12}H_{10}\longrightarrow C_{18}H_{22}$

已知进料联苯2kmol/h，丙烯2kmol/h，出料联苯1.15kmol/h，丙烯0.2kmol/h，二异丙基联苯0.85kmol/h。计算：丙烯的转化率；二异丙基联苯的收率和反应的选择性。

提示：1mol联苯与2mol丙烯反应生成1mol二异丙基联苯，因此以丙烯计算二异丙基苯收率时，二异丙基联苯的量应乘以化学计量系数2。

（6）利用甲苯与氯苄合成二苄基甲苯：$2C_6H_5CH_2Cl\ (g)+C_6H_5CH_3\ (g)\longrightarrow C_{21}H_{20}\ (l)+2HCl\ (g)$

标准反应热 $\Delta H_{r,\ 298k}$=−286kJ/mol

已知进料温度为25℃，压力为常压，进料液体为甲苯4kmol/h，氯苄2kmol/h。出口温度为100℃，压力为常压，出料液体为甲苯3.1kmol/h、氯苄0.2kmol/h、二苄基甲苯0.85kmol/h和出口气体氯化氢1.7kmol/h。

各组分的热力学数据如表 3-19 所示。

表 3-19　各组分的热力学数据

组分	汽化热（25℃）	液相比热容	气相比热容
甲苯	8739cal/mol	39.621cal/（mol·K）	29.43cal/（mol·K）
氯苄	11083cal/mol	45.76cal/（mol·K）	38.31cal/（mol·K）
二苄基甲苯	107.56kJ/mol	495.7J/（mol·K）	0cal/（mol·K）
氯化氢	0kJ/mol	0J/（mol·K）	27.2J/（mol·K）

试计算反应过程中放出（或吸收）的热量。

（7）二甲苯与苯乙烯反应生成 1- 苯基 -1- 二甲苯基乙烷（又称二芳基乙烷）：

$$C_6H_5CH{=}CH_2\,(g)+C_6H_4\,(CH_3)_2\,(g)\longrightarrow C_{16}H_{18}\,(g)$$

标准反应热 $\Delta H_{r,\ 298k}$ =-296kJ/mol

已知：①进料温度为 25℃，压力为常压，进料液体中二甲苯 6kmol/h，苯乙烯 1kmol/h。出口温度为 100℃，压力为常压，出料液体中二甲苯 5.06kmol/h，苯乙烯 0.05kmol/h，二芳基乙烷 0.94kmol/h；②各组分的热力学数据如表 3-20 所示。

表 3-20　各组分的热力学数据

组分	汽化热（25℃）	液相比热容	气相比热容
二甲苯	9582cal/mol	49.07cal/（mol·K）	35.56cal/（mol·K）
苯乙烯	9577cal/mol	45.70cal/（mol·K）	33.58cal/（mol·K）
二芳基乙烷	63.99kJ/mol	306.9J/（mol·K）	236.69cal/（mol·K）

试计算反应过程中放出（或吸收）的热量。

第四章　化工设备的设计

第一节　概述

一、化工设备的设计分类

化工设备是组成化工装置的基本单元。化工设备按标准化程度可分为标准设备和非标准设备。标准设备又称定型设备，是成批成系列生产的设备，能直接向设备生产厂家订货或购买的现成设备；非标准设备又称非定型设备，是化工过程中需要专门设计的特殊设备。因此，化工设备的设计包括标准设备设计和非标准设备设计。

（一）标准设备设计

标准设备已经形成了系列产品，有各种规格型号，有不同生产厂家。在设备设计时，只需要根据工艺要求计算出特征尺寸就可以通过查阅产品目录或样本手册，选择合适的设备。产品目录或样本中列出了设备的规格、型号、基本性能参数和生产厂家等多项内容，设计人员可从中选择型号。因此，标准设备设计实际上就是标准设备选型。在标准设备中，泵、风机、电动机、压缩机、减速机和超重运输装置是各行业广泛采用的设备，有众多的生产厂家，型号很多，可选择范围很大。冷冻机、除尘设备、过滤机、离心机和搅拌器等是化工行业常用的标准设备。

（二）非标准设备设计

由于化工生产的品种繁多，工艺各不相同，形成了众多不同类型和结构形状的非标准设备，因此非标准设备也是化工生产中大量存在的设备。例如，容器（中压、低压、高压）、换热器、塔器、干燥设备、搅拌设备和除尘设备等。非标准设备结构形状各异，设计时必须遵循设备设计的相关标准和规定。

非标准设备设计是根据工艺要求，通过工艺计算，提出设备型式、材料、尺寸和其他要求，再经过机械计算及设计，由相关工厂制造。随着化工设备标准化的推进，有些本来属于非标准设备的化工装置，已逐步走向系列化、定型化，并有了一些标准的图纸，有些还有了定点生产厂家，如换热器系列、容器系列、搪玻璃设备系列等。因此，在设计非标准设备时，应尽量采用已标准化的图纸。

二、化工设备设计的原则

化工设备设计需要遵循以下原则。

（1）合理性。即满足工艺过程对设备的要求，设备与工艺流程、生产规模、工艺操作条件、工艺控制水平相适应，同时又能充分发挥设备的能力。例如，精馏、吸收等分离设备需要达到规定的产品纯度、收率、效率，热交换设备需要达到要求的温度等。

（2）先进性。即设备的生产能力、转化率、收率、效率、自控水平等尽可能达到先进水平，并且设备的操作范围宽，易于调节，控制方便。例如，热交换器有较高的传热系数，但有较少的金属用量；精馏塔有较高的传质效率和液泛气速。

（3）经济性。即投资省，消耗低，生产费用和运行费用低，结构简单，节约材料，易于制造、安装、操作，维修方便，“三废”少。

（4）安全性。即安全可靠，操作稳定，弹性好，劳动强度小，无事故隐患；对工艺和建筑、地基、厂房等无苛刻要求；尽量避免高温高压高空作业，尽量不使用有毒有害的设备附件附料。

三、化工设备设计的方法与步骤

（一）明确设计任务与条件

（1）原料（或进料）与产品（或出料）的流量、组成、状态（温度、压力、相态等）、物理化学性质、流量波动范围。

（2）设计目的、要求，设备功能。

（3）公用工程条件，如冷却水温度、加热蒸气压力、温度、相对湿度等。

（4）其他特殊条件。

（二）调研和收集资料

（1）调查待设计设备国内外现状及发展趋势、有关新技术及专利状况、设计计算方法等。

（2）收集有关物料的物性数据、腐蚀性质等。

（3）国内外相同装置的设备情况。

（三）确定方案

（1）确定设备的操作条件，如温度、压力、流量比等。

（2）确定设备的结构型式，评比各类设备结构的优缺点，结合本设计的具体情况，选择高效、可靠的设备型式。

（3）确定单元设备的流程。

（四）工艺计算

（1）全设备物料与热量衡算。

（2）设备特性尺寸计算。

（3）流体力学计算。

（五）结构设计

在设备型式及主要尺寸已定的基础上，根据各种设备常用结构，参照有关资料与规范，详细设计设备各零部件的结构尺寸。各种构件的材料选择，壁厚计算，塔板、塔盘等的机械设计；各种辅助结构的设计；内件与管口方位设计。

（六）图表及其他

（1）绘制全设备总装配图及零件图，填写全设备材料表。

（2）制造技术要求与规范。

四、化工设备工艺设计的内容

在化工设备设计中，工艺设计人员的主要工作内容如下。

（一）确定化工单元操作所用设备的类型

液固分离可选用过滤机或离心机；气固分离可使用旋风分离器或沉降槽；液体混合物各组分分离可采用萃取的方法或蒸馏的方法；气固催化反应可使用固定床反应器或流化床反应器。由于可选用的设备类型很多，因此需要结合具体的工艺流程设计才能进行。

（二）确定设备的材质

根据工艺操作条件和对设备的工艺要求确定符合要求的设备材质，需要与设备设计专业人员共同完成。

（三）确定设备的设计参数

设备的设计参数是通过工艺流程设计、物料衡算、热量衡算、设备的工艺计算综合确定的，不同的设备有不同的设计参数，常用设备的设计参数如下。

（1）换热器：热负荷、换热面积、热载体的种类、冷热流体的流量、温度和压力。

（2）泵：流量、扬程、轴功率、允许吸入高度。

（3）风机：风量和风压。

（4）吸收塔：气体流量、组成、压力和温度，吸收剂种类、流量、温度和压力，塔径，筒体材质，塔板材质、类型和板数，填料种类、规格、总高度，每段填料的高度和段数。

（5）蒸馏塔：进料物料及塔顶、塔釜产品的流量、组成和温度，塔的操作压力，塔径，筒体材质，塔板材质、塔板类型和板数，填料种类、规格、总高度，每段填料的高度和段数，加料口位置，塔顶冷凝器的热负荷及冷却介质的种类、流量、温度和压力，再沸器的热负荷及加热介质的种类、流量、温度和压力，灵敏板位置。

（6）反应器：反应器的类型，进、出口物料的流量、组成、温度和压力，催化剂的种类、规格、数量和性能参数，反应器内换热器装置的型式、热负荷及载热体的种类、数量、压力和温度，反应器的主要尺寸，换热式固定床催化反应器的温度、浓度沿床层的轴向和径向分布，冷激式多段绝热固定床反应器的冷激气用量、组成和温度。

（四）其他

（1）确定标准设备的型号或牌号，并确定台数。

（2）已有标准图纸的设备，确定标准图的图号和型号。

（3）对非标准设备，向化工设备专业设计人员提出设计条件和设备草图，明确设备的型式、材质，基本设计参数，管口、维修、安装要求，支承要求及其他要求（如防爆口、人孔、手孔、卸料口、液面计接口等）。

（4）编制工艺设备一览表。在初步设计或扩大初步设计阶段，根据设备工艺设计的结果，按非定型工艺设备和定型工艺设备2类，编制工艺设备一览表，并作为设计说明书的组成部分提供给有关部门进行设计审查。

（5）当工艺设备的施工图纸完成后，与化工设备的专业设计人员进行会签。

五、化工设备材料的选择

化工设备材质的选择是很重要的，因为材料的腐蚀性不仅影响设备使用期限，而且对产品的质量也有影响。材质选择不当，对高压设备、易燃易爆有毒介质的安全操作也会带来隐患，故设备选型和计算前，首先要把设备的材料定下来。化工生产涉及各种各样的物质，工艺操作条件范围极广，如温度变化范围可从 10K 到 2000K，压力从 0.0001MPa 到 200MPa；所处理的物料的性质差异很大，有的易燃易爆，有的腐蚀性很强，有的有剧毒。因此，在化工设备设计中，需要根据各种不同的要求，选择合适的设备和管道材料。正确选用设备和管道材料是化工设备设计的重要环节。

化工设备所用材料分类如下。

金属材料
- 黑色金属：碳素钢、合金钢、铸铁
- 有色金属：铜、铝、铅、镍、钛及其合金

非金属材料
- 无机材料：铸石、耐酸陶瓷、玻璃、搪瓷
- 有机材料：橡胶、塑料、石墨、涂料

材料的性能主要包括以下 4 个方面。

1. 机械性能

主要指材料的强度、弹性（刚性）、塑性、韧性和硬度。

材料的强度指抵抗外力破坏的能力，用强度极限（σ_b，抗拉强度）、屈服极限（σ_s）、蠕变极限（σ_n）等指标来衡量。材料的弹性指材料在外力作用下变形，卸去外力后完全恢复原形的性质，失去弹性时的应力称为弹性极限（σ_c）。材料的塑性指材料所能承受的塑性变形的能力，以伸长率（δ）、断面收缩率（ψ）表示。材料的韧性及对裂纹敏感程度用冲击功（A_k）、冲击韧性（α_k）来衡量。材料的硬度有布氏硬度（HB）、洛氏硬度（HRC），值越大，硬度越高。常用金属的机械性能（常温）如表 4–1 所示。

表 4–1　常用金属的机械性能（常温）

材料	强度极限（σ_b）/MPa	屈服极限（σ_s）/MPa	弹性模量（E）/$kN \cdot mm^{-2}$	布氏硬度（HB）	伸长率（δ）/%
低碳钢	约 430	约 220	约 210	100~200	约 25
低合金钢	420~660	约 300	约 210	130~200	约 20
铸铁	140~170		约 140	150~250	
不锈钢	＞540	约 200	约 210	160	约 40
镍	约 500		约 210	80~150	约 35
铜	约 200		约 110	30~100	
铝	80~150		约 70	30	
钛	约 500		约 110	150	10~30

2. 物理性能

材料的物理性能包括材料的弹性模量、密度、熔点、比热、导热系数、电阻率、热膨胀系数、耐温耐压性能等。

3. 化学性能

材料的化学性能主要指它的耐腐蚀性。因为材料的腐蚀往往使设备寿命缩短，检修费用增加，有时还会影响产品的质量，经济上带来很大损失，故材料的耐腐蚀性能比其他性能显得更加重要。

4. 加工性能

材料的加工性能指材料的可铸造性、可焊性、可锻性、可切削性及热处理性能等，这些性能影响化工设备的形状、制造方法和加工质量。

（一）化工设备材料的选择原则

选择材料时首先必须明确设备所处的工作条件，如操作温度、压力、载荷、介质、物理化学性质等。所选材料必须满足这些条件的要求，并且投资较少。

（1）机械性能符合要求。高温设备需要选用蠕变极限高的耐热钢；低温设备需要选用冲击韧性较高的耐低温材料；高压设备需要选用高强度材料；需要抗弹性变形的零件应选用弹性模量较高的材料。

（2）化学性能，特别是耐腐蚀性符合要求。各种材料有不同的耐腐蚀性，并且随着温度、浓度的改变耐腐蚀性变化很大。因此，考虑材料的耐腐蚀性时要注意介质的温度和浓度范围。

（3）物理性能、加工性能也应满足要求。例如，一般碳钢设备的最高使用温度为350℃，锅炉钢为450℃，不锈钢可达600℃。又如热交换设备要考虑材料的导热性，焊接设备应考虑材料的可焊性。

（4）符合经济的原则。在满足以上性能要求的前提下，力求材料价格低廉，来源丰富。不锈钢的价格比普通碳钢高5~10倍，若碳钢或塑料能满足要求，尽量不用不锈钢，即能用普通的材料就尽量不用贵重材料。

（二）化工设备的防腐与防护

化工生产中的物料往往具有强烈的腐蚀性，由于腐蚀每年所报废的金属设备和材料约相当于金属年产量的1/3，并且设备腐蚀还将引起：停工减产，产品污染，跑冒滴漏，损失物料，增加原材料消耗，恶化劳动条件，提高产品成本，影响产品质量，甚至引发设备事故。因此，必须认真对待设备的腐蚀与防腐。

防止设备被腐蚀，主要应从以下3个方面入手。

1. 选择合适的耐蚀材料

选材时要考虑温度、压力与材料耐蚀性能的关系。工程上经常根据腐蚀速度曲线选用合适的金属材料，根据腐蚀速度曲线图可知某一材料在某种酸的所有浓度和温度范围内的腐蚀情况。通常腐蚀速度随温度的升高而增加，承压设备易产生晶间腐蚀、应力腐蚀、缝隙腐蚀，故在高温高压下，对材料的耐蚀性要求较高。

选材时还要考虑材料的价格和来源，首先考虑用普通钢，或耐蚀低合金钢，或非金属材料，节约不锈钢。

2. 设备结构设计合理

设备结构不合理，常引起附加应力，形成缝隙，液体停滞，蒸气局部冷凝，固体沉积器底，腐蚀产物积聚等，这些都会加剧腐蚀。

3. 对设备进行防腐蚀保护

金属设备防腐保护的措施主要有以下 2 种。

（1）衬覆保护层：包括衬金属保护层和衬非金属保护层。

衬金属保护层是用耐蚀金属覆盖在不耐蚀金属表面，常见有电镀（镀镍、镀铬）、喷镀、衬不锈钢或用复合钢板；衬非金属保护层可采取衬橡胶，衬塑料（如四氟乙烯、玻璃钢等），衬瓷砖、瓷板、辉绿岩板、不透性石墨，刷涂料。

（2）电化学保护：分为阴极保护法和阳极保护法 2 种。

阴极保护法包括外加电流保护法和牺牲阳极保护法。外加电流保护法即受保护的金属设备和外加直流电源的负极相接，使整个金属设备极化为阴极而得到保护；牺牲阳极保护法即在受保护的金属设备上连接一种负电位的金属（或合金），使之成为待牺牲的阳极以保护设备。

阳极保护法是将受保护的金属设备与外加直流电源的正极相接，使设备进行阳极钝化，生成氧化膜而得到保护。

第二节　换热设备的设计和选型

换热设备是化工、炼油和食品等工业部门普遍应用的典型工艺设备，是用来实现热量传递，使热量由高温流体传给低温流体。物料的加热、冷却、蒸发、冷凝、蒸馏等都要通过换热设备进行热交换，才能达到要求。换热设备费用在总费用中所占的比例为 10%~40%，化工厂为 10%~20%，炼油厂为 35%~40%。因此，从能源利用和工厂投资来看，合理地选择和设计换热器，对节省投资、降低能耗具有重要的意义。

一、换热设备的分类和特点

换热设备按传热方式和结构分类，可分为如下 3 类。

（一）间壁式换热器

冷、热流体通过将它们隔开的固体壁面进行传热，不直接接触，是工业中最为广泛应用的一类换热器。按照传热面的形状及结构特点又可分为管壳式换热器、板式换热器、管式换热器、液膜式换热器、其他型式换热器。各类间壁式换热器的特性如表 4–2 所示。

表 4–2 各类间壁式换热器的特性

分类	名称	特性	相对费用	耗用金属 / kg · m^{-2}
管壳式	固定管板式	壳程不易清洗，管壳两物料温差＞ 60℃时应设置膨胀节，最大使用温度应不大于 120℃。使用广泛，已系列化	1.0	30
	浮头式	壳程易清洗，管壳两物料温差＞ 120℃，内垫片易渗漏	1.22	46
	填料函式	优缺点同浮头式，造价高，不宜制造大直径	1.28	
	U 型管式	制造、安装方便，造价较低，管程耐高压，但结构不紧凑、管子不易更换和不易机械清洗	1.01	
板式	板翅式	紧凑、效率高，可多股物料同时热交换，使用温度≤ 150℃		16
	螺旋板式	制造简单、紧凑，可用于带颗粒物料，温位利用好，不易检修	0.6	50
板式	伞板式	制造简单、紧凑，成本低，易清洗，使用压力≤ 12kgf/cm^2，使用温度≤ 150℃		
	波纹板式	紧凑、效率高，易清洗，使用压力≤ 15kgf/cm^2，使用温度≤ 150℃		16
管式	空冷器	投资和操作费用一般较水冷低，维修容易，但受周围空气温度影响大	0.8~1.8	
	套管式	制造方便、不易堵塞，耗金属多，使用面积宜不大于 20m^2	0.8~1.4	150
	喷淋管式	制造方便，可用海水冷却，造价较套管式低，对周围环境有水雾腐蚀	0.8~1.1	60
	箱管式	制造简单，占地面积大，一般作为出料冷却	0.5~0.7	100
液膜式	升降膜式	接触时间短，效率高，无内压降，浓缩比≤ 5		
	括板薄膜式	接触时间短，适于高黏度、易结垢物料，浓缩比为 11~20		
	离心薄膜式	受热时间短，清洗方便，效率高，浓缩比≤ 15		
其他型式	板壳式	结构紧凑，传热好，成本低，压降小，较难制造		24
	热管	高导热性和导温性，热流密度大，制造要求高		

每种结构型式的换热设备都有其特点，只有熟悉和掌握这些特点，并根据生产工艺的具体情况，才能进行合理的选型和正确的设计。

（二）混合式换热器

冷热流体直接接触和混合进行换热，又称直接接触传递热量式。这类换热器传热效果好，结构简单，价格便宜，常做成塔状，如化工厂常用的凉水塔、喷洒式冷却器塔、混合冷凝器塔等。

（三）蓄热式换热器

冷热流体交替通过格子砖或填料等蓄热体进行换热。这类换热器由于 2 种流体交替转换输入，少量流体相互掺和，易造成流体间的“污染”。但该类换热器结构紧凑，价格便宜，单位体积传热面大，适合用于气 – 气热交换场合，多用于从高温炉气中回收热量以预热空气或将气体加热至高温。这类设备常见于化工生产中的各种蓄热炉。

换热设备按工艺功能分类，可分为加热器、冷却器、再沸器、冷凝器、蒸发器、过热器、深冷器等。

本章将重点介绍管壳式换热器的设计与选型。

二、换热设备设计与选型的一般原则

（一）满足规定的工艺操作条件

设计者应根据工艺过程所规定的条件，如传热量、流体的热力学参数（如温度、压力、相态等）、物理化学性质（如密度、黏度、腐蚀性等）进行热力学和流体力学计算，经过反复比较，使所设计的换热设备具有尽可能小的传热面积，而在单位时间内传递尽可能多的热量，即具有高的传热效率。为此，设计计算时应注意以下参数的选择。

1. 流速

流速的提高可增加流体的湍流程度，有利于传热，有利于冲刷污垢，减少沉积，既可延长使用周期，又可提高传热系数，减少传热面积，使设备投资费减少；并且流体阻力与流速的平方成反比，因此在综合考虑阻力与不发生流体诱发振动的前提下，应尽可能选择高的流速。但流速过大，磨损严重，影响操作和使用寿命，动力消耗也会增大，使操作费增加。因此，需要经过经济核算来确定比较适宜的流速。对于气体和黏度不大的液体一般要求在湍流状态下操作，黏度高的流体常按滞流设计。常用流速范围如表 4–3 所示。

表 4–3　常用流速范围

流体种类	水及水溶液	低黏度油类	高黏度油类	油类蒸气	气液混合流体
流体在直管内流速 / $m \cdot s^{-1}$	0.7~3.5（冷却淡水） 0.7~2.5（冷却海水）	0.8~1.8	0.5~1.5	5.0~15	2.0~6.0
流体在壳程内流速 / $m \cdot s^{-1}$	0.5~1.5	0.4~1.0	0.3~0.8	3.0~6.0	0.5~3.0

此外，流速应随流体黏度的高低相应增减，普通钢管内流体的流速随流体黏度的变化如表 4–4 所示。

表 4–4 普通钢管内流体的流速随流体黏度的变化

流体黏度 / Pa · s	> 1500	500~1500	100~500	35~100	1~35	< 1	烃类
最大流速 / m · s^{-1}	0.6	0.75	1.1	1.5	1.8	2.4	3

2. 终端温差

换热器两端冷热流体的温差大，可使换热器的传热面积变小，节省设备投资，但要使冷热流体温差大，冷却剂出口温度就要降低，从而使冷却剂用量增大，操作费用提高。因此，换热器两端温差的确定应考虑换热器的经济合理性和传热效率，使投资和操作费用之和最小，同时使换热器在较佳范围内操作。

（1）对于无相变的流体，尽可能采用接近逆流的传热方式以增大平均温度差，还有助于减小结构中的温度应力。

（2）高温端温差应不小于 20℃，低温端温差应不小于 5℃，当在两工艺物流间换热时，低温端的温差应不小于 20℃。

（3）当采用多管程、单壳程的管壳式换热器，并用水作为冷却剂时，冷却水的出口温度应不高于工艺物流的出口温度。

（4）在冷却或冷凝工艺物流时，冷却剂的进口温度应高于工艺物流中易结冻组分的冰点 5℃以上。冷凝含有惰性气体的流体时，冷却剂出口温度至少比冷凝组分的露点低 5℃。

（5）在对反应物进行冷却时，为易于控制反应，应维持反应物和冷却剂之间的温差应不低于 10℃。

（6）换热器的设计温度应高于最大使用温度，一般高 15℃。

3. 压力降

换热器压力降的大小关系换热器的面积和操作费用的多少。压力降一般随操作压力不同而有一个大致的范围，如表 4–5 所示为压力降与操作压力的关系。

表 4–5 压力降与操作压力的关系

操作压力 p/ MPa	压力降 Δp/ MPa	操作压力 p/ MPa	压力降 Δp/ MPa
0~0.1（绝压）	p/10	1.0~3.0	0.035~0.18
0~0.07（表压，下同）	p/2	3.0~8.0	0.07~0.25
0.07~1.0	0.035		

4. 传热系数

传热面两侧的传热膜系数 α_1、α_2 常常不一致，当二者相差很大时，α 值较小的一侧将成为控制传热效果的主要因素，因此应设法增大该侧的传热膜系数。增大 α 值的方法如下。

（1）缩小通道截面积，以增大流速。

（2）增设挡板或促进产生湍流的插入物。

（3）若换热器的一侧流体有相变，另一侧流体为气体，可在气相一侧的传热面上加翅片，既提高了湍流程度也增大了传热面积；或者在条件允许的情况下采用两相流，以减小热阻，有利于传热。

（4）糙化传热表面，用沟槽或多孔表面，对于冷凝、沸腾等有相变化的传热过程，可获得大的膜系数。

5. 污垢系数

换热器在使用过程中会在壁面产生污垢，并不断增厚，使传热系数不断降低，传热量随之减少，必须停止操作进行清洗，从而增加费用。结垢速率与工作介质的物性、流速和壁温有关，因此可采取改进水质，消除死区，增加流速，防止局部过热等措施降低污垢系数。

6. 流体的路径

在换热器中哪一种物流走管程，哪一种物流走壳程，受多方面因素的限制，可按下列规则确定。

（1）黏度较大，流量小或传热分系数小的流体走管程，因管程截面一般比管间截面小，并且易做成多程结构，可得到较大的流速，有利于提高传热系数；或者走壳程，加挡板使物流成湍流状态，增加传热系数。

（2）腐蚀性流体走管程，以免管束和壳体同时受腐蚀，可降低对外壳材质的要求。

（3）不洁和易结垢的流体走管程，便于清洗和控制结垢。

（4）有毒性的流体走管程，泄漏的概率小。

（5）压强高的流体走管程，可减小对壳体的机械强度要求。

（6）温度高的物流走管程，减少热量散失而造成的热损失。

（7）被冷却的流体走壳程，可利用外壳向环境散热，增强冷却效果。

（8）饱和蒸气走壳程，因蒸气较清洁，易于及时排出冷凝水。

（9）对压力降有特殊要求的工艺物流，应走管程，因管程的传热系数和压力降计算误差小。

（二）安全可靠

换热设备是压力容器，工艺及结构设计完成后，应按照压力容器和换热器设计的有关规定和标准进行强度、刚度、温差应力及疲劳寿命的计算与校核，以确保设备的安全可靠。

（三）安装、操作及维修方便

设备与部件应便于运输与装拆，在厂房中移动时不会受到楼梯、梁、柱等的妨碍。

根据需要可添置气、液排放口，检查孔与敷设保温层。对易结垢的换热设备应采取快速清洗的办法以缩短停工时间，如在流体中加入净化剂，就不必停工清洗。有时也可将换热设备分作 2 个部分，交替工作和清洗。操作场地应留足够空间以便在设备报废前可将其内件抽出现场焊接、堵漏与维修。

（四）经济合理

设计和选型时，往往有几种换热器都能满足生产工艺要求，此时就需要对换热器进行经济核算。评定换热器的经济指标是：一定时间内（一般为一年）设备费（如购买费、运输费、安装费等）与操作费（如动力费、清洗费、维修费等）的总和为最小。应根据这一指标来选择换热器，并确定适宜的操作条件。

（五）尽量选用标准设计和标准系列

中国已将多种换热器（如管壳式换热器、板式换热器和石墨换热器）系列化，采用标准图纸进行系列化生产。这给设计、检修、维护等诸方面带来方便，并且可提高工程的工作效率，缩短施工周期，降低工程投资，因此在设计中应尽量采用。已形成标准系列的换热器有:《固定管板式换热器》(NB/T 47041—2014)、《立式热虹吸式再沸器》(NB/T 47042—2014)、《U 型管式热交换器》(NB/T 47045—2014)、《钢制化工容器 薄管板换热器》(HG/T 2650—2011）等、《石墨制化工设备 第 1 部分：总则》(HG/T 3183—2016）等系列标准、搪玻璃设备相关标准有《搪玻璃设备技术条件》(HG/T 2371—2018）等。

三、管壳式换热器的设计和选型

管壳式换热器是目前化工生产中应用最广的一种换热器，已成为一种标准换热设备。它的结构简单、坚固，制造容易，生产成本较低，选用的材料范围广，处理能力强，适应性强，换热表面的清洗方便，尤其是在高温高压下，较其他型式换热器更为适用。但传热效率、设备的紧凑性、单位传热面积的金属消耗量等方面不如新型、高效、紧凑式换热器，如板式换热器。

（一）管壳式换热器的结构和特性

常用的管壳式换热器有固定管板式、浮头式、U 型管式 3 种。

1. 固定管板式换热器

固定管板式换热器是一种刚性结构的管壳式换热器，如图 4-1 所示。换热器的管端以焊接或胀接的方法固定在 2 块管板上，管板焊在外壳的两端。这类管壳式换热器结构简单、紧凑，当壳体直径相同时，可安排更多的管子，也便于分程；造价便宜，管内不易积聚污垢，即使产生污垢也便于清洗，管子泄漏或损坏，便于堵管或换管。但管外不能机械清洗，并且难以检查，不适宜处理脏的或有腐蚀性的介质。当壳体与管子的壁温或材料的线膨胀系数相差很大时，在壳体与管中将产生很大的温差应力，以致将管子扭弯或使管子从管板上松脱，甚至毁坏整个换热器。因此，在管壁与壳壁温度相差50℃以上时，换热器应设置温差补偿装置，如温差补偿圈（或称膨胀节）。

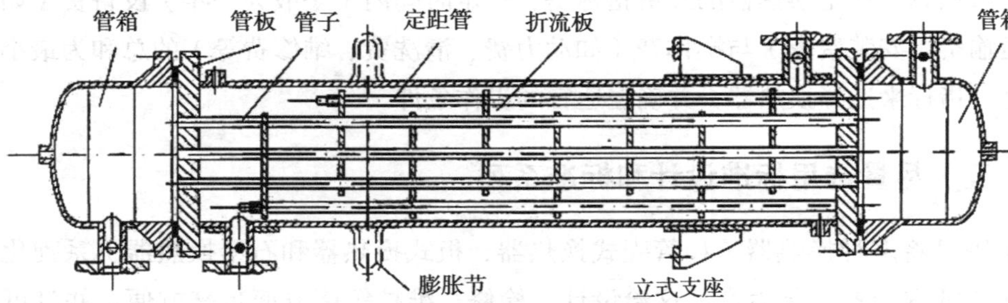

图4–1 固定管板式换热器

2. 浮头式换热器

这种换热器的结构如图4–2所示。换热器的一块管板与壳体固定，另一块管板不与外壳相连，当管子受热或受冷时，可自由伸缩。浮头式换热器有内浮头和外浮头2种。浮头在壳体内为内浮头，浮头在壳体外为外浮头。外浮头与壳体之间用填料函密封，故也称填料函式换热器。浮头式换热器有良好的热补偿性能，当2种传热介质温差大时，不会因膨胀产生温差应力，因管束容易抽出，管内、管外都能进行清洗，也便于检修，但结构复杂，造价高，比固定管板式换热器高20%左右。

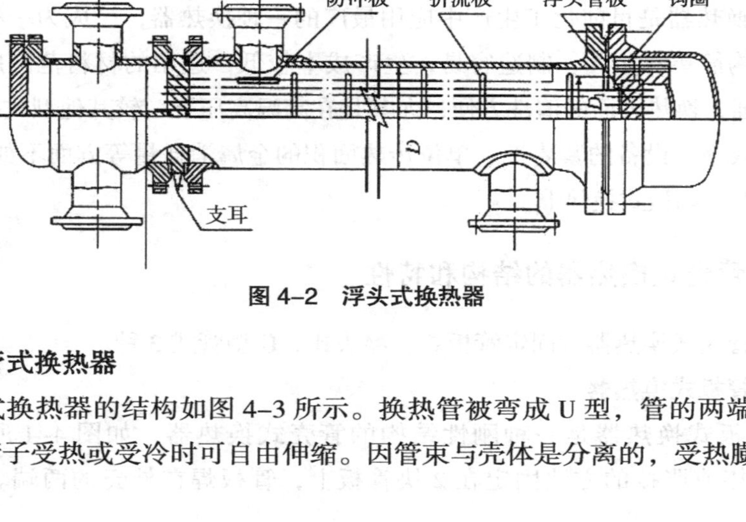

图4–2 浮头式换热器

3. U型管式换热器

U型管式换热器的结构如图4–3所示。换热管被弯成U型，管的两端固定在同一管板上，当管子受热或受冷时可自由伸缩。因管束与壳体是分离的，受热膨胀时不会产生温差应力。这种换热器的结构简单，造价便宜，重量轻，管外清洗方便，但管内机械清洗困难，拆换管子也不容易，因此通过管内的流体必须洁净。另外，制造弯管的工作量大，并且由于管子需要一定的弯曲半径，管板的利用率较差。这种换热器适用于温差变化很大、高温和高压的场合。

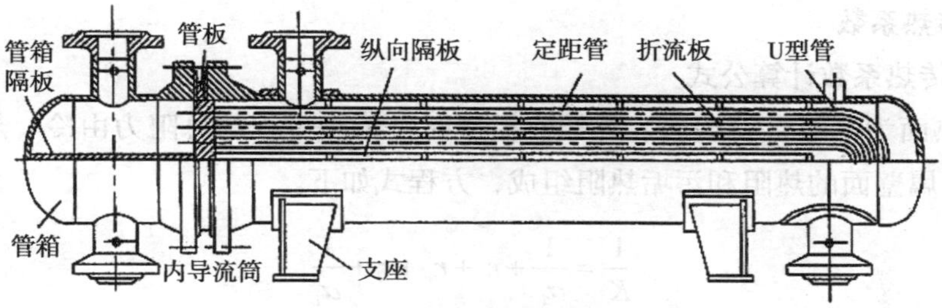

图 4-3 U 型管式换热器

（二）管壳式换热器的工艺计算

1. 传热方程

传热的基本方程式如下。

$$Q = KF\Delta t_m \tag{4-1}$$

式中 Q——传热速率，W；

K——总传热系数，W/（m^2·℃）；

F——换热器总传热面积，m^2；

Δt_m——进行换热的两流体之间的平均温差，℃。

2. 热负荷

工艺上要求加热或冷却物料时需要加进或取走一定的热量，即对换热器的换热能力有一定的要求，称为该换热器的热负荷。一个能满足工艺要求的换热器，必须使其传热速率等于或略大于热负荷。

根据工艺特点，热负荷的计算分 2 种情况。

1）流体在换热过程中无相变化

$$Q = W_h C_{ph}（T_1 - T_2）= W_c C_{pc}（t_2 - t_1） \tag{4-2}$$

式中 W_h、W_c——热流体和冷流体的质量流量，kg/s；

C_{ph}、C_{pc}——热流体和冷流体的比热容，J/（kg·℃）；

T_1、T_2——热流体进、出换热器的温度，℃；

t_1、t_2——冷流体进、出换热器的温度，℃。

2）流体在换热过程中发生相变（如冷凝、蒸发）

$$Q = W\Delta H \tag{4-3}$$

式中 W——流体的冷凝量或蒸发量，kg/s；

ΔH——流体的冷凝热或蒸发热，kJ/ kg。

3. **总传热系数**

1）总传热系数计算公式

当传热面为平壁且管壁内、外结有垢层时，传热过程的总阻力由冷、热流体的传热阻力、金属壁面的热阻和污垢热阻组成，方程式如下。

$$\frac{1}{K}=\frac{1}{\alpha_0}+r_0+r_w+r_i+\frac{1}{\alpha_i} \tag{4-4}$$

式中 K——总传热系数，W/（m^2·℃）；

α_0——管外流体膜给热系数，W/（m^2·℃）；

α_i——管内流体膜给热系数，W/（m^2·℃）；

r_0——管外流体污垢热阻，（m^2·℃）/W；

r_i——管内流体污垢热阻，（m^2·℃）/W；

r_w——管壁热阻 $\left(=\frac{\delta}{\lambda}\right)$，（$m^2$·℃）/W；

λ——管壁材料的导热系数，W/（m·℃）；

δ——管壁厚度，m。

当传热面为圆筒壁时，则内表面积和外表面积不同，以外表面积为基准，则方程式如下。

$$\frac{1}{K}=\frac{1}{\alpha_0}+r_0+r_w\left(\frac{A_0}{A_m}\right)+r_i\left(\frac{A_0}{A_i}\right)+\frac{1}{\alpha_i}\left(\frac{A_0}{A_i}\right) \tag{4-5}$$

式中 A_0、A_i——分别为管壁的外表、内表传热面积，m^2；

A_m——管壁的平均表面积，m^2。

以内表面积为基准，则方程式如下。

$$\frac{1}{K}=\frac{1}{\alpha_0}\left(\frac{A_i}{A_0}\right)+r_0\left(\frac{A_i}{A_0}\right)+r_w\left(\frac{A_i}{A_m}\right)+r_i+\frac{1}{\alpha_i} \tag{4-6}$$

2）总传热系数 K 值的确定

设计换热器时，往往参照工艺条件相仿、设备类似而又使用得较为成熟的经验数据，作为粗算或试算的依据，初步选定合适的换热器，但经验值所列的数据范围较宽，应作试算，并与选定的换热器计算得出的传热系数 K 值参照比较后才能最终确定。因此，总传热系数的经验数据是初步数据的依据。

管壳式换热器用作冷却器、加热器、换热器、蒸发器、冷凝器时的总传热系数推荐值如表 4–6 至表 4–10 所示。

表 4–6 用作冷却器的管壳式换热器总传热系数推荐值

高温流体	低温流体	总传热系数范围 kcal/（m^2・h・℃）	备注
水	水	1200~2440	污垢系数为 0.0006（m^2・h・℃）/kcal
甲醇、氨	水	1200~2440	
有机物黏度 0.5cP 以下①	水	370~730	
有机物黏度 0.5cP 以下①	冷冻盐水	190~490	
有机物黏度 0.5~1.0cP②	水	240~610	
有机物黏度 1.0cP 以上③	水	24~370	
气体	水	10~240	
水	冷冻盐水	490~1000	
水	冷冻盐水	200~500	传热面为塑料衬里
硫酸	水	750	传热面为不透性石墨，两侧传热膜系数均为 2100kcal/（m^2・h・℃）
四氯化碳	氯化钙溶液	65.5	管内流速为 0.0052~0.011m/s
氯化氢气（冷却除水）	盐水	30~150	传热面为不透性石墨
氯气（冷却除水）	水	30~150	传热面为不透性石墨
焙烧 SO_2 气体	水	200~400	传热面为不透性石墨
氮	水	57	计算值
水	水	350~1000	传热面为塑料衬里
20%~40% 的硫酸	水 t=30~60℃	400~900	冷却洗涤用硫酸的冷却
20% 的盐酸	水 t=25~110℃	500~1000	
有机溶剂	盐水	150~440	

表 4–7 用作加热器的管壳式换热器总传热系数推荐值

高温流体	低温流体	总传热系数范围 kcal/（m^2・h・℃）	备注
水蒸气	水	1000~3400	污垢系数为 0.0002（m^2・h・℃）/kcal
水蒸气	甲醇、氨	1000~3400	污垢系数为 0.002（m^2・h・℃）/kcal
水蒸气	水溶液黏度 2cP 以下	1000~3400	
水蒸气	水溶液黏度 2cP 以上	490~2400	污垢系数为 0.0002（m^2・h・℃）/kcal

续表

高温流体	低温流体	总传热系数范围 kcal/（m^2·h·℃）	备注
水蒸气	有机物黏度 0.5cP 以下①	490~1000	
水蒸气	有机物黏度 0.5~1.0cP②	240~490	
水蒸气	有机物黏度 1cP 以上③	29~290	
水蒸气	气体	24~240	
水蒸气	水	1950~3900	水流速为 1.2~1.5m/s
水蒸气	盐酸或硫酸	300~500	传热面为塑料衬里
水蒸气	饱和盐水	600~1300	传热面为不透性石墨
水蒸气	硫酸铜溶液	800~1300	传热面为不透性石墨
水蒸气	空气	44	空气流速为 3m/s
水蒸气（或热水）	不凝性气体	20~25	传热面为不透性石墨，不凝性气体流速为 4.5~7.5m/s
水蒸气	不凝性气体	30~40	传热面为不透性石墨，不凝性气体流速为 9.0~12.0m/s
水	水	350~1000	
热水	碳氢化合物	200~430	管外为水
温水	稀硫酸溶液	500~1000	传热面为不透性石墨
熔融盐	油	250~390	
导热油蒸气	重油	40~300	
导热油蒸气	气体	20~200	

表 4–8 用作换热器的管壳式换热器总传热系数推荐值

高温流体	低温流体	总传热系数范围 kcal/（m^2·h·℃）	备注
水	水	1200~2440	
水溶液	水溶液	1200~2440	
有机物黏度 0.5cP 以下①	有机物黏度 0.5cP 以下①	190~370	
有机物黏度 0.5~1.0cP②	有机物黏度 0.5~1.0cP②	100~290	
有机物黏度 1.0cP 以上③	有机物黏度 1.0cP 以上	50~190	
有机物黏度 1.0cP 以下③	有机物黏度 0.5cP 以下①	150~290	
有机物黏度 0.5cP 以下①	有机物黏度 1.0cP 以上②	50~190	
20% 的盐酸	35% 的盐酸	500~800	传热面为不透性石墨，35% 的盐酸入口温度为 20℃，出口温度为 60℃
有机溶剂	有机溶剂	100~300	
有机溶剂	轻油	100~340	
原油	瓦斯油	390~439	管内原油流速为 3.05m/s，管外瓦斯油流速为 1.83m/s

续表

高温流体	低温流体	总传热系数范围 kcal/（m^2·h·℃）	备注
重油	重油	40~240	
SO_3气体	SO_2气体	5~7	

注：表中①为苯、甲苯、丙酮、乙醇、丁酮、汽油、轻煤油、石脑油等有机物；②为煤油、热柴油、热吸收油、原油馏分等有机物；③为冷柴油、燃料油、原油、焦油、沥青等有机物。

表 4–9 用作蒸发器的管壳式换热器总传热系数推荐值

高温流体	低温流体	总传热系数范围 kcal/（m^2·h·℃）	备注
水蒸气	液体	1500~4000	强制循环，管内流速为 1.5~3.5m/s
水蒸气	液体	1000	水平管式
水蒸气	液体	1000	
水蒸气	液体	1200	垂直式短管
水蒸气	液体	2500	垂直长管式（上升式）黏度 10cP 以下
水蒸气	液体	1000	垂直长管式（下降式）黏度 100cP 以下
水蒸气	液体	4000	强制循环，流速为 2~6m/s
水蒸气	液体	2500	强制循环，流速为 0.8~1.2m/s
水蒸气	液体	350~700	立式中央循环管式
水蒸气	浓缩结晶液（食盐、重铬酸钠）	1000~3000	标准式蒸发析晶器
水蒸气	浓缩结晶液（苛性钠中的食盐、芒硝等）	1000~3000	外部加热型蒸发析晶器
水蒸气	浓缩结晶液（硫酸铵、石膏等）	1000~3000	生长型蒸发析晶器
水蒸气	水	1950~4900	垂直管式
水蒸气	水	1700~3660	
水蒸气	水	1000~2500	传热面为不透性石墨
水蒸气	液碱	600~650	带有水平伸出加热室（F30~50m^2）
水蒸气	20% 的盐酸（温度为 110~130℃）	1500~3000	传热面为不透性石墨
水蒸气	21% 的盐酸	1500~2500	传热面为不透性石墨，自然循环
水蒸气	金属氯化物（温度为 90~130℃）	800~1500	传热面为不透性石墨
水蒸气	硫酸铜溶液	700~1200	传热面为不透性石墨
水	冷冻剂	370~730	
有机溶剂	冷冻剂	150~490	
水蒸气	轻油	390~880	
水蒸气	重油（减压下）	120~370	

表 4–10 用作冷凝器的管壳式换热器总传热系数推荐值

高温流体	低温流体	总传热系数范围 kcal/（m^2·h·℃）	备注
有机质蒸气	水	200~800	传热面为塑料衬里
有机质蒸气	水	250~1000	传热面为不透性石墨
饱和有机质蒸气（大气压下）	盐水	490~980	
饱和有机质蒸气（减压且含少量不凝性气体）	盐水	240~490	
低沸点碳氢化合物（大气压下）	水	390~980	
高沸点碳氢化合物（减压下）	水	50~150	
21% 的盐酸蒸气	水	100~1500	传热面为不透性石墨
氨蒸气	水	750~2000	水流速为 1~1.5m/s
有机溶剂蒸气和水蒸气混合物	水	300~1000	传热面为塑料衬里
有机质蒸气（减压且含大量不凝性气体）	水	50~240	
有机质蒸气（大气压下且含大量不凝性气体）	盐水	100~390	
氟利昂液蒸气	水	750~850	水流速为 1.2m/s
汽油蒸气	水	450	水流速为 1.5m/s
汽油蒸气	原油	100~150	原油流速为 0.6m/s
煤油蒸气	水	250	水流速为 1m/s
水蒸气（加压下）	水	1710~3660	
水蒸气（减压下）	水	1460~2930	
氯乙醛（管外）	水	142	直立，传热面为搪玻璃
甲醇（管内）	水	550	直立式
四氯化碳（管内）	水	312	直立式
缩醛（管内）	水	397	直立式
糠醛（管外）（有不凝性气体）	水	190	直立式
糠醛（管外）（有不凝性气体）	水	164	直立式
糠醛（管外）（有不凝性气体）	水	107	直立式
水蒸气（管外）	水	525	卧式

3）污垢系数

污垢是在传热面上沉积的物质，导致导热系数降低，是传热过程主要的热阻，因此在换热器设计中必须考虑污垢的影响。一般污垢系数大多采用实验数据或生产中的经验值作为设计依据。

冷却水、工艺物料、油类的污垢系数如表 4–11 至表 4–13 所示。

表 4-11 冷却水的污垢系数

物料	污垢系数 / [(m²·h·℃)/kcal]			
热物料温度	115℃以下		115～205℃	
水温	52℃以下		52℃以上	
流速	< 1m/s	> 1m/s	< 1m/s	> 1m/s
海水	0.0001	0.0001	0.0002	0.0002
苦咸水	0.0004	0.0002	0.0006	0.0004
凉水塔，人工喷池水未处理过的补给水	0.0006	0.0006	0.001	0.0008
处理过的补给水	0.0002	0.0002	0.0004	0.0004
自来水，井水软化水	0.0002	0.0002	0.0004	0.0004
河水（平均）	0.0006	0.0004	0.0008	0.0006
河水（最小）	0.0004	0.0002	0.0006	0.00044
硬水	0.0006	0.0006	0.001	0.001
淤泥水	0.0006	0.0004	0.0008	0.0006
蒸馏水	0.0001	0.0001	0.0001	0.0001
处理锅炉供水	0.0002	0.0001	0.0002	0.0002

表 4-12 工艺物料的污垢系数

物料	污垢系数 / [(m²·h·℃)/kcal]	物料	污垢系数 / [(m²·h·℃)/kcal]
1. 工业液体		柴油机排气	0.002
有机物	0.0002	往复泵废蒸气	0.0002
冷冻剂	0.0002	酸性气体	0.0002
有机热载体		3. 工业油类	
冷冻盐水	0.0002	燃料油	0.001
传热用熔融盐	0.0001	净循环油	0.0002
单乙醇胺溶液	0.0004	机械和变压器油	0.0002
烧碱溶液	0.0004	淬冷油	0.0008
盐类	0.0001	汽油	0.0002
2. 工业气体		挥发油	0.0002
焦炉气、造气	0.002	煤油	0.0002
水蒸气	0.0001	重油	0.001
空气	0.0004	植物油	0.0006
溶剂蒸气	0.0002	4. 炼油装置	
天然气	0.0002	混合溶剂进料	0.0004
有机化合物	0.0001	溶剂	0.0002

续表

物料	污垢系数 / [(m²·h·℃)/kcal]	物料	污垢系数 / [(m²·h·℃)/kcal]
萃取物	0.0006	重整炉进料	0.0004
提余液	0.0002	重整炉流出物	0.0002
汽油	0.0002	加氢脱硫进料和出料	0.0004
石脑油和轻馏分	0.0002	塔顶蒸气	0.0002
煤油	0.0002	50° A.P.I. 以上的液态产品	0.0002
轻质柴油	0.0004	30° ~50° A.P.I. 的液态产品	0.0004
重质柴油	0.0006	轻馏分加工物料	
重质燃料油	0.001	塔顶蒸气和气体	0.0002
沥青和残渣油	0.002	液态产品	0.0002
裂化和焦化装置物料		吸收油	0.0004
塔顶蒸气	0.0004	微酸烷基化物料	0.0004
轻质循环油	0.0004	再沸器物料	0.0006
重质循环油	0.0006	润滑油加工物料	
轻质焦化瓦斯油	0.0006	进料	0.0004
重质焦化瓦斯油	0.0008	沥青	0.001
底部油浆（最小 4.5 ft/s）	0.0006	蜡膏	0.0006
轻质液态产品	0.0004	精制润滑油	0.0002
催化重整和加氢脱硫物料			

表 4–13 油类的污垢系数

温度	速度 /m·s^{-1}	污垢系数 / [(m²·h·℃)/kcal]	
		无水原油	含盐原油
0~92℃	＜0.6	0.0006	0.0006
	0.6~1.2	0.0004	0.0004
	＞1.2	0.0004	0.0004
92~148℃	＜0.6	0.0006	0.001
	0.6~1.2	0.0004	0.0008
	＞1.2	0.0004	0.0008
148~260℃	＜0.6	0.0008	0.0012
	0.6~1.2	0.0006	0.001
	＞1.2	0.0004	0.0008

续表

温度	速度 /m·s^{-1}	污垢系数 / [(m^2·h·℃)/kcal]	
		无水原油	含盐原油
260℃以上	< 0.6	0.001	0.0014
	0.6~1.2	0.0008	0.0014
	> 1.2	0.0006	0.001

4. 平均温度差

1）算术平均温差

$$\Delta t_{al}=\frac{\Delta t_1+\Delta t_2}{2} \tag{4-7}$$

2）对数平均温差（逆流）

$$\Delta t_{\ln}=\frac{(T_{进}-t_{出})-(T_{出}-t_{进})}{\ln\dfrac{(T_{进}-t_{出})}{(T_{出}-t_{进})}}=\frac{\Delta t_1-\Delta t_2}{\ln\dfrac{\Delta t_1}{\Delta t_2}} \tag{4-8}$$

式中 $T_{进}$、$T_{出}$——热流体进、出换热器的温度，℃；

$t_{进}$、$t_{出}$——冷流体进、出换热器的温度，℃；

Δt_1——两端温度差中较大的温差；

Δt_2——两端温度差中较小的温差。

当$\dfrac{\Delta t_1}{\Delta t_2}<2$时，采用算术平均温差，否则用对数平均温差。

3）温差修正系数

在错流和折流换热器中，温度分布情况相当复杂，平均温度差可先根据逆流温差计算式计算，然后乘以平均温度差校正系数 F_T。

$$\Delta t_m=F_T\Delta t_{\ln} \tag{4-9}$$

平均温度差校正系数 F_T 是两个无因次比值 R 和 S 的函数，各种流动情况下的温差校正系数可根据 R 和 S 两个参数查平均温度差校正因子图得出。

$$R=\frac{T_{进}-T_{出}}{t_{出}-t_{进}}=\frac{热流体的温降}{冷流体的温升} \tag{4-10}$$

$$S=\frac{t_{出}-t_{进}}{T_{进}-t_{进}}=\frac{冷流体的温升}{两流体的最初温差} \tag{4-11}$$

一般情况下，$F_T>0.9$，如果不能满足，应改变换热器的流动形式。

（三）其他工艺参数的确定

换热器的基本工艺设计参数确定之后，若能选用换热器标准系列，其他工艺参数随之而定，否则还需要计算换热器的其他工艺尺寸。管壳式换热器主要的几何尺寸有：管径 d、管长 l、管数 n、壳径 D、折流板数 N、管板厚度 δ 等。此外，还有与设备尺寸大小有关的量：管间距 t、管程数 m、流体流速 u 等。

1. 管径和管长

管径越小，换热器越紧凑、越便宜，但管径越小换热器的压降将增加。为满足允许的压降，一般推荐选用 $\phi 19 \times 2$mm 的管子。易结垢物料，为方便清洗，可选用 $\phi 25 \times 2.5$mm 的管子，再沸器常用 $\phi 38 \times 3$mm 的管子。

无相变换热时，管子较长则传热系数增加。一定的传热面积，采用长管，管数、管径、管程数少，壳径、压力降也小，换热器造价低。但管子过长，给制造、清洗、检修带来困难，所以管长主要从经济性和清洗方便考虑。一般取管长 l 与壳径 D 之比，即 l/D 为 6~10；换热器竖放时，考虑稳定性取 l/D 为 4~6。另外，应考虑管长的规格，如无缝管的管长为 6m 左右，落料应为产品规格的整数倍。所以管长一般是适当选取，而不是根据计算值。国内管壳式换热器的管子标准长度有 1.5m、2m、3m、4.5m、6m、9m。

2. 管子的排列和管间距

管子在管板上的排列方式有正三角形（等边三角形或六角形）、正方形、同心圆 3 种。正三角形排列有利于壳程物流的湍流，并且可排列较多的管子，故应用最为普遍，但管外不易清洗，常用于壳侧流体清洁，不易结垢，或者污垢可用化学方法处理去除的情况；正方形排列有利于壳程清洗，适用于易结垢的流体，但排列的管数比正三角形少；同心圆排列在靠近壳体的地方布置均匀，因在小直径的换热器中排列管数比正三角形还多，故一般用于小直径的换热器。

相邻 2 根管子的中心距离称为管间距。管间距小，设备紧凑，但将引起管板增厚、清洁不便、壳程压降增大。因此，大多数管壳式换热器中管间距为管外径的 1.25~1.5 倍。

管子在管板上排列的数目，可查表（表 4-14）或计算求得。

正三角形排列时管数 n 与六角形圈数 a（或称层数，每一六角形为一层）的关系如下。

$$a = \frac{\sqrt{12n-3}-3}{6} \tag{4-12}$$

六角形对角线上的管子数目 b 如下。

$$b = 2a+1 \tag{4-13}$$

表 4–14 按正三角形排列时管子的根数

六角形的层数 (a)	对角线上的管数 (b)	不计弓形部分的排管数	弓形部分的排管数	换热器内管子的总根数 (n)
1	3	7	0	7
2	5	19	0	19
3	7	37	0	37
4	9	61	0	61
5	11	91	0	91
6	13	127	0	127
7	15	169	18	187
8	17	217	24	241
9	19	271	30	301
10	21	331	36	367
11	23	397	42	439
12	25	469	48	517
13	27	547	66	613
14	29	631	90	721

3. 管数

管数可由下式计算。

$$n = \frac{F}{\pi d_m l} \quad (4\text{–}14)$$

式中 d_m——平均直径$\left(\frac{d_{内} + d_{外}}{2}\right)$。

计算值应调整为整数，并根据管的排列，最后确定管数。

4. 管程数

管程数有 1~8 程 8 种，一般都采用偶数多程，常用的为 1、2、4、6 管程。管程数增加，管内流速增加，给热系数也增加。但程数不宜太多，否则隔板本身占去相当大的布管面积，并且在壳程中形成旁路，影响传热；同时使管程流体阻力增加，动力消耗增大。

管程数可按下式确定。

$$m = \frac{u}{u_0} \quad (4\text{–}15)$$

式中 m——管程数，计算结果应圆整为整数；

u——保证合理操作时的流速，m/s；

u_0——实际流速，m/s，且 $u_0 < u$。

5. 壳体直径

壳体的内径应等于或稍大于管板的直径，故从管板直径的计算可以决定壳体的内径，通常按下式确定壳径。

$$D=t(b-1)+2e \tag{4-16}$$

式中 D——壳体内径，mm；

t——管间距，mm；

b——最外层的六角形对角线（或同心圆直径）上的管数；

e——六角形最外层管中心到壳体内壁距离，一般取 $e=(1\sim1.5)d_{外}$。

b 值可由作图法和计算法求取。已知管数 n 和管间距 t，用作图法从中心开始按六角形排管排至 n 根后，统计对角线上的管数，或者由下列公式求取。

正三角形排列：$b=1.1\sqrt{n}$ （4–17）

正方形排列：$b=1.19\sqrt{n}$ （4–18）

已知圈数 a，则：$b=2a+1$

壳径的计算值应圆整到最接近的部颁标准尺寸，如表 4–15 所示。

表 4–15　壳径的标准尺寸

壳径 /mm	325	400	500	600	700	800	900	1000	1100	1200
最小壁厚 /mm	8	10				12			14	

6. 折流板（或称挡板）

换热器管间常装置折流板。折流板的设置主要是为了提高流体在管间的流速，促进湍动，改善壳程传热效果。常用的折流板型式有圆缺形（或称弓形）、环盘形和孔式折流板。最常用的是圆缺形，其缺口高度为壳体直径的 10%~40%，常见的是 20% 和 25% 2 种。

折流板间距视壳程介质的流量、黏度及换热器的功用而定。由于折流板间距影响壳程物流的流向和流速，从而影响传热效率，因此折流板的最小间距应不小于 20~80mm，间距过小，不便于制造和检修，阻力也大；间距过大，壳程流体难以保持错流形式流过管束而使传热膜系数 α 降低。一般取折流板间距 $h=(0.2\sim1)D$，其系列为 100mm、150mm、200mm、300mm、450mm、600mm、800mm、1000mm。

折流板上钻孔的孔径一般取管子外径 $d_{外}$的 1.02~1.05 倍。折流板厚度为管壁厚度的 2 倍，一般取 2~4mm。

（四）管壳式换热器设计和选型的步骤

1. 分析设计任务，汇总设计数据

根据工艺衡算和工艺物料的要求、特性，获得物料流量、温度、压力、物理化学

性质、相关物性参数及设备的负荷、流程中的位置、与其他设备的关系等数据。

2. 设计换热流程

在换热设计时，应将换热的工艺流程仔细探讨，以利于充分利用热量和热源。

3. 选择换热器的材质

换热器材质的选择应根据操作压力、温度、介质的腐蚀性及其他有关性能、材料规格、价格等综合选择。常用的金属材料有碳钢、不锈钢、低合金钢、铜、铝；非金属材料有石墨、聚四氟乙烯、玻璃等。管壳式换热器各部件常用材料如表 4-16 所示。

表 4-16 管壳式换热器各部件常用材料

部件或零件名称	材料牌号		
	碳素钢	不锈钢	
壳体、封头	A_3F、A_3R、16MnR	16Mn+	0Cr18Ni9Ti 1Cr18Ni9Ti
法兰、法兰盖	16Mn、A_3（法兰盖）		
管板	A_4	1Cr18Ni9Ti	
膨胀节	A_3R、16MnR	1Cr18Ni9Ti	
折流板或支承板	A_3F	1Cr18Ni9Ti	
换热管	10	1Cr18Ni9Ti	
螺栓、双头螺栓	16Mn、40Mn、40MnB		
螺母	A_3、40Mn		
垫片	石棉橡胶板		
支座	A_3F		

4. 确定换热器类型

换热器的选型需要考虑的因素很多，主要有：流体的性质、流量，操作温度、压力及允许压降范围，换热器的热负荷，管程与壳程的温差，清洗、维修的要求，设备的结构材料、尺寸及空间的限制，设备价格等。

流体的性质对换热器类型的选择往往会产生重大影响，流体的物理性质（如比热容、导热系数、黏度等）、化学性质（如腐蚀性、热敏性等）、结垢情况及是否有腐蚀性颗粒等因素都对传热设备的选型有影响。换热介质的流量、操作温度和压力等参数在选型时也很重要。例如，板式换热器虽然高效、紧凑、性能良好，但由于受结构和垫片性能的限制，当压力和温度稍高时，这种型式就不适用了。因此，具体选型时要综合考虑各方面的因素。

5. 校核

（1）传热系数校核：根据以上换热器的大致轮廓尺寸，计算管内、管外传热膜系数，从而算出总传热系数 K，并与假设值（试差值）比较，若核算 K 值与假设相差不大，不再进行复校；若相差较大，重新假设 K 值试算。

（2）平均温差校核。

（3）传热面积校核。

6. 其他

（1）计算热负荷 Q，流体给热系数 α。

（2）确定冷热流体在空间的流向，根据载体的性质、热交换任务和换热器的结构，决定采用并流、逆流或错流、折流等。

（3）初算平均温度差。

（4）估计污垢热阻系数，并初算出传热系数 K。

（5）初算总传热面积 A，考虑到安全系数常常取实际的传热面积是计算值的 1.15~1.25 倍。

（6）参照我国有关部门的系列标准，选取换热器，初步确定换热器的基本参数，如管子直径、管长、管数、管距、壳体直径、管程数、折流板型式及数目等，并确定设备台数。

（7）计算换热器压降（壳程和管程阻力），并核算。

（8）画出换热器设备草图，若为非定型换热设备，则需要选择管长 l、管径 d、计算管数 n、管程数、壳径等。

（五）管壳式换热器设计和选用实例

［例 4–1］ 裂解气油吸收装置中，热的贫吸收油和冷的富吸收油在管壳式换热器中进行热交换。热贫油流量为 90000kg/h，入口温度为 150℃，出口温度为 65℃；冷富油流量为 92000kg/h，入口温度为 30℃，出口温度为 119℃，试设计该换热器尺寸。已知定性温度下的物性数据如表 4–17 所示。

表 4–17 定性温度下的物性数据

项目	热贫油（管程）	冷富油（壳程）
定性温度	$T_m = 0.4 \times 150 + 0.6 \times 65 = 99℃$	$t_m = 0.4 \times 119 + 0.6 \times 30 = 65.6℃$
物理常数	$\rho_1 = 790 kg/m^3$	$\rho_2 = 815 kg/m^3$
	$\mu_1 = 1.86 cP$	$\mu_2 = 2.77 cP$
	$C_{p1} = 0.535 kcal/(kg \cdot ℃)$	$C_{p2} = 0.50 kcal/(kg \cdot ℃)$
	$\lambda_1 = 0.116 kcal/(m \cdot h \cdot ℃)$	$\lambda_2 = 0.118 kcal/(m \cdot h \cdot ℃)$
	$r_i = 0.0006 (m^2 \cdot h \cdot ℃)/kcal$	$r_0 = 0.0004 (m^2 \cdot h \cdot ℃)/kcal$

解：（1）热负荷计算。

$$Q = W_h C_{ph}(T_1 - T_2) = 90000 \times 0.535 \times (150 - 65) \approx 4100000 \ kcal/h$$

（2）平均温度差计算。

按逆流计算：

$$\Delta t_m=\frac{\Delta t_1+\Delta t_2}{2}=\frac{(65-30)+(150-119)}{2}=33℃\left(因为\frac{\Delta t_1}{\Delta t_2}<2，可用算术平均温差\right)$$

（3）选取管径和管内流速，确定流体流程。

取 ϕ25mm × 2.5mm 的管子，因为贫油比富油更易结垢，为便于清洗，贫油走管程，富油走壳程。假定管程贫油流速 u =1.4 m/s。

（4）计算 K 值。

①管程传热膜系数 α_i。

$$\mathrm{Re}=\frac{du\rho}{\mu g}=\frac{0.020\times1.4\times790}{1.86}\times10^3\approx1.19\times10^4$$

$$\mathrm{Pr}=\frac{3.6C_p\mu}{\lambda}=\frac{3.6\times0.535\times1.86}{0.116}\approx30.9$$

$$\alpha_i=0.023\frac{\lambda}{d}\mathrm{Re}^{0.8}\,\mathrm{Pr}^{0.3}\approx0.023\times\frac{0.116}{0.020}\times(1.19\times10^4)^{0.8}\times30.9^{0.3}$$

$$\approx0.023\times5.8\times1830\times2.79\approx680\mathrm{kcal/(m^2\cdot h\cdot ℃)}$$

②传热系数 K。

假定壳程富油传热膜系数 α_0= 500 kcal/（m^2·h·℃）

$$\frac{1}{K}=\frac{1}{\alpha_0}+r_0+\frac{\delta}{\lambda}+r_i+\frac{1}{\alpha_i}$$

$$\approx\frac{1}{680}+\frac{1}{500}+\frac{0.002}{40}+0.0006+0.0004$$

$$\approx0.00452$$

$$K\approx221\ \mathrm{kcal/(m^2\cdot h\cdot ℃)}$$

（5）传热面积。

$$F'=\frac{Q}{K\Delta t_m}\approx\frac{4100000}{221\times33}\approx562\mathrm{m^2}$$

考虑 20% 安全系数，所需传热面积如下。

$$F=1.2F'\approx1.2\times562\approx674\mathrm{m^2}$$

（6）列管布置、管壳设计。

管子正三角形排列，管间距 $t=1.3d_{外}=1.3\times0.025=0.0325$m，管长 $l=6$m。

①管数。

为了保证管程有较适宜的流速，并且仍有足够的传热面积，假定由 5 台同样大小的换热器串联使用，每台传热面积如下。

$$F_0=\frac{F}{5}\approx\frac{674}{5}\approx135\mathrm{m^2}$$

每台换热器的管数如下。

$$n=\frac{F_0}{\pi d_{\mathrm{m}}l}\approx\frac{135}{3.14\times0.0225\times6}\approx318\text{根}$$

②管内流速计算。

流速：
$$u'=\frac{90000}{3600\times790\times318\times0.785\times0.02}\approx0.317\mathrm{m/s}$$

如果管程数定为 4，则管程实际流速如下。

$$u=4\,u'\approx4\times0.317\approx1.27\mathrm{m/s}$$

③管壳设计。

管子按正三角形排列，若管板上排满管子，查表可知 10 层可排 367 根管子，现四程，排管时需要抽去一些管子，但排 316 根仍可以。

对角线上管子数如下。

$$b=2a+1=2\times10+1=21$$

换热器壳体内径如下。

$$D=t\,(b-1)+4d_{外}=0.0325\,(21-1)+4\times0.025=0.75\mathrm{m}$$

壳程内装圆缺形挡板，缺口高度为壳径的 25%，相当于缺口面积为圆面积的 20%，取挡板间距 $h=200\mathrm{mm}$，共 28 块挡板。

（7）传热系数核算。

①管程贫油传热膜系数 α_i。

$$\alpha_i=680\times\left(\frac{u_{实际}}{u_{假定}}\right)^{0.8}=680\times\left(\frac{1.27}{1.4}\right)^{0.8}\approx630\mathrm{kcal/(m^2\cdot h\cdot ^{\circ}C)}$$

②壳程富油传热膜系数 α_0。

$$d_e=\frac{D^2-nd_{外}^2}{D+nd_{外}}=\frac{0.75^2-318\times0.025^2}{0.75+318\times0.025}\approx0.0418\mathrm{m}$$

$$f_1=hD\left(1-\frac{d_0}{t}\right)=0.2\times0.75\left(1-\frac{0.025}{0.0325}\right)\approx0.0346\mathrm{m}^2$$

$$f_2=\frac{\pi}{4}(D^2-nd_{外}^2)\times0.20\approx0.785(0.75^2-318\times0.025^2)\times0.20\approx0.0571\mathrm{m}^2$$

壳程平均流通截面如下。

$$f_{\mathrm{m}}=\sqrt{f_1\cdot f_2}\approx\sqrt{0.0346\times0.0571}\approx0.0444\mathrm{m}^2$$

平均流速如下。

$$u_m = \frac{W_c}{3600\rho f_m} = \frac{92000}{3600 \times 815 \times 0.0444} \approx 0.706 \text{m/s}$$

$$\text{Re}_m = \frac{d_0 u_m \rho}{\mu g} = 1000 \times \frac{0.025 \times 0.706 \times 815}{2.77} \approx 5200$$

$$\text{Pr} = \frac{3.6 C_p \mu}{\lambda} = \frac{3.6 \times 0.5 \times 2.77}{0.118} \approx 42.3$$

$$\alpha_0 = 1.72 \frac{\lambda}{d_0} d_e^{0.6} \text{Re}_m^{0.6} \text{Pr}^{0.33} \left(\frac{\mu}{\mu_w} \right)^{0.14}$$

$$\approx 1.72 \times \frac{0.118}{0.025} \times 0.0421^{0.6} \times 5200^{0.6} \times 42.3^{0.33} \times 1$$

$$\approx 710 \text{kcal/m}^2 \cdot \text{h} \cdot ℃$$

③传热系数 K。

$$\frac{1}{K} \approx \frac{1}{630} + \frac{1}{710} + \left(\frac{0.002}{40} \right) + 0.0006 + 0.0004 \approx 0.00405$$

$$K \approx 247 \text{ kcal/（m}^2 \cdot \text{h} \cdot ℃\text{）}$$

（8）平均温差核算。

$$R = \frac{T_{进} - T_{出}}{t_{出} - t_{进}} = \frac{150 - 65}{119 - 30} \approx 0.955$$

$$S = \frac{t_{出} - t_{进}}{T_{进} - t_{进}} = \frac{119 - 30}{150 - 30} \approx 0.74$$

5 台换热器串联，相当于多壳程，查得 $F_T = 0.96$

$$\Delta t_m' = F_T \Delta t_m = 0.96 \times 33 \approx 31.7℃$$

（9）传热面积核算。

$$F'_0 = \frac{Q}{5K\Delta t'_m} \approx \frac{4100000}{5 \times 247 \times 31.7} \approx 105\text{m}^2$$

安全系数：$$\frac{F_0 - F'_0}{F'_0} = \frac{134 - 105}{105} \times 100\% \approx 27.6\%$$

安全系数 27.6%，符合一般情况，故此 5 台换热器串联应用可保证所需的热交换。

（10）列出计算结果如下。

D =0.75m；l =6m；d_0=25mm；d_i= 20mm；t =32.5mm；h =200mm；n =318 根

第三节 泵的选型和设计

一、泵的分类及特点

（一）泵的分类

按泵作用于液体的原理分为叶片式泵和容积式泵2大类。叶片式泵是由泵内的叶片在旋转时产生的离心力作用将液体吸入和压出，根据泵内叶片结构形式不同可分为离心泵（如屏蔽泵、管道泵、自吸泵、无堵塞泵）、轴流泵和旋涡泵。容积式泵是由泵的活塞或转子在往复或旋转运动中产生挤压作用将液体吸入和压出，分为活塞泵（如往复泵、隔膜泵、计量泵等）和转子泵（如齿轮泵、螺杆泵、滑片泵、蠕动泵、罗茨泵、液环泵）。

按泵的用途分为水泵、油泵、泥浆泵、砂泵、耐腐蚀泵、冷凝液泵等。

按泵的结构特点命名，有齿轮油泵、悬臂式水泵、螺杆油泵、液下泵及立式泵、卧式泵等。但从作用原理方面来划分，仍属于2大类中的一种类型。

此外，喷射泵广泛用于真空系统抽气。

（二）泵的特点

各类型泵的特点如表4–18所示。

表4–18 各类型泵的特点

指标	叶片式泵			容积式泵	
	离心泵	轴流泵	旋涡泵	活塞泵	转子泵
液体排出状态	流率均匀			有脉动	流率均匀
液体品质	均一液体或含固体液体	均一液体	均一液体	均一液体	均一液体
临界吸上真空高度/m	4~8		2.5~7	4~5	4~5
扬程（或排出压力）	范围大，低至约10m，高至约600m（多级）	2~20m	较高，单级可达100m以上	范围大，排出压力高，排出压力为3~600kgf/cm^2	
体积流量/$m^3 \cdot h^{-1}$	范围大，低至约5，高至约30000	较大，约60000	较小，0.4~20	范围较大，1~600	
流量与扬程关系	流量减小，扬程增大；反之，流量增大，扬程降低		同离心式，但增率和降率较大（即曲线较陡）	流量增减，排出压力不变。压力增减，流量为定值（原动机恒速）	
构造特点	转速高，体积小，运转平稳，基础小，设备维修较易		与离心式基本相同，翼轮较离心式叶片结构简单，制造成本低	转速低，能力小，设备外形庞大，基础大，与原动机连接较复杂	同离心式
流量与轴功率关系	依泵比转数而定，流量减少，轴功率减少	依泵比转数而定，流量减少，轴功率增加	流量减少，轴功率增加	当排出压力一定时，流量减少，轴功率减少	

二、化工用泵的要求

化工厂输送的流体种类繁多：有强腐蚀性的、高黏度的，含有固体悬浮物的，易挥发的，易燃易爆的和有毒的等；温度和压强又有高低之分，不同的生产过程所要求输送的流体流量和压头又各不相同，需要不同结构和特性的输送机械。化工装置还要求能长期连续运行，所以化工用泵除满足操作方便、运行可靠、性能良好和维修方便等一般要求外，在不同情况下还有不同的特殊要求。

（1）输送易燃、易爆、易挥发、有毒和有腐蚀性及贵重介质时，要求密封性能可靠，只能微漏甚至完全无泄漏，应采用磁力驱动泵或屏蔽泵。

（2）输送腐蚀性介质时，应选用耐腐蚀泵，如非金属耐腐蚀泵和金属耐腐蚀泵。一般地，非金属耐腐蚀泵的耐腐蚀性能优于金属耐腐蚀泵，但非金属耐腐蚀泵的耐温、耐压性能一般比金属耐腐蚀泵差。非金属耐腐蚀泵常用于流量不大且温度和使用压力较低的场合。

（3）输送易气化液体应选用低温泵。这是因为易气化液体具有的特点：易气化液体常温常压下常为气态，只有在一定压力和低温下才是液态，故泵入口压力高；气化压力随温度变化非常显著，一般当温度变化 ±25% 时，气化压力可变化 ±（100~200）%，同时介质的密度、比热容、汽化热等物性也发生相应变化；此类液体大多有腐蚀性和危险性，因此不允许泄漏，对泵的轴封要求高。

（4）输送黏性液体时，要根据黏度的大小选择不同类型的泵，如表 4-19 所示为不同类型泵的适用黏度范围。

表 4-19 不同类型泵的适用黏度范围

类型		适用黏度范围 /$mm^2 \cdot s^{-1}$
叶片式泵	离心泵	＜150
	旋涡泵	＜37.5
容积式泵	往复泵	＜850
	计量泵	＜800
	旋转活塞泵	200~10000
	单螺杆泵	10~560000
	双螺杆泵	0.6~100000
	三螺杆泵	21~600
	齿轮泵	＜2200

（5）输送含气液体时液体中的含气量不得超过泵输送液体所允许的含气量极限。各种泵输送液体时允许的含气量（体积分数）极限为：离心泵＜5%，旋涡泵为 5%~

20%，容积式泵为 5%~20%。超越极限，会产生噪声、振动、腐蚀加剧或出现断流、断轴现象。

（6）输送含固体颗粒的液体可选用 YH、YPL、PLC、SP、SPR 等型号的液下泵或 LC、LC–B 型卧式泵和 AH、AHR 系列的渣浆泵。SP 型和 SPR 型的含固率可达 40%，AH 型和 AHR 型的含固率可达 60%。

（7）输送高温介质时可考虑选用热油泵。

（8）要求高吸入性能时，选用允许气蚀余量小的泵，如液态烃泵、双吸式离心泵。

（9）要求低流量，高扬程时，可选用多级泵、筒形泵。

（10）当打液量精度要求高时，可用计量泵。

各种化工用泵的比较如表 4–20 所示。

表 4–20 各种化工用泵的比较

类型	离心泵	往复泵	旋转泵	旋涡泵	流体作用泵
流量	（1）均匀 （2）量大 （3）流量随管路情况而变化	（1）不均匀 （2）量不大 （3）流量恒定，几乎不因压头变化而变化	（1）比较均匀 （2）量小 （3）流量恒定，与往复泵同	（1）均匀 （2）量小 （3）流量随管路情况而变化	（1）间断排送 （2）量小
扬程	（1）一般不高 （2）对一定流量只能供给一定的扬程	（1）较高 （2）对一定流量可供给不同扬程，由管路系统确定	同往复泵	（1）较高 （2）对一定流量只能供给一定的扬程	压力不宜高，压力越高效率越低
效率	（1）最高为 70% （2）在设计点最高，偏离越远，效率越低	（1）80% 左右 （2）供应不同扬程时，效率仍保持较大值	（1）60%~90% （2）扬程高时泄漏，使效率降低	25%~50%	一般仅为 15%~20%
结构	（1）简单、价廉、安装容易 （2）高速旋转，可直接与电动机相连 （3）同一流量体积小 （4）轴封装置要求高，不能漏气	（1）零件多，构造复杂 （2）振动大，不可快速，安装较难 （3）体积大，占地多 （4）需要吸入排出活门 （5）输送腐蚀性液体时，构造更复杂	（1）没有活门 （2）可与电动机直接连接 （3）零件较少，但制造精度要求较高	（1）结构简单、紧凑，具有较高的吸入高度 （2）高速旋转，可直接与电动机相连 （3）叶轮和泵壳之间要求间隙很小 （4）轴封装置要求高，不漏气	（1）无活动部分 （2）简单
操作	（1）有气缚现象，开车前要充水，运转中不能漏气 （2）维护、操作方便 （3）可用阀很方便地调节流量 （4）不因管路堵塞而发生损坏现象	（1）零件多，易出故障，检修麻烦 （2）不能用出口阀而只能用支路阀调节流量 （3）扬程流量改变仍能保持高效率	（1）检查比离心泵复杂，比往复泵容易 （2）不能用出口阀而只能用支路阀调节流量	（1）功率随流量的减少而增大，开车时应将出口阀打开 （2）流量调节用支路阀	（1）只能间歇地操作，很麻烦 （2）虽可装自动化设备，但结构变复杂 （3）流量很难调节
适用范围	输送腐蚀性或悬浮液，对黏度大的流体不适用，一般流量大，而扬程不高	高扬程、小流量的清洁液体	高扬程、小流量，特别适宜于输送油类等黏性液体	特别适用于流量小，而压头较高的液体，但不能输送污秽的液体	间歇地输送腐蚀性大的液体

三、泵型的确定

选择泵的型式时，应以满足工艺要求和安全要求为主要目标，兼顾经济合理的原则，既要考虑供给能量的一方，又要考虑需要能量的一方，以求供需双方统一。

首先根据被输送物料的基本性质，如物料的温度、黏度、密度、挥发性、毒性、化学腐蚀性、溶解性、相态、与空气形成爆炸性混合物的可能性等因素来确定泵的基本形式。其次，还应考虑生产的工艺过程和动力、环境、安全要求等条件，如生产操作是连续还是间断运转，扬程和流量是否波动，是否是防爆车间，动力来源，厂房层次高低等因素。此外，还必须了解当前泵制造厂所供应泵的类型、规格、性能和材质。以化工装置中广泛使用的离心泵为例，其选用条件如下。

（1）输送介质黏度应控制在65℃以内，超出此温度范围将显著降低泵的运行效率。

（2）流量小、扬程高的不宜选用一般离心泵，可考虑选用高速离心泵。

（3）介质中溶解或夹带气体量大于5%（体积分数）时，不宜选用离心泵。

（4）要求流量变化大，扬程变化小者选用平坦的 H–Q 曲线（离心泵特性曲线，表示压头与流量的关系）离心泵；要求流量变化小，扬程变化大者宜选用陡降的 H–Q 曲线离心泵。

（5）介质中含有固体颗粒在3%以下的，宜选用一般离心泵，超过3%时要选用特殊结构离心泵。

一般地，均相液体可选用的泵型范围很广，而悬浮液则宜用泥浆泵或隔膜泵；液体中夹带或溶有气体时，应选用容积式泵；黏度大的液体、胶体或膏糊料可用往复泵，最好选用齿轮泵、螺杆泵；输送腐蚀性介质时用各种耐腐蚀泵；输送昂贵液体、剧毒或具有放射性能的液体，选用完全不泄漏、无轴封的屏蔽泵和磁力泵；流量大而扬程不高时，可选用单级离心泵；流量不大而扬程高的宜选往复泵、旋涡泵或多级离心泵；当要求精确进料时应选用计量泵或柱塞泵；输送易燃易爆的液体时选用蒸气往复泵或水喷射泵、蒸气喷射泵，若采用电动泵，需要配用防爆电机。

四、泵的选择方法及步骤

（一）列出基础数据

（1）介质的物性：介质名称、密度、黏度、蒸气压、腐蚀性、毒性及易燃易爆性等。

（2）介质中所含固体颗粒直径和含量及气体含量。

（3）操作条件：温度、压力、饱和蒸气压、间歇或连续操作等。

（4）泵所在位置情况：环境温度、海拔高度、装置平立面要求、送液高度、送液路程、进口侧和排出侧设备液面至泵中心距离及管线当量长度等。液面高于泵中心者应取最低液面，液面低于泵中心者也应取最低液面。

（二）确定流量及扬程

（1）流量的确定和计算：确定泵的流量时，应综合考虑2点，一是装置的富余能力及装置内各设备能力的协调平衡；二是工艺过程影响流量变化的范围。如果已给出正常流量、最小流量和最大流量，选泵时应按最大流量考虑；如果只给出正常流量，则应按装置及工艺过程的具体情况，如可能出现的波动及开车停车需要，在正常值基础上乘以适当的安全系数（如1.1~1.2）；流量通常必须换算成体积流量。

（2）扬程的确定和计算：按泵的不同布置情况，所需输送液体的距离及高度，利用伯努利方程先计算出泵的扬程（压头），再根据工艺过程情况，考虑采用1.05~1.1的安全系数，如果有现场实际数据应尽可能采用。

（三）选择泵型及泵的具体型号

根据已确定的流量、扬程，按泵型的确定原则和泵的工作范围初步确定泵的类型，根据介质特性（腐蚀性）选择泵的材质。再从有关泵制造厂提供的样本和技术资料选择泵的具体型号，并列出该型号及以清水为基准的性能参数（如流量、扬程、压差、效率、临界吸上真空高度或临界汽蚀余量）。

（四）核算泵的性能

若输送的液体的物理性质与水有较大差异（如高黏度液体），则应对泵的性能指标扬程、流量进行核算，将核算后的性能指标与工艺条件要求的性能指标比较，确定所选泵是否可用。若符合工艺要求，则所选泵可用。必要时，可绘制核算后的性能曲线及管路系统性能曲线，以确定泵的工作点。

（五）确定泵的几何安装高度

为避免发生汽蚀或打不上液体的情况，泵的安装高度必须低于泵的允许吸上高度。为安全起见，安装高度应比计算出来的允许吸上高度低0.5~1m。因此，在泵的型号选定后，要计算允许吸上高度，并核对泵的安装高度是否合乎要求。

（六）计算泵的轴功率

离心泵的轴功率计算公式如下。

$$N_{轴}=\frac{QH\rho}{102\eta} \tag{4-19}$$

式中 $N_{轴}$——泵的轴功率，kW；

Q——泵的流量，m^3/s；

H——泵的扬程，m；

ρ——液体的密度，kg/m^3；

η——泵的效率。

轴功率受液体密度和黏度等的影响。泵样本上给定的功率是用水测得的，当输送液体的物性与水相差较大时，需要使用有关公式进行校正，重新算出泵的轴功率。

（七）选用电动机或蒸气透平

正常操作的泵一般选用电动机驱动，根据输送介质的特性或车间等级选择防爆或不防爆电机。在某些特定条件下，也可选用蒸气透平驱动，如用于紧急抽送装置物料的备用泵、为平衡化工厂蒸气的某些大型泵或需调速等特殊要求的泵。对于消防泵之类的应急泵应选用柴油机作为驱动机。

（八）确定泵的台数和备用率

泵的台数和备用率主要根据工艺要求，一般取一开一备。若一开一备不经济，如大型泵，可设 2 台较小泵供正常操作使用，另设一台同样大小的泵作备用。

重要岗位泵、高温操作或其他苛刻条件下使用的泵均应设备用泵，备用率一般取100%，其他情况下连续操作的泵，可考虑 50% 备用率，连续操作的大型装置中使用的泵应考虑较大的备用率。

（九）其他

（1）选定泵的材料和轴封。

（2）确定冷却水或加热蒸气耗量。

（3）填写泵规格表，作为泵订货的依据和选泵过程中各项数据的汇总。

第四节　储罐的选型和设计

一、储罐分类及存储量的确定

按使用目的不同，储罐可分为原料、成品、中间储罐、计量罐、回流罐、缓冲罐、汽化罐、闪蒸罐、混合罐、包装罐等。储罐的存储量即储存物料总容积，是储罐工艺设计和尺寸设计最基本的参数，它随储罐的用途而异。

（1）原料储罐。单纯用于储存原料的储罐，这类储罐的存储量与需要储存的物料有十分明显的关系。原料的储存有全厂性的原料库房储存和车间工段性的原料储存。原料存储量要保证生产正常进行，主要根据运输条件、消耗情况、市场供应情况和供应周期而定，全厂性储罐一般主张有1~3个月的耗用量储存，车间的原料储罐一般至少有半个月的用量储存。

（2）成品储罐。用于储存成品的储罐，主要按工厂短期停车后仍能保证满足市场需求来确定存储量，液体产品储罐常按至少储存1周的产品产量设计。若供下工段或车间使用，则视下工段或车间的耗量，储存1个月以上或2个月的使用数量；若是最终出厂产品，存量可适当少一些，最多可考虑半个月的产量。液体储罐的装载系数一般取0.8。

（3）中间储罐。当原料、成品等储罐距工艺设施较远，原料或中间体间歇供应时作调节之用，或者需要测试检验以确定去向，或者工艺流程中要求切换，或者前某一工序临时停车时仍能维持后面工段的正常生产时，就需要设置中间储罐，所以这一类储罐要比原料罐的存储量少得多，有时又称“昼夜罐”。对于连续过程，视情况储存几小时至几天的用量；对间歇生产过程，至少应考虑存储一个班的生产用量。

（4）计量罐。一般用于间歇生产，存储量根据每批物料量及存放时间而定，一般考虑最少为10~15min，多则2h或4h的产量（或原料量）。计量罐的装料系数一般取0.6~0.7，因为计量罐的刻度一般在罐的直筒部分，刻度的使用度常为满量程的80%~85%。

（5）回流罐。一般考虑5~10min的液体保存量，作冷凝器液封之用。

（6）缓冲罐。缓冲罐是用来使气体有一定数量的积累，保持压力稳定，从而保证工艺流程中流量稳定，存储量常常是下游设备（如压缩机、泵）5~10min的用量，有时可超过15min用量，以备紧急时有充裕时间处理故障、调节流程或关停机器。

（7）汽化罐。汽化罐（可加热可不加热）的物料汽化空间通常是储罐总容积的一半。汽化空间的容量大小，通常根据物料汽化速度来估计，一般希望汽化空间足够下游岗位3min以上的使用量，至少为2min。

（8）闪蒸罐。闪蒸过程是液体的部分汽化过程，是一个单级分离过程，液体在闪蒸罐的停留时间应考虑尽量使液体在闪蒸罐内有充分的时间接近气液平衡状态，因此应视工艺过程的不同要求选择液体在罐内的停留时间。

（9）混合、拼料罐。在间歇生产过程中，物料的固含量、黏度、pH值、色度等性能可能在某个范围内波动。为使产品质量均一或减少出厂检验的批号分歧，在产品包装前将若干批料加以混拼。混拼罐的大小根据工艺条件而定，考虑若干批的产量，装料系数约为70%。

（10）包装罐。包装罐可视同于中间储罐，对于需要及时包装的储罐、定期清洗的储罐，容积可考虑偏小。要根据工艺条件和要求、储存条件等决定其有效容积。不同场合，装料系数不一样，一般为0.6~0.8。

二、储罐设计的一般程序

（一）汇集工艺设计参数

经过物料衡算和热量衡算可知，储罐中将要储存物料的温度、压力、最高使用温度、最低使用温度、最大使用压力，此外还需要汇集物料的腐蚀性、毒性、蒸气压、进出量、储罐的工艺方案等数据作为设计的基础。

（二）储罐材质的选择

根据介质物性及工艺条件选择碳钢、不锈钢、搪瓷、钢内衬材料或非金属等。介质的腐蚀性是选择储罐材质的重要因素。腐蚀性物料可选用不锈钢等金属材料，在工作压力、温度允许情况下可选择非金属储罐、搪瓷容器、搪玻璃容器，也可由钢制压力容器衬胶、衬瓷、衬聚四氟乙烯等材料来提高容器的耐腐蚀性能。

（三）储罐型式的确定

储罐型式根据介质物性、工艺条件及容积确定，包括选择卧式还是立式及封头的型式。我国已有许多化工储罐实现了系列化和标准化，选用时应从标准系列储罐中选出与工艺条件各参数相符的型式。已形成系列化和标准化的容器如下。

（1）碳素钢和低合金钢容器通用设计图系列，即R容器系列：①《常压容器 第1部分：钢制焊接常压容器》（NB/T 47003.1—2022）；②《压力容器 第1部分：通用要求》（GB/T 150.1—2024）；③《压力容器 第2部分：材料》（GB/T 150.2—2024）；④《压力容器 第3部分：设计》（GB/T 150.3—2024）；⑤《压力容器 第4部分：制造、检验和验收》（GB/T 150.4—2024）。

（2）钢制立式圆筒形固定顶储罐系列：《立式圆筒形钢制焊接油罐设计规范》（GB 50341—2014）。

（3）钢制立式圆筒形内浮顶储罐系列：《立式圆筒形钢制焊接油罐设计规范》（GB 50341—2014）。

（4）玻璃钢储罐标准系列：《玻璃纤维缠绕增强热固性树脂耐腐蚀立式储罐》（JC/T 587—2012）。

（5）拼装式玻璃钢储罐标准系列：《玻璃纤维缠绕增强热固性树脂耐腐蚀立式储罐》（JC/T 587—2012）。

（6）钢制低压湿式气柜：《工业企业干式煤气柜安全技术规范》（GB 51066—2014）。

（7）搪玻璃设备相关：①《搪玻璃开式搅拌容器》（HG/T 2371—2003）；②《搪

玻璃闭式搅拌容器》（HG/T 2372—2003）；③《搪玻璃开式储存容器》（HG/T 2373—2003）；④《搪玻璃闭式储存容器》（HG/T 2374—2003）；⑤《搪玻璃卧式储存容器》（HG/T 2375—2003）。

（四）确定需要储存的物料总体积

包括物料基础参数、存储设施规划、动态管理要素和计算与优化方法。

（五）确定储罐的台数和基本尺寸

根据储罐的型式、存储物料的性质，可提供的场地大小及设备的加工能力等因素综合考虑后确定适宜的储罐体积，需要储存的物料总体积除以储罐的适宜容积所得到的数值经圆整后就是所需的台数。台数确定后，再对初定的储罐体积加以调整。

根据物料密度、卧式或立式的基本要求、安装场地的大小，确定储罐的大体直径，依据国家规定的设备零部件（筒体和封头）的规范调整直径，确定一个尺寸。据此计算储罐的长度或高度，核实长径比，长径比需要考虑外形美观实用，储罐大小与其他设备般配，并与工作场所尺寸相适应，如长径比太大（即偏长）或太小（即偏圆），应重新调整直至大体满意。

（六）选择标准型号

根据初步确定的储罐直径、长度和容积及工作温度、压力、介质的腐蚀性等条件，尽可能在国家标准系列内选择与之相符或基本相符的标准型号。

（七）储罐的管口方位和支承方式的确定

储罐的管口主要有进料、出料、温度、压力（真空）、放空、液面计、排液、放净以及人孔、手孔、吊装孔等，并留有一定数量的备用孔。

由于标准系列储罐的管口和管口的方位都是固定的，选择标准图纸后，要核对设备的管口及方位，若标准图纸的开孔、管口大小、方位、位置、数目及支承方式和支座不符合工艺要求而必须加以修改时，仍可选择标准系列型号，但在订货时需要加以说明，并附修改图。

（八）绘制设备草图，标注尺寸，提出设计条件和订货要求

选用标准图系列的有关图纸，应在标准图基础上，提出管口方位、支座等的局部修改和要求，并附图纸，作为订货的要求。若标准图不能满足工艺要求，应重新设计，绘制设备容器的外形轮廓，标注一切有关尺寸，并填写“设计条件表”，由设备专业人员进行非标准设备设计。

第五节 塔设备的选型与设计

塔设备是化学工业、石油化工等生产中最重要的设备之一，它可使气（汽）- 液两相、液 - 液两相及气 - 液 - 固三相之间进行充分接触，达到相际传热及传质的目的。常见的单元操作（如精馏、吸收、解吸、萃取、气体的增湿及冷却等）都可在塔设备中进行。塔设备的性能对整个装置的产品质量、产量、生产能力和消耗定额，以及“三废”处理和环境保护等方面都有重大影响。塔设备的投资费用占整个工艺设备费用的 25%~35%。

一、塔设备的分类及性能

塔设备的型式繁多，因此分类方法很多。

按操作压力分为加压塔、常压塔和减压塔。

按单元操作分为精（蒸）馏塔、吸收塔、解吸塔、洗涤塔、闪蒸塔、干燥塔、增湿塔、减湿塔、蒸发器和萃取塔等。

按形成相际接触面的方式分为具有固定相界面的塔和流动过程中形成相界面的塔。

最常用的分类是按塔的内件结构分为板式塔和填料塔 2 大类。板式塔和填料塔的分类和特性对比如表 4-21 所示。

表 4-21　板式塔和填料塔的分类和特性对比

项目	板式塔	填料塔	
类型	泡罩塔、筛板塔、浮阀塔、舌形塔及浮动舌形塔、穿流式栅板塔、网孔塔、旋流塔、条形塔	乱堆填料：环形填料（拉西环、鲍尔环、阶梯环）。鞍形填料（弧鞍填料、矩鞍填料）；鞍环填料。规整填料：波纹填料（波纹网、波纹板）	
压力降	一般比填料塔大	压力降小，较适于要求压力降小的场合	
空塔气速（生产能力）	较大	新型填料空塔气速大	
塔效率	较稳定，大塔板效率比小塔的有所提高	塔径 ϕ1.5m 以下效率高，塔径增大，效率常会下降，但新型规则填料例外	
液气比	适应范围较大	对液体喷淋量有一定要求	
持液量	较大	较小	
材质要求	一般用金属材料制作	可用非金属耐腐蚀材料制作	
安装维修	较容易	较困难	
造价	直径大时一般比填料塔造价低	ϕ800mm 以下，一般比板式塔便宜，直径增大，造价显著增大	
重量	较轻	重	
容许负荷因子（F）/$S^{-1}\cdot kg^{1/2}\cdot m^{-1/2}$	0.3~2.44	0.3~2.93（乱堆填料）	0.12~4.4（规整填料）

续表

项目	板式塔	填料塔	
每一理论级的压降（Δp）/0.0075Pa	3~8	0.9~1.8（乱堆填料）	0.01~0.8（规整填料）
等板高度（HETP）/m	0.6~1.2	0.45~1.5（乱堆填料）	0.1~0.75（规整填料）

（一）板式塔的特点

在板式塔中，塔内装有一定数量的塔盘，气体自塔底向上以鼓泡或喷射的形式穿过塔盘上液层，使两相密切接触，并进行传质，两相的组分浓度沿塔高呈阶梯式变化。各类板式塔的特点如表 4–22 所示。

表 4–22 各类板式塔的特点

名称	特点	缺点
泡罩塔	塔板效率较高，操作弹性较大，在负荷变化范围较大时仍能保持较高效率；生产能力较大；液气比的范围大；不易堵塞，能适应多种介质；操作稳定可靠	结构复杂，造价高，安装维修麻烦，气相压力降较大
筛板塔	结构简单，制造维修方便；相同条件下，生产能力高于浮阀塔；塔板压力降较低，适宜于真空蒸馏；操作弹性稍低于泡罩塔；塔板效率较高，但稍低于浮阀塔	小孔径筛板易堵塞，不宜处理脏的、黏性大的和带有固体粒子的料液
浮阀塔	生产能力比圆形泡罩塔提高 20%~40%，接近筛板塔；操作弹性为 5~9，比筛板塔、泡罩塔、舌形塔大得多；塔板效率比泡罩塔高 15% 左右；压力降小；液面落差较小；不易结垢、堵塞；操作周期较长；结构简单，制造、安装容易；制造费为泡罩塔的 60%~80%，但为筛板塔的 120%~130%	在构造、生产能力、塔板效率、压力降等方面优于泡罩塔，但不及筛板塔，不过在操作弹性、处理脏黏物料等方面优于筛板塔
舌形塔	液面落差小，塔盘上液层薄、持液量少，压力降小（为泡罩塔的 33%~50%）；处理能力大；塔盘结构简单，可省钢材 12%~45%；安装维修方便	操作弹性小（仅 2~4），塔板效率低，因而使用范围受到一定限制
穿流式栅板塔	结构简单，制造容易；安装维修方便，节省材料和投资；生产能力大，压力降小，比泡罩塔小 40%~80%，适用于真空蒸馏；污垢不易沉积，孔道不易堵塞，可用塑料、陶瓷等非金属耐腐蚀材料制造	操作弹性小，低于其他板式塔，塔板效率低，比一般板式塔低 30%~60%

（二）填料塔的特点

在填料塔中，塔内装填一定高度的填料，液体自塔顶沿填料表面向下流动，作为连续相的气体自塔底向上流动，与液体进行逆流传质。两相的组分浓度沿塔高呈连续变化。填料塔具有如下特点。

（1）压降很低，可应用于真空精馏、吸收等操作。

（2）结构简单，可用耐腐蚀材料制成，故可用于处理腐蚀性介质。

（3）安装方便，可用于不宜安装塔板的小直径塔。

（4）新型高效填料的开发使填料的通量和效率等于或超过板式塔，又因为应用了优良的气、液分布装置，近年来在许多大直径塔中成功代替了板式塔，现在填料塔最大直径约为 15m。

（5）投资费用较高。

（6）填料多，易堵塞，故不宜处理悬浮液或易结块的物料。

二、塔设备设计的基本要求

塔设备除了应满足特定的化工工艺条件（如温度、压力等）外，为了满足工业生产的需要还应达到下列要求。

（1）生产能力大，即气液处理量大，在较大气速下，仍不致发生雾沫夹带、液泛等非正常操作现象。

（2）具有高的传质、传热效率，保证气液两相良好接触。

（3）操作稳定，操作弹性（即最大负荷与最小负荷之比）大，气液负荷有较大波动时仍能在较高的传质效率下稳定操作，并且能长期连续运转。

（4）流体流动的阻力或压力降低，以达到节能、降低生产中的动力消耗和经常性的操作费用的要求。

（5）结构简单可靠，材料耗用量小，制造、安装容易，降低设备的投资费用。

（6）耐腐蚀，不易堵塞，操作方便，易于检修。

三、塔型的选择

塔型的合理选择是塔设备设计的首要环节。选择时要考虑的因素主要有物料性质、操作条件、塔设备的性能，以及塔设备的制造、安装、运行和维修等。

（一）从物料的性质方面考虑

（1）易起泡的物系以选填料塔为宜。因在板式塔中有比较严重的夹带倾向或易引起液泛，而填料能起到破坏泡沫的作用。

（2）具有腐蚀性的介质宜选用填料塔。因填料塔可用非金属材料制造，如使用廉价的陶瓷或塑料填料。若必须用板式塔，宜选用结构简单，造价便宜的筛板塔板、穿流式塔板或舌形塔板，以便及时更换，或者塔板用耐腐蚀的金属材料制造。

（3）热敏性物料的分离及真空操作宜用填料塔。热敏性物料高温下易发生聚合、分解或相互作用，常采用减压蒸馏，故应选用压降较小的填料塔，并且多采用规整填料。

（4）黏性物料可选用大尺寸填料，因板式塔鼓泡传质效果差。

（5）易结垢，有悬浮物、结晶或少量固体颗粒的物系宜选用液流通过量较大的板式塔，如孔径较大的筛板塔、泡罩塔、浮阀塔、舌形塔等，若用填料塔则填料易被固体颗粒堵塞。

（6）产生大量熔解热或反应热的物系，需要设置内部换热元件（如蛇管）应采用板式塔。因为板式塔可在塔板上方便地安装换热管，进行有效的加热或冷却。

（二）从操作条件方面考虑

（1）气膜控制过程宜用填料塔，液膜控制过程宜用板式塔。在填料塔的填料层中气相呈湍流，液相为膜状流，有利于减小气膜阻力；在板式塔中，液相呈湍流，气体在液层中鼓泡上升，有利于处理液膜控制系统。

（2）高的液相负荷可选用填料塔，气液并流的喷射型塔，板上液流阻力较小的筛板塔和浮阀塔，导向筛板塔和多溢流或多降液管塔板；低的液相负荷宜用板式塔，因为填料塔要求一定的喷淋密度，填料润湿不足，难保证分离效果。

（3）液气比波动较大的场合宜用板式塔，因为板式塔的适应性优于填料塔。

（4）操作弹性要求较高的系统宜采用浮阀塔或其他浮动型塔板的板式塔，其次是泡罩塔。填料塔和无溢流塔板的板式塔的操作弹性相对较小。

（5）要求塔内存液量小、停留时间短和压降小的物系宜选用充填滞液量小的填料的填料塔。此时，液相负荷低，液膜较薄，利于分离。

（6）高压操作时，塔内气液比过小，多用板式塔。

（7）工艺上要求侧线出料或需要多个侧线进料或出料口时宜选用板式塔。

（三）其他因素

（1）塔径大小。塔径大于800mm时，多用板式塔；塔径小于800mm时，多用填料塔。即大塔用板式塔而小塔用填料塔，因为板式塔以单位塔板面积计的造价随塔径增大而减少，而填料塔造价则与其体积成正比，小直径填料塔的造价一般比板式塔低。板式塔在直径大时效率较高，而填料塔在大塔径时由于液体分布难以均匀影响效率。

（2）设备重量是关键因素时宜选用板式塔，因板式塔的重量一般比相同处理量的填料塔轻。

（3）难分离物系或产品纯度要求很高，因而塔板数很多时，可考虑用高效填料。

（4）若塔的高度有限制，在分离程度要求高的情况下，选用新型填料的填料塔可降低塔高，因新型填料具有很高的传质效率。

（5）板式塔安装、检修、清洗方便。

如表4–23所示为各类板式塔性能的比较，可作为选择塔设备型式时的参考。

表 4-23 各类板式塔性能的比较

塔板类型	板上蒸气的相对负荷		效率 /%		操作弹性		最大蒸气负荷的85% 时的板压降 / Pa	塔板间距 / mm	与泡罩塔相比的相对价格	质量 / $kg \cdot m^{-2}$
	低值	中等值	85% 最大负荷时	在允许可变负荷之下	最大蒸气负荷对最小蒸气负荷之比	负荷变化范围①				
泡罩	1	1	80	60~80	4~5	80	450~800	400~800	1	90~140
浮阀	1.2	1.5	80	70~90	5~8	80	400~600	300~600	0.7	40~60
筛板	1.2	1.3	80	70~80	2~3	55	300~500	400~800	0.7	30~40
穿流式筛板	1.2	1.4	75	60~80	2~3	10	300~400	300~400	0.5	30~50
Kittel 塔板	1.1	1.4	80	70~80	2~3	40	200~500	300~400	0.6	30~50
舌形	1.1	1.35	80	60~80	3~4.5	80	400~700	400~600	0.7	60~80
穿流式栅板	1.5	2.0	70	60~80	1.2~2.5	10	250~400	200~400	0.5	30~50
波纹筛板	1.2	1.6	70	60~75	2~3	50	200~300	300~400	0.5	30~50

注：①负荷变化范围是指效率降低 15% 时，气体负荷变化的最大百分数。

影响塔型选择的各因素之间是相互联系的，按照不同的工艺要求，根据各类型塔的不同性能选择塔型时应针对主要矛盾，塔型选用顺序表如表 4-24 所示。

表 4-24 塔型选用顺序表

因素	选择顺序	因素	选择顺序
塔径	（1）800mm 以下，填料塔 （2）800mm 以上，板式塔	真空操作	（1）规整填料塔 （2）乱堆填料塔 （3）筛板塔 （4）斜孔板塔 （5）浮阀塔
具有腐蚀性的物料	（1）填料塔 （2）穿流式塔		
污浊液体	（1）大孔径筛板塔 （2）穿流式塔 （3）喷射型塔 （4）浮阀塔 （5）泡罩塔	大液气比	（1）多降液管筛板塔 （2）导向筛板塔 （3）填料塔 （4）喷射型塔 （5）浮阀塔 （6）筛板塔
高操作弹性	（1）浮阀塔 （2）泡罩塔 （3）筛板塔	存在两液相的场合	（1）穿流式塔 （2）填料塔

四、板式塔的设计

（一）汇总物性数据和设计参数

汇总物性数据和参数包括物料的名称、分子量、操作温度、压力、液相负荷、气相负荷、液相密度、气相密度、液相表面张力。

（二）初选板式塔的塔板结构

根据物料特性、分离要求确定塔板结构。一些塔板结构参数已系列化，为便于设备设计和制造，在满足工艺要求条件下，可直接选用。

（三）确定实际塔板数

实际塔板数通过以下步骤确定。

（1）根据工艺分离要求确定塔顶、塔釜产品的组成。对二组分蒸馏，进行物料衡算即可容易求出塔顶、塔釜产品的组成；对多组分蒸馏，可选其中2个对产品质量影响较大的组分作为轻关键组分和重关键组分，根据工艺分离要求确定关键组分在塔顶或塔釜的分配，再通过物料衡算确定其他组分的组成。如果作清晰分割假定，计算会简便得多，但对于相对挥发度与关键组分邻近的那些组分，则不宜采用清晰分割假定。

（2）初定塔顶和塔釜操作压力。

（3）进行全塔物料衡算，列出全塔物料衡算表。

（4）根据气液相平衡关系，验算操作压力，并估算塔顶、塔釜温度。

（5）选定进料状态，确定进料温度。

（6）求最小回流比 R_{min}，由此确定实际回流比 R。

采用Underwood公式计算最小回流比的方法如下。

$$\sum\frac{\alpha_i x_{F,i}}{\alpha_i-\theta}=1-q \tag{4-20}$$

$$\sum\frac{\alpha_i x_{D,i}}{\alpha_i-\theta}=R_{min}+1 \tag{4-21}$$

式中 α_i——组分 i 对关键组分的相对挥发度；

$x_{F,i}$——进料混合物中组分 i 的摩尔分数；

$x_{D,i}$——馏出物中组分 i 的摩尔分数；

q——进料的液体分率，泡点进料时 $q=1$；

θ——满足式（4–20）的根，其值应在轻、重关键组分相对挥发度之间。

实际回流比的确定，一般应通过全面的经济核算来确定。对于易分离体系，R 取 R_{min} 的1.1~2倍；对于难分离体系，R 取 R_{min} 的3~5倍。

（7）求理论板数 N，确定加料位置。

先用芬斯克方程估算最小理论板数 N_{min}，再用吉利兰图（Gilliland图）计算理论板数 N。

芬斯克方程：

用全凝器，再沸器作为一块理论板被扣除的情况下：

$$N_{\min}=\frac{\lg\left(\frac{x_{D,L}}{x_{D,h}}\right)\left(\frac{x_{W,h}}{x_{W,L}}\right)}{\lg\alpha_{L,h,\text{av}}}-1 \tag{4-22}$$

用分凝器，分凝器和再沸器同时都作为一块理论板被扣除的情况下：

$$N_{\min}=\frac{\lg\left(\frac{x_{D,L}}{x_{D,h}}\right)\left(\frac{x_{W,h}}{x_{W,L}}\right)}{\lg\alpha_{L,h,\text{av}}}-2 \tag{4-23}$$

式中下标 D、W——分别表示塔顶和塔釜；

$\alpha_{L,h,\text{av}}$——轻、重关键组分的相对挥发度，取塔顶、塔釜温度下 $\alpha_{L,h}$ 的几何平均值，或取塔顶、塔釜进料温度下 $\alpha_{L,h}$ 的几何平均值；

x_L——轻关键组分的摩尔分数；

x_h——重关键组分的摩尔分数。

然后根据吉利兰图（Gilliland 图）（图 4-4）定出不同回流比 R 与相应的理论板数 N 的关系，绘制 N–R 曲线或列出 N–R 表，从中找出适宜的回流比及相应的理论板数。

上述方法比较简捷，但误差较大，工程上可以用逐板计算法最终确定理论板数。

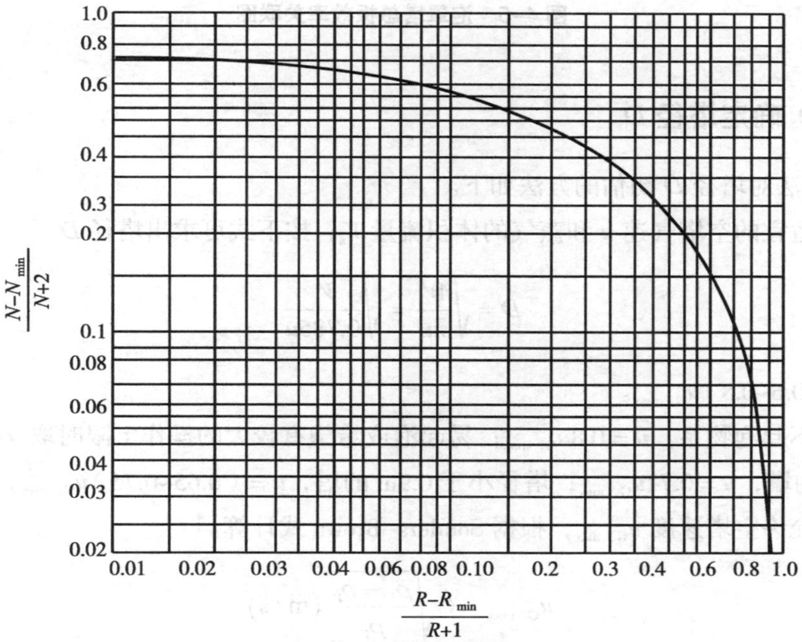

图 4-4 Gilliland 图

（8）计算塔内温度分布，确定灵敏板位置。

（9）进行全塔热量衡算、塔釜再沸器热量衡算、塔顶冷凝器热量衡算。

（10）确定板效率，最终确定实际塔板数。

板效率的确定可采用经验关联式计算或查图表求得。塔板效率的最大影响因素是被处理物料的物理性质。因此，板效率的经验关联可以物性作为参数。

如图 4–5 所示为蒸馏塔（泡罩塔）总板效率关联图。图 4–5 中 α 为两组分的相对挥发度，按塔顶与塔底平均温度计算；μ_{av} 为以加料摩尔组成为准的液体平均摩尔黏度（$\mu_{av}=\Sigma x_i \mu_i$）。对于其他板型，需要乘以相应的校正系数，筛板塔为 1.1，浮阀塔为 1.1~1.2，穿流筛孔板塔（无降液管）为 0.8。

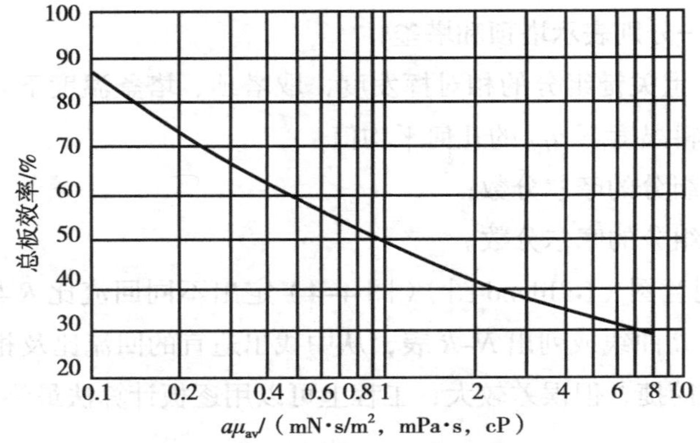

图 4–5 泡罩塔总板效率关联图

（四）确定塔径 D

Smith 法对塔径 D 初估的方法如下。

根据适宜的空塔气速 u 和蒸气的体积流量 V_s，按下式可求出塔径 D。

$$D=\sqrt{\frac{4V_s}{\pi u}}=\sqrt{\frac{V_s}{0.785u}} \tag{4–24}$$

式中 $u=(0.6\sim0.8)u_{G,\ max}$。

对于不起泡物系，$u=0.8u_{G,\ max}$；易起泡或希望有较大的操作上限时取 $u=0.6u_{G,\ max}$；减压操作的塔，$u=0.77u_{G,\ max}$；塔径小于 0.9m 的塔，$u=(0.65\sim0.75)u_{G,\ max}$。

最大允许空塔速度 $u_{G,\ max}$，根据 Souders–Brown 式计算。

$$u_{G,\ max}=C\sqrt{\frac{\rho_L-\rho_V}{\rho_V}}\,(\mathrm{m/s}) \tag{4–25}$$

式中 ρ_V、ρ_L——分别为气相、液相密度，kg/m³；

C——经验系数，又称为蒸气负荷因子。

C 值可从 Smith 图（图 4–6）查得。图 4–6 中 H_T 是板间距，h_L 是板上清液高度，L、

V分别为气相、液相流量，C是（H_T-h_L）和$\left(\frac{L}{V}\right)\left(\frac{\rho_V}{\rho_L}\right)^{1/2}$的函数。查$C$时，需要预先假定板间距$H_T$和清液层高度$h_L$。不同塔径时板间距可参考表4–25的数据。

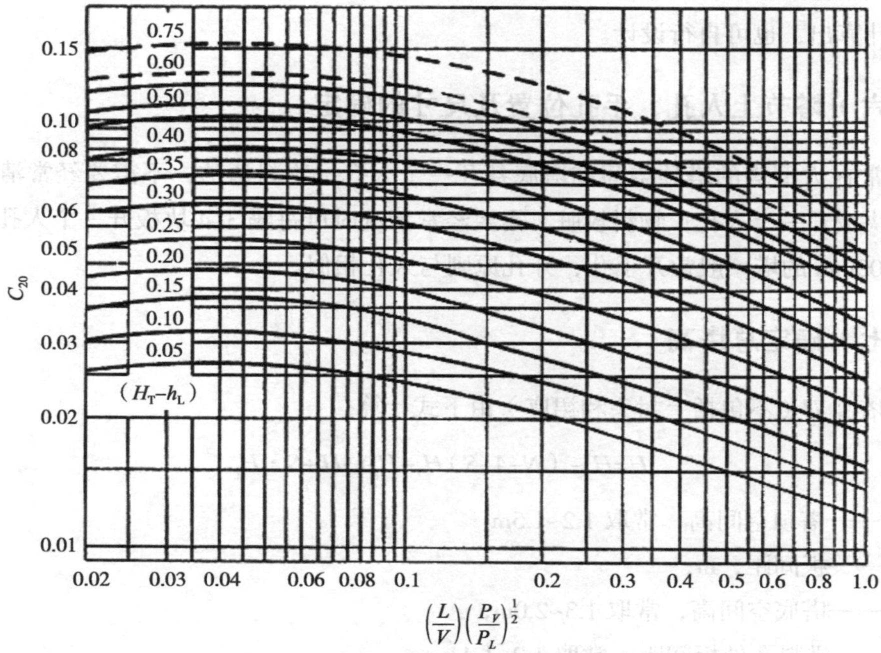

图4–6 Smith图

表4–25 板间距初选

塔径 D/m	0.3~0.5	0.5~0.8	0.8~1.6	1.6~2.4	2.4~4.0	4.0~6.0
板间距 H_T/m	0.2~0.3	0.25~0.35	0.3~0.45	0.35~0.6	0.4~0.6	0.6~0.8

h_L初值如下。

常压操作：0.05~0.07m。

加压操作：＞0.06m。

减压操作：0.03~0.04m。

Smith图中的C值是按表面张力σ=20dyn/cm（即0.02N/m）时得出的数值，当表面张力为其他值时，C值按下式校正。

$$\frac{C_{20}}{C}=\left(\frac{20}{\sigma}\right)^{0.2} \tag{4–26}$$

算得初估塔径D值后，应按有关标准的规定进行圆整。

（五）塔盘结构设计

塔盘结构种类很多，同一塔盘型式又有不同的形状、构造区别。有些塔盘系列参数已有国家标准，如圆泡罩、F 型浮阀及浮阀塔盘系列，可从有关手册中查阅或通过经验公式计算出，也可自行设计。

（六）塔节上人孔、手孔位置及尺寸的确定

通常在大型塔的塔顶空间和塔底各开一个人孔；物料清洁，不需要经常清洗时每隔 6~8 块板开一个人孔；物料较脏，需要经常清洗时可每隔 3~4 块板开一个人孔。直径小于 ϕ900mm 的塔一般常开手孔，开孔原则与人孔相似。

（七）确定总塔高

总塔高 H（不包括上封头和裙座）由下式计算。

$$H=H_d-(N-4-S)H_T+H_b+3H_f+S\cdot H_t \tag{4-27}$$

式中 H_d——塔顶空间高，常取 1.2~1.5m；

H_T——板间距，m；

H_b——塔底空间高，常取 1.3~2.0m；

H_f——进料孔处板间距，常取 1.2~1.4m；

H_t——开手孔（人孔）处板间距，$H_t \geqslant 0.6$m；

N——实际塔板数（不包括釜式再沸器）；

S——手孔数或人孔数（不包括塔顶、塔釜空间所开人孔）。

（八）塔内流体力学校核，作负荷性能图

板式塔的流体力学模型因板型不同而不同，为正确地进行核算，塔型选定后，应确认各自的流体力学模型，避免混淆。校核完毕后，利用计算机可方便地做出各种板型在一定操作条件下的负荷性能图，并进行调整。

（九）辅助装置选型设计

（十）其他

绘制塔设备草图和设备设计条件图，向设备设计专业提出设计条件，包括支承、开口方位、人孔、手孔位置等。

五、填料塔的设计

（一）工业填料的分类及特点

工业填料从材料上分，可分为陶瓷、金属（如不锈钢、有色金属、普通钢等）、塑料（如聚丙烯、聚氯乙烯等）3类。陶瓷填料耐腐蚀，但易碎，空隙率小，通量小；金属类填料比表面积及空隙率大，通量大，效率高，但不锈钢价格贵，普通钢易腐蚀；塑料类填料比表面积及空隙率较高，但不耐高温。

从结构形态可分为乱堆填料和规整填料2类。

（1）乱堆填料（散堆填料）：又称颗粒填料，包括环形填料（如拉西环、鲍尔环、阶梯环等）、鞍形填料（如矩鞍填料、弧鞍填料）、鞍环填料。

（2）规整填料（规则填料）：是目前工业中应用最多的，尤以波纹填料最广泛，如丝网波纹填料、孔板波纹填料。

常用填料的特点如表4-26所示。

表4-26 常用填料的特点

名称	特点	局限
拉西环	外形简单，制造方便，取材容易，造价低廉，能用非金属耐腐蚀材料制造	表面未能完全利用，传质效率较低，易引起严重沟流和壁流，气液分布不匀，相际接触不良
鲍尔环	阻力低于拉西环，操作气速提高；环的内表面得以充分利用；沟流和壁流得以改善；操作弹性较大；相同压力降时，处理量比拉西环大60%以上	
矩鞍填料	填料层的空隙率较大，表面利用率较高；传质效率高，压力降小，不易被悬浮物堵塞；制造容易，强度较好；可用陶瓷、塑料制造	
弧鞍填料	性能优于拉西环，但不如矩鞍填料	填料表面不能充分利用，已很少使用
鞍环填料	流体湍动性好，再分布性好，表面利用率高，通量大，压降低，效率较高，是乱堆填料中性能较优者	
波纹板填料	压降小，生产能力大，空塔速度可提高；结构紧凑，具有很大的比表面积，传质效率高；操作弹性大	不适用于易结垢、有固体析出、发生聚合及液体黏度较大的物系，大塔造价高，装卸清理困难

（二）填料的选择

填料是填料塔内的核心元件，填料类型和填料层的高度直接影响传质效果。填料的选择包括确定填料的材质、填料的类型和填料的尺寸。

1. 填料选择的要求

一般地，填料选择有下列要求：比表面积和空隙率尽可能大；填料表面有较好的液体均匀分布性能，有较好的润湿性，防止壁流和沟流；气体通过填料层的阻力要小，并能在填料层中均匀分布；制造容易，价格适当；有足够的机械强度，但又力求质轻；不与塔内物料发生化学反应，有较好的化学稳定性。

2. 填料材质的选择

填料材质的选择主要根据设备操作温度和介质的腐蚀性来选择。操作温度较低（一般不超过 100℃）时，若塑料能长期操作不变形，体系对塑料无溶胀的情况下可考虑用塑料，如聚乙烯（PE）、聚丙烯（PP）、聚氯乙烯（PVC），因其价格低，性能良好，并且塑料除浓硫酸、浓硝酸等强酸外，有较好的耐腐蚀性，但其表面对水溶液的润湿性差。陶瓷填料耐腐蚀性强，但对氢氟酸和高温下的磷酸与碱不能使用，与金属填料相比易碎，并且比表面积小。金属填料易于加工和成批生产，重量也轻，应用十分普遍，一般耐高温，但不耐腐蚀。不锈钢可耐锈蚀，不锈耐酸钢可耐一般酸碱腐蚀（含 Cl^- 酸除外），但价格较贵。近二十年，随着塑料耐热性、耐化学品性和机械强度的不断改进，装填时间的大大缩短，并且由于其清洗维修方便，塑料填料用得越来越多。

3. 填料类型的选择

填料类型的选择首先要满足工艺要求，其次技术经济指标先进，并且易安装维修。选型时，要根据工艺要求，如所需理论板数、生产能力、容许压降、物料特性等，再结合填料特性进行选择。

乱堆填料的特性如表 4–27 所示，波纹填料的特性如表 4–28 所示。

表 4–27 乱堆填料的特性

填料	公称直径 / mm	外径 × 高 / mm	壁厚 / mm	堆积个数 /（个 /m^3）	堆积密度 / $kg \cdot m^{-3}$	比表面积 / $m^2 \cdot m^{-3}$	空隙率 / %	干填料因子 /m^{-1}	湿填料因子 /m^{-1}
金属鲍尔环	38	38 × 38	0.8	13000	372	129	0.945	153	130
	50	50 × 50	1	6500	403	112.3	0.949	131	
塑料鲍尔环	25	25 × 24	1	53500	103	194	0.87	294	320
	38	38 × 38	1	15800	100	155	0.89	220	200
	50	50 × 48	1.8	7000	89	106	0.90	146	120
金属鞍环	25	25 × 21	0.5	158000	432	185	0.967		135
	38	38 × 24	0.5	46970	250	140	0.973		89
	50	50 × 28	0.8~1	14700	240	90	0.978		59
金属阶梯环	25	25 × 12.5	0.6	102000	339	209	0.93	260	
	38	38 × 19	0.8	31890	476	154	0.94	200	
	50	50 × 25	1	13080	440	111	0.948	136	
瓷阶梯环	25	25 × 12.5	3		628	358	0.815	661	
	50	50 × 25	5		530	176	0.786	362	191
	60	60 × 30	6		557	150	0.76	342	156

表 4-28 波纹填料的特性

名称	材料	型号	波峰高/m	波倾角/(°)	比表面积/$m^2 \cdot m^{-3}$	空隙率/%	水力直径/mm	堆积密度/$kg \cdot m^{-3}$	容许 F/($s^{-1} \cdot kg^{-1/2} \cdot m^{-1/2}$)	$\Delta p/N_T$/0.0075Pa	HETP/m
网波填料	金属或塑料丝网	BX	约 10	30	500	0.96	7.5	255	2.4 (<0.1at) 2.0 (约 1at)	0.2~0.3	0.16~0.2
		CY	约 7	45	700	0.85	5	357	1.8 (<0.1at) 1.3 (约 1at)		0.1
板波填料	刺孔不锈钢板	4.5 6.3	4.5 6.3	45 45	570 483	0.97 0.98	7.4 8.3	212 196	约 1.6 约 2.1	1.4 0.5	约 0.2 约 0.25
	不锈钢孔板	250y 350y	约 12 约 8	45 45	250 350	0.97 0.955	15 9	200 360	2.6 2.0	0.65 0.5	约 0.4 约 0.28
	金属孔板波纹填料 金属压延孔板波纹填料	500y 125y	约 5 约 24	45 45	500 125	0.95 0.98	7~30		1.8 3		约 0.24 约 0.84
	陶瓷	TCP-1	约 7	45	400	0.7		707	0.35~1.2	0.13~1.3	0.2~0.3
	塑料 t<110℃	SKB-250Y	约 12	45	250	0.97		75	2.6	1	0.4~0.5
		SKB-125Y	约 24	45	125	0.985		100	3	约 0.7	0.5~1

乱堆填料中，综合技术性能较好的是金属鞍环、阶梯环，其次是鲍尔环，最后是矩鞍填料。由于规则填料气、液分布较均匀，放大效应小，技术指标优于乱堆填料，近年来应用日趋广泛，如用在大型塔和要求压降低的塔或持液量较高的吸收体系中，缺点是装卸清洗较困难。对于生产能力大，分离要求较高，压降有限制的塔，选用孔板波纹填料较宜。

4. 填料尺寸的选择

填料的尺寸（如直径、波峰高等）影响传质系数和填料层的压力降，还影响气体的通量，从而影响塔径的大小。所以填料尺寸的选择要与工艺计算结合，并考虑塔径等因素。一般地，填料尺寸大，则比表面积小，通量大，压降低，但效率也低，设计出的塔细而高，故多用于生产能力（处理气量）大的塔。一般当塔径 $D<300$mm 时，填料直径 $d=20$~25mm；$D>900$mm，$d=50$~70mm；$D=300$~900mm，$d=25$~38mm。此外，D/d 不能太小，否则壁效应严重。例如，拉西环 $D/d \geqslant 20$~25，金属鲍尔环 $D/d \geqslant 8$，矩鞍填料 $D/d \geqslant 8$~10。若计算得到的 D/d 之比小于最小值，则应改选较小尺寸的填料。

直径 50mm 的填料各方面性能均优于其他尺寸，应尽量采用。大型工业用规则填料塔常用波峰高 12mm 的板波填料，理论板数很多或塔高受厂房限制的场合，可用小尺寸、高比表面积填料，如波峰高 4.5mm 或 6.3mm 的刺孔板波填料。

（三）填料塔塔径的确定

填料塔塔径 D 的计算仍使用下列公式。

$$D=\sqrt{\frac{4V_s}{\pi u}} \tag{4-28}$$

$$u=(0.6\sim0.8)u_f\ [\text{易发泡体系取低值，}u=(0.4\sim0.6)u_f]$$

式中 V_s——气体的体积流量，m^3/s；

u——操作空塔气速，m/s；

u_f——液泛气速，m/s。

填料的液泛气速 u_f 与填料类型、结构、尺寸、气液物性、液体喷淋密度等因素有关。液泛气速 u_f 可用经验关联式求算，也可用埃克特（Eckert）通用关联图计算。

1. Bain-Hougen 关联式

$$\lg\left[\frac{u_f^{\ 2}}{g}\cdot\frac{\alpha}{\varepsilon^3}\cdot\frac{\rho_V}{\rho_L}\cdot\mu_L^{\ 0.2}\right]=A-1.75\left(\frac{L}{V}\right)^{1/4}\cdot\left(\frac{\rho_V}{\rho_L}\right) \tag{4-29}$$

式中 α——填料比表面积，m^2/m^3；

ε——填料空隙率；

ρ_V、ρ_L——分别为气、液相密度，kg/m^3；

μ_L——液相黏度，mPa · s（cP）；

V、L——气、液相质量流量，kg/h；

A——常数，决定于填料。对瓷拉西环 A=0.022；弧鞍形 A=0.26；金属孔板波纹 A=0.291；金属压延刺孔板波纹填料波峰高 4.5mm 时，A=0.36，峰高 6.3mm 时，A=0.49。

2. 乱堆填料的 Eckert 通用关联图

如图 4-7 所示为 Eckert 通用关联图。由横坐标 $\frac{L}{V}\left(\frac{\rho_V}{\rho_L}\right)^{0.5}$ 值和泛点线对应的纵坐标值，即可计算出液泛气速 u_f。

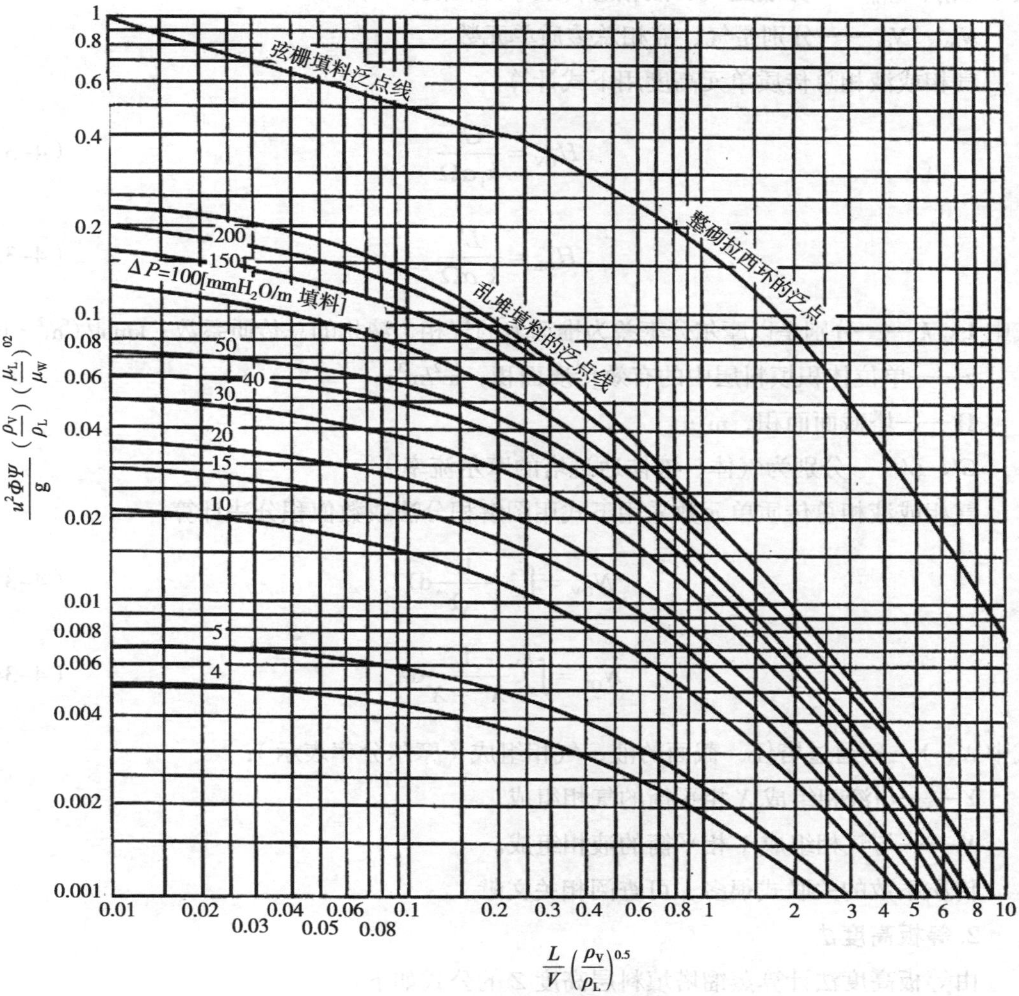

图 4–7　Eckert 通用关联图

注：V、L—气相和液相的质量流率，kg / ($m^2 \cdot s$)；ρ_V、ρ_L—气相和液相的密度，kg/m^3；ϕ—填料因子，m^{-1}；ψ—液体密度与水的密度之比；μ_L、μ_W—液相和水的黏度，mPa · s（cP）；g—重力加速度，9.81 m/s^2；ΔP—填料塔压降，100mmH_2O/m 填料。

（四）填料层高度的确定

填料层高度 Z 的计算是填料塔设计中重要的一环。填料层高度的确定有许多计算方法和经验公式，通常采用“传质单元法”和“等板高度法”。

1. 传质单元法

传质单元法计算填料吸收塔的填料层高度 Z 的公式如下。

$$Z = H_{OV}N_{OV} = H_{OL}N_{OL} \tag{4–30}$$

式中 H_{OV}、H_{OL}——分别是气、液相总传质单元高度，m；

N_{OV}、N_{OL}——分别是气、液相总传质单元数。

气相或液相总传质单元高度用下式计算。

$$H_{OV}=\frac{G'}{k_y\alpha\Omega} \tag{4-31}$$

$$H_{OL}=\frac{L'}{k_x\alpha\Omega} \tag{4-32}$$

式中 k_y、k_x——分别是以摩尔分率差为推动力的气相、液相的总传质系数，kmol/（m^2·h）；

α——单位体积填料层中的有效传质面积，m^2/m^3；

Ω——塔截面面积，m^2；

G'、L'——分别为气体、液体通过塔的摩尔流率。

气相或液相总传质单元数采用下式用图解积分法或数值积分法计算。

$$N_{OV}=\int_{Y_1}^{Y_2}\frac{1}{Y-Y^*}\mathrm{d}Y \tag{4-33}$$

$$N_{OL}=\int_{X_1}^{X_2}\frac{1}{X^*-X}\mathrm{d}X \tag{4-34}$$

式中 X、Y——通过塔任一截面的液、气相组成（摩尔分率表示）；

Y^*——与液相组成 X 相平衡的气相组成；

X^*——与气相组成 Y 相平衡的液相组成。

传质系数的关联式很多，可查阅相关文献。

2. 等板高度法

由等板高度法计算蒸馏塔填料层高度 Z 的公式如下。

$$Z=\mathrm{HETP}\cdot N_T \tag{4-35}$$

式中 N_T——理论板数；

HETP——等板高度，m。

影响等板高度 HETP 的因素很多，如填料特性、物料性质、操作条件及塔径、填料层高度等，使等板高度难以准确预计，故在设计时尽可能采用相同或相近条件下的实测数据，缺乏数据时，可以采用经验公式估计。

1）慕赫法

$$\mathrm{HETP}=38A(0.205G)^B(39.4D)^C Z_0^{1/3}\left(\frac{\alpha\mu_L}{\rho_L}\right) \tag{4-36}$$

式中 G——气相的质量流速，kg/（m^2·h）；

D——塔径，m；

Z_0——分段填料层的高度，m；

α——被分离两组分的相对挥发度；

μ_L——液相黏度，mPa·s（cP）；

ρ_L——液相密度，kg/m^3；

A、B、C——系数，取决于填料形状与尺寸，如表 4–29 所示。

表 4–29 某些填料的 A、B、C

填料种类	填料尺寸 /mm	A	B	C
弧鞍形填料	13	5.62	–0.45	1.11
	25	0.76	–0.14	1.11
拉西环	10	2.10	–0.37	1.24
	15	8.53	–0.24	1.24
	25	0.57	–0.10	1.24
	50	0.42	0	1.24
弧鞍形网	6.4	0.017	+0.5	1.00
	10	0.20	+0.25	1.00
	13	0.33	+0.20	1.00

该公式适用的数据范围如下。

（1）常压操作，空塔气速为泛点气速的 0.25~0.35。

（2）塔径为 500~800mm，并且填料尺寸 $d \leqslant D/8$，$Z_0 = 1\sim3$m。

（3）高回流比或全回流操作。

（4）相对挥发度 $\alpha = 3\sim4$，系统的扩散系数相差不大。

2）汉德法

$$\mathrm{HETP} = 70\left(\frac{d_p \mu_L}{L}\right)^{1/2} \tag{4–37}$$

式中 d_p——填料外径，m；

μ_L——液相黏度，mPa·s（cP）；

L——液相质量流速，kg/（m^2·h）。

采用上述公式计算得到的 HETP 值，通常取 10%~35% 的安全系数。

某些精馏塔的实际生产数据如表 4–30 所示。

表 4–30 某些精馏塔的实际生产数据

物系	塔径 /m	填料		填料高度（Z）/m	HETP/m	HTU/m	系统压力 / kPa
		类型	尺寸 /mm				
丙酮 – 水	0.36	鞍环	25	3.96	0.46		101
	0.46	鲍尔环	25	8.36	0.37		101
甲醇 – 水	0.3	Intalox	25	8.23	0.46		101
乙醇 – 水	1.07	鲍尔环	38	4.88	0.91		31
脱乙烷塔	0.46	鲍尔环	38	61	0.88		2.07
甲醇 – 水	0.38	鲍尔环	25	2.9	0.66	0.67	101
苯甲酸 – 甲苯	0.61	Intalox	38	6.4	0.46		101
苯 – 氯苯	0.38	Intalox	38	2.9	1.8	0.52	101
丁酮 – 甲苯	0.38	鲍尔环	25	2.9	0.35	0.29	101
	0.38	Intalox	25	2.9	0.23	0.27	101
	0.38	瓷拉西环	25	2.9	0.46	0.3	101
	0.38	弧鞍形	25	2.9	0.34	0.29	101
烃类吸收塔	0.91	鲍尔环	50	70	0.85		5.964
气体装置吸收塔	1.22	鲍尔环	25	7.0	0.88		6.2
丙酮 – 水吸收塔	0.61	Intalox	38	5.49		0.46	

（五）最小喷淋密度的确定

填料塔内的喷淋密度应大于最小喷淋密度，如果喷淋密度太小，将不能保证填料充分润湿，影响传质效率。

最小喷淋密度（L_V）$_{min}$ 的计算公式如下。

$$(L_V)_{min} = (M \cdot W \cdot R)\sigma \tag{4–38}$$

式中 σ——填料的比表面积，m^2/m^3；

$M \cdot W \cdot R$——最小润湿速率，$m^3/(m \cdot h)$。

一般地，对于拉西环，当 $d \leqslant 76mm$，$M \cdot W \cdot R = 0.08\ m^3/(m \cdot h)$；

当 $d > 76mm$，$M \cdot W \cdot R = 0.12\ m^3/(m \cdot h)$。

（六）填料塔压降的计算

1. 以 Eckert 通用关联图计算填料塔压降 Δp

如图 4–7 所示，算出横坐标 $X = \frac{L}{V}(\rho_V/\rho_L)^{0.5}$ 与纵坐标 $Y = \frac{u^2\phi_{\Delta p}\psi}{g} \cdot \frac{\rho_V}{\rho_L} \cdot \frac{\mu_L^{0.2}}{\mu_W^{0.2}}$ 的值，按等 Δp 线求出 Δp，但在 $\Delta p < 10mmH_2O/m$ 填料时误差较大。

2. 半经验式计算填料塔压降 Δp

对于规则填料在载点以下，压降可用下列半经验式计算。

$$\Delta p=\left(0.171+\frac{92.7}{R_{ev}}\right)\left(\rho_V\frac{u_G^2}{Sg}\right)\left[\frac{1}{(1-C_3Fr^{0.5})}\right]^5 \tag{4-39}$$

式中 $R_{ev}=Su_G\rho_V/\mu_v$；

$F_r=u_L^2/Sg$；

S——流道（波纹三角形）边长；

u_G——气相有效流速；

u_L——液相表观流速；

C_3——常数，由填料决定。填料的 C_3 值如表 4-31 所示。

表 4-31 填料的 C_3 值

填料	当量直径 /mm	C_3
金属孔板波纹填料（弗莱克西帕克填料 1）	9	3.38
（弗莱克西帕克填料 2）	18	3.08
（弗莱克西帕克填料 3）	36	4.50
（弗莱克西帕克填料 4）	72	7.26
金属压延孔板波纹填料 1A	36	4.50
2A	18	3.08
3A	13.5	3.87
4A	9	3.38
苏尔寿 BX	9	3.38

（七）填料塔总高度 H 的计算

填料塔总高度 H 可由下式计算。

$$H=H_d+Z+(n-1)H_f+H_b \tag{4-40}$$

式中 H_d——塔顶空间高度（不包括封头），m；

H_f——液体再分布器的空间高度，m；

H_b——塔底空间高度（不包括封头），m；

n——填料层分段数；

Z——填料层高度，m。

或用经验式：

$$H=H_d+1.2Z+H_b \tag{4-41}$$

液体沿填料向下流动时，常出现趋向塔壁的趋势，若填料层的总高度与塔径之比超过一定界限，则需要分段，即每隔一定距离要设置液相再分布器，以克服壁流现象。再分布器的设置确定了填料的分层。再分布器之间的距离即每个填料段的高度 Z_0，对于直径 D 在 400mm 以下的小塔，可取较大值，如对拉西环 $Z_0=(2.5\sim3.0)D$，对鲍尔环 $Z_0=(5\sim10)D$，对矩鞍填料 $Z_0=(5\sim8)D$，对于大直径的塔，Z_0 一般不超过 6m。用孔板波纹填料时，每个填料段的高度宜不超过 7m。

（八）填料塔的设计步骤

（1）汇总物性数据和特性，确定设计参数。包括全塔的物料衡算，塔的温度、压力，塔内气液相的流量、密度、黏度、扩散系数，气液平衡数据，亨利常数，溶解度数据等，气、液相负荷，塔的产率，塔分离后物料的纯度。

（2）选择填料。

（3）确定塔径。塔径按前述公式算出后，要根据国家压力容器公称直径的标准系列进行圆整。塔径经圆整后，再根据实际塔径重新计算实际空塔速度。

（4）计算填料塔压降。如果算出的 Δp 超出工艺要求时，应重新估算塔径。为使填料塔能在良好的工况下操作，每米填料层的压降不能太大，一般正常压降 $\Delta p=147\sim490$Pa，真空操作下 $\Delta p\leqslant78.45$Pa。

（5）计算填料高度 Z。

（6）校核塔内的喷淋密度。

（7）计算塔的总高度 H，确定填料的层数和每层填料的高度。

（8）填料塔其他附件，如液体再分布器、气体分布器、支撑板、液体喷淋装置、除雾器、填料支承的设计和选定，这些构件设计得是否合理是保证正常操作和达到填料预期性能的重要条件。

（9）绘制塔设备结构图，向设备设计专业提出工艺设计条件。

第六节　反应器的选型和设计

一、反应器的类型与特点

反应设备的种类很多，按结构型式分，大致可分为釜式反应器、管式反应器、塔式反应器、固定床反应器、流化床反应器等。

（一）釜式反应器

釜式反应器是应用十分广泛的一类反应器，可用于均相（多为液相）反应、液－

液相反应、液－固相反应和液－气相反应。釜式反应器的高度一般与直径相等或稍高，釜内设有搅拌装置、挡板和换热器，也可在釜外壁设换热夹套。物料在釜内混合均匀，并且操作条件（如温度、浓度、停留时间）的可控范围较广，设备易清洗。

（二）管式反应器

管式反应器多用于均匀气相、液相反应。其特征是长径比较大，内部中空，不设任何构件，参加反应的物料以预定的方向运动，各点的流体间没有沿流动方向的混合。

（三）塔式反应器

塔式反应器主要用于 2 种流体反应的过程，如气－液反应和液－液反应。2 种流体可以成逆流，也可以成并流。这类反应器的高度一般为直径的数倍乃至十余倍，内部有时为了增加两相接触可设构件，如塔板、填料等。常见的塔式反应器有填料塔、板式塔、鼓泡塔、喷雾塔。

（四）固定床反应器

流体通过不动的固体物料所形成的床层而进行反应的装置都称作固定床反应器，这些固体颗粒可以是催化剂，也可以是反应物。固定床反应器可用于气－固及液－固非催化反应，尤以气－固催化反应应用最为广泛。对于催化反应，催化剂可装在圆柱壳体内，也可在圆柱壳体内安装许多平行管子，管外或管内装催化剂。固定床反应器分为绝热式反应器（包括单段绝热床和多段绝热床）和换热式反应器（尤以列管式为多）。

（五）流化床反应器

流化床反应器是流体通过处于流态化的固体颗粒所形成的床层而进行反应的装置。流化床反应器可用于气－固、液－固及气－液－固催化或非催化反应，是工业生产中较广泛使用的反应器。在这类反应器中，细颗粒状的固体颗粒装填在一个垂直的圆筒形容器的多孔板上，气流通过多孔板向上通过颗粒层，以足够大的速度使颗粒浮起呈沸腾状态，但流速也不宜过高以防止流化床中的颗粒被气体夹带出去，内可设冷却管。

（六）其他型式的反应器

鼓泡反应器：液体含有溶解了的非挥发性催化剂或其他反应物，反应气体可鼓泡通过液体进行反应，产物由气流从反应器中带出。

浆态反应器：与鼓泡反应器类似，但液相是含有细固体催化剂的浆料。

滴流床反应器：固体催化剂并不呈流化态而是作为固定床，2 种能部分互溶的液体作为反应物料并流或逆流地流过床层。

移动床反应器：固体在床层顶部加入，并向下移，自器底排出，流体向上通过填充层。

反应器的型式及特性如表 4–32 所示。

表 4–32 反应器的型式及特性

反应器型式	适用范围	特性	生产实例
釜式，一级或多级串联	液相、液－液相、液固相	适用性大，操作弹性大，连续操作时温度、浓度易控制，产品质量均一，但高转化率所需反应器容积大	苯的硝化、氯乙烯聚合、釜式法高压聚乙烯、顺丁橡胶聚合法
管式	气相、液相	返混小，所需反应器容积较小，比传热面大，但对慢速反应，需要很长的管，压降大	石脑油裂解、甲基丁炔醇合成、管式法高压聚乙烯
空塔或搅拌塔	液相、液－液相	结构简单，返混程度与高径比及搅拌有关，轴向温差大	苯乙烯的本体聚合、己内酰胺缩合、醋酸乙烯溶液聚合
鼓泡塔或挡板鼓泡塔	气－液相、气－液－固（催化剂）相	气相返混小，但液相返混大，温度较易调节，气体压降大，流速有限制，有挡板可减少返混	苯的烷基化、乙烯基乙炔的合成、二甲苯氧化
填料塔	液相、气－液相	结构简单，返混小，压降小，有温差，填料装卸麻烦	化学吸收
板式塔	气－液相	逆流接触，气液返混均小，流速有限制，如需传热，常在板间另加传热面	苯连续磺化、异丙苯氧化
喷雾塔	气－液相快速反应	结构简单，液体表面积大，停留时间受塔高限制，气流速度有限制	从氯乙醇制丙烯腈、高级醇的连续磺化
湿壁塔	气－液相	结构简单，液体返混小，温度及停留时间易调节，处理量小	苯的氯化
固定床	气－固（催化或非催化）相	返混小，高转化率催化剂用量少，催化剂不易磨损，传热控温不易，催化剂装卸麻烦	乙苯脱氢、乙炔法制氯乙烯、合成氨、乙烯法制醋酸乙烯等
流化床	气－固（催化或非催化）相，催化剂失活很快的反应	传热好，温度均匀，易控制，催化剂有效系数大，粒子输送容易，但磨耗大，床内返混大，高转化率时不利，操作条件限制较大	萘氧化制苯酐、石油催化裂化、乙烯氧氯化制二氯乙烷、丙烯氨氧化制丙烯腈
移动床	气－固（催化或非催化）相，催化剂失活很快的反应	固体返混小，固气比可变性大，粒子传送较易，床内温差大，调节困难	石油催化裂化、矿物的焙烧或冶炼
滴流床	气－液－固（催化剂）相	催化剂带出少，分离易，气液分布要求均匀，温度调节较困难	焦油加氢精制和加氢裂解、丁炔二醇加氢
蓄热床	气相，以固相为热载体	结构简单，材质容易解决，调节范围较广，但切换频繁，温度波动大，收率较低	石油裂解、天然气裂解
回转筒式	气－固相、固－固相、高黏度液相、液－固相	粒子返混小，相接触界面小，传热效率低，设备容积较大	苯酐转位成对苯二甲酸、十二烷基苯的磺化
载流管	气－固（催化或非催化）相	结构简单，处理量大，瞬间传热好，固体传送方便，停留时间有限制	石油催化裂化

续表

反应器型式	适用范围	特性	生产实例
喷嘴式	气相，高速反应的液相	传热和传质速度快，混合好，反应物急冷易，但操作条件限制较严	天然气裂解制乙炔、氯化氢的合成
螺旋挤压机式	高黏度液相	停留时间均一，传热较困难，能连续处理高黏度物料	聚乙烯醇的醇解、聚甲醛及氯化聚醚的生产

二、反应器设计的原则

反应器设计时，应遵循“合理、先进、安全、经济”的原则，具体设计时，还需要满足以下要求。

（一）满足物料转化率和反应时间的要求

在选择反应器类型时，反应周期与目标转化率是关键决策因素。反应器型式选定后，可由此计算反应器的有效容积，确定反应器的长径比等基本尺寸、反应器的数目、连接方式等。

（二）满足反应的热传递要求

化学反应都伴随着热效应，因此反应器应具有高的传热效率，并使反应器内的温度差降低到最小程度，以便使反应温度控制在较窄的范围内。故在设计反应器时，要保证有足够的传热面积，并选择合适的传热介质和一套能适应所设计传热方式的有关装置和温度测试系统。

（三）满足物料流动和混合的要求，设计适当的搅拌器或类似作用装置

为了使反应物有效地接触，在设备内均匀分布，有利于传质传热，物料应尽可能处于湍流状态。对于釜式反应器，可依靠搅拌器来实现物料的流动和混合；对于管式反应器，往往需要外加动力调节物料的流量和流速。反应器应尽可能避免反应气体的逆向混合。

（四）满足防腐和机械加工要求，合理选择材质

机械结构要可靠，要考虑反应器内某些部件处于高温状态下的机械强度和温差应力等因素。

选择反应器的材质需要考虑介质的腐蚀性，如反应是否涉及强酸、强碱，有无铁锈渗入，反应器清洗时是否碰到腐蚀性介质。此外，选择材质与反应器的操作温度、传热方式、器壁与反应器的摩擦程度、摩擦消耗等因素也有关。

三、釜式反应器的设计

（一）确定反应釜操作方式

反应釜的操作方式有间歇式、连续式和半间歇式 3 种，应根据工艺流程的特点，确定反应釜是连续操作还是间歇操作。

间歇操作是反应物一次加入反应器，经过一定反应时间，达到要求的转化率，一次取出反应产物。由于是分批进行，每批生产都包括加料、反应、卸料、清洗等过程，适用于小批量、多品种的产品的生产。

半间歇式操作是指反应器中的物料有一些是分批地加入或取出的，而另一些则是连续地通过的。

连续式操作是反应物不断地加入反应器内，反应不断地进行，产物连续不断取出，是一稳定过程。适用于生产规模较大的生产过程。

（二）汇总设计基础数据

包括反应物和产物的物性数据、化学性质、物料流量、反应温度、压力、时间、原料配比、转化率、生产能力、装料系数等。

（三）计算反应釜的体积

1. 间歇式反应器体积 V 的计算

间歇式反应器的体积 V 根据下式计算。

$$V_R = v_0 (t + t_0) \tag{4-42}$$

$$V = V_R / \phi \tag{4-43}$$

式中 t——反应时间，h；

t_0——辅助生产时间，h；

v_0——单位时间需要处理的物料的体积流量，m^3/h；

V_R——反应器的有效体积，m^3；

V——反应器的实际体积，m^3；

ϕ——装料系数。

反应时间 t 的计算公式如下。

$$t = C_{A0} \int_0^{x_{Af}} \frac{dx_A}{-r_A} \tag{4-44}$$

式中 C_{A0}——关键组分 A 的初始浓度，mol/L；

x_{Af}——关键组分A的最终转化率；

$-r_A$——反应速率，mol/（L·h）。

以上算出的是反应器的有效容积，反应器的实际体积应大于有效容积，因此还应除以装料系数 ϕ，ϕ 一般取值在0.5~0.85。对于不易起泡和沸腾的液体，ϕ 可取大一些，如0.7~ 0.85；易起泡和沸腾的液体，ϕ 可取小一些，如0.4~ 0.6。

2. 连续式反应器体积 V 的计算

连续式反应器体积 V 根据下式计算。

$$V_R = v_0\tau \quad (4\text{–}45)$$

式中 v_0——物料的进料体积流量，m^3/h；

V_R——反应釜的有效体积，m^3；

τ——空时，h。

空时 τ 的计算公式如下。

$$\tau = \frac{C_{A0}x_{Af}}{-r_A} \quad (4\text{–}46)$$

（四）确定反应釜的数目和连接方式

对间歇釜来说，只需要将反应需要的反应体积除以每台釜的体积，所得数值即为反应釜的数目。然后根据反应釜的标准体积系列加以圆整，反应釜的数目若不为整数，应向数值大的方向圆整为整数。

对连续釜来说，当按单釜计算得到的反应体积过大而受到釜的制造、安装及操作等限制时，需要使用若干个体积较小的反应釜。这些釜之间如何连接，要根据釜内所进行的反应的特点来决定。对于反应速率随反应物浓度增大而增大的反应，采用串联方式较好；反之，则采用并联方式较好。采用串联方式连接时，串联各釜的体积之和并不等于按单釜计算所需要的反应体积，这时需要按串联釜的计算方法——逐个计算的方法确定釜的台数；采用并联方式连接时，若为等容釜，单釜操作所需要的体积除以小釜体积即为等容釜的台数。

（五）确定反应釜的直径，筒体高度和封头

对于非标准设备的反应釜，需要根据工艺条件和经验确定长径比。长径比一般取1~3。长径比较小时，釜型属矮胖型，这类反应釜单位体积消耗的钢材量少，液体比表面积大，适于间歇反应。长径比较大时，釜型属瘦长型，长径比为3时，就是常见的半塔式反应釜。这类反应釜单位体积釜内传热面大，可减少返混，停留时间较长，对反应热效应大的体系和有气体参加的反应较适用，但加工困难，材料耗量大。

长径比选定后，在国家规定的容器系列尺寸中先将釜的直径 D 选定下来，再确定封头型式，从有关机械手册中查出封头体积（下封头）$V_{封头}$，根据釜的体积 V 计算公式 $V=\frac{\pi}{4}D^2\cdot H+V_{封头}$，假设筒体高度 H 值试算。若 V 不合适，可重新设定直径再试算，直到满意为止。

（六）确定反应釜的传热方式，计算和校核传热面积

反应釜最常见的传热方式是夹套，它制造简单，不影响釜内物流的流型，但传热面积小，传热系数也不大。当需要大的传热面积时，可在釜内设置盘管、列管或回形管等，但釜内构件增加，将影响物料流动。釜内物料易黏壁、结垢或有结晶沉淀产生的反应，通常不主张设置内加热或冷却器。

传热装置的传热面积的计算公式和方法同一般的换热体系。如果根据前面确定的反应器的基本尺寸计算出的传热面积足够，则认为前面确定的反应器的长径比合适或所选系列设备合适，否则需要调整尺寸，进一步确定反应釜型式和尺寸，并经过核算之后才能最终确定釜型和容积直径及其他基本尺寸。

（七）选择和设计反应釜的搅拌器

搅拌器的选择应根据液体黏度、釜的容积、操作目的和主要影响因素进行，既要考虑完成搅拌过程目的的搅拌效果，也应考虑动力消耗问题，在达到同样搅拌效果时，消耗较低的功率，但应注意对于某些需要较大能量的搅拌过程，有些搅拌器不能达到。另外，搅拌器的选择还需要考虑搅拌器的结构，使用不同结构型式的搅拌器会得到不同的结果，故选型时必须满足经济合理、技术先进、使用安全、效果良好的原则。

搅拌器有定型产品，各类文献都有许多选型表格可供参考。如表4-33所示为搅拌器型式的选择，表4-34所示为搅拌器型式的性能。这些表格在选择搅拌器型式时可作为参考。

表4-33 搅拌器型式的选择

搅拌器型式		涡轮式	桨式	推进式	折叶开启涡轮式	锚式	螺杆式	螺带式
流动状态	对流循环	适合	适合	适合	适合	适合	适合	适合
	湍流扩散	适合	适合	适合	适合			
	剪切流	适合	适合					

续表

搅拌器型式		涡轮式	桨式	推进式	折叶开启涡轮式	锚式	螺杆式	螺带式
搅拌目的	低黏度液混合	适合	适合	适合	适合			
	高黏度液混合及传热	适合	适合			适合	适合	适合
	分散	适合		适合	适合			
	溶解	适合	适合	适合	适合	适合	适合	适合
	固体悬浮	适合	适合	适合	适合			
	气体吸收	适合	适合					
	结晶	适合		适合				
	传热	适合	适合	适合	适合			
	液相反应	适合	适合	适合	适合			
搅拌设备容量 / m^3		1~100	1~200	1~1000	1~1000	1~100	1~50	1~50
转速 / $r \cdot min^{-1}$		10~300	10~300	100~500	10~300	1~100	0.5~50	0.5~50
最高黏度 / $Pa \cdot s^{-1}$		50	2	50	50	100	100	100

表 4-34 搅拌器型式的性能

体系	适用的搅拌器型式	D_0/D	H/D_0	层数及位置
低黏度均相液体	涡轮式	3~6	不限	单层或多层，中央插入，$C/D = 1$ 桨式：$C/D = 0.5$~0.75
	推进式	3~4		
	桨式	1.25~2		
非均相液体	涡轮式	3~3.5	0.5~1	$C/D = 1$
固体颗粒与液体	涡轮式、桨式	2~3.2	0.5~1	根据固含量、密度及粒度决定 C/D
	推进式	2.5~3.5		
气体吸收	涡轮式	2.5~4	1~4	单层或多层，$C/D = 1$
釜内有传热装置	涡轮式、推进式	3~4	0.5~2	
	桨式	1.25~2		
高黏度液体	涡轮式	1.5~2.5	0.5~1	
	桨式	1.25		
	其他：锚式、框式、螺杆式、螺带式			
结晶	涡轮式	2~3.2	1~2	单层或多层，单层一般桨在 $H/2$ 处

注：D_0—反应釜内径；D—搅拌器直径；H—反应釜筒体高；C—搅拌叶与釜壁的距离。

（八）管口和开孔设计

包括进出料口、夹套开孔、釜底釜盖开孔、有关仪器仪表接口、手孔、人孔、备用口等。

（九）画出反应器设计草图

根据上述工艺计算的结果，画出反应器的条件图交设备专业进行设备设计，目前针对釜式反应器已经有系统化标准设备，工艺设计可根据计算结果直接选用标准设备。

四、固定床催化反应器的设计

（一）固定床反应器的类型及特点

固定床反应器的类型很多，按换热方式分为绝热式反应器和连续换热式反应器。

1. 绝热式反应器

绝热式反应器是指在反应过程中，若不计入热损失，则反应器中反应区（即催化剂床层）不与外界进行热交换的反应器，包括单段绝热式反应器和多段绝热式反应器。

单段绝热式反应器是指反应物料在绝热情况下只反应1次，其优点是结构简单，床层空间利用率高，催化剂床层截面温度均匀，造价低。但对一些热效应大的反应，反应器的出口温度可能会超过催化剂的允许温度。因此，单段绝热式反应器只适用于热效应小，对温度敏感性差，单程转化率小，绝热温升较小的反应。

若单段绝热床不能适应要求，则需要采用多段绝热式反应器。反应物料通过第一段绝热床反应至一定的温度和转化率后经过换热冷却后再进行下一段绝热反应，反应和冷却过程间隔进行。根据段间的冷却方式分为间接换热式和冷激式。间接换热式段间用换热器（如列管式）换热，冷激式采用段间补加冷流体的办法进行换热，若冷激用的冷流体是尚未反应的原料气，称为原料气冷激式，若冷激用的冷流体是非关键组分的反应物，则称为非原料气冷激式。间接换热式反应器应用灵活，限制条件较小，有利于热量回收，催化剂用量较少，但流程复杂，操作控制较麻烦，换热器数目多，基建投资大。冷激式反应器结构简单，便于装卸催化剂，内无冷管，避免由于少数冷管损坏而影响操作，特别适用于大型催化反应器。

2. 连续换热式反应器

若在反应区内进行换热，反应与换热过程同时进行则为换热式反应器。根据换热方式不同可分为外热式和自热式。用外界载热体带走或供给热量称为外热式，适用于热效应比较大的反应。对于这类反应器，合理地选择载热体是控制反应温度和保持稳定操作的关键。若以原料气来冷却或加热床层，则为自热式，主要用于热效应不太大的高压反应过程，可做到热量自给又不另增高压换热装置，节省投资和操作费用。

（二）催化反应器设计要点

催化反应器的设计除了遵循前述反应器设计的基本原则外，由于在反应中还涉及催化剂，需要确定催化剂的类型、体积、用量等参数，设计时还需要考虑下列3点。

（1）催化反应器的设计不只是一个单纯的催化剂用量及优化计算，而是要根据工艺的特点和工程实际情况，确定最佳工艺操作参数，如收率、选择率、压力、温度、催化剂的类型，还要考虑生产过程中生产任务、催化剂活性和工艺参数的某些变化。

（2）催化床类型和结构的选用应根据工艺操作参数、设备制造和检修、催化剂的装卸等方面的要求综合进行。

（3）高压反应器的筒体内要设置催化床、床外换热器、冷激气管和热电偶管，有时还要放置开工预热用的电加热器，这些部件在反应器内要合理组合，催化剂的装载系数要高，气流分布要均匀，气流通过反应器的压力降要小。

（三）催化反应器的数学模型

目前，描述固定床催化反应器的数学模型根据反应动力学可分为拟均相模型和非均相模型2类。拟均相模型忽略流体和催化剂之间及催化剂颗粒内部的传质和传热，计算过程与均相反应一样。非均相模型考虑了相间及催化剂颗粒内部的传递过程对反应速率的影响，并将这些影响计入模型，反映了床中的实际状况。

根据流体的流动状况分为理想流动模型（包括平推流和全混流）和非理想流动模型。

根据催化床中温度分布可分为一维模型和二维模型。只考虑反应器中沿着气流方向（即轴向）的浓度差及温度差，而不考虑床层径向的浓度差及温度差的模型是一维模型；既考虑轴向，又考虑径向的浓度差及温度差的模型是二维模型。

二维模型比一维模型复杂，特别是非均相二维模型，其数学表达式非常复杂，所需的传递过程参数多，难于得到，求解十分麻烦，使其实用性能受到很大限制。处理具体问题时，一定要针对具体反应过程及反应器的特点进行分析，选用合适的模型。如果通过检验认为可以进行合理的假定而选用简化模型时，则采用简化模型进行模拟设计和模拟放大。在绝大多数情况下，拟均相模型已足够。

（四）固定床催化反应器的设计步骤

固定床催化反应器设计的最主要问题是确定催化剂的体积，催化剂的用量，床层堆积方案、床径、高度及换热器的工艺尺寸。

固定床催化反应器的设计步骤如下。

（1）汇总物性数据和工艺参数，掌握反应过程的热力学数据和热容、黏度、导热系数、扩散系数、反应热、内扩散效率因子等数据。

（2）确定催化剂的用量，催化剂用量的确定方法有空速法和数学模型法。

a. 空速法

$$空速=\frac{原料气体的体积流量（m^3/h）}{催化剂床层体积（m^3）} \tag{4-47}$$

空速可从试验装置中实测得到，再根据工艺要求的原料气处理量便可直接求算出催化剂床层的体积。此法不需要过多的数据，估算方便，但对整个体系的反应、传质、传热等特性缺乏真正了解，所以放大的倍数有限。

b. 数学模型法

随着计算机技术的应用及反应工程学的发展，数学模型法在反应器设计中得到了广泛的应用。下面以绝热床反应器为例说明。

绝热床反应器由于没有径向床壁传热，一般可当作平推流反应器处理，因此只考虑在流动方向上的温度和浓度变化，不考虑垂直气流方向的温度差、浓度差和轴向返混，还常把固体颗粒和流体当作均一相来看待，故计算时可用拟均相一维平推流模型。

对于拟均相一维平推流模型，可通过联立物料衡算方程式、热量衡算方程式和动力学方程式求得达到规定转化率所需的催化剂体积或床层长度。该模型为一个常系数微分方程组，方程组的求解可采用图解积分法或数值积分法，若用计算机时可采用 Runge–Kutta 法或改进欧拉法。

$$F_{A0}dx_A=(-r_A)dV \tag{4-48}$$

$$F_t\bar{C}_{pt}dT=(-\Delta H_R)F_{A0}dx_A \tag{4-49}$$

$$-r_A=f(x_A,\ T) \tag{4-50}$$

式中 V——催化剂的用量，m^3；

F_{A0}——催化床进口气体中关键组分 A 的摩尔流量，mol /h；

$-r_A$——反应速率，mol / [m^3（cat）· h]；

x_A——A 的转化率；

T——催化床中气体的温度，K；

$-\Delta H_R$——反应热，J/mol；

F_t——反应气体总摩尔流量，mol/L；

$\bar{C}_{pt}$——气体的平均摩尔热容，J/（mol · K）。

拟均相一维理想流动基础模型简单，能较快算出反应器的大体尺寸，可估计参数变化所造成的影响，故常用于反应器初步设计及计算机在线性计算和过程控制中应用。

（3）计算床高和直径。根据标准系列设定一个直径，然后根据床内有效体积核算床层高度，再估算催化剂堆积高度，验算气速满足反应的停留时间要求。若假设不合理，重新假设再试算。

（4）验算流体阻力和传热系数。

（5）绘制反应器设计条件图。

五、流化床反应器的设计

（一）流化床反应器的型式

流化床按结构根据型式不同，包括单器流化床和双器流化床，单层流化床和多层流化床，自由床和限制床，圆柱型流化床、圆锥型流化床和多管流化床。

1. 单器流化床和双器流化床

单器流化床适用于不需要催化剂的固相加工或催化剂使用寿命长的场合，双器流化床适用于催化剂使用寿命短，再生容易的场合。

2. 单层流化床和多层流化床

气固催化反应主要是使用单层流化床，多层流化床适用于固相加工过程，可限制返混，改善颗粒停留时间分布，提高转化率，但多层流化床结构和操作都比较复杂，在应用上受到一定限制。

3. 自由床和限制床

床中设置内部构件（如挡网、挡板）以限制气体或固体流动的流化床为限制床；反之，则为自由床。设置内部构件的目的是增进气－固相接触和减少气体返混以改善气体的停留时间分布，使高床层和高流速的操作成为可能。故限制床适用于反应速度慢，级数高且副反应严重的场合，而反应速度快、反应时间拖长也不致产生过多副反应或对产品纯度要求不高的气固催化反应过程，可采用自由床。

4. 圆柱型流化床、圆锥型流化床和多管流化床

圆柱型（圆筒型）流化床结构简单，制造方便，设备利用率高，应用最为广泛。圆锥型流化床的横截面积从分布板向上沿轴向逐渐扩大，故空塔气速逐渐变小，适用于低流速或气体体积增大的反应和粒度分布特别宽的系统，圆锥型流化床的分布板性能较好，从而减轻和消除分布板上死料、烧结和堵塞等现象，还可提高细粉利用率。缺点是结构复杂，制造困难，设备利用率低。多管流化床的特点是返混小，转化率高，放大容易，间壁换热面积大，床温均匀。

（二）流化床反应器的特点

流化床反应器最主要的特点表现在如下 5 个方面。

（1）由于固体颗粒的剧烈运动和充分混合，使床层温度均匀，反应温度可控制在一个很窄的范围内，适用于那些对温度敏感的气固相接触催化反应。而固定床反应器却相反，床层内温度分布不均匀，对于强放热反应不利。

（2）催化剂粒度细，颗粒比表面积大，气固两相接触面积大，内表面可较充分地利用，内扩散阻力可降低到很小的程度，又由于气固界面不断搅动和更新，传质系数和传热系数高，使流化床的传质效率和传热效率高，而固定床则相反。

（3）流化床反应器直径可以很大，所以单台设备催化剂的装填量大，故生产能力大。而要制造大直径的固定床反应器，在技术上却困难得多。

（4）流化床保持液体的特性，固体颗粒可以大量连续输入和输出，设备结构又非常简单，操作方便，对于催化剂需要连续再生的过程，是一个重要的优点。

（5）安全性高。有机蒸气和空气的氧化反应，常形成一定的爆炸范围，由于颗粒的剧烈运动可防止爆炸冲击波扩散。

流化床反应器对反应不利之处的表现如下。

（1）物料返混严重，使过程的转化率和选择性降低。

（2）催化剂磨损大，对使用贵重催化剂的反应流化床不适用。

（3）细颗粒易随气体夹带出去，必须考虑设置气固分离装置。

（4）为保证流化床良好的流化态，必须结合催化剂的性质和设备结构来确定最佳操作气速，过大过小都会使流化状态恶化，故操作气速受到限制。

（5）流化床的放大规律和技术尚不成熟。

（三）流化床反应器主要工艺参数的确定

1. 临界流化速度 u_{mf} 的确定

临界流化速度又称最小流化速度或起始流化速度，是指刚刚能够使粒子流化起来的气体空床流速。临界流化速度 u_{mf} 的确定可用计算法和实测法。

截至目前，已提出很多半经验计算公式，一般认为比较可靠的公式如下。

$$u_{mf}=4.08\frac{d_p^{\ 1.82}(\rho_s-\rho_f)^{0.94}}{\mu_f^{\ 0.88}\rho_f^{\ 0.06}} \tag{4-51}$$

式中 d_p——固体颗粒的平均直径，m；

ρ_s——催化剂颗粒密度，kg/m³；

ρ_f——气体密度，kg/m³；

μ_f——气体的黏度，mPa·s（cP）。

当临界雷诺数 $Re_{mf}>10$ 时，由上式算得的 u_{mf} 需要校正。由于计算中的误差较大，不能反映流化时的实际情况，工业上往往采用直接测定法，既准确又可靠。

2. 带出速度 u_t 的确定

当气速增大到某一定值时，流体对粒子的曳力与粒子的重力相等，则粒子就会被气流带走。带出速度一般为临界流化速度的20~30倍，也称最大流化速度，其数值等于颗粒的自由沉降速度。不同大小的颗粒有不同的带出速度，应先按设计要求决定不让带出流化床的颗粒的最小直径，再计算相应于此直径的颗粒的带出速度。

流化床的颗粒细小，沉降一般在层流区进行。

当 $Re_p < 0.4$ 时：
$$u_t = \frac{d_p^{\ 2}(\rho_s - \rho_f)g}{18\mu_f} \quad (4\text{–}52)$$

当 $0.4 < Re_p < 500$ 时：
$$u_t = \left[\frac{4}{225} \times \frac{(\rho_s - \rho_f)^2 g}{\mu_f \rho_f}\right]^{1/3} d_p \quad (4\text{–}53)$$

3. 操作流化速度 *u* 的确定

流化床的操作气速一般为 0.2~1.0m/s，可根据生产或试验数据选取，如萘氧化制苯酐的气速为 0.3~0.4m/s，丙烯氨氧化合成丙烯腈的气速为 0.6~0.8m/s，乙炔和醋酸制醋酸乙烯的气速为 0.24~0.50m/s，丙烯氧化制丙烯醛的气速为 0.5~0.8m/s。对于热效应不大，反应速度慢，催化剂粒度细且分布宽，床内无内部构件和要求催化剂带出量小的情况，宜选用较低气速；反之，则宜选用较高气速。

也可根据流化数 n 计算操作气速：

$$u = nu_{mf} \quad (4\text{–}54)$$

n 值往往根据物料的特性和工艺要求参照实际生产数据选定，一般为 1.5~10，但也有高达几十到几百。例如，萘氧化制苯酐的 n 值为 10~40，丙烯氨氧化制丙烯腈的 n 值为 100 以上，石油催化裂化的 n 值为 300~1000。

所以在确定操作气速时，除用临界流化速度和带出速度作为前提外，还应参考生产中类似装置的先进数据，再结合所设计的流化床具体加以确定。

4. 流化床主体尺寸的确定

流化床的主体尺寸如图 4–8 所示。

1）流化床直径 D

由物料衡算可知进入反应器的原料的体积流量 V 和流化床的操作气速 u，由下式即可求得流化床的直径。

$$D = \sqrt{\frac{4V}{\pi u}} \quad (4\text{–}55)$$

算出 D 后，再按化工设备制造规定圆整，但修正后的 u 值要求仍在适宜的操作范围内。

2）扩大段直径 D'

扩大段就是床径的扩大部分。对装有过滤管回收粉尘的流化床，设置扩大段主要是为了降低空塔气速，使一部分较小的颗粒在此处沉降，减轻过滤器的负荷。扩大段直径视过滤管的多少及旋风分离

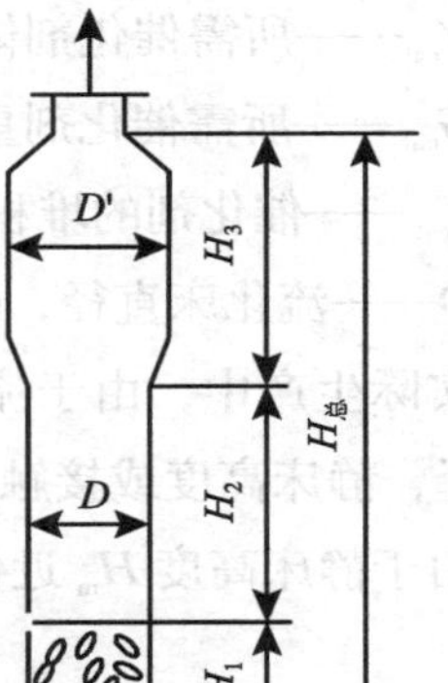

图 4–8 流化床的主体尺寸

注：D—流化床直径；D'—扩大段直径；H_1—浓相段高度；H_2—稀相段高度；H_3—扩大段高度；$H_{总}$—流化床高度。

器的安装要求而定。一般来说，扩大段所能分离下来的固体颗粒的直径大于 50μm。

扩大段直径可由下列经验公式估算。

根据带出速度计算：

$$D' = \sqrt{\frac{4V}{\pi u_t}} \qquad (4\text{–}56)$$

式中 V——扩大段气体体积流量。

若取扩大段气速为操作气速的一半，则

$$D' = \sqrt{\frac{8V}{\pi u}} \qquad (4\text{–}57)$$

3）浓相段高度 H_1

浓相段高度 H_1 可根据静床高度 H_m 计算：

$$H_1 = RH_m \qquad (4\text{–}58)$$

式中 R——床层膨胀比。

静床高度 H_m 的确定需要先根据催化剂负荷和原料处理量，求出所需催化剂用量，再根据催化剂用量计算静床高度。

$$H_m = \frac{V_{cat}}{\frac{\pi}{4}D^2} = \frac{G_{cat}}{\rho_{cat}\frac{\pi}{4}D^2} \qquad (4\text{–}59)$$

式中 V_{cat}——所需催化剂体积，m^3；

G_{cat}——所需催化剂重量，kg；

ρ_{cat}——催化剂的堆积密度，kg/m^3；

D——流化床直径，m。

实际生产中，由于流化床中存有气泡短路，使气固接触变差及床径放大，流化质量下降，静床高度或接触时间均比理论值高，目前还是凭经验选取。

由于静床高度 H_m 近似等于临界流化速度下的床层高度 H_{mf}，故

$$H_m \approx H_{mf} \qquad (4\text{–}60)$$

$$R = \frac{H_1}{H_{mf}} \qquad (4\text{–}61)$$

床层膨胀比与操作气速、颗粒大小及颗粒和气体的性质有关。一般地，气速越大，颗粒越小，床层膨胀比越大。若床层加内部构件，则床层膨胀比减小。由于影响膨胀比的因素很复杂，目前还没有一个通用的关联式，下面为计算膨胀比的几种公式。

自由床膨胀比：

$$R=\frac{H_1}{H_{mf}}=\frac{1-\varepsilon_m}{1-\varepsilon_f} \quad (4\text{-}62)$$

式中 ε_m——固定床空隙率，$\varepsilon_m=1-\frac{\rho_{堆}}{\rho_s}$；

$\rho_{堆}$、ρ_s——分别为固体堆积密度和颗粒密度；

ε_f——流化床空隙率，由实验测定。

苯酐流化床床层膨胀比与操作气速的关系如下。

$0.06 < u \leqslant 0.92$m/s 时，

$$R=\frac{H_1}{H_{mf}}=\frac{0.517}{1-0.67u^{0.1144}} \quad (4\text{-}63)$$

床内装有垂直管束，当量直径相当于 130mm 时，膨胀规律同自由床。

床内带有挡网和单旋导向挡板（板间距为 100~400mm），膨胀比用下面的公式计算。

$0.07 < u \leqslant 0.92$m/s 时，

$$R=\frac{H_1}{H_{mf}}=\frac{0.517}{1-0.76u^{0.1924}} \quad (4\text{-}64)$$

求得膨胀比 R 后，就可计算出浓相段高度 H_1。

4）稀相段高度 H_2

稀相段高度又称为分离段高度，常用 TDH 表示。当气体通过流化床时，气泡破裂将颗粒抛入空中，大部分颗粒沉降速度大于床内气速，因此到一定高度后又流回床层，故离开床的距离越高的颗粒浓度越小，到一定距离后，固体颗粒浓度基本不变，这段从床面到旋风分离器入口的距离称为分离段高度，至今还没有适当的计算公式，仅有经验估算方法，计算时可查阅有关公式。如图 4-9 所示为 H_2/D 与流化床直径 D 的关联图，可根据空塔气速 u 来查出 H_2/D，进而确定 H_2。

5）扩大段高度 H_3

扩大段就是床径的扩大部分。它能使气速降低至小于固体颗粒的带出速度，并能使细颗粒沉降以减轻旋风分离器或过滤管的负荷。扩大段的高度 H_3 视旋风分离器或过滤管的安装、检修等方面而定。

6）流化床高度 $H_{总}$

流化床高度 $H_{总}$从分布板起算，包括浓相段高度 H_1、稀相段高度 H_2 和扩大段高度 H_3。H_2 和 H_3 都属稀相段。因此，流化床总高 $H_{总}$由 3 段高度算得。

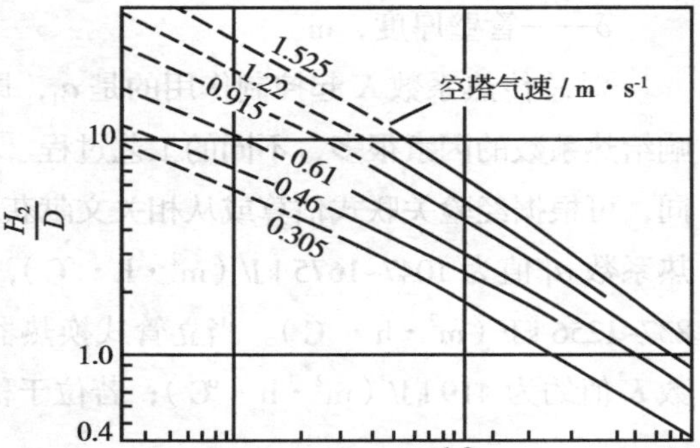

图 4-9 稀相段高度 H_2 的经验关联

$$H_{总} = H_1 + H_2 + H_3 \tag{4-65}$$

5. 传热面积的计算

流化床多采用列管式换热管，如立式单管换热器、立式套管换热器，在浓相区和稀相区均可使用。此外，还有蛇管式换热器、管束式换热器和鼠笼式换热器。床层内的换热器通常以水、耐高温油、联苯等为载热体。稀相区的换热器，以水或空气为载热体。

流化床床层内的传热包括固体颗粒之间的给热、固体颗粒与气体之间的给热、床层与换热器器壁之间的给热。由于固体颗粒的剧烈运动，具有很大的比表面积的颗粒之间、颗粒与气体之间的给热速率都非常快，远远大于床层与换热器器壁之间的给热。

传热面积的计算方法同一般换热器类似，要确定加入或带走一定的热量所需设置的换热器的传热面积 A，基本公式仍为传热速率方程式和热平衡方程式。

传热方程式：

$$Q = KA\Delta t_m \tag{4-66}$$

式中 Q——传热量，kJ/h；

K——总传热系数，kJ/（m^2·h·K）；

Δt_m——对数平均温度，K；

A——传热面积，m^2。

总传热系数 K 可由各给热系数按下式求出。

$$K = \frac{1}{\frac{1}{\alpha_1} + \frac{\delta}{\lambda} + \frac{1}{\alpha_2}} \tag{4-67}$$

式中 α_1——流化床床层对管壁的给热系数，kJ/（m^2·h·℃）；

α_2——管内流体的给热系数，kJ/（m^2·h·℃）；

λ——管壁的导热系数，kJ/（m^2·h·℃）；

δ——管壁厚度，m。

对总传热系数 K 起控制作用的是 α_1，即床层与管壁之间的给热系数，故 $K \approx \alpha_1$。影响给热系数的因素很多，不同的工艺过程、不同的操作条件和不同的设备结构，其值均不同，可根据经验关联式估算或从相关文献获取。在一般的流化床内，床层对换热管壁的给热系数 α_1 值为 1047~1675 kJ/（m^2·h·℃），当换热管内为水时，则总的传热系数 K 值为 837~1256 kJ/（m^2·h·℃）。当立管式换热器位于浓相区和稀相区之间时，则总的传热系数 K 值约为 419 kJ/（m^2·h·℃）；若位于稀相区时，则 K 值约为 188 kJ/（m^2·h·℃）。

（四）流化床反应器设计实例

［例 4-2］ 设计一工业流化床反应器，用于萘氧化生产邻苯二甲酸酐。此反应化学

反应方程式如下。

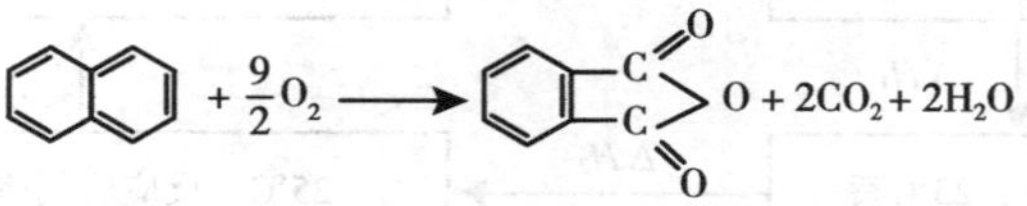

25℃时的反应热 $-\Delta H_R$=18400kJ/kg 萘。

要求：苯酐产量为 1000 吨 / 年，年工作日为 330 天；萘消耗定额为 1.053$t_{萘}$ / $t_{苯酐}$

数据：

空气与萘的重量比为 15；空气黏度 μ_f = 0.0302mPa · s

温度：

空气进口温度	80℃	萘进口温度	120℃
反应温度	370℃	气体出口温度	260℃
冷却水进口温度	80℃	出口温度	120℃

操作压力：196kPa

催化剂：

负荷	26.7g 萘 /（kg 催化剂 · h）	颗粒平均直径	d_p = 0.188mm
堆密度	ρ_B = 700kg/m^3	颗粒密度	ρ_s = 1270 kg/m^3

解：（1）物料衡算。

a. 萘的加入量：$$G_{萘}=\frac{1000\times1000}{330\times24}\times1.053\approx133\text{kg/h}$$

b. 空气加入量：$$G_{空}\approx133\times15\approx1995\text{kg/h}$$

c. 催化剂用量：$$G_{cat}\approx\frac{133\times1000}{26.7}\approx4981\text{kg}$$

（2）热量衡算。

以 25℃为基准温度，查得有关物质的平均比热容数据如表 4–35 所示。

表 4–35 有关物质的平均比热容数据

组分	C_P/［kJ/（kg · K）］		
	25~80℃	80~260℃	260~370℃
空气	1.004	1.01	1.05
萘	1.966		

反应后混合物大部分为空气，近似用空气的比热容代替。

a. 反应器需要取出的热量 Q_t

假设如下热力学途径（图 4–10）。

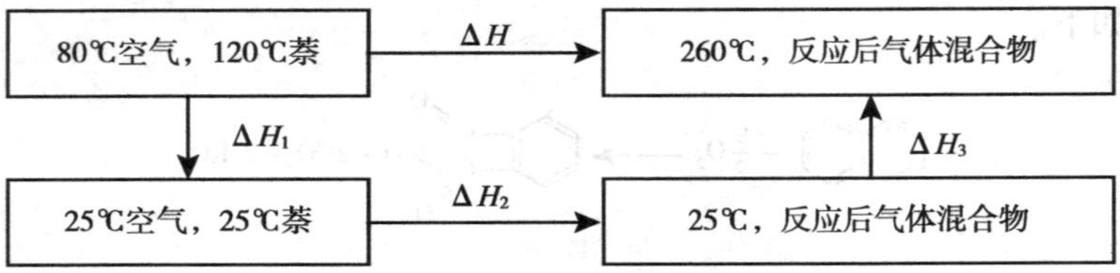

图 4–10　热力学途径

所以 $$\Delta H=\Delta H_1+\Delta H_2+\Delta H_3$$

$$\Delta H_1\approx 1995\times 1.004\times(25-80)+133\times 1.966\times(25-120)\approx -1.350\times 10^5\text{kJ/h}$$

$$\Delta H_2\approx 133\times(-18400)\approx -2.447\times 10^6\text{ kJ/h}$$

$$\Delta H_3\approx(1995+133)\times 1.01\times(260-25)\approx 5.051\times 10^5\text{ kJ/h}$$

$$\therefore\ \Delta H\approx -1.350\times 10^5-2.447\times 10^6+5.051\times 10^5\approx -2.077\times 10^6\text{ kJ/h}$$

由热量衡算方程

$$\Delta H=Q_{\mathrm{t}}+Q_{损}$$

热损失按反应放出热量的 5% 考虑，则

$$Q_{损}\approx 0.05\times\Delta H=0.05\times(-2.077\times 10^6)\approx -1.039\times 10^5\text{ kJ/h}$$

则需要由冷却介质取出的总热量为：

$$Q_{\mathrm{t}}=\Delta H-Q_{损}\approx -2.077\times 10^6-(-1.039\times 10^5)\approx -1.973\times 10^6\text{ kJ/h}$$

b. 稀相段移出的热量 Q_{dil}

$$Q_{\mathrm{dil}}\approx(1995+133)\times 1.05\times(370-260)\approx 2.458\times 10^5\text{ kJ/h}$$

c. 浓相段移出的热量 Q_{con}

$$Q_{\mathrm{con}}=Q_{\mathrm{t}}-Q_{\mathrm{dil}}\approx 1.973\times 10^6-2.458\times 10^5\approx 1.727\times 10^6\text{ kJ/h}$$

（3）流化床型式及换热装置型式的选择。

选圆柱型流化床，换热装置采用单管式列管换热器。

（4）临界流化速度 u_{mf}。

根据式（4–51）：

$$u_{mf}=4.08\frac{d_p^{\,1.82}(\rho_s-\rho_f)^{0.94}}{\mu_f^{\,0.88}\rho_f^{\,0.06}}$$

$$d_p\approx 0.188\text{mm}\approx 1.88\times 10^{-4}\text{m}$$

$$\rho_s=1270\text{ kg/m}^3$$

标准状况（0℃，0.1MP）下，1kmol 气体的体积为 22.4m³，任何压力、温度下的气体体积可由下式计算。

$$V=22.4n\times\frac{273+t}{273}\times\frac{0.1013}{p}$$

空气的平均分子量为 28.8，故 370℃、0.196 MPa 下空气的密度为：

$$\rho_f = \frac{28.8}{22.4\times\dfrac{273+370}{273}\times\dfrac{0.1013}{0.196}} \approx 1.056\text{kg}/\text{m}^3$$

查得
$$\mu_f = 0.0302\text{mPa}\cdot\text{s}$$

$$\therefore u_{mf} \approx 4.08\times\frac{(1.88\times10^{-4})^{1.82}\times(1270-1.056)^{0.94}}{0.0302^{0.88}\times1.056^{0.06}} \approx 0.012\text{m}/\text{s}$$

$$\because \text{Re}_{mf} = \frac{d_p u_{mf}\rho_f}{\mu_f} \approx \frac{(1.88\times10^{-4})\times0.012\times1.056}{0.0302\times10^{-3}} \approx 0.079<10$$

由上式算得的 u_{mf} 不需要校正。

（5）操作流化速度 u。

根据实际生产数据，萘氧化制苯酐的 n 值为 10~40，取 $n = 30$，则

$$u = n\,u_{mf} \approx 30\times0.012 \approx 0.36\text{m/s} \approx 1296\text{ m/h}$$

（6）带出速度 u_t。

根据式（4–52），当 $Re_p < 0.4$ 时：$u_t = \dfrac{d_p{}^2(\rho_s-\rho_f)g}{18\mu_f}$

若要求不让带出流化床的颗粒的最小直径为 75μm，即

$$d_p = 75\mu\text{m} = 0.75\times10^{-4}\text{m}$$

$$\mu_f = 0.0302\text{mPa}\cdot\text{s}$$

相应于此直径的颗粒的带出速度如下。

$$\therefore u_t \approx \frac{(0.75\times10^{-4})^2\times(1270-1.056)\times9.81}{18\times0.0302\times10^{-3}} \approx 0.129\text{m}/\text{s} \approx 464.4\text{m}/\text{h}$$

（7）流化床直径 D。

气体的体积流量 V 为

$$V \approx 22.4\times\left(\frac{133}{128}+\frac{1995}{28.8}\right)\times\frac{273+370}{273}\times\frac{0.1013}{0.196} \approx 1917\text{m}^3/\text{h}$$

流化床的直径 D 为

$$D = \sqrt{\frac{4V}{\pi u}} \approx \sqrt{\frac{4\times1917}{3.14\times1296}} \approx 1.37\text{m}$$

圆整至 $D = 1.5$m。

（8）扩大段直径 D'。

扩大段气体的体积流量为

$$V'\approx 22.4\times\left(\frac{133}{128}+\frac{1995}{28.8}\right)\times\frac{273+260}{273}\times\frac{0.1013}{0.196}\approx 1589\text{m}^3/\text{h}$$

根据带出速度计算扩大段直径为

$$D'=\sqrt{\frac{4V'}{\pi u_t}}\approx\sqrt{\frac{4\times1589}{3.14\times464.4}}\approx 2.09$$

若取扩大段气速为操作气速的一半，则

$$D'=\sqrt{\frac{8V'}{\pi u}}\approx\sqrt{\frac{8\times1589}{3.14\times1296}}\approx 1.77$$

圆整至 D'= 2.5m。

（9）浓相段高度 H_1。

根据催化剂用量计算静床高度。

$$H_\text{m}=\frac{V_\text{cat}}{\frac{\pi}{4}D^2}=\frac{G_\text{cat}}{\rho_\text{cat}\frac{\pi}{4}D^2}=\frac{4981}{700\times0.785\times1.5^2}=4.03\text{m}$$

查资料知对于带有挡板的苯酐流化床，当 $0.07 < u \leqslant 0.92$m/s 时，膨胀比用下面的公式计算。

$$R=\frac{0.517}{1-0.76u^{0.1924}}=\frac{0.517}{1-0.76(0.36)^{0.1924}}\approx 1.376$$

浓相段高度 H_1 为： $H_1=RH_\text{m}\approx 1.376\times 4.03\approx 5.55\text{m}$

圆整至 H_1= 6m

（10）稀相段高度 H_2。

D =1.5m，u = 0.36m/s，查 H_2/D 与 D 的关联图，得 H_2/D =1.85。

稀相段高度 H_2 为： $H_2=1.5\times1.85\approx 2.8\text{m}$

圆整至 H_2= 3m。

（11）扩大段高度 H_3。

根据生产经验取 H_3= 2m。

（12）流化床高度 $H_{总}$。

$$H_{总}=H_1+H_2+H_3=6+3+2=11\text{m}$$

（13）换热器计算。

a. 浓相段换热器

浓相段床层温度为 370℃，冷却水进口温度为 80℃，出口温度为 120℃，对数平均温差为

$$\Delta t_m=\frac{(T_1-T_{入})-(T_2-T_{出})}{\ln\frac{(T_1-T_{入})}{(T_2-T_{出})}}=\frac{(370-80)-(370-120)}{\ln\frac{370-80}{370-120}}\approx 270℃$$

查手册可知，萘氧化制苯酐的操作流化气速为0.3~0.4m/s时，总传热系数K值为300~316 W/（m^2·K），取K = 300 W/（m^2·K）。

浓相段换热器的热负荷$Q_{con}=1.727\times10^6$ kJ/h $=4.80\times10^5$ J/s

根据$Q=KA\Delta t_m$得浓相段换热器的换热面积为

$$A_{con}=\frac{Q_{con}}{K\Delta t_m}=\frac{4.8\times10^5}{300\times270}\approx 5.93\text{m}^2$$

浓相段高度为5.6m，若用ϕ60mm、高5m的换热管，需要换热管的根数为

$$n_{con}=\frac{A_{con}}{\pi dh}\approx\frac{5.93}{3.14\times0.06\times5}\approx 6.3$$

取10根换热管。

b. 稀相段换热器

稀相段床层温度从370℃降至260℃，冷却水进口温度为80℃，出口温度为120℃，冷却水和床层气流做逆流流动，传热对数平均温差为

$$\Delta t_m=\frac{(370-120)-(260-80)}{\ln\frac{370-120}{260-80}}\approx 213℃$$

取稀相段换热器总传热系数K = 70 W/（m^2·K），稀相段换热器的热负荷为

$$Q_{con}=2.458\times10^5\ \text{kJ/h}\approx 6.83\times10^4\ \text{J/s}$$

稀相段换热器的换热面积为

$$A_{dil}=\frac{Q_{dil}}{K\Delta t_m}\approx\frac{6.83\times10^4}{70\times213}\approx 4.58\text{m}^2$$

稀相段高度为2.8m，若用ϕ60mm、高2m的换热管，需要换热管的根数为

$$n_{dil}=\frac{4.58}{3.14\times0.06\times2}\approx 12.2$$

取15根换热管。

第七节 非定型设备的设计

非定型设备可分为2类，一类是已系列化、定型化，已有标准图纸可供选用，如换热器系列、容器系列。对于此类设备的设计同标准设备设计一样，设计人员只需要根

据工艺需要确定标准图图号和型号，直接列表，不必自己设计。另一类需要按工艺要求提出设计条件，由化工设备专业设计人员专门设计。

一、非定型设备设计的程序

（一）汇总物性参数和设计条件

根据物料衡算和热量衡算，确定设备负荷、转化率和效率，确定设备的工艺操作条件，如温度、压力、流量、流速、投料方式和投料量、卸料、排渣形式、工作周期等，作为设备设计和工艺计算的主要依据。

（二）确定设备材质和基本结构型式

根据工艺操作条件和设备的工艺要求，确定合适的设备材质；根据各类设备的性能、使用特点和适用的范围，依据各类规范、样本和说明书，选定设备的基本结构型式。

（三）确定设备的主要尺寸和工艺参数

根据设计数据进行计算和分析，确定化工设备的基本外形尺寸，如外径、高度、搅拌器主要尺寸、转速、容积、流量、压力等；确定设备的各种工艺附件，如进、出料口，排料装置。

（四）选型

定型设备可从产品目录和样本中选择符合工艺要求的型号，非定型设备在设计出基本尺寸之后应按标准规范圆整，尽量选用标准图纸。

（五）确定控制仪表或测量元件的种类、数目、安装位置、接头形式和尺寸

根据工艺控制的要求，按带控制点工艺流程图确定。

（六）管口和开孔及设备操作平台设计

确定设备的管口及数目，确定人孔、手孔的数目和位置，确定管口直径和安装高度。通过流体力学计算确定所有管口（包括工艺和公用工程的连接管口、安全阀接口、放空管接口、排液管、排污管接口等）的直径，并定出它们在设备上的安装高度。通过设备布置设计初定管口的大致方位，设备的安装标高，支承结构的尺寸和大致方位，设备操作平台的结构和尺寸。

（七）绘制设备设计条件图，向设备设计人员提出设计条件

根据上述计算的结果，提出设备的尺寸条件，如材质、温度、压力、装卸系数、运转周期、维修安装要求和设备开口支承等。由设备设计专业人员根据各种规范进行机械设计、强度设计和检验。

（八）列出设备一览表

根据实际情况，列出设备一览表。

二、设备设计条件图

设备设计条件图包括设备技术特性（设计参数）及要求、设备简图和管口表 3 个部分。如图 4-11 所示为非定型设备——搅拌釜设计条件图。

三、工艺设备一览表

在初步设计阶段和施工图设计阶段，都要编制设备一览表，设备一览表是设计成品之一。设备一览表如表 4-36 所示。

表 4-36　设备一览表

<table>
<tr><td colspan="2" rowspan="3">设计单位</td><td>工程名称</td><td></td><td colspan="3" rowspan="3">设备一览表</td><td>编制</td><td colspan="2"></td><td>编号</td><td></td></tr>
<tr><td rowspan="2">设计项目</td><td rowspan="2"></td><td>校核</td><td colspan="2"></td><td rowspan="2">第　页</td><td rowspan="2">共　页</td></tr>
<tr><td>审核</td><td colspan="2"></td></tr>
<tr><td rowspan="2">序号</td><td rowspan="2">设备位号</td><td rowspan="2">设备名称及规格</td><td rowspan="2">材质</td><td rowspan="2">图号或标准号</td><td rowspan="2">单位</td><td rowspan="2">数量</td><td rowspan="2">材料</td><td colspan="2">重量 /kg</td><td rowspan="2">技术特性表编号</td><td rowspan="2">备注</td></tr>
<tr><td>单</td><td>总</td></tr>
<tr><td></td><td></td><td></td><td></td><td></td><td></td><td></td><td></td><td></td><td></td><td></td><td></td></tr>
<tr><td></td><td></td><td></td><td></td><td></td><td></td><td></td><td></td><td></td><td></td><td></td><td></td></tr>
<tr><td></td><td></td><td></td><td></td><td></td><td></td><td></td><td></td><td></td><td></td><td></td><td></td></tr>
<tr><td></td><td></td><td></td><td></td><td></td><td></td><td></td><td></td><td></td><td></td><td></td><td></td></tr>
<tr><td></td><td></td><td></td><td></td><td></td><td></td><td></td><td></td><td></td><td></td><td></td><td></td></tr>
<tr><td></td><td></td><td></td><td></td><td></td><td></td><td></td><td></td><td></td><td></td><td></td><td></td></tr>
<tr><td></td><td></td><td></td><td></td><td></td><td></td><td></td><td></td><td></td><td></td><td></td><td></td></tr>
<tr><td colspan="2">修改标记</td><td></td><td colspan="2"></td><td colspan="2"></td><td></td><td colspan="4" rowspan="3"></td></tr>
<tr><td colspan="2">姓名</td><td></td><td colspan="2"></td><td colspan="2"></td><td></td></tr>
<tr><td colspan="2">日期</td><td></td><td colspan="2"></td><td colspan="2"></td><td></td></tr>
</table>

设备设计参数及要求				
设备技术特性	设备内	夹套内	管内	管间
工作压力	真空度 650mmHg	$3kgf/cm^2$		
密闭压力				
工作温度	80℃	10℃		
壁温				
操作物料 名称	料液	冷冻水		
操作物料 黏度				
操作物料 相对密度				
操作物料 特性				
操作情况				

设备材料	碳钢	传动要求	
		搅拌型式	桨式
设备容积	$V_g=1m^3$	搅拌转速	63r/min
操作容积	$0.8m^3$		
传热面积	$4.8m^2$		
保温要求			
安装要求			
其他要求			

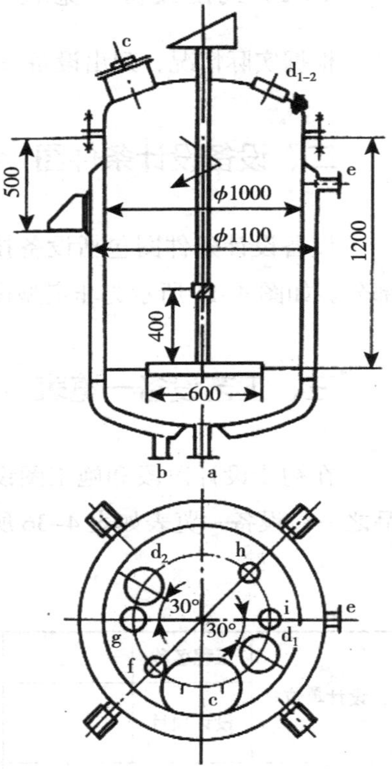

管口表

符号	公称尺寸	公称压力	连接面形式	用途	备注
a	Dg 40	Pg 6	平面	出料口	
b	Dg 25	Pg 6	平面	冷冻水进口	
c	400×300	Pg 6		人孔	
d_{1-2}	Dg 125	Pg 6		视镜	
e	Dg 25	Pg 6	平面	冷冻水出口	
f	Dg 25	Pg 6	平面	备用口	
g	Dg 40	Pg 6	平面	进料口	
h	Dg 25	Pg 6	平面	备用口	
i	Dg 25	Pg 6	平面	温度计接口	

						条件修改内容	签名	日期
工程编号		设计		会签工种				
工程名称		项目负责人						
设备编号		组长						
设备名称	反应罐	提出科室		接收科室		本设备装配图是否需要交工艺设计人复核		

图 4-11 非定型设备——搅拌釜设计条件图

第八节 化工设备图

为了完整、正确、清晰地表达化工生产中使用的罐、釜、塔器、换热器、泵等标准和非标准设备，需要绘制化工设备图。化工设备图是化工设备制造、安装、使用、维修的重要技术文件，也是进行技术交流、设备改造的工具。

一、化工设备图的分类

常用的化工设备图有下列 8 种。

（1）设备总图：表示化工设备及附属装置全貌、组成和特性的图样。它应表达设备各主要部分的结构特征、装配连接关系、主要特征尺寸和外形尺寸，并写明技术要求、技术特性等技术资料。

（2）装配图：表示化工设备的结构、尺寸、各零部件间的装配连接关系，并写明技术要求和技术特性等技术资料的图样。

（3）部件图：表示可拆或不可拆部件的结构形状、尺寸大小、技术要求和技术特性等技术资料的图样。

（4）零件图：表示化工设备零件的结构形状、尺寸大小及加工、热处理、检验等技术资料的图样。

（5）管口方位图：表示化工设备管口方向位置，管口与支座、罐耳、地脚螺栓的相对位置的简图，并标注管口编号（应与非定型设备条件表一致）、管径和管口的名称等。

（6）表格图：用综合列表方式表示结构形状相同、尺寸大小不同的化工设备、部件、零件的图样。

（7）标准图：经国家有关主管部门批准的标准化或系列化设备、部件或零件的图样。

（8）通用图：经过生产考验，结构成熟，能重复使用的系列化设备、部件和零件的图纸。

二、化工设备图的内容

化工设备图的内容如图 4-12 所示，各栏除“技术要求”栏用文字说明外，其余均以表格形式列出。

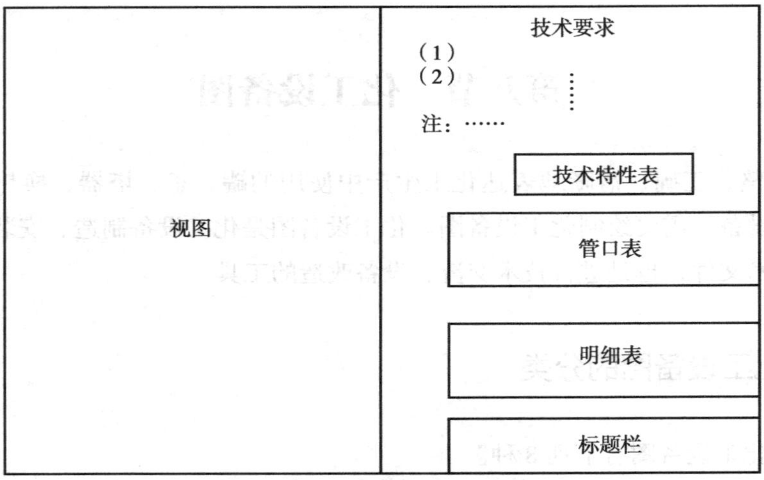

图 4-12 化工设备图的内容

（一）视图

基本视图常采用 2 个视图。立式设备一般为主、俯视图；卧式设备一般为主、左（右）视图，用以表达设备的主体结构。

（二）技术要求

逐条将化工设备在制造、检验、安装、保温、防腐等方面所需依据的技术条件，应遵守和达到的技术指标等书写清楚，通常包括以下 4 个方面的内容。

（1）通用技术条件：是同类化工设备在加工、制造、焊接、装配、检验、包装、防腐、运输等方面的技术规范，已形成标准，在技术要求中直接引用。书写时，只需要注写"本设备按 ××× 标准（写上名称及代号）制造、试验和验收"即可。

（2）焊接要求：包括对焊接接头型式、焊接方法、焊条（焊丝）、焊剂等的要求。

（3）设备的检验：如主体设备的水压和气密性试验、焊缝的射线探伤、超声波探伤、磁粉探伤等，可按相应的试验规范和技术指标执行。

（4）其他要求：如机械加工和装配方面的规定和要求，设备的油漆、防腐、保温（冷）、运输和安装、填料等要求。

在技术要求下方，还可添加"注"，用来补充说明技术要求范围外，但又必须做出交代的问题。

（三）技术特性表

技术特性表是化工设备图的一个重要组成部分，它将设备的设计、制造、使用的主要参数（如设计压力、工作压力、设计温度、工作温度、各部件的材质、焊缝系数、腐蚀裕度、充装系数、物料名称、容器类别及专用化工设备的接触物料的特性等）等技术特性以列表方式供施工、检验、生产中执行。各专用设备还需要列出所需的特殊技术性能，如塔器类设备需要填风压、地震烈度；容器类设备需要填写容积（m^3）和操作容积；带搅拌的反应器需要填写搅拌转数、电动机功率等。

（四）管口表

将本设备的各管口用英文小写字母自上而下按顺序填入表中，以明确各管口的位置和规格等，管口表内容如表 4–37 所示。

表 4–37　管口表内容

符号	公称尺寸	连接尺寸标准	连接面形式	用途或名称
a				
b				
⋮				

（五）明细表

说明组成本张图纸的各部件的详细情况，明细表格式如表 4–38 所示。

表 4–38　明细表格式

件号	图号或标准号	名称	数量	材料	单重	总重	备注
					质量 /kg		
1							
2							
3							
⋮							

（六）标题栏

主要说明本张图纸的主题，包括：设计单位名称，设备或项目名称，本张图纸名称、图号、设计阶段、比例，图纸张数（第____张、共____张），以及设计、制图、校对、审核、审定等人的签字及日期。

三、化工设备图的绘制

化工设备图的绘制有2种方法，一是对已有设备进行测绘，方法与机械制图基本相同，主要用于仿制已有设备或对现有设备的革新改造。二是依据化工工艺人员提供的“设备设计条件单”进行设计和绘制。下面介绍第二种方法的步骤及要点。

（一）化工设备图的视图选择

绘制化工设备图之前首先应确定其视图表达方案，包括选择主视图，确定视图数量和表达方法。

1. 选择主视图，拟定表达方案

首先确定主视图，一般按设备的工作位置选择。主视图应能充分表达设备的工作原理，主要装配关系及主要零部件的形状结构，一般采用全剖视的表达方法，用以表达设备上各零部件的装配关系。

2. 确定其他基本视图及表达方案

主视图确定后，应根据设备的结构特点，确定基本视图数量及选择其他基本视图，用以补充表达设备的主要装配关系、形状、结构。辅助视图多采用局部放大图，局部剖视图及剖视、剖面等表达方法来补充表达基本视图的不足，将设备各部分的形状结构表达清楚。

（二）选择图纸幅面，确定绘图比例，布图

图纸幅面一般取A0、A1和A2 3种，依设备特点，可允许选用加长A2等图幅。

绘图比例按设备的总体尺寸确定，一般应选用国家标准“机械制图”规定的比例。总图常用缩小比例1∶2、1∶3、1∶4、1∶5、1∶10，节点图可视需要增用1∶1和放大的2∶1的比例。

图面布置参见图4-12化工设备图的内容所示。

（三）画图

依据选定的视图表达方案，先画出主要基准线，然后从主视图画起，左（俯）视图配合一起画，一般是沿装配干线，先画主体，后画部件；先画外件，后画内件；先定位，后画形状。基本视图完成后，再画局部放大图等辅助视图。各视图画好后，应按“设备设计条件表”认真校核。画图时可参照以下4点。

1. 图线

所用图线必须类别清楚，粗细分明，如表4-39所示为化工设备图中使用的几种图线，绘图时应遵照执行。

表 4-39　化工设备图中使用的几种图线

图线类型	用途
1 （b） （粗实线）	（1）可见轮廓线 （2）可见过渡线
2 （b/3） （细实线）	（1）尺寸线及尺寸界线 （2）剖面线 （3）螺纹的牙底线 （4）（零件等件号的）引出线 （5）局部放大部分的范围线
3 （b/3） （波浪线）	（1）断裂处的边界线 （2）视图和剖视的分界线
4 （b/2） （双折线）	断裂处的边界线
5 （b/3） （虚线）	（1）不可见轮廓线 （2）不可见过渡线
6 （b/3） （单点划线）	（1）对称中心线与轴线 （2）轨迹线
7 （b/3） （双点划线）	（1）相邻零件的轮廓线 （2）极限位置的轮廓线 （3）中断线

2. 夸大画法

设备总图中的容器壁厚、接管壁厚、法兰密封面的凸起高度、法兰厚度、垫片、折流板、管板、螺孔直径及小的锥度、必要的缝隙等若按该图所取比例无法绘制时，允许适当夸大，但不要失真，同时应尽量保持相邻尺寸的相对大小，不要把尺寸相差明显的构件（或同一构件的 2 个部分）夸大成尺寸相同。

3. 简化画法

为了减少一些不必要的绘图工作量，提高绘图效率，在不影响视图正确、清晰地表达结构形状，又不致使读图者产生误解的前提下，可大量采用简化画法。

（1）一些标准化零部件已有标准图，在化工设备图中不必详细画出，可按比例画出反映其特征外形的简图，在明细表中注写其名称、规格、标准号等。

（2）管板的换热管孔、法兰的螺栓孔，由于它们的直径相同，并且按一定规律分布，可以只画出其中的一个或几个，其余只需要用点划线表示其中心位置即可。排列规律，尺寸相同的螺钉、管束也可用类似方法处理。

（3）平齐式接管与筒壁的相贯线可以视接管直径的大小，用圆弧或直线代替。

（4）长的设备，当其直径、壁厚相同，接管、内件布置有一定规律时（如填料塔、板式塔、换热器、大型储罐），可用双点划线将设备中重复出现的结构或相同结构断开后缩短绘制。

（5）安装在凸形封头上的视镜、凸缘或倾斜的接管、法兰，只要它们所在平面与投影面之间的倾斜角度不超过 30°，这些构件的圆形外廓投影可以用圆代替。

（6）设备总图中允许用点划线代替螺钉、螺母，但应编写零件序号并填入明细表。液面计也可用点划线示意表示，并用粗实线画出“+”等符号表示其安装位置，但也要在明细表中注明液面计的名称、规格、数量及标准号等。

（7）在装配图中，当剖切平面通过的某些部件为标准件或外构件时（如反应釜上部的减速装置和机械密封），可以按不剖绘制。

（8）几何形状对称的零、部件，其视图允许只画 1/2 或 1/4，但要在对称中心线两端画出 2 条短的与中心线垂直的平行细实线，如图 4–13 所示。

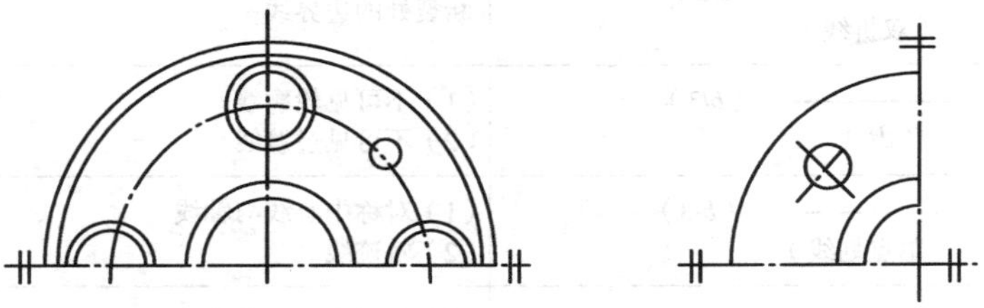

图 4–13　对称零、部件画法

（9）在装配图中，当剖切平面通过螺杆的轴线时，螺柱、螺栓、螺母及垫圈等均按未剖切绘制。

（10）塔器中规格、材质和堆放方法相同的填料，如各类环、卵石、塑料球、波纹盘及木格子等，均可在堆放范围内，用交叉细实线示意表达；必要时可用局部剖视表达其细部结构；木格子填料还可用示意图表达各层次的填放方法，填料示意画法如图 4–14 所示。

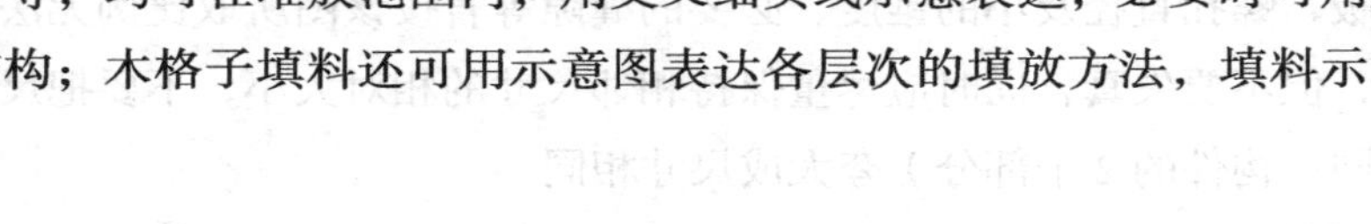

图 4–14　填料示意画法

4. 剖面符号

（1）金属的剖面线用间隔相等，方向相同，与水平成 45° 的平行线表示。当图形中的主要轮廓线与水平也成 45° 时，该图的剖面线改用与水平成 30° 或 60° 的平行线表示，不得用垂直线或水平线表示。

（2）同一零件在图上与节点放大图上的剖面线方向应一致；相邻零件剖面线方向应相反，若办不到，可采用2种不同疏密度的剖面线以示区别。

（3）法兰密封垫片和小的焊缝剖面可以涂黑。局部放大图中大的焊缝剖面，习惯用相互正交的2组与水平线成45°的平行线（即斜置小方格）表示。

（4）设备的加强筋板，包括支座的筋板，如沿其纵向剖切，均不画剖面线。但沿横向剖切时，要画剖面线。

（四）尺寸的标注

为了反映设备的大小、规格、装配关系、主要零部件的结构形状及设备的安装定位，满足化工设备制造、安装、检验的需要，需要在图纸上标注尺寸。

化工设备图的尺寸标注与一般机械装配图的尺寸标注基本相同，应遵守“机械制图”标准中的有关尺寸注法规定。但化工设备图的尺寸数量稍多，有的尺寸较大，尺寸精度要求较低，因此应结合化工设备的特点，使尺寸标注做到正确、完整、清晰、合理。

1. 标注尺寸类型

化工设备图上需要标注的尺寸有以下5类。

（1）规格特性尺寸：反映化工设备的规格、性能、特征及生产能力的尺寸。例如，储罐、反应罐内腔容积尺寸（包括筒体的内径、高或长度尺寸），换热器传热面积尺寸（列管长度、直径及数量）等。

（2）装配尺寸：反映零部件间的相对位置尺寸，是制造化工设备时的重要依据。例如，接管间的定位尺寸，接管的伸出长度尺寸，罐体与支座的定位尺寸，塔器的塔板间距，换热器的折流板，管板间的定位尺寸，液面计位置尺寸等。

（3）安装尺寸：设备安装在基础或其他构件上所需要的尺寸。例如，支座、裙座上的地脚螺栓的孔径及孔间定位尺寸等。

（4）外形尺寸：表达设备的总长、总高、总宽（或外径）尺寸。这类尺寸较大，对于设备的包装、运输、安装及厂房设计是必要的依据。

（5）其他尺寸：包括零部件的规格尺寸，不另行绘制图样的零部件的结构尺寸或某些重要尺寸，设计计算确定的尺寸，焊缝的结构型式尺寸等。

2. 尺寸基准

化工设备图的尺寸基准如下。

（1）设备筒体和封头的轴线。

（2）设备筒体与封头的环焊缝。

（3）设备法兰的连接面。

（4）设备支座、裙座的底面。

（5）接管轴线与设备表面交点。

3. 尺寸标注

（1）图样中所标注的尺寸，一般均是该图样所示构件的最后完工尺寸。

（2）筒体尺寸一般标注内径（钢管制成的标注外径）、壁厚和高度（长度）；封头尺寸一般标注壁厚和封头高（包括直边高）；管口尺寸应注出管口直径和壁厚；设备中的瓷环、浮球等填充物应注出总体尺寸及填充物规格尺寸。

（3）标注线性尺寸时，尺寸线应与所标注的线段平行。数字既可平行注写在尺寸线的上方或尺寸线的中断处，也可以水平注写。一般采用第一种方式，但当所要标注的线段的指向恰好落在如图 4-15（a）所示的 30° 范围以内时，数字应改为水平标注，如图 4-15（b）所示。

（4）标注角度的数字一律水平注写，一般置于尺寸线的中断处，如图 4-16（a）所示，必要时也可写在尺寸线的上方或外面，也可以引出标注，如图 4-16（b）所示。

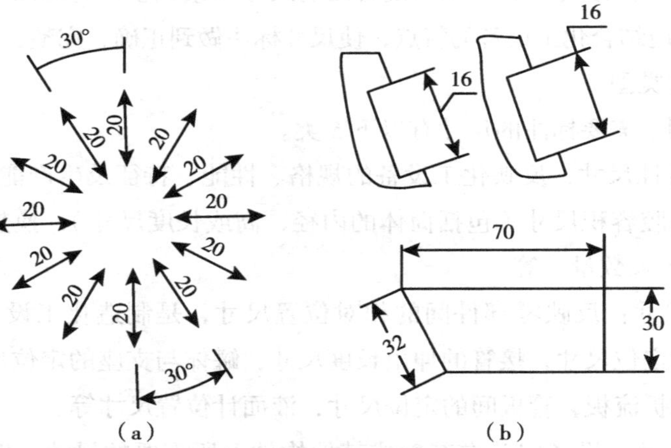

图 4-15 线性尺寸的标注

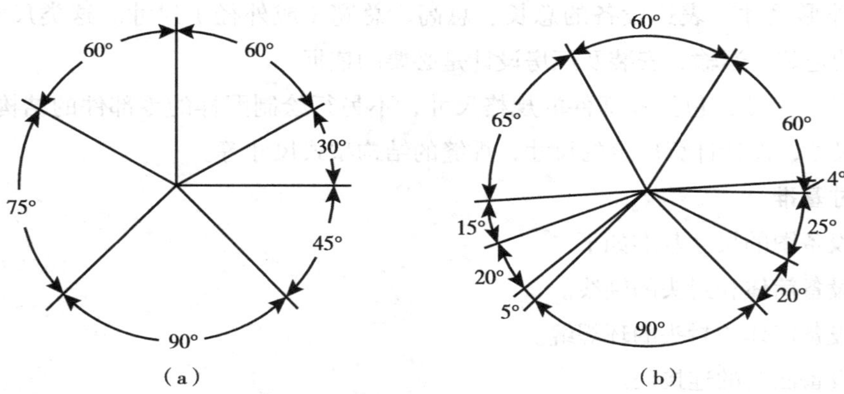

图 4-16 角度的标注

（5）标注圆弧半径的尺寸线应标出圆心位置。若圆弧半径过大，圆心处于该视图范围以外时，可按如图 4–17 所示的形式标出。

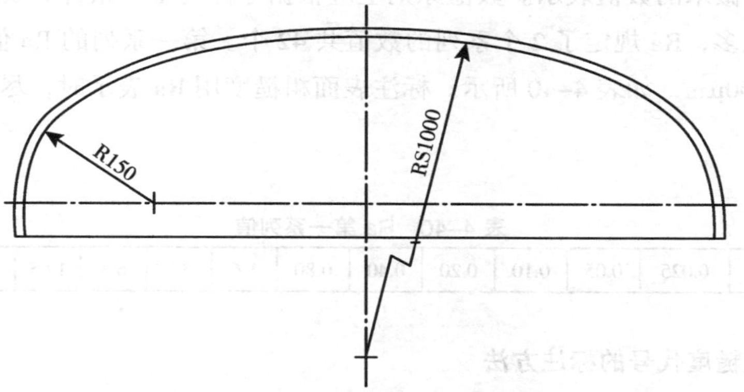

图 4–17　圆弧半径的尺寸标注

（6）有些零部件的尺寸是由与其相邻的其他构件的尺寸确定的，如鞍式支座筋板或加强垫板的圆弧半径是由设备的外径确定的，在标注这类部件的这种尺寸时，只注明尺寸线和符号“R”和“D”，不写具体的尺寸数字。

（7）均匀分布的孔可按如图 4–18（a）所示的方法标注。当孔的定位和分布情况在图中已表达清楚时，可以省略其定位尺寸和“均布”二字，如图 4–18（b）所示。

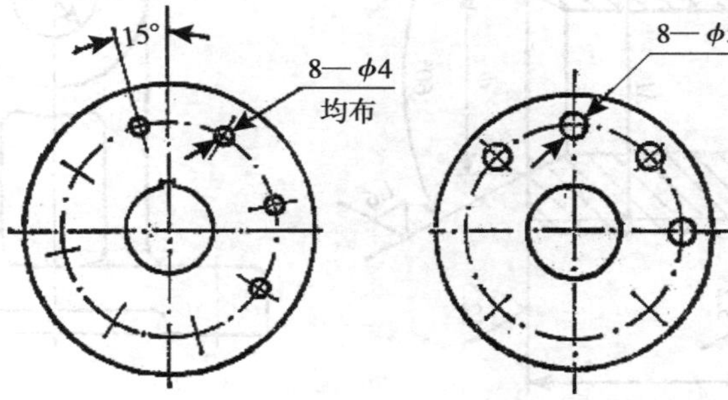

（a）　　　　（b）

图 4–18　均布孔的标注

（五）表面粗糙度代号及其注法

1. 表面粗糙度代号

1983 年以前的机械制图国家标准用表面光洁度代号▽ 1~ ▽ 14 表示零件表面光洁度状况。1985 年实施的新国标改用表面粗糙度代号来说明零件表面的粗糙程度。最常用的是 $\sqrt[\circ]{}$ 和 $\overset{Ra}{\sqrt{}}$。前者表示表面是用不去除材料的方法（即不切削加工）获得的表面粗糙度，如铸、锻、冲压变形、热轧、冷轧、粉末冶金等；后者表示表面是用去除材料的方法获得的表面粗糙度，如车、铣、钻、磨、剪切、抛光、腐蚀、电火花加工等。符号上面的Ra是加工表面高低不平（峰和谷）的轮廓算术平均偏差值，在标注时用单位为微米的数值表示。数值原则上应根据零件的工作条件和要求标出，但为了数值不要太多，Ra规定了2个系列的数值共42个。第一系列的Ra值共14个，从0.012μm至100μm，如表4-40所示。标注表面粗糙度用Ra表示时，尽量从这一系列中选取。

表4-40 Ra第一系列值

Ra/μm	0.012	0.025	0.05	0.10	0.20	0.40	0.80	1.6	3.2	6.3	12.5	25	50	100

2. 表面粗糙度代号的标注方法

（1）可以注在可见轮廓线、尺寸界线、尺寸线或这3种线的延长线上。地位狭小时，也可引出标注，如图4-19（a）和图4-19（b）所示。

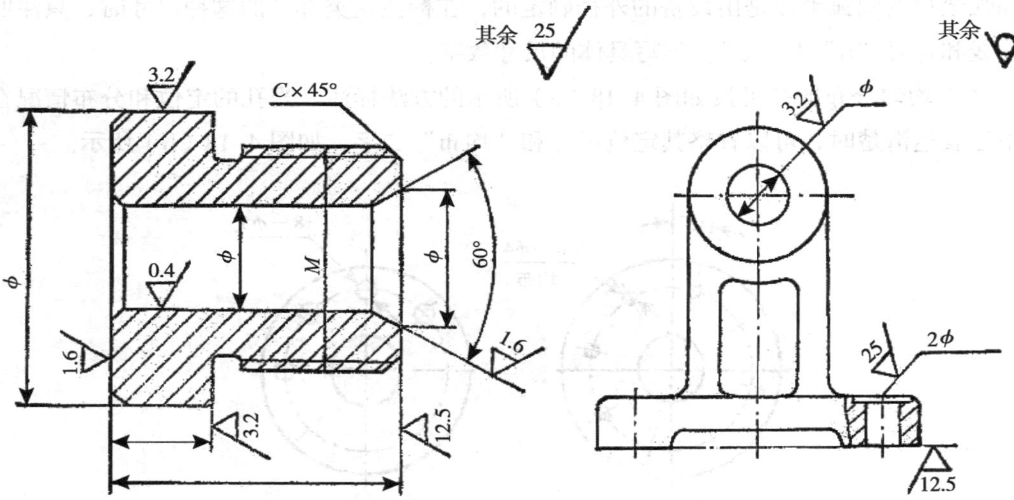

（a） （b）

图4-19 表面粗糙度代号的标注位置

（2）符号的尖端必须从材料外指向表面，符号及数字的方向应按如图4-20所示的规定标注，与线性尺寸数字的标注原则相同。

（3）当零件大部分表面有相同的表面粗糙度要求，只有少数表面特殊时，可只注这些少数表面的粗糙度代号，其他表面的粗糙度代号统一注在图样右上角，并加注“其余”二字。若不加“其余”二字，则表示零件所有表面有相同的粗糙度要求。

以上3条是最基本最常用的，其他规定详见机械制图国家标准。

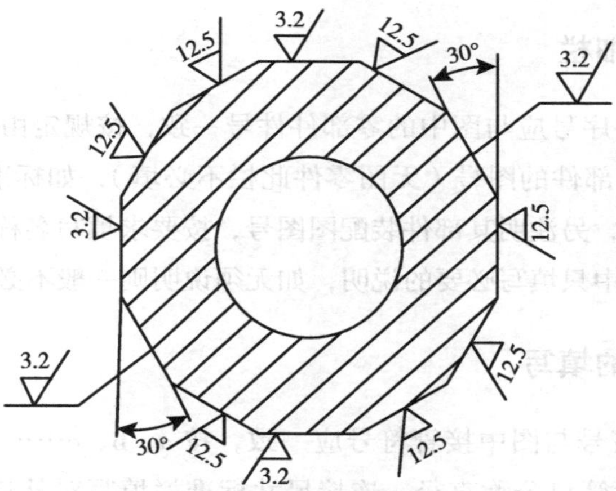

图 4-20 表面粗糙度符号及数字的方向

（六）编写零部件序号和管口符号

化工设备图中所有的零部件都必须编写序号。相同的零部件用同一个序号，多次出现时可重复标注。组合件或标准部件（如人孔、支座、吊柱）可只编写一个序号，但如果在同一图面内有局部放大图时，则需要按零件编序号。

序号应注写在指引线的水平线（细实线）上。序号数字应比尺寸数字大，指引线自所指零件引出，其始端应画一圆点，如图 4-21（a）所示；若所指的零件是涂黑的剖面，如很薄的密封垫片，不便画圆点时，可用箭头代替，如图 4-21（b）所示。

指引线相互不能相交，当通过有剖面的区域时，指引线不要与剖面线平行。指引线可以画成折线，但只能曲折 1 次。

一组紧固件及装配关系清楚的零件组，可以采用公共指引线，如图 4-21（c）所示。

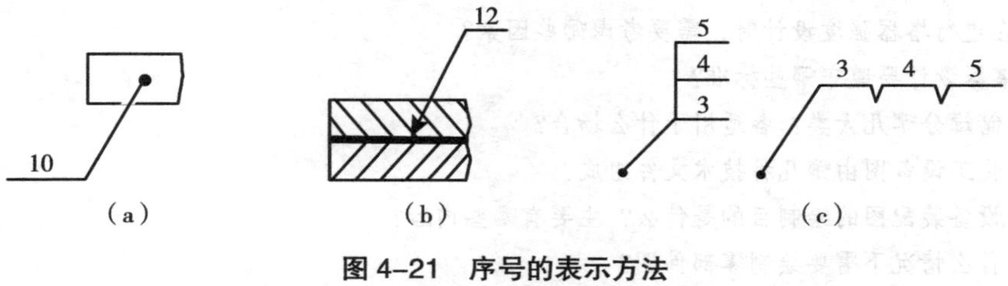

图 4-21 序号的表示方法

设备上的管口一律用小写汉语拼音字母编写管口符号。同一接管在主、左（俯）视图上重复注写。规格、用途及连接面形式完全相同的管口编为同一号，但需要在符号的右下角加注阿拉伯数字以示区别，如 a_1、a_2……

（七）填写明细栏

明细栏的零部件序号应与图中的零部件件号一致，按规定由下向上顺序填写。图号或标准号栏填写零部件的图号（无图零件此栏不必填），如标准件，则填写标准号，组合体应注明组合体，另注明其部件装配图图号，按要求填写名称、规格、数量和材料等各栏目。在备注栏中只填写必要的说明，如无须说明则一般不必填写。

（八）管口表的填写

管口表中管口符号与图中接管符号应一致，按a、b、c……顺序自上向下逐一填写。公称尺寸栏填写管口公称直径，连接尺寸标准栏填写对外连接管口（包括法兰）的有关尺寸和标准。连接面形式栏填写管口法兰的连接面形式，如用螺纹连接则填“螺纹”。

思考与练习题

（1）在化工设备的大类中，标准设备和非标准设备是如何划分的？各有什么特点？在设计过程中应如何选用？

（2）设备设计与选型的原则是什么？

（3）设备材料选用的原则有哪些？

（4）选泵的原则是什么？泵有哪些类型，如何选用？

（5）换热器有哪些类型？如何选用？

（6）欲用循环水将流量为65ms/h的粗苯液体从78℃冷却到35℃，循环水的初温为28℃，试选用适宜的列管式换热器。

（7）各类搅拌器有什么作用？如何选用？

（8）在进行塔器强度设计时，需要考虑哪些因素？

（9）塔器设计要遵守哪些标准？

（10）储罐分哪几大类？各适用于什么场合？

（11）化工设备图由哪几种技术文件组成？

（12）设备装配图的绘制目的是什么？主要有哪些内容？

（13）什么情况下需要绘制零部件图？

（14）零部件图与装配图之间的关系如何表示？

（15）哪些零部件属于标准化通用零部件？其相应的标准有哪些？如何选用？

（16）查阅相关文献和资料，总结化工节能的新设备有哪些。

第五章　车间布置设计

车间布置是设计工作中很重要的一环。车间布置的好坏直接关系车间建成后是否符合工艺要求；能否有良好的操作条件，使生产正常、安全地运行；设备的维护检修是否方便可行；对项目建设的投资、经济效益等都有着极大的影响。车间布置设计是以工艺为主导，并在其他专业（如总图、土建、设备、安装、电力、暖风、外管等）密切配合下完成的。因此，在进行车间布置设计时，要充分掌握有关资料，集中各方面意见，全面权衡，最后由工艺人员汇总完成。

第一节　概述

一、车间组成

车间有大有小，但基本上都是由生产、辅助、生活 3 个部分组成，各部分划分如下。设计时应根据生产流程，原料、中间体、产品的物化性质，以及它们之间的关系确定应该设置几个生产工段，以及需要配置哪些生产辅助部分和生活行政部分。

车间组成
- 生产设施：原料工段、生产工段、成品工段、回收工段、控制室、贮罐区、露天堆场
- 生产辅助设施：化验室、机修间、动力间、变电配电室、除尘室、通风室
- 生活行政福利设施：办公室、休息室、更衣室、浴室、厕所
- 其他特殊用室：劳动保护室、保健室

车间布置设计就是在完成初步设计工艺流程图和设备选型之后，把车间各部分设施、车间各工段按生产流程在空间上进行组合布置，并对车间内各设备进行布置和排列。

二、车间布置设计的内容和程序

（一）车间布置设计的内容

车间布置设计包括车间厂房布置和车间设备布置。

车间厂房布置是对整个车间各工段、各设施在车间场地范围内，按照它们在生产中和生活中所起的作用进行合理的平面布置和立面布置。

车间设备布置是根据生产流程情况及各种有关因素，把各种工艺设备在一定的区域内进行排列。车间布置主要是设备的布置，工艺人员首先确定设备布置的初步方案，对厂房建筑的大小、平立面结构、跨度、层次、门窗、楼梯等，以及与生产操作、设备安装有关的平台、预留孔等向土建专业提出设计要求，待厂房设计完成后，工艺人员再根据厂房建筑图，对设备布置进行修改和补充，最终的设备布置图（施工图）作为设备安装和管道安装的依据。设备布置中又分为初步设计和施工图设计 2 个阶段，每一个设计阶段均要求平面布置和剖面布置。

车间厂房布置和车间设备布置是相互联系的，在进行车间平面布置时，必须以设备布置草图为依据，以此为条件对车间内生产厂房、辅助厂房及其所需要的面积进行估算。而详细的设备布置图又必须在已确定的车间厂房总布置图的基础上进一步具体化。

（二）车间布置设计的程序

车间布置设计分初步设计和施工图设计 2 个阶段。

车间布置的初步设计阶段的内容如下。

（1）生产工段、生产辅助设施、生活行政福利设施的空间布置。

（2）决定车间场地和建筑物、构筑物的位置和尺寸。

（3）设备的空间（水平方向和垂直方向）布置。

（4）通道系统、物料运输设计。

（5）安装、操作、维修的平面设计和空间设计。

在初步设计阶段，工艺设计人员根据工艺流程图、设备一览表、工厂总平面布置图、物料储存和运输情况及配电、控制室、生活行政福利设施的要求，结合布置规范及总图设计等资料进行初步设计，画出初步设计阶段的平面布置图和立面布置图。因此，车间布置初步设计阶段的最后结果是一组平（剖）面布置图，列入初步设计阶段的设计文件中。

车间布置施工图设计阶段的内容如下。

（1）落实车间布置初步设计的内容。

（2）确定设备管口和仪表接口位置（方位和标高）。

（3）物料与设备移动运输设计。

（4）确定与设备安装有关的建筑与结构的尺寸。

（5）确定设备安装方案。

（6）安排管道、仪表、电气管线走向，确定管廊位置。

施工图设计是在初步设计基础上进行的，要全面考虑土建、仪表、电气、暖通、供排水等专业与机修、安装操作等各方面的需要，根据机器和工艺设备管口及仪表安装点，主要仪表及电器结构尺寸、运输与储存空间要求，生产辅助、生活行政设施的要求等资料，进一步对车间布置进行研究，并进行空间布置的配合，经多方协商研究、修改和增删，最后得到一个能满足各方面要求的施工图设计阶段的车间布置图。车间布置的施工图设计阶段的最后成果是最终的车间布置平（剖）面图，列入施工图阶段的设计文件中，这是工艺专业提供给其他专业（如土建、设备设计、电气仪表等）的基本技术条件。

三、车间布置设计的依据

（一）常用的设计规范和规定

（1）《建筑设计防火规范（2018 年版）》（GB 50016—2014）。

（2）《石油化工企业设计防火规范》（GB 50160—2008）。

（3）《化工企业安全卫生设计规范》（HG 20571—2014）。

（4）《工业企业厂界环境噪声排放标准》（GB 12348—2008）。

（5）《爆炸危险环境电力装置设计规范（附条文说明）》（GB 50058—2014）。

（6）中华人民共和国爆炸危险场所电气安全规程（试行）（1987）。

（二）基础资料

（1）工艺和仪表流程图（初步设计阶段），管道和仪表流程图（施工图设计阶段）。

（2）物料衡算数据及物料性质（包括原料、中间体、副产品、成品的数量及性质、“三废”的数量及处理方法）。

（3）设备一览表（包括设备外形尺寸、重量、支承形式及保温情况）。

（4）公用系统耗用量、供排水、供电、供热、冷冻压缩空气、外管资料。

（5）车间定员表（除分述技术人员、管理人员、车间化验人员、岗位操作人员外，还要掌握最大班人数和男女比例的资料）。

（6）厂区总平面布置草图（包括本车间与其他生产车间、辅助车间、生活设施的相互联系、厂内人流物流的情况与数量）。

四、车间布置设计的原则

车间布置既要符合工艺要求，又要经济实用，合理布局。

（1）最大限度地满足工艺生产（包括设备维修）的要求。

（2）有效地利用车间建筑面积（包括空间）和土地，设备能露天布置的尽量露天布置，建筑物能合并的尽量合并。

（3）要为车间的技术经济指标先进合理及节能等要求创造条件。

（4）了解其他专业对本车间布置的要求。

（5）要考虑车间的发展和厂房的扩建。

（6）车间中所采取的劳动保护、防腐、防火、防毒、防爆及安全卫生等措施符合要求。

（7）本车间与其他车间在总平面图上的位置合理，力求使它们之间输送管线最短，联系最方便。

（8）建厂地区的气象、地质、水文等条件。

（9）人流、物流不要交错。

第二节 车间厂房布置

一、厂房的整体布置

（一）厂房安排

厂房的整体布置是根据生产规模、生产特点、厂区面积、厂区地形、地质情况等对厂房进行安排，确定采用分离式还是集中式，即将车间各工段及辅助车间分散在单独的厂房内或集中合并在一个厂房内。

若生产规模较小，车间各工段联系频繁，生产特点无显著差异，厂区面积较小，并且地势平坦，可将车间的生产、辅助、生活部门集中布置在一幢厂房内，即采用集中式布置。医药、农药、一般化工的生产车间都是这样布置的。

若生产规模较大，车间各工段的生产特点有显著差异，需要严格分开，厂区面积较大，平坦地形的地面较少或位于山区等情况，可适当采用分离式（单体式）布置，即把原料处理、成品包装、生产工段、回收工段、控制室及特殊设备等分别独立设置，分散为许多单体。例如，大型石油化工厂生产规模较大，生产特点易燃易爆或有明火设备（如工业炉等），厂房布置宜采用分离式。

厂房的整体布置还要考虑的另一重要问题是室外场地的利用和设计。在操作上可以放在露天的设备，应尽可能布置在室外。体形巨大的容器、储罐、较高大的塔的露天布置可大大缩减厂房的建筑面积；有火灾和爆炸危险的设备和能产生大量有毒物质的设备露天布置能降低厂房的防火、防爆等级，简化厂房的防火、防爆措施，降低厂房的通风要求，改善厂房的卫生及操作条件；设备的露天布置也使厂房的改建和扩建具有更大的灵活性。因此，设备露天布置无论在技术上还是经济上都有很大好处。设备露天布置的主要缺点是操作条件差，北方冬季会增加操作人员的巡视难度，并且要求较好的自控条件。

（二）厂房层数

化工厂厂房可根据工艺流程的需要设计成单层、多层或单层与多层相结合的形式。单层厂房利用率较高，建设费用也低，因此除了工艺流程的需要必须设计为多层外，工程设计中一般多采用单层。有时因受建设场地的限制或为了节约用地，也有设计成多层的。对于为新产品工业化生产而设计的厂房，由于在生产过程中对工艺路线还需要不断地改进、完善，一般都设计一个高单层厂房，利用便于移动、拆装、改建的钢操作台代替钢筋混凝土操作台或多层厂房的楼板，以适应工艺流程变化的需要。厂房层数的设计要根据工艺流程的要求、投资、用地的条件等各种因素，进行综合的比较后才能最后决定。总的来说，单层厂房占地多，但造价低；多层厂房占地少，但造价高。

二、厂房的平面布置

厂房的平面布置是根据生产工艺条件（包括工艺流程、生产特点、生产规模等）及建筑本身的可能性与合理性（包括建筑形式、结构方案、施工条件和经济条件等）来考虑的。厂房的平面设计应力求简单，以便给设备布置带来更多的可变性和灵活性，给建筑的定型化创造有利条件。

（一）平面形式

厂房的平面轮廓有Ⅰ型（长方形）、L型、T型、Π型等。其中，以长方形采用最多。长方形厂房便于总平面图的布置，节约用地，施工方便，有利于设备布置和管线布置，易于安排交通运输，也有利于自然采光和通风及今后的发展。但由于厂房总长度较长，当总图布置有困难时，为适应地形的要求或生产流程的需要也有采用L型、T型的，但要尽量避免。长方形厂房常用于中小型车间，L型厂房、T型厂房则适用于较复杂的车间。Π型厂房由于平面形式复杂，用得较少，除了特殊需要，一般不予采用。

厂房的结构形式是由工艺和建筑设计人员密切配合，全面考虑，进行多种方案的比较确定的，由于各厂的地形不完全相同，厂房的形式要与之相适应。

（二）柱网布置和跨度

厂房的柱网布置要考虑满足工艺操作需要和设备布置的要求，根据厂房结构而定，并且尽可能符合建筑模数制的要求。因此，厂房建筑以3000mm建筑模数的倍数为优先选用的柱网间距，如单层厂房跨度有9m、12m、18m、21m、24m、27m等，多层厂房跨度有

6m、7.5m、9m、12m，以 6m 为最多，如因生产及设备需要必须加大时，最好不超过 12m，这样可充分利用建筑结构上的标准预制构件，节约设计和施工力量，加速基建进度。生产类别为甲、乙类生产，宜采用框架结构，柱网间距一般为 6m；丙、丁、戊类生产可采用混合结构或内框架结构，开间采用 4.5m 和 6m，并且一幢厂房中不宜采用多种柱距。

（三）厂房的宽度

厂房常用宽度有 6m、9m、12m、14.4m、15m、18m、24m、30m 等。为尽可能利用自然采光和通风及建筑经济上的要求，单层厂房宽度宜不超过 30m，多层厂房宽度宜不超过 24m。单层厂房常为单跨，即跨度等于厂房宽度，厂房内没有柱子。多层厂房跨度较大时，厂房中间如不立柱子，所用梁要很大，不经济，因此常用 6m 的跨度。厂房的长度根据生产规模及工艺要求决定。此外，还要考虑厂房安全出入口，一般应不少于 2 个。

三、厂房的立体布置

厂房的立体布置也同平面布置一样，应力求简单，要充分利用建筑物的空间，符合经济合理及便于施工的原则。厂房的高度主要由工艺设备型式及布置要求决定，每层高度取决于设备的高低、安装的位置、检修要求及安全卫生等条件，层高一般为 4~6m。框架或混合结构的多层厂房，层高多采用 5m 和 6m，最低不得低于 4.5m，每层高度尽量相同，不宜变化过多；装配式厂房层高采用 300mm 的模数；有高温及有毒害性气体的厂房中，要适当加高建筑物的层高或设置避风式气楼，以利于自然通风和采光散热；有爆炸危险车间宜采用单层，厂房内设置多层操作台以满足工艺设备位差的要求，如必须设在多层厂房内，则应布置在厂房顶层。例如，整个厂房均有爆炸危险，则在每层楼板上设置一定面积的泄爆孔、必要的轻质室面和增加外墙及门窗的泄压面积。车间内防爆区与非防爆区间应设防火墙分隔。例如，两个区域需要互通时，中间应设双门斗，即二道弹簧门隔开。上下层防火墙应设在同一轴线处，防爆区上层不应布置非防爆区，有爆炸危险车间的楼梯间宜采用封闭式楼梯间。

第三节　车间设备布置

一、车间设备布置的内容

车间设备布置就是确定各个设备在车间平面与立面上的位置，确定场地（指室外场地）与建筑物、构筑物的尺寸，确定工艺管道、电气仪表、管线及采暖通风管道的走向和位置。具体地说，包括以下4个方面。

（1）确定各个工艺设备在车间平面和立面的位置。

（2）确定某些在工艺流程图中一般不予表达的辅助设备或公用设备的位置。

（3）确定供安装、操作与维修所用的通道系统的位置与尺寸。

（4）在上述各项的基础上确定建筑物与场地的尺寸。

车间设备布置的最终结果是设备布置图。

二、车间设备布置的要求

车间设备布置应做到：经济合理，节约投资，操作维修方便、安全，设备排列简洁、紧凑、整齐、美观。因此，车间设备布置时应从下列5个方面考虑。

（一）室内和室外布置的要求

中小型化工厂的设备布置应最大限度地采用室内露天联合布置方法。气温较低的地区，常采用室内布置；不允许有显著温度变化，不能受大气影响的一些设备如反应罐、各种机械传动设备、装有精密度极高仪表的设备及其他应该布置在室内的设备，则应布置在室内。生产中一般不需要经常操作的或可用自动化仪表控制的设备（如塔、冷凝器、液体原料储罐、成品储罐、气柜等）都可布置在室外。需要大气调节温湿度的设备（如凉水塔、空气冷却器等）也都可露天布置或半露天布置；有火灾及爆炸危险的设备，露天布置还可降低厂房的耐火等级。

（二）生产工艺对设备布置的要求

（1）设备布置时要满足工艺流程顺序，保证水平方向和垂直方向的连续性。对于有压差的设备，应充分利用高位差布置。例如，通常把计量设备（如计量槽、高位槽）布置在最高层，主要设备（如反应器等）布置在中层，储槽、重型设备及传动设备等布置在底层。这样既可利用位差进出物料，又可减少楼面荷重，节省动力设备及费用。

（2）相同的几套设备或同类型的设备或操作性质相似的有关设备，应尽可能布置在一起，以便统一管理，集中操作，还可减少备用设备。例如，塔体集中布置在塔架上，热交换器、泵成组布置在一处等。要考虑相同设备或相似设备互换使用的可能性，设备排列要整齐，避免过松过紧，尽可能缩短设备间管线。

（3）设备布置时，要考虑设备本身所占的位置、设备与设备间或设备与建筑物间的安全距离，考虑传动设备安装安全防护装置的位置；此外，必须有足够的操作、通行及检修需要的位置，并适当预留扩建余地，以备生产发展的需要。

设备之间或设备与墙之间的净间距大小虽无统一规定，但设计者应结合设备布置要求、设备的大小、设备上连接管线的多少、管径的粗细、检修的频繁程度等各种因素，再根据生产经验，决定安全间距。如表 5-1 所示为设备的安全距离的数据可供中小型企业设备布置时参考。

表 5-1 设备的安全距离

序号	项目		净安全距离 /m
1	泵与泵的间距		不小于 0.7
2	泵离墙的距离		至少 1.2
3	泵列与泵列间的距离（双排泵间）		不小于 2.0
4	计量罐与计量罐间的距离		0.4~0.6
5	储槽与储槽间的距离（指车间中一般小容器）		0.4~0.6
6	换热器与换热器间距离		至少 1.0
7	塔与塔的间距		1.0~2.0
8	离心机周围通道		不小于 1.5
9	过滤机周围通道		1.0~1.8
10	反应罐盖上传动装置离天花板距离（搅拌轴拆装困难时，距离还需要加大）		不小于 0.8
11	反应罐底部与人行通道距离		1.8~2.0
12	反应罐卸料口至离心机距离		1.0~1.5
13	起吊物品与设备最高点距离		不小于 0.4
14	往复运动机械的运动部件离墙距离		不小于 1.5
15	回转机械离墙距离		0.8~1.0
16	回转机械相互间距离		0.8~1.2
17	通廊、操作台通行部分的最小净空高度		2.0~2.5
18	不常通行的地方的净空高度		不小于 1.9
19	操作台梯子的斜度	一般情况	不大于 45°
		特殊情况	60°
20	散发可燃气体及蒸气的设备和变配电室、自控仪表室、分析化验室等之间距离		不小于 15
21	散发可燃气体及蒸气的设备和炉子间距离		不小于 18
22	工艺设备和道路间距离		不小于 1.0

（4）车间内要留有原料、中间体、成品储存和堆放包装材料的空地（能堆放一批或一天的量），以及必要的运输通道，并且尽可能地避免固体物料的交叉运输。

（5）要考虑物料特性对防火、防爆、防毒及控制噪声的要求，如对噪声大的设备宜采用封闭式隔间等。

（三）设备安装、检修等方面对设备布置的要求

（1）要根据设备大小及结构，考虑设备安装、检修、拆卸及更换所需要的空间、面积及运输通道。

（2）要考虑设备能否顺利进出车间。经常搬动的设备应在设备附近设置大门或安装孔，大门宽度比最大设备宽 0.5m。不经常检修的设备，可在墙上设置安装孔。

（3）设备通过楼层或安装在二楼以上时，可在楼板上设置吊装孔，从吊装孔中吊上。厂房比较短时，吊装孔设在靠山墙的一端［图 5–1（a）］；厂房长度超过 36m 时，吊装孔设在厂房中央［图 5–1（b）］。

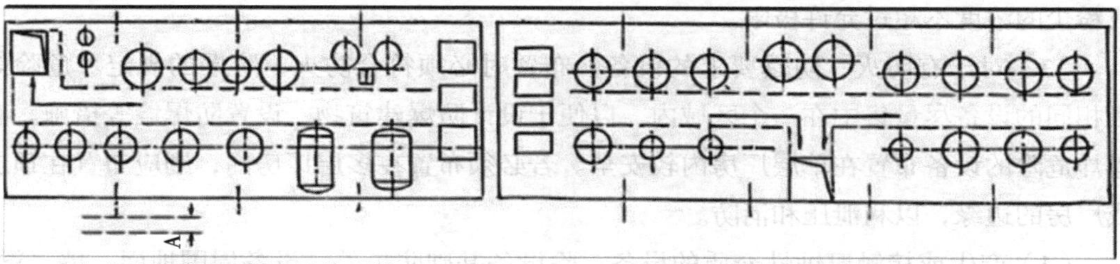

（a）吊装孔设在靠山墙的一端　　（b）吊装孔设在厂房中央

图 5–1　通过楼层的设备布置图

注：A 为设备安装时，水平运输通道的尺寸，要求 A 应大于需要通行的最大设备的直径。

多层楼面的吊装孔应在同一平面位置。底层吊装孔附近要有大门，方便吊装的设备进出。吊装孔不宜开得过大，一般控制在 2.7m 以内。

（4）要考虑设备检修、拆卸及运送物料所需要的起重运输设备。起重运输设备的形式根据使用要求定。如不设永久性起重运输设备，则应考虑有安装临时起重运输设备的场地及预埋吊钩，以便悬挂起重葫芦。例如，在厂房内设置永久性的起重运输设备，则要考虑起重运输设备本身的高度，并使设备起吊运输高度大于运输途中最高设备的高度。

（四）建筑要求

（1）笨重或运转时产生很大振动的设备，如压缩机、离心机、真空泵、粉碎机等应尽可能布置在厂房的底层，以减少厂房的荷载和振动。有剧烈振动的设备，其操作台和基础不得与建筑物的柱、墙连在一起，以免影响建筑物的安全。

（2）布置设备时，要避开建筑物的柱子及主梁，如设备吊装在柱子上或梁上，其荷重及吊装方式需要事先告知土建专业人员并与其商议。设备也不应布置在建筑物的沉降缝或伸缩缝处，还应考虑设备的运输线路，安装、检修方式，以决定安装孔、吊钩及设备间距等。

（3）厂房中操作台必须统一考虑，防止平台支柱零乱重复，影响生产操作及检修。

（4）设备应尽可能避免布置在窗前，以免影响采光和开窗，在厂房的大门或楼梯旁布置设备时，也要注意不影响开门和妨碍人行出入通畅。

（五）安全、卫生和防腐方面的要求

（1）创造良好的采光条件，以保证工人安全。布置设备时尽可能使工人背光操作，高大设备避免靠窗布置，以免影响采光。

（2）要最有效地利用自然对流通风。放热量大，产生易燃、易爆、有毒气体或粉尘的工段，如不能露天布置时，需要采用机械送排风装置或其他措施，使易燃易爆气体或粉尘的浓度不超过允许极限。

（3）对于有防火、防爆要求的设备，布置时必须符合防火、防爆的规定。危险等级相同的设备尽量集中在一个区域内，以便于设计防爆建筑物、设置防爆墙等措施。有爆炸危险的设备布置在单层厂房内较安全。若必须布置在多层厂房内，则应布置在顶层或厂房的边缘，以利泄压和消防。

（4）产生或接触腐蚀性介质的设备，除设备基础防护外，设备周围地面、墙、梁、柱都需要采取防护措施。

第四节　车间生产辅助室和生活行政福利室的布置

生产规模较小的车间，多数是将生产辅助室和生活行政福利室集中布置在车间中的一个区域内，即毗连式布置，生产辅助室、生活行政福利室与生产厂房毗连在一起；生产规模较大时，生产辅助室和生活行政福利室可根据需要布置在有关的单体建筑物内，即单独设置，车间和生产辅助室、生活行政福利室分开设置。单独设置造价高，不常采用，一般只用于温度、湿度或有害物质影响很大的车间。毗连式布置造价低，并且靠近车间，工人出入方便。但应注意，当车间的生产危险等级较高时，生产厂房和生活行政福利室应设防火墙隔开，以保证安全。毗连式有纵向毗连和横向毗连，如图 5–2 所示采用的是纵向毗连布置方式（生产辅助室布置），如图 5–3 所示采用的是横向毗连的布置方式（生活行政福利室布置）。

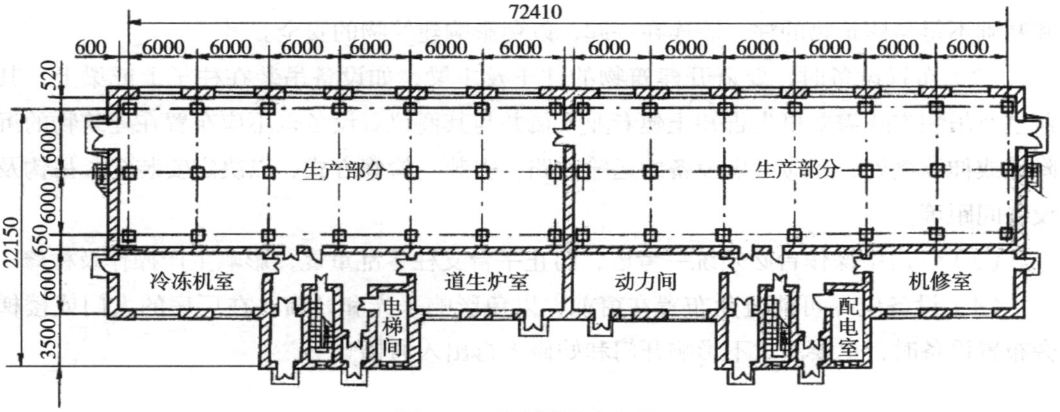

图 5–2　生产辅助室布置

一般来说，对于生产辅助室，控制室可设在生产厂房内，为了安全起见，甲类防爆车间的控制室应单独设置。动力间可设在厂房内或生活行政福利室的底层。变电和配电室、机修间、通风室可分设在厂房中单独的房间内，也可设在生活行政福利室范围内。有时生产辅助室也有布置在厂房中间的，如配电室安排在用电负荷中心，空调室布置在需要空调的房间附近，但这些房间一般都布置在厂房北面房间。

生活行政福利室中的办公室、休息室等宜布置在厂房南面房间，以充分利用太阳能采暖，更衣室、厕所、浴室等可布置在北面房间。

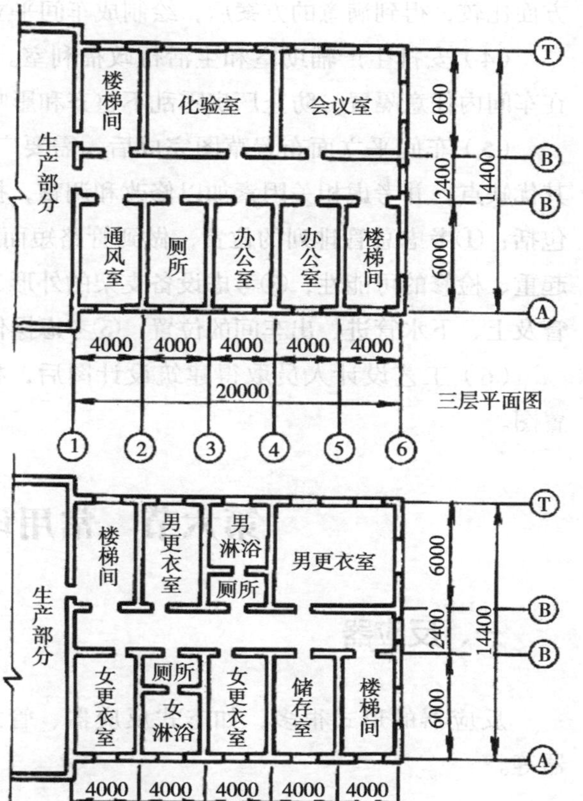

图5-3 生活行政福利室布置

第五节 车间布置的方法和步骤

车间布置的方法和步骤如下。

（1）工艺设计人员根据生产流程、生产性质、各专业的要求，车间在总平面图上的位置，初步划分生产、辅助生产和生活福利区的分隔及位置，确定厂房柱距、宽度、层高等，按 1:50 或 1:100 比例绘制厂房建筑平立面轮廓草图。

（2）根据工艺流程划分工段，把同一工段的设备尽量布置在同一幢厂房中，按设备布置原则，满足各方面要求。

（3）将设备按 1:50 或 1:100 比例用硬纸块或塑料片制成模型，标明设备名称，按工艺流程布置在厂房建筑轮廓草图上。布置形式可多种多样，一般 2~3 个方案，经多方面比较，得到满意的方案后，绘制成车间平立面布置草图。

（4）安排生产辅助室和生活行政福利室。一般将这些房间集中在规定区域内，不在车间内任意隔置，防止厂房零乱不整齐和影响厂房通风条件。

（5）车间平立面布置草图完成后，需要广泛征求有关专业的意见，从各方面比较其优缺点，并考虑相关因素加以修改和调整，提交建筑设计人员设计建筑图。相关因素包括：①考虑总管排列的位置，做到管路短而顺；②检查各设备基础大小，设备安装、起重、检修的可能性；③考虑设备支架的外形、结构，常用设备的安全距离；④考虑外管及上、下水管进、出车间的位置；⑤考虑操作平台、局部平台的位置大小等。

（6）工艺设计人员取得建筑设计图后，根据布置草图绘制正式的车间平立面布置图。

第六节　常用设备的布置

一、反应器

反应器的形式很多，如釜式反应器、管式反应器、固定床反应器、流化床反应器等。

（一）釜式反应器

釜式反应器常是间歇操作，大型搅拌釜式反应器容量达数十立方米至数百立方米，并附有数十千瓦至数百千瓦的电动机、减速机、搅拌器，重量大又有振动和噪声，布置时应注意以下5点。

（1）釜式反应器大多露天布置，但中小型反应器或操作频繁的反应器常布置在室内。这类反应器一般用耳架支承在建筑物（构筑物）上或操作台的梁上，大型、重量大或振动大的设备，要用支脚直接支承在地面或楼板上。

（2）布置时要考虑便于加料和出料。液体物料通常经高位槽计量后依靠位差加入釜中。固体物料大多是用吊车从人孔或加料口加入釜内。人孔或加料口离地面、楼面或操作平台面的高度以800mm为宜。出料口设在反应器的底部，物料从出料口自流进入离心机要有1~1.5m的距离；若底部不设出料口，需要行人时，底部离基准面最小距离为1.8m。

（3）带搅拌器的反应器，上部应设置安装及检修用的起吊设备或吊钩。设备顶端与建筑物间、搅拌器与设备底部间应留出足够的高度，以便抽出搅拌器轴。

（4）2台以上相同的反应器应尽可能排成一直线，呈单排布置或双排布置，如图

5–4（a）和图 5–4（b）所示。反应器之间的距离，根据设备大小、附属设备和管道具体情况而定。管道阀门应尽可能集中布置在反应器一侧，以便于操作。

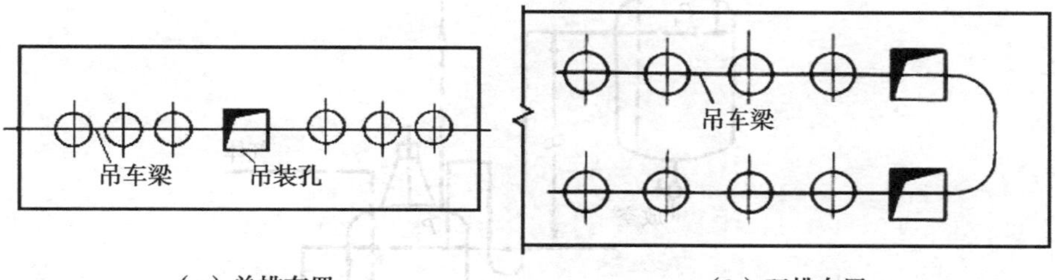

（a）单排布置　　（b）双排布置

图 5–4　反应器的布置

（5）跨楼板布置的反应器，要设置出料阀门操作台；反应物黏度大或含有固体物料的反应器要考虑疏通堵塞和管道清洗等问题；易燃易爆反应器，要考虑足够的安全措施。

釜式反应器采用连续操作，多台串联时还必须注意物料进出口间的压差和流体流动的阻力损失，排列时可并排排列，也可排成一圈。

釜式反应器布置示意图如图 5–5 所示，多台连续反应器串联布置图如图 5–6 所示。

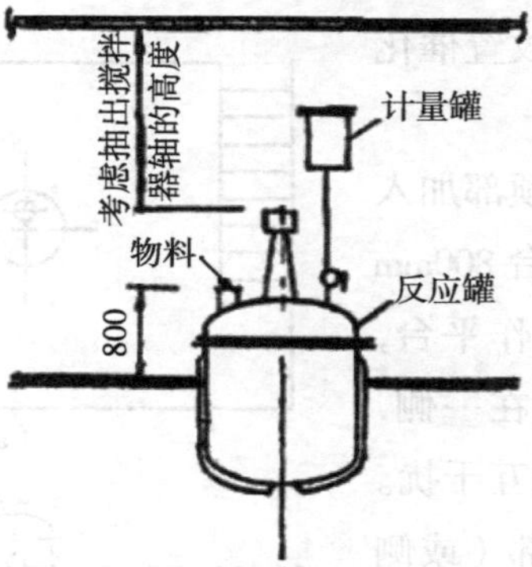

（a）立面布置图

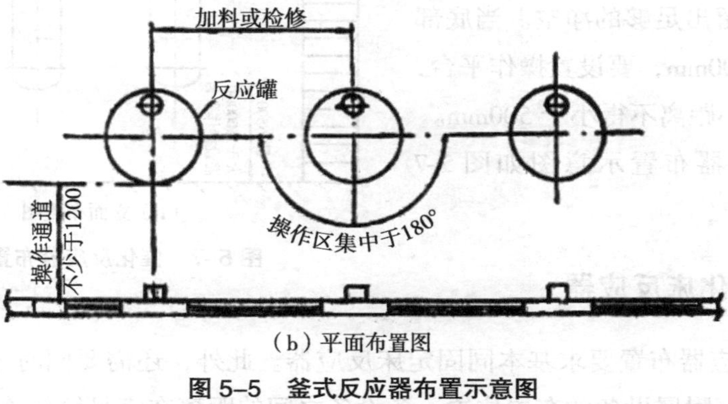

（b）平面布置图

图 5–5　釜式反应器布置示意图

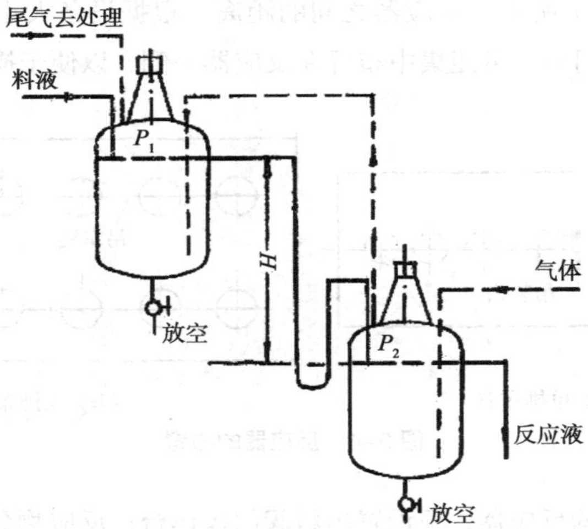

图 5-6　多台连续反应器串联布置图

（二）固定床反应器

（1）反应器上部要留出足够净空，供检修或吊装催化剂篮筐用。多台反应器应布置在一条中心线上，周围留有放置催化剂盛器与必要的检修场地。

（2）催化剂可由反应器的顶部加入或用真空抽入，装料口离操作台 800mm 左右，超过 800mm 时要设置工作平台，操作阀门与取样口应尽量集中在一侧，并与加料口不在同一侧，以免相互干扰。

（3）催化剂若从反应器底部（或侧面出料口）卸料时，应根据催化剂接受设备的高度，留出足够的净空。当底部离地面大于 1500mm，要设置操作平台，底部与地面最小距离不得小于 500mm。

催化反应器布置示意图如图 5-7 所示。

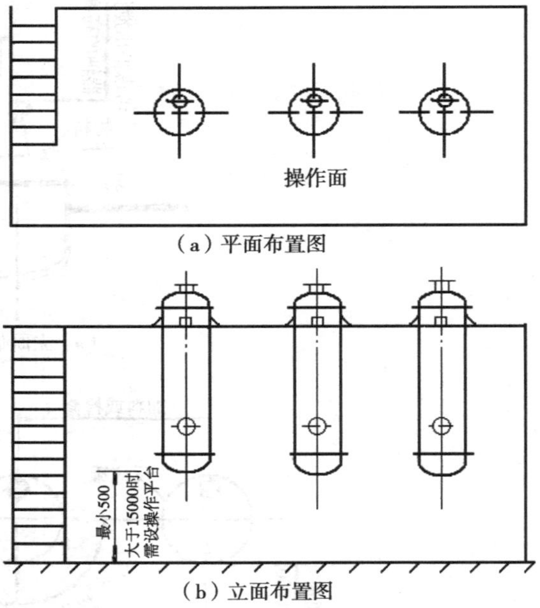

图 5-7　催化反应器布置示意图

（三）流化床反应器

流化床反应器布置要求基本同固定床反应器。此外，还需要同时考虑与其相配的流体输送设备、附属设备的布置位置；各设备之间的距离在满足管线连接安装要求下，尽可能短；催化剂进出反应器的角度，应能使固体物料流动通畅，有时还应保持足够料封；体积大、反应压力较高的反应器，应采用坚固的结构支承；反应器支座（或裙座）应有足够的散热长度，使其与接触面的温度不致过高，钢筋混凝土不高于100℃，钢结构不高于150℃。

二、储罐

储罐包括中间储罐和原料、成品储罐2类。原料、成品储罐集中在储罐区，中间储罐按流程顺序布置在有关设备附近或厂房邻近，布置时参照下列规则。

（1）立式储罐布置时，按罐外壁取齐，卧式按封头切线取齐。安装高度应根据接管需要及输送泵的净正吸入压头的要求决定，多台不同大小的卧式储罐底部宜布置在同一标高上。

（2）液位计、进出料接管、仪表尽量集中于储罐的一侧，另一侧供通道与检修用。立式储罐的人孔若设置在罐侧，离地高度应不大于800mm，若设置在罐顶，应设检修平台，多个储罐设联合检修平台，单台设直爬梯上下。

（3）易燃、可燃液体储罐周围应按规定设置防火堤；储存腐蚀性物料罐区的地坪应做防腐处理；若易挥发液体储罐布置在室外，应设喷淋冷却设施。

（4）罐与罐之间距离除应遵守“建筑设计防火规定”中的有关规定外，无阀门或仪表时应不小于750mm，有阀门或仪表时净宽不小于1m。若长度有限，可成组布置，如2个储罐作为1组紧靠在一起布置。

三、塔

塔的布置形式很多，根据不同情况，可采取独立布置、成列布置、成组布置、沿建筑物或框架布置。

（1）大型塔多数室外布置，用裙式支座直接安装于基础上；小型塔不能靠自身重量单独直立安装，需要依附于建筑物上，可布置在室内，靠楼板支承，也可布置在室外用框架支承。

（2）塔的人孔尽可能朝同一方向，中心高度一般距平台面不高于1.5m，塔身上每个人孔处需要设置操作平台，供检修塔板用。塔四周分几个区布置，如配管区（也称操作区）专门布置各种管道、阀门和仪表；通道区布置走廊、楼梯、人孔等，也可布置安全阀或吊装设备。

（3）塔的安装高度必须考虑塔釜泵的净正吸入压头，热虹吸式再沸器的吸入压头，自然流出的压头及管道、阀门、控制仪表等的压头损失。大塔塔顶需要设置吊柱，以吊起或悬挂人孔盖，以及吊装塔内填料与零部件等。

（4）塔底与再沸器之间连接的管道需要最短，以减少阻力降，并且两者之间连接的气相管中心与再沸器管板的距离不应太大，以免影响再沸器效率。有2台再沸器时，应对称安装，并处于同一中心线上；有3台或以上的立式再沸器，其位置应考虑便于操作和配管。冷凝器回流罐一般置于塔顶，靠重力回流，但大塔由于结构设计的难度宜布置在低处，用泵打回流。

（5）塔的管口方位的确定，要考虑人孔的方位和位置、塔盘位置、降液管位置，从上到下依次确定。回流管口应设在距离降液板最远的位置。

（6）出料时，若采用塔压或重力出料，应由塔内压力和被连接设备的压力及受器的高度、液体的重度和管道的阻力而定；用泵出料时，塔底标高由泵的净正吸入压头和吸入管道压力降决定，同时考虑泵的吸入压头和釜液在输送条件下的蒸气压，以免发生汽蚀。

（7）数量不多，结构与大小相似的多个塔可按流程成组布置，并尽可能处于一条中心线上。其附属设备的框架及接管安排于一侧，另一侧作为安装塔的空间用。塔与塔的净距一般为2m左右，塔群与管廊、塔群与塔群、塔群与框架的净距离约为1.5m，塔上设置公用平台，互相连接既便于操作，又起到结构上互相加强的作用。

塔及辅助设备布置示意图如图5-8所示。

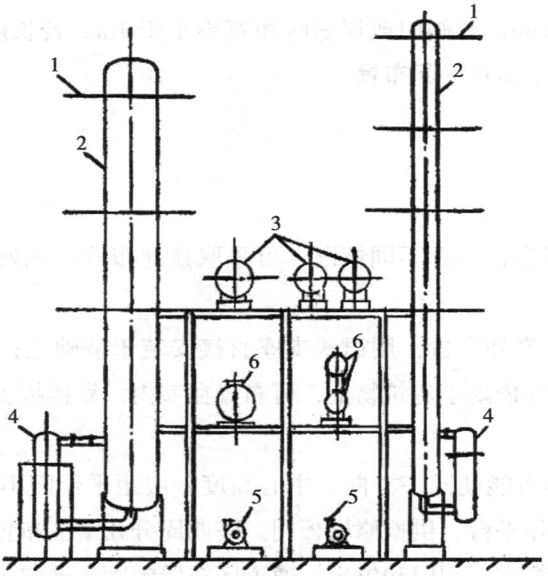

图5-8　塔及辅助设备布置示意图

注：1—平台；2—塔；3—换热器；4—再沸器；5—泵；6—储槽。

四、换热器

（1）换热器的布置原则是顺应流程和缩短管道长度，故其位置由与它相关的设备的位置决定。例如，塔的换热器近塔布置；再沸器及冷凝器与塔以大口径的管道连接，故应近塔布置，常布置在塔的两侧；热虹吸式再沸器一般从塔上直接接出托架支承；塔的回流冷凝器除近塔外，还要靠近回流罐与回流泵。

（2）换热器布置高度要满足工艺配管的要求，并适当留有余地。固定管板换热器周围要留有清除管内污垢的空地，浮头换热器要考虑抽出管束的位置。

（3）多台换热器常按流程成组安装；多组换热器应排列成行，并使管箱管口处于同一垂直面上，既便于配管和节约清管检修用地，又保持整齐美观。换热器可重叠布置，相互支承，但最多不宜超过 3 层。换热器之间、换热器与其他设备之间至少要留出 1m 水平距离，位置受限制时，最少不得小于 0.6m。

五、流体输送设备

（一）泵

（1）小型车间生产用泵多数安装在抽吸设备附近，大中型车间用泵数量较多，应尽量集中布置。不经常操作的泵可露天布置，但电动机要设防雨罩，所有配电及仪表设施均应采用户外式。

（2）重量较大的泵和电机应设检修用的起吊设备，建筑物高度要留出必要的净空；泵的吸入口管线应尽可能短，以保证净正吸入压头的需要。

（3）集中布置的泵应排列成一直线，泵的头部集中于一侧，也可背靠背地排成 2 排，驱动设备面向通道。成排布置的泵，其配管与阀门也应排成一条直线，管道避免跨越泵和电动机。

（4）泵与泵的间距视泵的大小而定，一般宜不小于 0.7m，双排泵之间的间距宜不小于 2m，泵与墙间的间距至少为 1.2m。

（5）泵应在高出地面 150mm 的基础上布置。多台泵置于同一基础上时，基础必须有坡度以便泄漏物流出，并且四周要考虑排液沟及冲洗用的排水沟。

（二）压缩机

（1）压缩机常是装置中功率消耗最大的关键设备，故应尽可能靠近与它相连的主要工艺设备，进出口管线尽可能短和直，为方便维护和检修，通常布置在专用的压缩机厂房中，厂房内设有吊车装置。

（2）中小型压缩机厂房一般采用单层厂房，压缩机基础直接放在地面上，稳定性较好，但大型压缩机多采用双层厂房，分上、下 2 层布置，压缩机基础为框架高基础，上层布置主机操作面、指示仪表、阀门组，下层布置辅助设备和管线。

（3）多台压缩机一般横向平列布置，机头在同侧，便于接管和操作。布置间距要满足主机和电动机的拆卸检修和其他要求。压缩机和电动机的上部不允许布置管道。压缩机组散热量大，应有良好的自然通风条件。如图 5-9 所示为压缩机平面布置图。

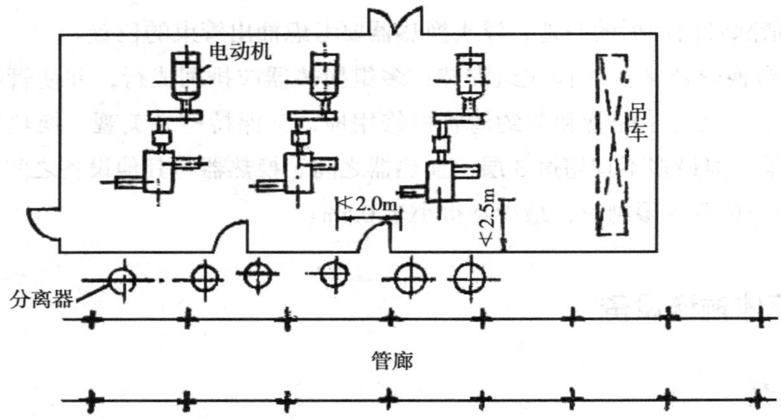

图 5-9　压缩机平面布置图

六、过滤机

常用的过滤机主要有离心机、间歇式过滤机和连续式过滤机。

（1）离心机为转动设备，一般布置在厂房底层，并且需要安装在坚固的与建筑物完全脱开的基础上。多台离心机可排列成一行，以减少梁的数量。间歇式过滤机常布置在室内，多台过滤机采用并列布置，以便过滤、清洗、出料等操作能交替进行。连续式过滤机根据情况可露天、半露天、室内布置。

（2）周围要留出足够的操作、清洗、检修位置，其通道宽度为 1~1.5m，或至少留出 1 个过滤机宽度的位置。

（3）过滤机尽量安装在高处，如在 2 楼或操作平台上，便于卸出固体物料。离心机的安装高度根据出料方式确定，底部卸料的离心机要按照固体物料的输送方式确定所需要的空间。

（4）为便于安装检修，厂房中要设置起吊设备。

（5）离心操作排出的空气中若含有有害气体或易燃易爆蒸气，过滤滤液如果是有毒的或易燃的，要设专门的通风装置（如排气罩、抽风机等）。

第七节　车间布置图

车间布置的最终成品是车间平立面布置图，又称设备布置图。设备布置图是表示一个车间或工段的生产和辅助设备在厂房建筑内外布置的图样，常以车间为单位绘制，如图 5-10 所示为一施工图阶段的设备布置图。

一、车间布置图的内容

（1）一组平面立面图：表示厂房建筑的基本建筑和设备在厂房内外的排列情况。

（2）尺寸与标注：包括厂房建筑定位轴线的编号，建（构）筑物及其构件尺寸的标注、设备尺寸的标注、设备名称与位号的标注及其他说明。

厂房建筑及其构件尺寸标注的内容包括：厂房建筑物的长度、宽度总尺寸；墙、柱定位轴线的间距尺寸；设备安装预留的孔、洞、沟、坑等定位尺寸。

设备布置图上一般不标注设备的定形尺寸，而只标注设备安装定位尺寸。设备尺寸标注的内容有：设备的平面定位尺寸，如设备与建筑物及其构件、设备与设备之间的定位尺寸；设备高度方向上的定位尺寸；地面、楼板、平台、屋面的高度尺寸，以及其他与设备安装定位有关的建筑构件的高度尺寸。

设备平面定位尺寸一般以建筑定位轴线为基准，标注设备中心线或设备支座中心线与基准的间距。悬挂在墙上或柱子上的设备，以墙的内壁或外壁、柱子的边为基准标注定位尺寸。当总体尺寸数值较大，精度要求并不高时，允许将尺寸注成封闭链状，如图 5-11（a）所示。当尺寸界线距离较窄没有位置注写数字时，尺寸线的起止点可不用箭头而采用 45° 的细斜短线表示，此时最外面的尺寸数字可标注在尺寸界线的外侧，中间部分尺寸数字可分别在尺寸线上、下两边错开标注，必要时也可引出后再进行标注，如图 5-11（b）所示。

设备高度方向上的定位尺寸一般选择厂房室内地面为基准，标注设备的基础面或设备中心线高度尺寸，即标高。

设备布置图中的所有设备均需要标出名称与位号，并且与工艺流程图一致，一般标注在相应图形的上方或下方，也可标注在设备图形内，不用指引线，名称在下，位号在上，中间画一粗实线；也有只标注位号不标出名称的，或标注在图形之外用指引线。

（3）安装方位标：也叫设计北向标志，表示设备安装方位的基准，一般画在图纸的右上方。安装方位标符号由 2 个直径分别为 14mm 与 8mm 的粗实线圆圈和水平、垂直 2 条直线构成，并分别注以 0°、90°、180°、270°等字样。安装方位标可由各车间或工段自行规定一个方位基准，一般采用北向或接近北向的建筑轴线为零度方位基准。

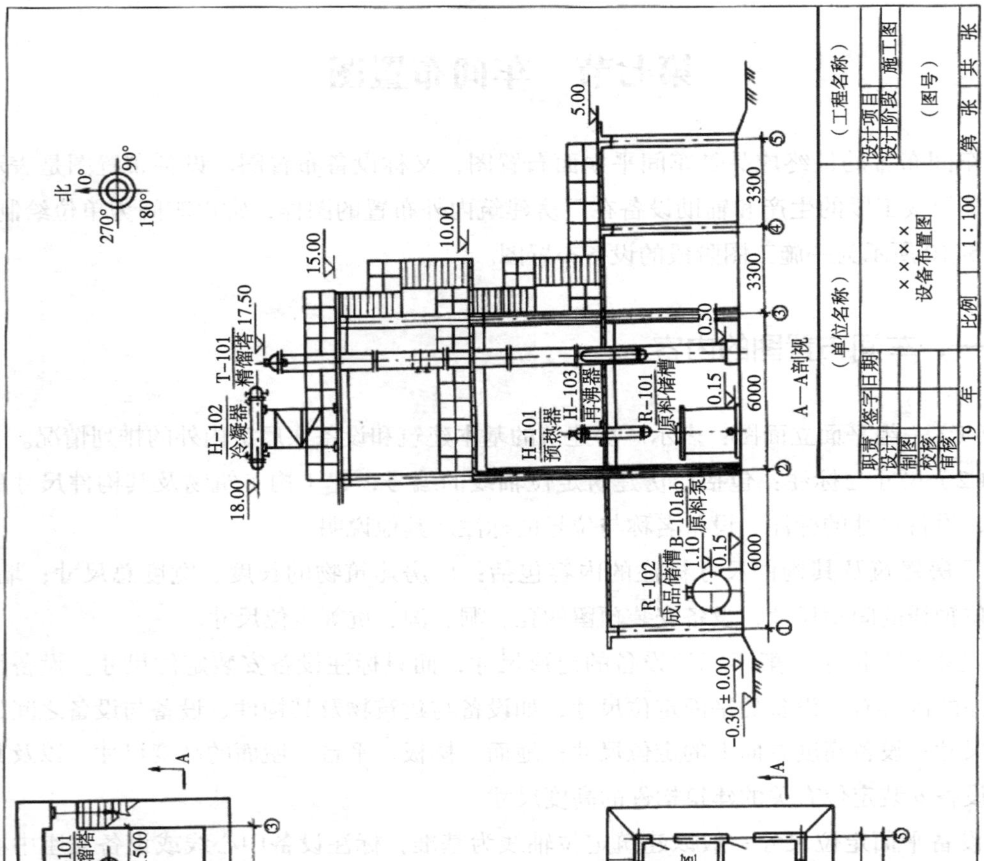

图 5-10 一施工图阶段的设备布置图

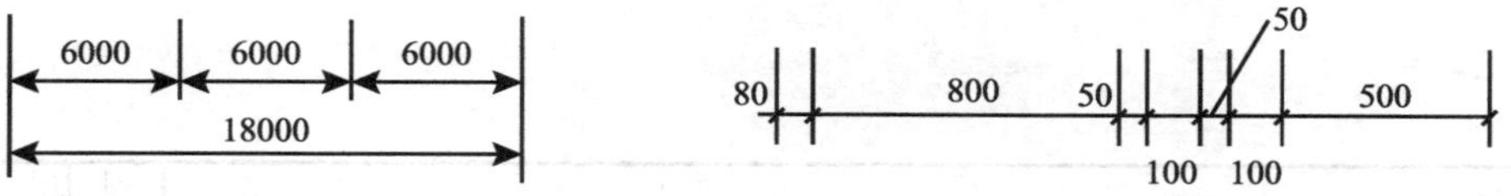

（a）封闭链状　　（b）细斜短线

图 5-11　尺寸标注

（4）设备一览表：说明本布置图中所有设备的位号、名称、规格、材料、数量、设备荷重、装卸方法、支承形式等情况。既可直接在图纸上列表注明，也可不在图上列表，而将设备一览表在设计文件中附出。

（5）说明与附注：对设备安装有特殊要求的进行说明。

（6）标题栏：注写图名、图号、比例等。

二、车间平面布置图

车间平面布置图是用来表达厂房的某层平面上设备布置的水平剖视图，车间平面布置图包括以下内容。

（1）厂房建筑平面图，包括厂房边墙轮廓线、门、窗、柱、楼梯、通道位置；地坑地沟位置、尺寸及相对标高；柱网间距和编号，以及各层相对标高。

（2）厂房建筑物的长宽总尺寸。

（3）设备外形尺寸俯视图，设备编号和设备名称。

（4）设备定位尺寸和尺寸线，设备管口方位及大小。

（5）操作台等辅助设施平面示意图，主要尺寸和台面相对标高。

（6）吊车及吊车梁的平面位置，吊装孔的位置和尺寸。

（7）辅助室、生活室的位置、尺寸及室内设备器具等的示意图和尺寸。

一般每层厂房绘制一张平面布置图，多层厂房按楼层或大的操作平台或不同的标高分别绘制若干张，各层平面图是以上一层的楼板底面水平剖切的俯视图，可以绘制在一张图纸上，也可绘制在不同的图纸上。在同一张图纸上绘制几层平面图时，应从最低层平面或 0.00 平面开始画起，由下向上、从左至右依次排列，并在各平面图下方标注相应标高。标高以米为单位，计小数点后两位数或三位数，正标高前可写“+”号，也可不写，负标高前写“–”号，“0”标高为“±0.00”。如图 5–12 所示，各视图下方注明相应平面图名称为“±0.00 平面”，“+4.80 平面”等，图中用如下形式表示。

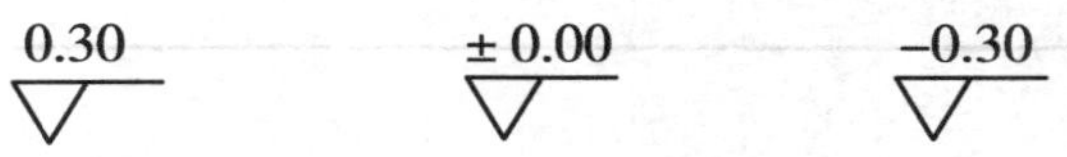

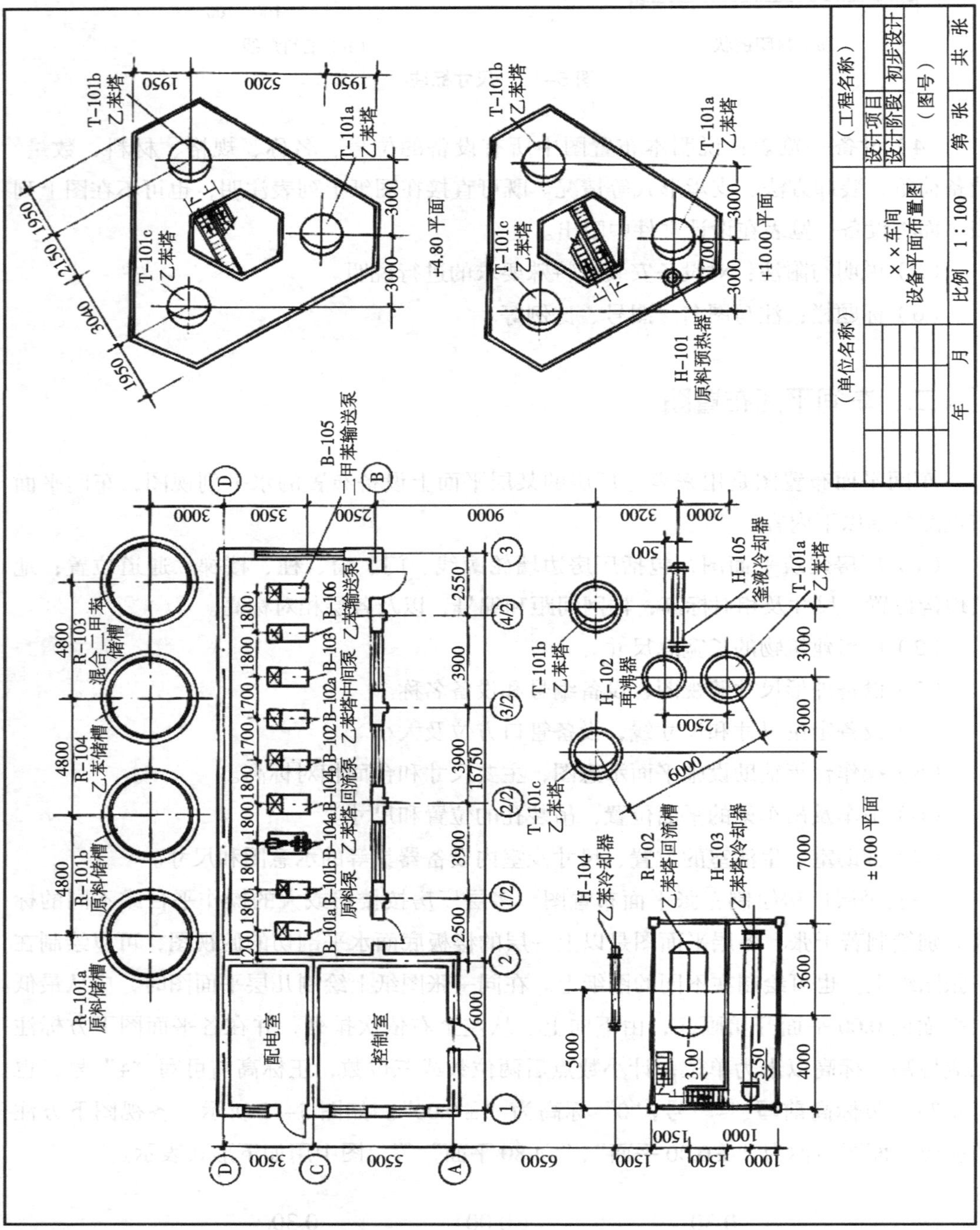

图 5-12 车间平面布置图

三、车间立面布置图

车间立面布置图是表达在高度方向上设备安装布置的情况，是在厂房建筑的适当位置上，垂直剖切后绘出的。比较复杂的装置或布置在多层建筑物上的装置，在平面图上表示不够清楚时，应绘制必要的立面布置图。在立面布置图中要根据剖切位置和剖视方向，表达出厂房建筑的墙、柱、地面、平台、栏杆、楼梯、基础、操作平台支架等高度方向的结构与相对位置。具体地说，车间立面布置图包括以下内容。

（1）厂房建筑立面图包括厂房边墙轮廓线、门、窗、柱、楼梯等的位置和高度尺寸，地坑、地沟的位置和深度，柱网间距和编号，各层相对标高，梁的高度等。

（2）设备外形尺寸侧视图及设备编号和名称。

（3）设备高度定位尺寸及尺寸线，包括与设备安装定位有关的建筑构件的高度尺寸。

（4）设备支撑形式。

（5）操作台立面示意图和主要尺寸，吊车梁的立面位置及高度。

立面图的剖切位置需要在平面图上加以标记。在立面图的下方应注明相应的剖视名称，如“A–A 剖视”“B–B 剖视”或“Ⅰ–Ⅰ剖视”“Ⅱ–Ⅱ剖视”等。剖视的名称在同一套图内不得重复，剖切位置需要转折时，一般以一次为限。

立面图可以和平面图绘制在同一张图纸上，也可单独绘制。立面图与平面图画在同一张图纸上时，应按剖视顺序，从左至右，由下而上，按顺序排列。当立面图与平面图分别画在不同图纸上时，在平面图上剖切符号的下方，用括号注明该视图所在图纸的图号，如图 5–13 所示。

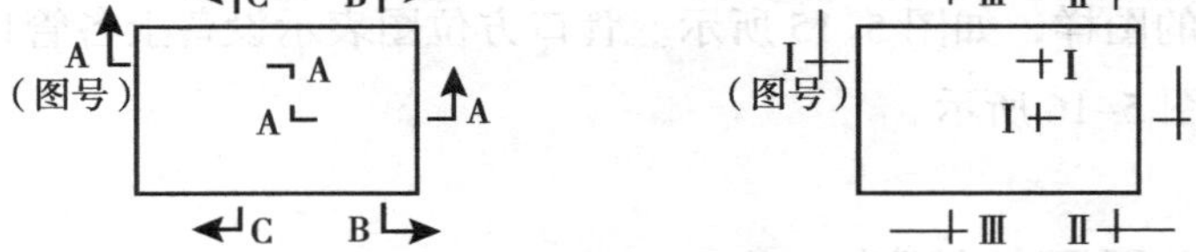

图 5–13　剖视图的剖切位置

四、不同设计阶段的车间布置图

在初步设计和施工图设计阶段中，都需要绘制车间布置图。初步设计阶段车间布置图是提供有关部门讨论审查和作为进一步设计的依据。施工图设计阶段车间布置图除供设计部门各专业人员为条件用途外，还是施工时设备安装就位的依据。

不同设计阶段的车间布置图因其作用不同，设计深度和表达要求也不相同。

初步设计阶段车间布置图如图 5-12 所示。由于这一阶段设备本身的安装方位一般尚未确定，管口等一律不予画出。设备安装孔、洞、操作平台等有待进一步设计，或是不画，或是简单表示。厂房建筑一般也只表示对基本结构的要求。因此，只需要用平面图表达设备的大致布置情况。如图 5-12 所示只用几个不同标高的平面图和一系列平面尺寸来表示设备的大致情况。

施工图设计阶段车间布置图需要用一组平面图、立面图来表示施工图设计时所确定的设备安装情况，如图 5-10 所示。有些设备的主要管口需要画出，厂房建筑需要进一步画出与设备安装定位有关的孔洞，操作平台等建筑物、构筑物及厂房建筑的基本结构。

五、车间布置设计的其他图样

除车间布置图外，在车间布置设计中，一般还应提供车间首页图、设备安装详图、管口方位图等。

当设计的车间范围较大，生产工段和辅助生产部门的项目较多时，以车间为单位绘制不能详细和清晰地表达时，车间布置图往往需要分区绘制，为了表达各分区之间的联系和提供一个整体的概念，尚需要绘制车间首页图，即总平面图作为整个车间全貌的介绍和各个分区的索引。如图 5-14 所示为车间首页图。

车间首页图包括各建筑物、构筑物轮廓线，门、窗、楼梯位置，柱网编号和尺寸，设备编号和定位尺寸，室外设备外形尺寸，操作支架及辅助设施示意图；界区内道路，铁路专用线，运搬设施，管廊、管沟、地坑、消防设施的位置及尺寸；单体接续线位置及编号，还有方位标以标明总图北向及本车间安装方位基准等。

设备安装详图是表示固定设备的支架、吊架、挂架、设备的操作平台、附属的栈桥、钢梯等结构的图样，如图 5-15 所示。管口方位图表示设备上各管口及支座等周向安装的图样，如图 5-16 所示。

六、车间布置图的绘制

在车间布置图中，设备、设备附件、传动装置等外形轮廓用粗实线或粗虚线绘制，支架、耳架用中粗实线绘制。在立面图中，设备的钢筋混凝土基础与设备外形轮廓组合在一起时，常将其与设备一起用粗实线绘制。外形复杂的设备，如压缩机、泵等，只需要画出基础外形，同一位号的设备多于 3 台时，可画出 1 台，其余用粗实线简画出其基础的矩形轮廓。1 台设备穿越多层建筑物、构筑物时，在每层平面图上均要画出设备的平面位置。设备在各立面图上一般只出现 1 次，无特殊需要，不重复画出。位于室外而

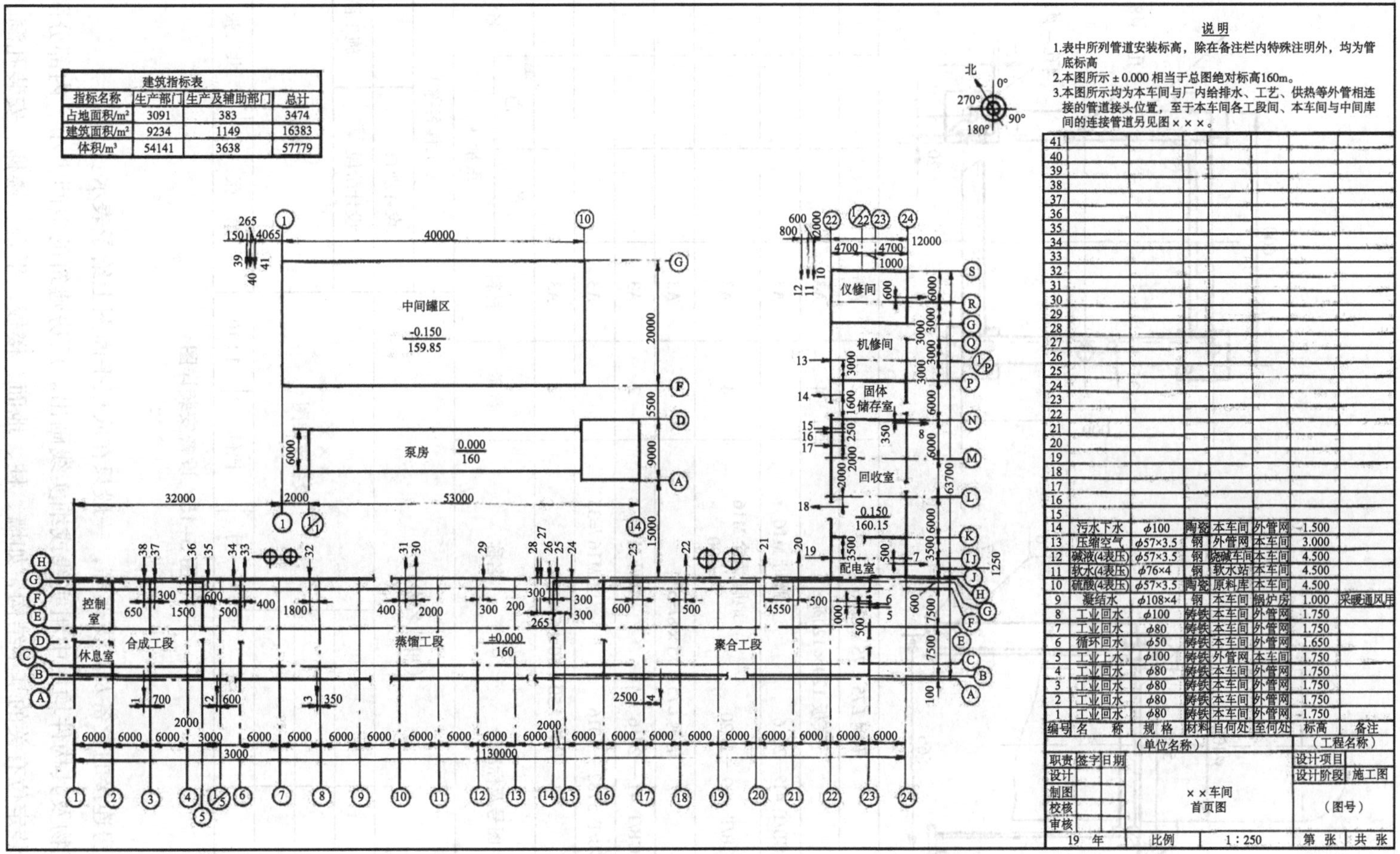
建筑指标表
指标名称 生产部门 生产及辅助部门 总计
占地面积/m² 3091 383 3474
建筑面积/m² 9234 1149 16383
体积/m³ 54141 3638 57779
说明
1.表中所列管道安装标高，除在备注栏内特殊注明外，均为管底标高
2.本图所示±0.000相当于总图绝对标高160m。
3.本图所示均为本车间与厂内给排水、工艺、供热等外管相连接的管道接头位置，至于本车间各工段间、本车间与中间库间的连接管道另见图×××。
北
0°
90°
180°
270°
中间罐区
-0.150
159.85
泵房
0.000
160
仪修间
机修间
固体储存室
回收室
0.150
160.15
配电室
控制室
休息室
合成工段
蒸馏工段
±0.000
160
聚合工段
40000
32000
53000
130000
63700
14 污水下水 ϕ100 陶瓷 本车间 外管网 -1.500
13 压缩空气 ϕ57×3.5 钢 外管网 本车间 3.000
12 碱液(4表压) ϕ57×3.5 钢 烧碱车间 本车间 4.500
11 软水(4表压) ϕ76×4 钢 软水站 本车间 4.500
10 硫酸(4表压) ϕ57×3.5 陶瓷 原料库 本车间 4.500
9 凝结水 ϕ108×4 钢 本车间 锅炉房 1.000 采暖通风用
8 工业回水 ϕ100 铸铁 本车间 外管网 1.750
7 工业回水 ϕ80 铸铁 本车间 外管网 1.750
6 循环回水 ϕ50 铸铁 本车间 外管网 1.650
5 工业上水 ϕ100 铸铁 外管网 本车间 1.750
4 工业回水 ϕ80 铸铁 本车间 外管网 1.750
3 工业回水 ϕ80 铸铁 本车间 外管网 1.750
2 工业回水 ϕ80 铸铁 本车间 外管网 1.750
1 工业回水 ϕ80 铸铁 本车间 外管网 -1.750
编号 名称 规格 材料 自何处 至何处 标高 备注
（单位名称）
（工程名称）
职责 签字 日期
设计
制图
校核
审核
××车间
首页图
设计项目
设计阶段 施工图
（图号）
19 年
比例 1:250
第 张 共 张

图5-14 车间首页图

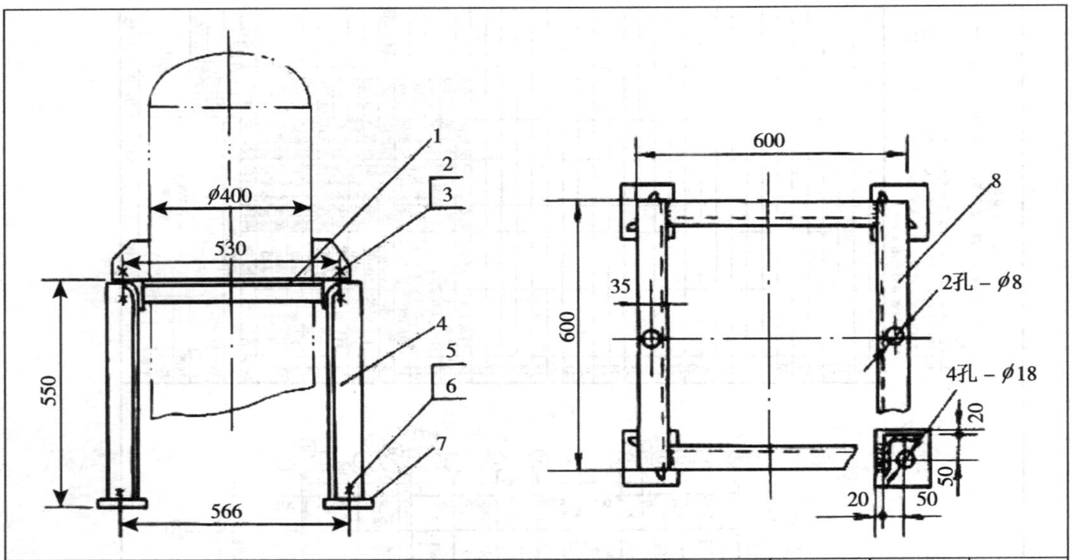

件号	图号及标准号	名称	数量	材料	单	总	备注
8		角钢 $L75\times75\times8l=600$	2	A3			
7		底板 $120\times120\delta=8$	4	A3			
6	GB/T 41—2016	螺母 M16		A3			
5	GB/T 799—2020	地脚螺栓 M16 $l=400$	4	A3			
4		角钢 $L75\times75\times8l=534$	4	A3			
3	GB/T 41—2016	螺母 M16	2	A3			
2	GB/T 5782—2016	螺栓 M16 $l=35$		A3			
1		角钢 $L50\times50\times5l=450$	2	A3			
件号	图号及标准号	名称	数量	材料	重量 /kg		备注

<table>
<tr><td colspan="4" rowspan="2">（单位名称）</td><td colspan="2">（工程名称）</td></tr>
<tr><td>设计项目</td><td></td></tr>
<tr><td>设计</td><td></td><td></td><td rowspan="4">××× 设备支架图</td><td>设计阶段</td><td>施工图</td></tr>
<tr><td>制图</td><td></td><td></td><td colspan="2" rowspan="3">（图号）</td></tr>
<tr><td>校核</td><td></td><td></td></tr>
<tr><td></td><td></td><td></td></tr>
<tr><td>审核</td><td></td><td></td><td>年　月 ｜ 比例 ｜ 1∶10</td><td>第　张</td><td>共　张</td></tr>
</table>

图 5-15　设备安装详图

又不与厂房连接的设备及其支架等，一般只在底层平面图上给予表示。

建筑物及其构件均用中粗实线或细实线画出。厂房建筑的空间大小、内部分隔及与设备安装定位有关的基本结构，如墙、柱、地面、楼板、平台、楼梯、安装孔洞、地坑、吊车梁、设备基础等，均应按比例用规定的图例画出；与设备安装定位关系不大的

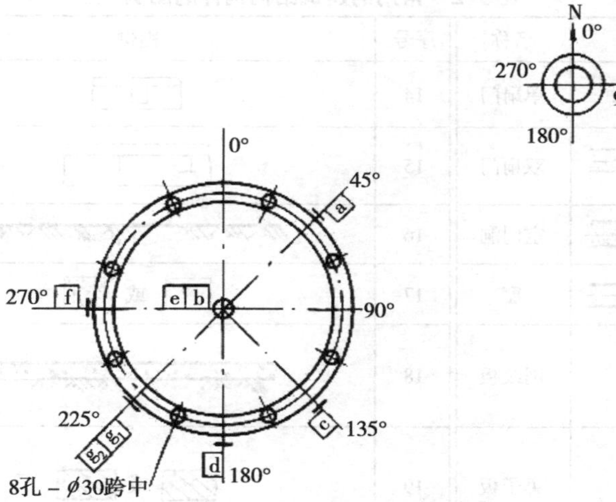

g_2					
g_1					
f					
e					
d					
c					
b					
a					
管口号	公称直径	方位	标高	法兰面至中心线距离	管口名称

	（单位名称）					（工程名称）	
						设计项目	
设备图号	设计			××× 设备 管口方位图		设计阶段	施工图
	制图					图号	
	校核						
设备位号	审核			年 月	比例	第 张	共 张

图 5–16 管口方位图

门、窗等构件，一般只在平面图中画出其位置及开启方向，在立面图上可以不予表示。承重墙、柱、梁等结构，应按建筑图要求用细点划线画出其建筑定位轴线。常用的建筑结构构件的图例如表 5–2 所示。

图幅一般采用 1 号图纸，如需要分绘在几张图纸上，则各张图纸的幅面应力求统一。绘图比例一般用 1∶50、1∶100、1∶200，有时也采用 1∶300 或 1∶500。同一张图纸上，各视图可采用不同比例，主要采用的比例注明在标题栏中，个别采用比例则注明在相应视图名称的下方或右方。

表 5-2 常用的建筑结构构件的图例

序号	图例	名称	序号	图例	名称
1	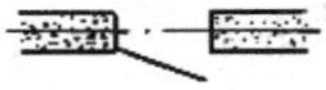	单扇门	14	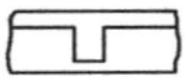	楼板
2		双扇门	15	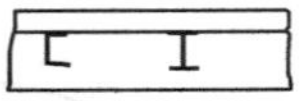	楼板及钢梁
3		空门洞	16		素土地面
4	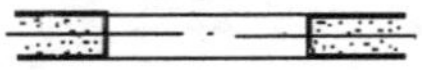	窗	17	 或 	混凝土
5	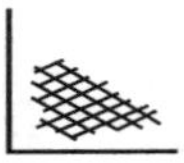	网纹板	18		混凝土地面
6	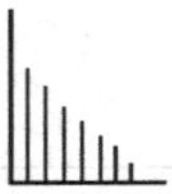	箅子板	19	 或 	钢筋混凝土
7		金属栏杆	20	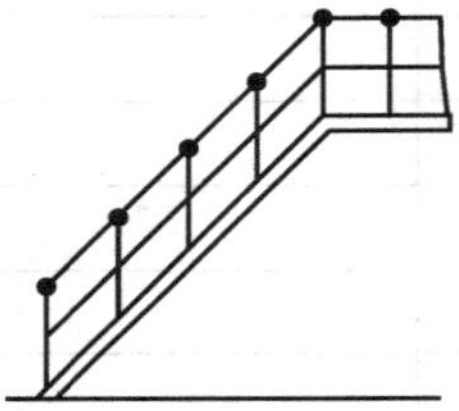	钢梯及平台
8	 或 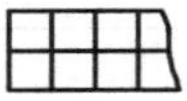	栏杆			
9		圆形地漏	21	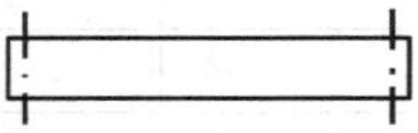 平面图 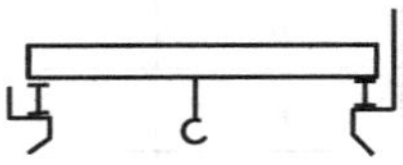 剖面图	桥式起重机
10		安装孔地坑			
11		地沟及混凝土盖板	22	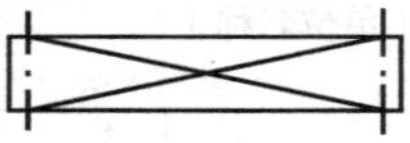 平面图 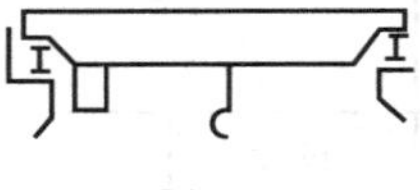 剖面图	电动桥式起重机
12		单跑梯	23	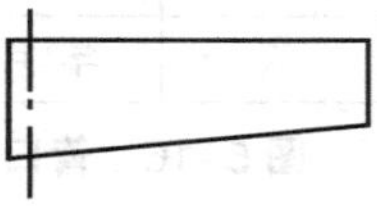 平面图 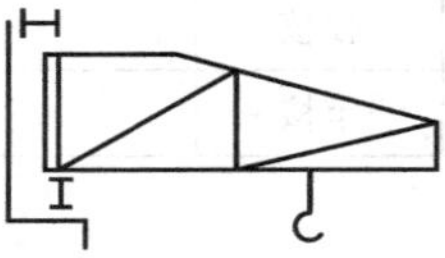 剖面图	悬臂式起重机
13	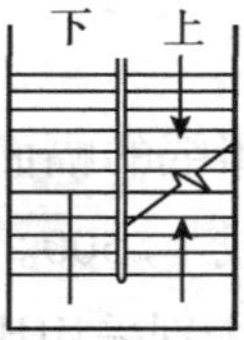	双跑梯	24	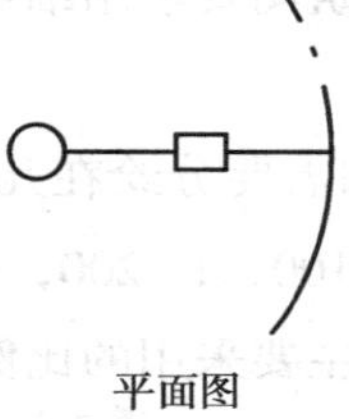 平面图 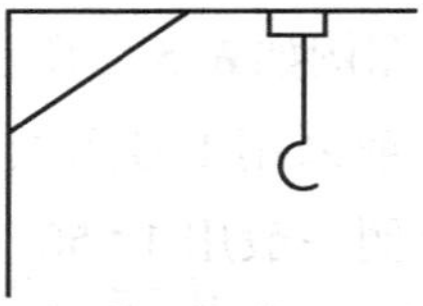 剖面图	旋臂式起重机

车间布置图绘制的步骤如下。

（1）考虑设备布置图的视图配置，选定绘图比例，确定图纸图幅。

（2）绘制平面图。从底层平面起往上按步骤逐层绘制：①画出建筑定位轴线；②画出与设备安装布置有关的厂房建筑基本结构；③画出设备中心线；④画出设备、支架、基础、操作平台等的轮廓形状；⑤标注尺寸；⑥标注定位轴线编号及设备名称、位号；⑦如有分区，还需要分区界线并标注。

（3）绘制立面图，步骤同平面图。

（4）绘制方位标。

（5）编制设备一览表，注写有关说明，填写标题栏。

（6）检查、校核，完成图样。

思考与练习题

（1）车间一般由哪几部分组成？

（2）车间布置设计的内容和原则是什么？

（3）设备布置设计中应考虑哪几个方面？

（4）厂房的宽度、长度、高度如何确定？

（5）设计绘制以98%硫酸为原料，稀释生产30%硫酸、生产规模20000t/a的车间设备布置图。

（6）车间厂房布置有哪几类基本形式？ 它们各有什么优缺点？

（7）熟悉典型化工设备的布置方案。

（8）设备布置设计主要有哪几个阶段？各阶段分别有哪些任务？

（9）设备布置图有哪几项的基本内容？

（10）在设备布置图中怎样表示建（构）筑物结构？

（11）如何在设备布置图中标注设备的水平尺寸和竖向尺寸？

第六章　管道布置设计

管道布置设计是车间管道设计中的一项重要内容，也是一个项目工艺专业设计的最后一大内容，正确设计管道和敷设管道，可以减少基建投资，节约金属材料，保证正常生产。管道布置设计需要依据带控制点的工艺流程图、设备布置图、施工详图及土建、自控、电气、暖通、给排水等相关专业的图纸和资料，根据管道布置原则，对管道做出适合于工艺要求的合理的布置设计，并绘出管道布置图。

第一节　管道布置设计的任务和要求

一、管道布置设计的任务

（1）确定各个设备的管口方位和与之相连接的管段的接口位置，画出管口方位图。

（2）确定管道的安装连接和铺设、支承方式。

（3）确定各管段（包括管道、管件、阀门及控制仪表）在空间的位置，画出管段图（也叫空视图或单线图）。

（4）画出管道布置图，表示出所有管道在平面、立面的空间位置，作为管道安装的依据。

（5）编制管道综合材料表，包括管道、管架、管件、阀门、型钢等的材质、规格和数量、设备支架材料、保温防腐材料。

二、管道布置设计的要求

化工生产产品品种繁多，管道多种多样，操作条件各不相同，输送介质性质复杂，要对管道的布置做出统一的规定是很难的，因此应根据具体的生产流程特点结合设备布置、建筑物和构筑物的情况及非工艺专业的安排进行综合考虑，对车间所有的管道，包括生产系统管道、辅助生产系统管道、电缆、照明管道、仪表管道、采暖通风管道等做出全盘规划，各安其位。管道布置设计应符合生产工艺流程的要求，保证生产正常和操作安全，便于操作管理，便于安装和检修，尽可能节约材料和动力消耗，减少投资，并做到整齐美观。

管道布置设计的要求具体如下。

（一）符合工艺要求

工艺对配管的要求体现在工艺专业提交给配管专业的设计基础资料中，如工艺管道及仪表流程图表示了管道连接流向，物流的引出或汇入点及其特殊要求，管径的放大或缩小，液封的高度，指定的阀门、法兰、仪表元件、取样点、腐蚀检测点等的位置，管道材料选用级别（管道分级）的分界点，管道隔热伴热范围等。

（二）施工、操作及维修要求

（1）管道布置应尽量架空敷设，采取明线，必要时可沿地面敷设或埋地敷设，也可沿管沟敷设。敷设应整齐有序，横平竖直，成组成排，便于支撑。管道垂直面排列的基本原则为：①热介质管道在上，冷介质管道在下；②无腐蚀性介质的管道在上，有腐蚀性介质的管道在下；③小管道应尽量支承在大管道上方或吊在大管道下方；④气体管道在上，液体管道在下；⑤不经常检修的管道在上，检修频繁的管道在下；⑥高压介质管道在上，低压介质管道在下；⑦保温管道在上，不保温管道在下；⑧金属管道在上，非金属管道在下。管道水平面排列（室内沿墙敷设）的基本原则为：①大管道靠墙，小管道在外；②常温管道靠墙，热管道在外；③支架少的靠墙，支架多的在外；④不经常检修的管道靠墙，经常检修的管道在外；⑤高压管道靠墙，低压管道在外。

（2）管道应尽量集中布置在公用管架上，成列平行敷设，尽量走直线，少拐弯，少交叉，不妨碍门、窗开启，不妨碍设备、管件、阀门、仪表的安装和检修；不影响设备吊装及安全设施；避开门、窗和梁，避免通过电动机、配电盘、仪表盘的上空；塔和容器的管道不可从人孔正前方通过；管道与装置内的电缆、照明灯分区行走，不与仪表电缆碰撞。

（3）在车间内，管道应尽可能沿厂房墙壁安装，管架可固定在墙上，或沿天花板及平台安装；在露天的生产装置，管道可沿柱架或吊架安装。为了方便管道的安装、检修及防止变形后碰撞，管道之间、管道和墙间应保持一定的间距，以能容纳活管接、管件、阀门或法兰及能进行检修为度。管道与墙间的安装距离如表 6-1 所示。

表 6-1 管道与墙间的安装距离

公称直径（D_g）/mm		25	40	50	70	80	100	125	150	200	250	300	350
管中心与墙面的距离 /mm	不保温管	110	120	130	140	150	160	170	190	220	250	280	310
	保温管	130	140	150	170	170	190	210	230	260	290	320	350

并列管道上的法兰等管件及阀门位置应错开排列，以减小间距，如表 6-2 所示。

（4）为防止滴漏，对于不需要拆修的管道连接，通常都在焊接需要拆修的管道中适当配置一些法兰与活管接。

（5）管道穿过墙壁、楼板及平台时，应在墙面和楼板上预留孔或预埋套管，让管线穿过孔或套管，防止管道移动或振动时对墙面或楼板造成损坏。留孔的大小应不小于管外径或隔热层外径加 50mm，管道有横向位移时，孔径应适当加大。有伴热管且隔热层的中心与管中心不重合时也应适当加大孔洞。安装或检修时管道法兰需要从孔洞抽出时，孔洞的大小应为法兰外径加 50mm。楼板上的孔洞必要时应设挡水堰或套管并高出楼板面约 50mm，处于顶层者必要时应设防雨罩，管道的焊缝不应位于孔洞范围内。管道不应穿过防火墙和防爆墙。

（6）为安装和操作方便，管道上的阀门和仪表的布置高度（高出地面、楼板、平台表面的高度）可参考以下数据。

阀门（包括球阀、截止阀、闸阀等）	1.2 ~1.6m
安全阀	2.2m
温度计、压力计	1.4 ~1.6m
取样阀	1m 左右

（7）管道穿过防爆区时管子和隔板间的孔隙应用水、沥青等封固，或采用填料函式的结构。

（8）管道与阀门一般不宜直接支承在设备上；距离较近的两设备间的连接管道不应直连，应用 45° 或 90° 弯接。

（三）物料要求

（1）输送有毒或有腐蚀性介质的管道，不得铺设在通道上空和并列管线的上方和内侧，不得在人行道上空设置阀件、伸缩器、法兰等，以免管道泄漏时发生事故。

（2）输送易燃、易爆、有毒或有腐蚀性介质的管道，不得铺设在生活间、楼梯、走廊和门等处，管道上还应设置安全阀、防爆膜、阻火器、水封等防火、防爆安全装置，放空管应引至指定地点或高过屋面 2m 以上。

（3）由聚氯乙烯、橡胶等不能耐较高温度的材料制成的管道，应避开热管道。若在一个管架上，热的管道应安装在最上面。输送冷流体（如冷冻盐水）的管道应避开热

表 6-2 管道并排而法兰错排时的管道间距

公称直径(D_g)/mm	25		40		50		70		80		100		125		150		200		250		300	
	A	B	A	B	A	B	A	B	A	B	A	B	A	B	A	B	A	B	A	B	A	B
25	120	200																				
40	140	210	150	230																		
50	150	220	150	230	160	240																
70	160	230	160	240	170	250	180	260														
80	170	240	170	250	180	260	190	270	200	280												
100	180	250	180	260	190	270	200	280	210	310	220	300										
125	190	260	200	280	210	290	220	300	230	310	240	320	250	330								
150	210	280	210	300	220	300	230	300	240	320	250	330	260	340	280	360						
200	230	310	240	320	250	330	260	340	270	350	280	360	290	370	300	390	300	420				
250	270	340	270	350	280	360	290	370	300	380	310	390	320	410	340	420	360	450	390	480		
300	290	370	300	380	310	390	320	400	330	410	340	420	350	440	360	450	390	480	410	510	400	540
350	390	400	330	410	340	420	350	430	360	440	370	450	380	470	390	480	420	510	450	540	470	570

注：① A 代表不保温管，B 代表保温管；②保温管与保温管相邻排列时，间距 =（不保温管间距 + 保温管间距）/2；③若是螺纹连接的管子，间距可按上表减去 20mm；④管沟中管壁与管壁之间的净距为 160~180mm，管壁与沟壁之间的距离为 200mm 左右；⑤本表适用于室内管道安装，不适用于室外长距离管道安装。

流体（如蒸气）管道。

（4）蒸气管道上每隔一定距离应安装冷凝水排除器，长距离输送液化气体的管道在一定距离处应装设垂直向上的膨胀器。

（5）管道敷设应有一定的坡度，坡度方向一般均沿着介质流动方向，一般为5/1000~1/100。输送气体和易流动介质的管道的一般坡度为0.003~0.005，如表6-3所示。输送含固体或黏度较大介质的管道，坡度要求大些，可达0.01。埋地管道及敷设在管沟中的管道，如在停止生产时起积存介质不考虑排尽，则不考虑敷设坡度。

表6-3 输送气体和易流动介质的管道的一般坡度

蒸气	5/1000	生产废水	1/1000
蒸气冷凝水	3/1000	压缩空气、氮气	4/1000
清水	3/1000	真空	3/1000
冷冻水及冷冻回水	3/1000		

（6）真空管线应尽量短，尽量减少弯头和阀门，以降低阻力，达到更高的真空度。

（四）安全生产要求

（1）架空管道与地面的距离除符合工艺要求外，还应便于操作和检修。管道跨越通道时，最低点离地距离：通过人行道时不低于2m；通过公路时不低于4.5m；通过铁路时不低于6m；通过厂区主要交通干线时不低于5m。

（2）直接埋地或管沟中铺设的管道通过道路时，应加套管等加以保护。

（3）输送易燃易爆介质的管道应采取接地措施，防止介质在管内流动产生静电聚集而发生危险。

（4）不锈钢管道不宜与碳钢管道直接接触，要采用胶垫隔离等措施，避免发生电化学腐蚀。

（5）玻璃管等脆性材料管道的外面最好用塑料薄膜包裹，防止管道发生破裂。

（6）长距离输送蒸气或其他热物料的管道，应考虑热补偿问题，如在2个固定支架间设置补偿器和滑动支架。

此外，管道布置时还应兼顾电缆、照明、仪表及采暖通风等其他非工艺管道布置。

第二节 管道布置

一、管道布置的种类

管道布置的方式可以分为地上布置和地下布置2类。

（一）地上布置

地上布置即是通常所称的架空布置。架空布置是管道敷设的主要方式，具有便于施工、操作、检查、维修及经济等特点，能采用这种方式的均应采用这种布置方式。

架空布置具有下列3种类型。

（1）管道成排集中布置在管廊、管架或管墩上。连接2个或多个距离较远的设备之间的管道、进出装置的工艺管道及公用工程干管采用这种布置方式。管廊规模大，联系的设备数量多，可有各种平面形状及分支，宽度可达10m甚至10m以上，管廊下方可布置泵和其他设备，上方布置空气冷却器。管架则较小和较少。管墩实际上是一种低的管架敷设，管道下方不通行，可以是混凝土构架或混凝土和钢的混合构架，也可以是枕式的混凝土墩（只适合单层布置）。

（2）管道分散地或小规模成组敷设在支吊架上，支吊架常生根于建筑物、构筑物、设备外壁和设备平台上。管道沿建筑物或构筑物的墙、柱、梁、基础、楼板、平台及设备（如各种容器）外壁时可采用这种方法布置。沿地面布置的管道，其支架则生根于小混凝土墩上或放置在铺砌面上。

（3）特殊管道的布置。有色金属、玻璃、搪瓷和塑料等管道，强度低，脆性高，支承上要给予特别的考虑，可将其布置在型钢构成的槽架上，必要时可加软质材料、衬垫等。

（二）地下布置

地下布置包括直接埋地敷设和管沟敷设2种。

（1）埋地敷设。埋地敷设充分利用地下的空间，可使地面空间显得较为简洁，并且一般不需要特别的支承措施。但该布置方式具有管道容易腐蚀，检修困难，在车行道处有时需要特别处理以承受大的载荷，低点排液不便，有物质凝固在管内时处理困难等缺点。因此，只有在不可能采用架空装置时，才采用该法。直接埋地敷设的管道最好是输送无腐蚀性或腐蚀性轻微的介质，如常温或温度不高、不易凝固、不含固体、不易自聚的介质。无隔热层的液体和气体介质管道也可埋地敷设。

（2）管沟敷设。管沟分为地下式或半地下式2种，地下式是指整个沟体包括沟盖都在地面以下，半地下式是指沟壁和沟盖有一部分露出在地面以上。管沟可以有沟盖，也可以铺格栅或完全敞口。管沟内常设有支架和排水地漏。与埋地敷设相比，管沟敷设检修较方便，同时可敷设有隔热层、温度高、输送易凝介质或有腐蚀性介质的管道。缺点是费用高，占地面积大，与其他埋地管道交叉时有一定困难，需要设排水点，但排水点由于相对标高较低，易积聚污物，清理困难。因此，只有在必要时才采用管沟敷设。

二、管道和管架的安装布置原则

管道是靠管架来支承、固定和约束的，管架分室外管架和室内管架2类。室外管架一般由独立的支柱或带有衍架式形成的管廊或管桥组成；室内管架常利用厂房的柱子、墙面、楼板或设备的操作平台进行支承和吊挂。任何管道不是直接铺设在管架梁上，而是用支吊架支承或固定在支架梁上。管架（如管卡、支架、吊架）按其作用主要分为固定支架、滑动支架、导向支架和弹簧支吊架。固定支架用在管道上不允许有任何位移的地方；滑动支架只起支撑作用，允许管道在平面上有一定位移；导向支架用于允许管道有轴向位移，但不允许横向位移的地方；弹簧支吊架用于管道有垂直位移的场合。管道支吊架已有标准设计，可按《管架通用系列》选用。

（一）管道在管架上的平面布置

（1）大直径、液体等较重的管道应布置在靠近支柱处，公用工程管道布置在管架中，支管引向左侧的布置在左侧，反之布置在右侧。Π形补偿器应组合布置，将补偿器升高一定高度后水平置于管道上方，并将最热和直径大的管道放在最外边。

（2）连接管廊同侧设备的管道布置在设备同侧的外边；连接管架两侧的设备的管道布置在公用工程管线的左、右两边。进、出车间的原料和产品管道可根据其转向布置在右侧或左侧。

（3）采用双层管架时，公用工程管道一般置于上层，工艺管道置于下层；装腐蚀性介质的管道布置在下层和外侧；为节约管架宽度，节省材料，小直径管道可支承在大直径管道上。

（4）高温或低温管道要用管托将管道从管架上升高0.1m，以利保温。

（5）管架支管上的切断阀应布置成一排，其位置应能从操作台或管廊上的人行道上进行操作和检修。

（6）支架间的距离要适当，固定支架距离太大时，热膨胀会导致产生弯曲变形；活动支架间的距离太大时，两支架间的管道因管道自重而产生下垂。管道支架间距如表6-4所示。

表 6-4 管道支架间距

公称直径 /mm	固定支架最大间距 /m			活动支架最大间距 /m	
	Π 形补偿器	L 形补偿器		保温	不保温
		长边	短边		
20				4.0	2.0
25	30	15	2.0	4.5	2.5
32	35	18	2.5	5.5	3.0
40	45	20	3.0	6.0	3.5
50	50	24	3.5	6.5	4.0
80	60	30	5.0	6.5	6.0
100	65	30	5.0	11.0	6.5
125	70	30	6.0	12.0	7.5
150	80	30	6.0	13.0	9.0
200	90			15.0	12.0
250	100			17.0	14.0
300	115			19.0	16.0
350	135			21.0	18.0
400	145			21.0	19.0

（二）管架和管道的立面布置

（1）管底标高：低管架（不通行处）不小于 0.3m；通行处采用中管架，不小于 2m；通行处采用高管架，若排管下面不布置机、泵，不低于 3.2m，若布置机、泵，则不低于 4m。管路通过公路不低于 4.5m；通过铁路不低于 6m；通过厂区主要交通干线不低于 5m。

（2）操作平台下面的管道进入管道上层，则上层管道标高可根据操作平台标高来确定。

（3）同方向的两层管道的标高相差 1.0~1.6m，总管上引出的支管比总管高或低 0.5~0.8m。管道方向改变时要同时改变标高。

（4）装有孔板的管道宜布置在管架外侧，并尽量靠近柱子。自动调节阀可靠近柱子布置，并用柱子固定。管廊上层设有局部平台或人行道时，经常使用的阀门和仪表布置在管架上层。

第三节　管道布置图

一、管道布置图的内容

管道布置图又称为管道安装图或配管图，它是车间内部管道安装施工的依据。管道布置图应完整地表示出车间内全部管道、管件、阀门、管架、管道上的仪表控制点等的布置安装情况，有关的定位尺寸，以及设备的简单形状，建（构）筑物轮廓，管道与设备、厂房的关系等。

管道布置图包括以下5种图样。

（一）管道平、立面布置图

管道平、立面布置图是用来表达车间或装置内管道的空间位置情况的图样，是根据设备平面布置图和工艺流程图来绘制的。一般情况下，只需要绘制管道平面布置图，只有当平面图上不能清楚地表达管道布置情况时，才绘制部分立面图、剖面图或向视图。

如图6–1所示为管道布置图，通过±0.00平面图、A–A剖视图、B–B剖视图及C向视图表达车间的管道布置要求。

（二）管道空视图

管道空视图是用来表达整个装置或工段中一个设备至另一个设备的一个管段及其所附管件、阀门、控制点等具体配制情况的空间图样。它立体感强，图面清晰、美观，便于阅读，便于施工。但绘制工作量大，若借助计算机辅助设计，可使绘制工作简化。

（三）蒸气伴管系统布置图

蒸气伴管系统布置图是表达车间内各蒸气分配管与冷凝液收集管系统平面和立面布置的图样。

（四）管件图

管件图是表达管件的零部件图样，有时需要画出特殊管件的管件图。

（五）管架图

管架图是表达管道支吊架的零部件图样。

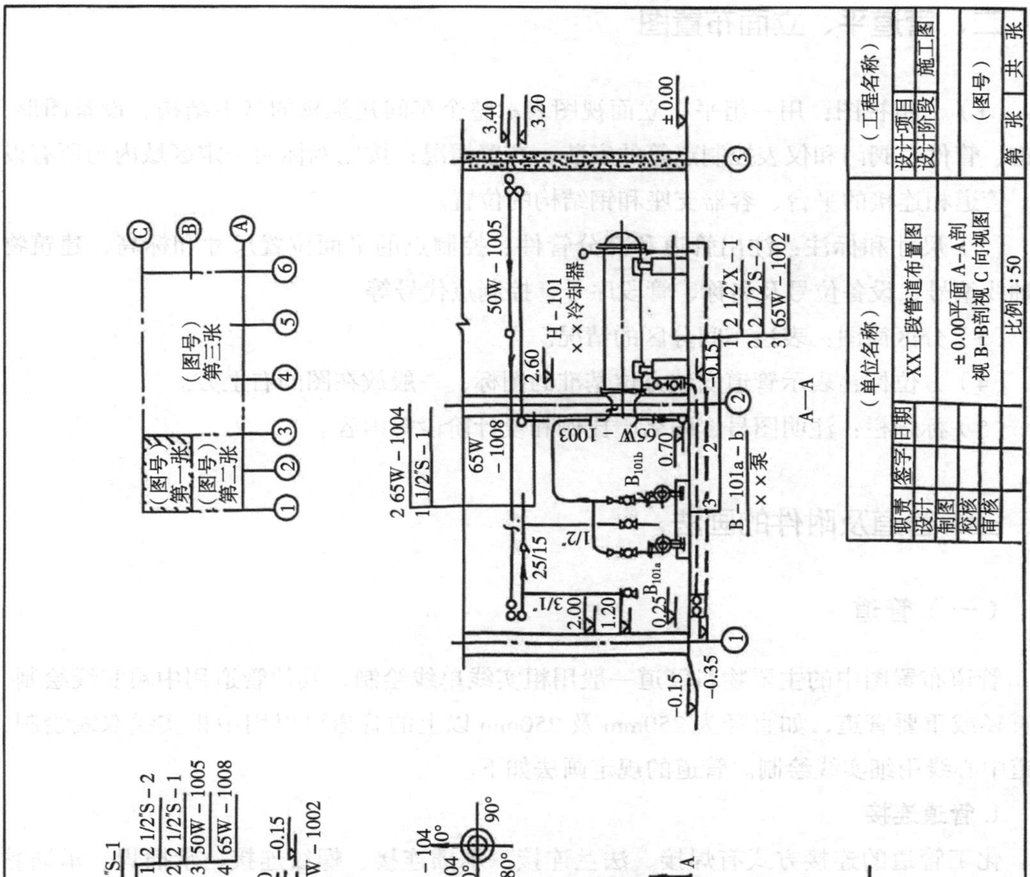
(单位名称)
XX工段管道布置图
±0.00平面 A-A剖视 B-B剖视 C向视图
比例1:50
(工程名称)
设计项目
设计阶段
施工图
(图号)
第 张 共 张
职责 签字 日期
设计
制图
校核
审核
±0.00平面
A—A
B—B
C向
M1:25
H-101 ××冷却器
B-101a-b ××泵
R-101 XX贮槽

图6-1 管道布置图

二、管道平、立面布置图

（1）一组视图：用一组平、立面视图表示整个车间建筑物的基本结构、设备图形、管道、管件、阀门和仪表控制点等的安装、布置情况；按比例标明一定区域内与所有设备、管道相连接的平台、容器支座和钢结构的位置。

（2）尺寸和标注：注出管道和部分管件、控制点的平面位置尺寸和标高，建筑物的轴线编号、设备位号及名称、管段序号、控制点代号等。

（3）分区简图：表达车间分区的情况。

（4）方位标：表示管道安装方位基准的图标，一般放在图的右上方。

（5）标题栏：注明图号、图名、比例和设计阶段等内容。

三、管道及附件的画法

（一）管道

管道布置图中的主要物料管道一般用粗实线单线绘制，其他管道用中粗实线绘制。大直径或重要管道，如直径为 250mm 及 250mm 以上的管道可以用中粗实线双线绘制，管道中心线用细实线绘制。管道的规定画法如下。

1. 管道连接

化工管道的连接方式有焊接、法兰连接、承插连接、螺纹连接、承插焊、承插黏接、卡套连接、卡箍连接等。所有压力管道（如煤气、蒸气、空气、真空等管道）尽量采用焊接；密封性要求高的管子采用承插焊接；大管径、密封性要求高的管子（如真空管、玻璃、塑料、阀件）与管道或设备的连接采用法兰连接；管径≤ 50mm 的低压焊接钢管、镀锌焊接钢管或硬聚氯乙烯塑料管与管或带螺纹的阀门、管件相连接采用螺纹连接；埋地或沿墙敷设的给排水管（如铸铁管、陶瓷管、石棉水泥管与管或阀门、管件）的连接采用承插连接；各种塑料管（如 ABS 管、玻璃钢管）可用承插黏接；管径≤ 42mm 的金属管与金属管件或与非金属管件、阀件的连接采用卡套连接；金属管插入非金属管用卡箍连接。不同连接方式一般可不一一画出，只在管道布置图的适当地方，或者在文件中统一说明。必要时可按如图 6–2 所示的管道连接方式的画法绘制。

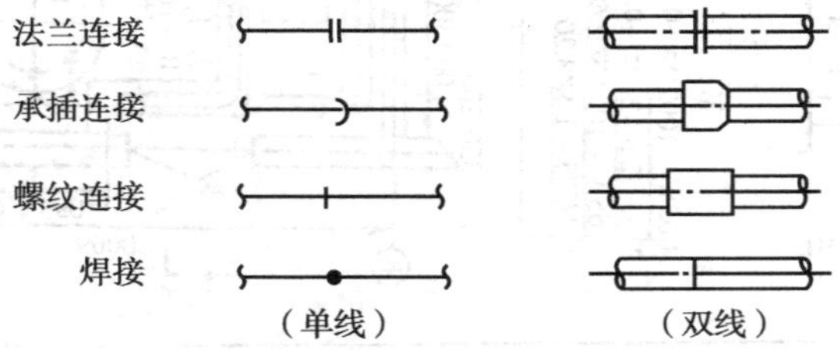

图 6–2　管道连接方式的画法

2. 管道转折

管道转折而改变走向时，可按如图 6–3 所示的管道转折的画法绘制。

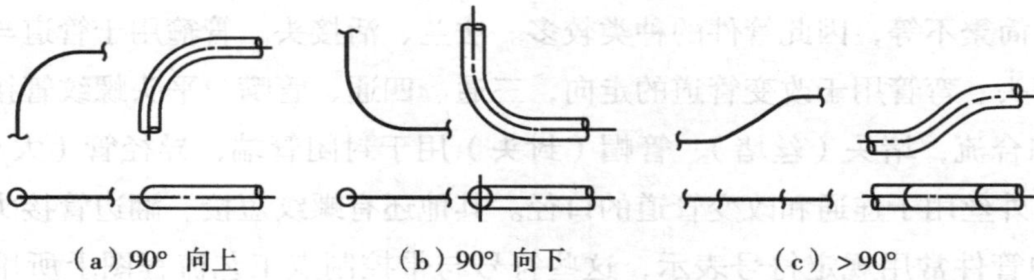

图 6–3 管道转折的画法

3. 管道交叉

当上下或前后 2 根管道交叉，投影相交时，可用 2 种方法表示，一是将下方（或后方）被遮住的管道投影在交叉处断开，如图 6–4（a）所示；二是将上方（或前方）的管道投影在交叉处断开，看见下面的管子，并画出断裂符号，如图 6–4（b）所示。

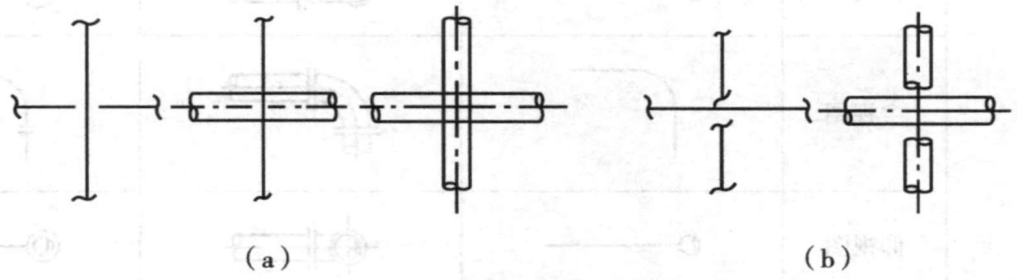

图 6–4 管道交叉的画法

4. 管道重叠

当许多管道处在同一平面时，垂直面上的这些管道的投影将会重叠。这时可依次将前方（或上方）的管道投影断开，画出断裂符号，后方（或下方）的管道投影在断裂符号处断开，如图 6–5（a）、图 6–5（b）、图 6–5（c）所示；多根平行管道的重叠投影，一般可在各自投影的断开或断裂处注写字母，如图 6–5（d）所示。

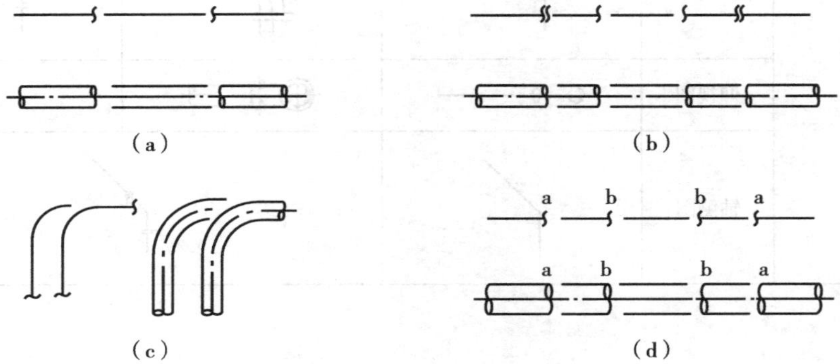

图 6–5 管道重叠的画法

（二）管件

在管系中改变走向、标高、管径及由主管上引出支管等均需要用管件，由于管系形状各异、简繁不等，因此管件的种类较多。法兰、活接头、管箍用于管道与管道之间的连接，弯头、弯管用于改变管道的走向，三通、四通、管嘴、平头螺纹管接头用于管道的分流和合流，堵头（丝堵）、管帽（封头）用于封闭管端，异径管（大小头）、异径管箍、内外丝用于连通和改变管道的口径。其他还有螺纹短接、翻边管接头等。在管道布置图中管件常用规定符号表示，这些符号与带控制点工艺流程图上所用的基本相同。管道布置图中管件图例如表6–5所示。

表6–5　管道布置图中管件图例

项目	视图	螺纹与焊接	法兰	
			双线	单线
90°弯头	俯视图			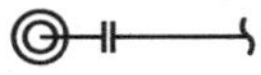
	主视图			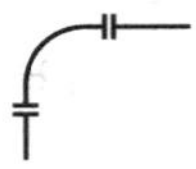
	仰视图			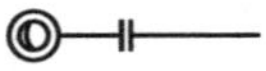
	轴侧图	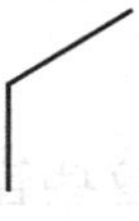	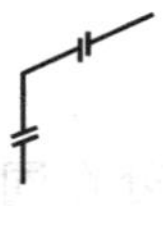	
45°弯头	俯视图		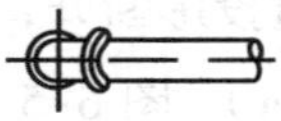	
	主视图			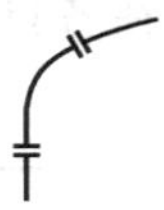
	仰视图		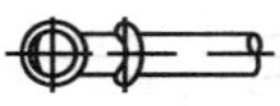	
	轴侧图			

续表

项目	视图	螺纹与焊接	法兰	
			双线	单线
三通	俯视图	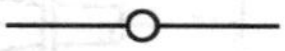		
	主视图	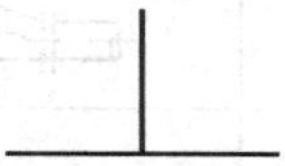	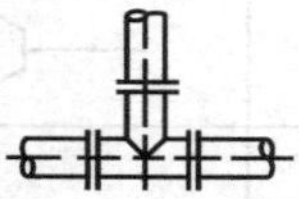	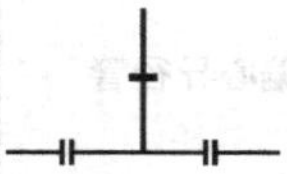
	仰视图			
	轴侧图		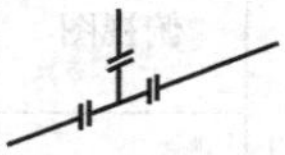	
45°斜接管	俯视图		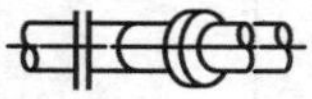	
	主视图	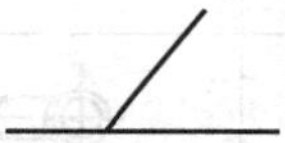		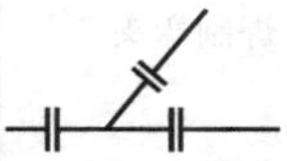
	仰视图		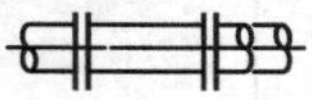	
	轴侧图			
四通	俯视图 仰视图	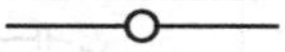		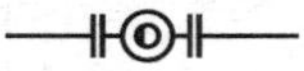
	主视图		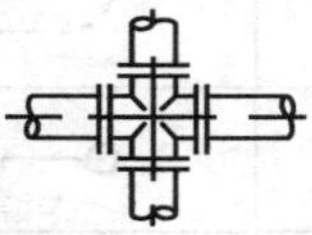	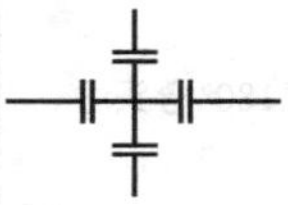
	轴侧图	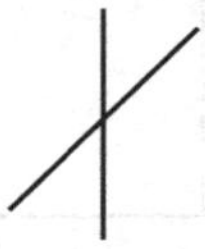	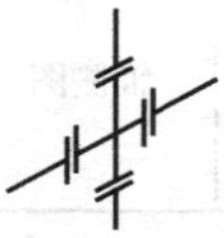	
同心异径管	俯视图 仰视图 主视图	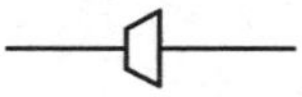		
	轴侧图	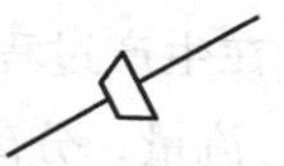		

续表

项目	视图	螺纹与焊接	法兰	
			双线	单线
偏心异径管	俯视图 仰视图	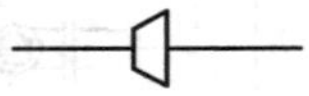		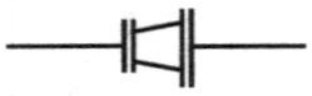
	主视图	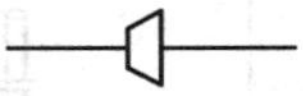		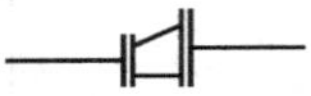
	轴侧图	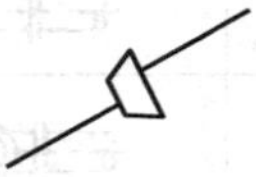		
焊制弯头	俯视图			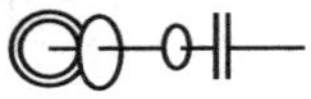
	主视图		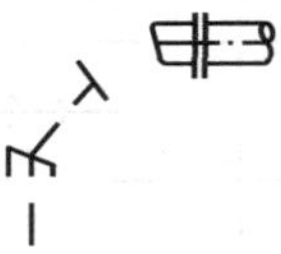	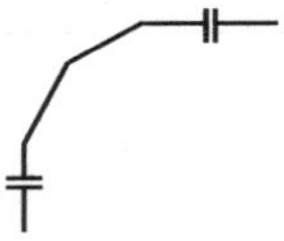
	仰视图			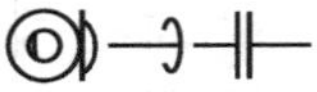
	轴侧图		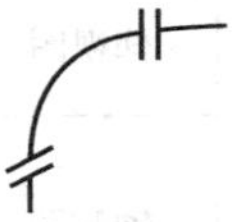	
180°弯头	俯视图	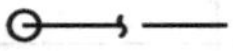		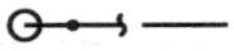
	主视图	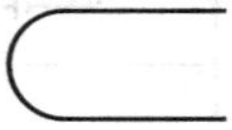	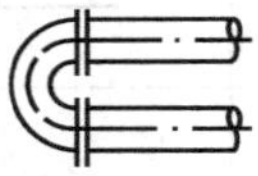	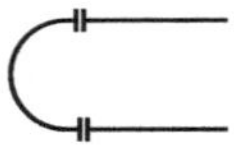
	仰视图	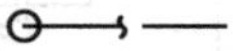	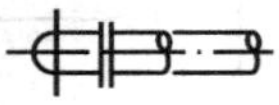	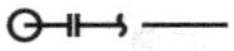
	轴侧图		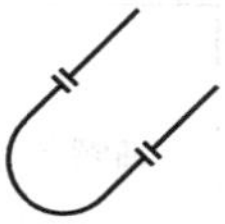	

（三）阀门

阀门是化工管道系统的重要组成部件，在生产过程中起着重要的作用，具有接通和截断介质，防止介质倒流，调节介质压力、流量，分离、混合或分配介质，防止介质压力超过规定数值，保证管道或设备安全运行等功能。阀门的种类很多，化工管道常用的阀门有球阀、闸阀、旋塞阀、碟阀、柱塞阀、止回阀、安全阀、减压阀、截止阀、节流阀、隔膜阀、疏水阀等。阀门也是用简单的图形和符号表示，与工艺流程图中的画法相同，用细线画出，手轮的安装方向和主阀所带的旁路阀也应画出。管道布置图中阀门图例如表 6–6 所示。

表 6–6 管道布置图中阀门图例

序号	名称	主视图	俯视图	仰视图	左（右）视图	轴侧图
1	闸阀	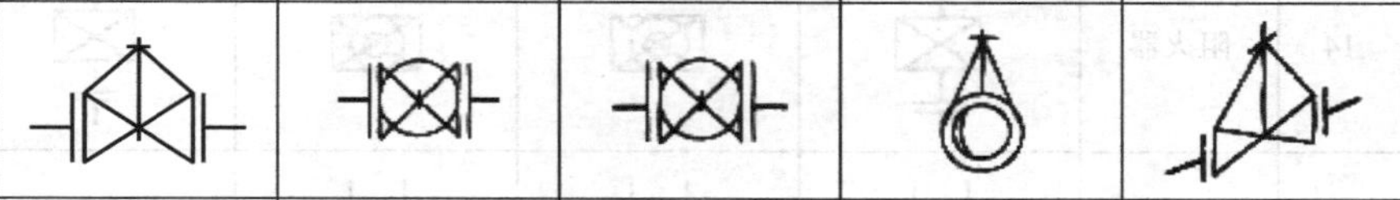				
2	截止阀	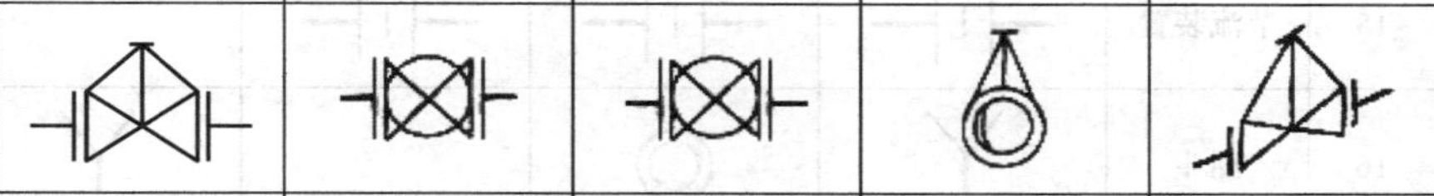				
3	止回阀					
4	旋塞阀					
5	隔膜阀	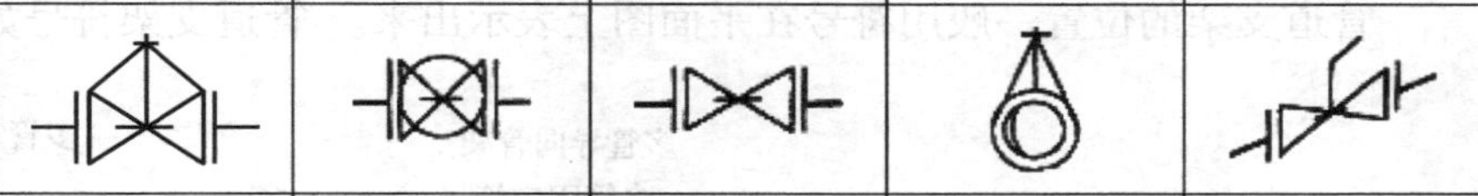				
6	碟阀	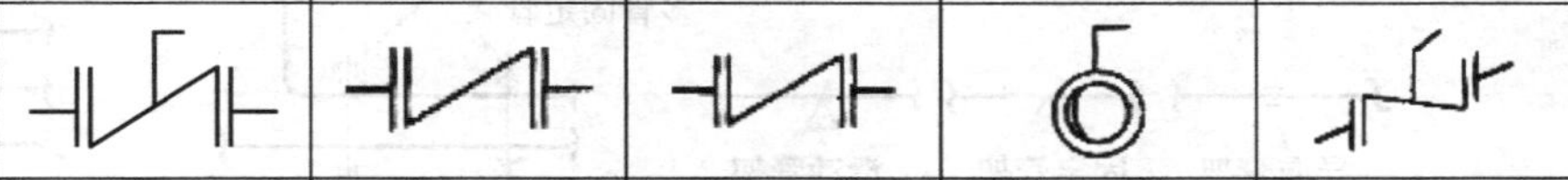				
7	角阀	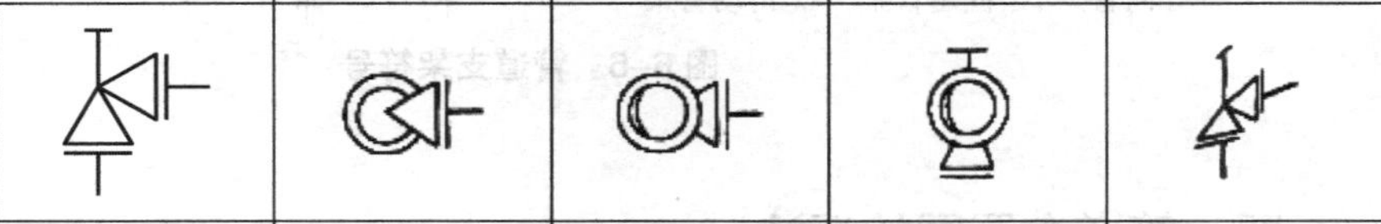				
8	球阀	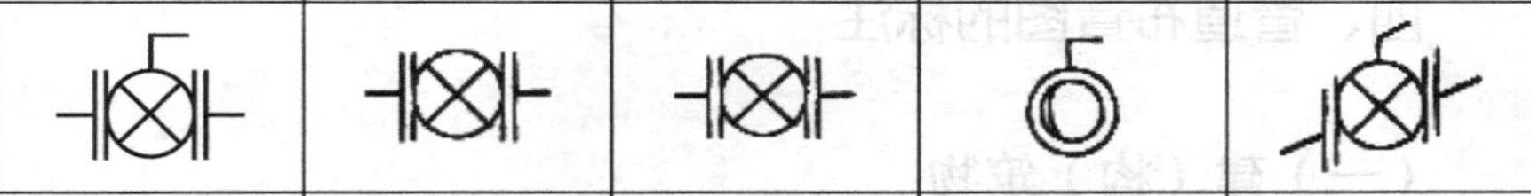				
9	节流阀	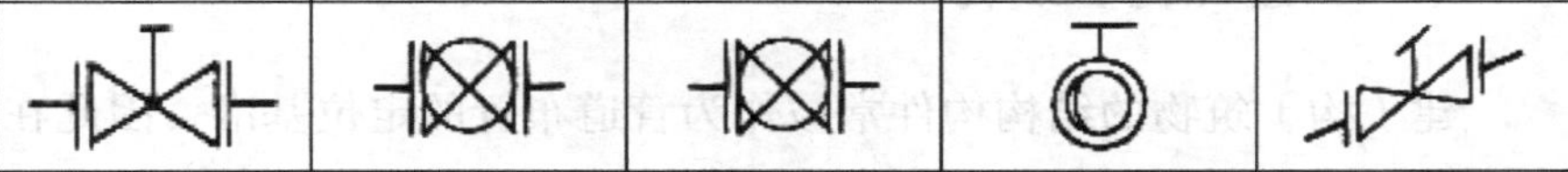				
10	放料阀	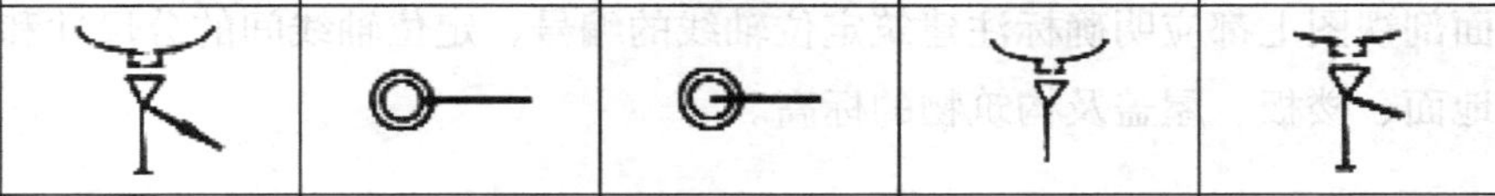				
11	Y 型阀	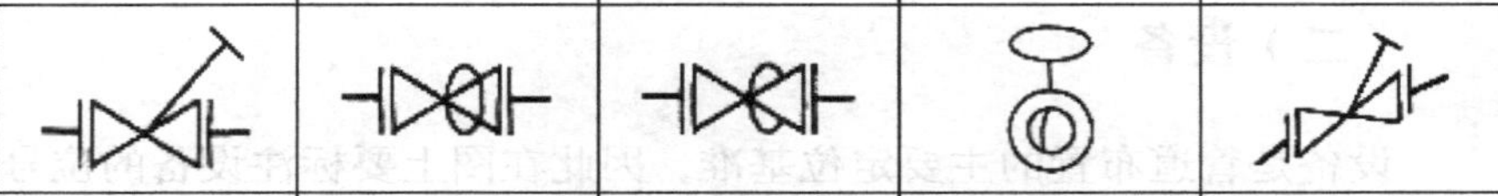				
12	三通旋塞	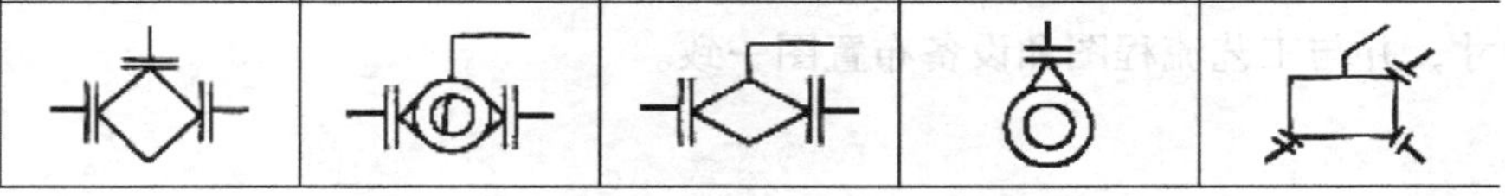				

续表

序号	名称	主视图	俯视图	仰视图	左（右）视图	轴侧图
13	安全阀		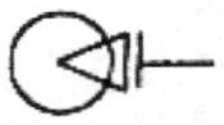	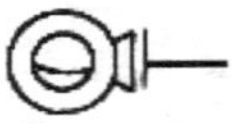		
14	阻火器					
15	节流装置	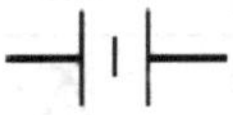		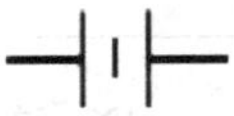		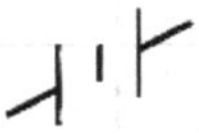
16	漏斗					

（四）管道支架

管道支架的位置一般用符号在平面图上表示出来。管道支架符号如图 6–6 所示。

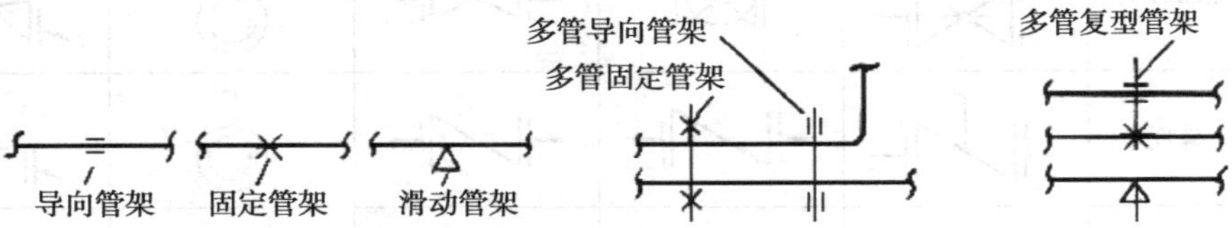

图 6–6　管道支架符号

四、管道布置图的标注

（一）建（构）筑物

建（构）筑物的结构构件常被作为管道布置的定位基准，因此在平面剖视图和立面剖视图上都应明确标注建筑定位轴线的编号，定位轴线间的分尺寸和总尺寸，平台和地面、楼板、屋盖及构筑物的标高。

（二）设备

设备是管道布置的主要定位基准，因此在图上要标注设备的位号、名称及定位尺寸，并与工艺流程图和设备布置图一致。

（三）管道

在平面布置图上要标注出所有管道的定位尺寸及标高、物料的流动方向和管号。若绘有立面剖视图，也需要标注所有管道的安装标高。

管道的定位尺寸可以以建筑定位轴线、设备中心线、设备管口法兰或墙面、柱面为基准进行标注，同一管道的标注基准应一致。管道安装标高以 m 为单位，以厂房室内地面 ±0.00 为基准，标注管底外表面的安装高度或管中心线标高，标注方式为“5.00”“▽ 5.00”“5.00（Z）”“▽ 5.00（Z）”（Z 表示管中心线标高）。也可用 EL 表示标高，如“EL5.00”。

所有管道都应标注出物料代号、管段序号和管径。如图 6–7（a）所示，“PL–321–50”中 PL 表示介质或物料代号，321 表示管道编号，50 表示管径。又如 W300φ57×3.5，W 表示物料代号，φ57 表示管径，3.5 表示壁厚。也可将几条管线一起用引线引至图纸空白处标注，如图 6–7（b）、图 6–7（c）所示。

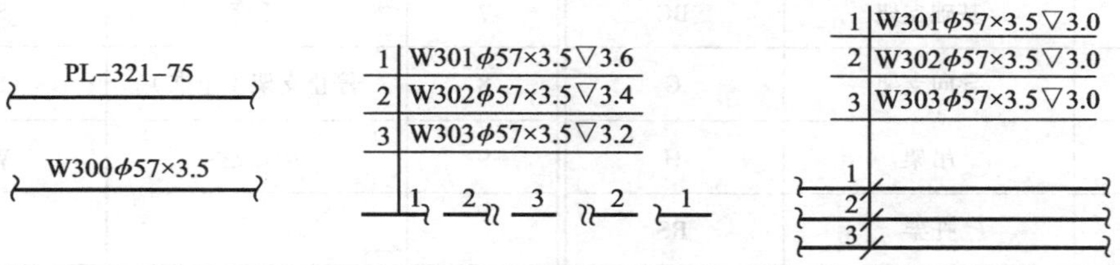

（a）单管　（b）重叠管道　（c）平行管道

图 6–7 管道的标注

（四）阀门、管件和仪表控制点

阀门、管件均应按规定符号画出，一般不标注定位尺寸，只在立面剖视图上标注阀门的安装标高。当管道上阀门种类较多时，在阀门符号旁应标注其公称直径、型式和序号。例如，“50J8”中 50 表示管道的公称直径，J 表示阀门型式为截止阀，8 表示阀门的序号。阀门类型及代号如表 6–7 所示。

表 6–7 阀门类型及代号

阀门类型	代号	阀门类型	代号	阀门类型	代号
闸阀	Z	蝶阀	D	安全阀	A
截止阀	J	隔膜阀	G	减压阀	Y
节流阀	L	旋塞阀	X	疏水阀	S
球阀	Q	止回阀、底阀	H	管夹阀	GJ

仪表控制点的标注与带控制点工艺流程图一致，一般也不标注定位尺寸。

（五）管道支架

在管道布置图中，应在管架符号的旁边注以管架代号，或在用指引线引出的长方框或椭圆形框中注以管架代号，如 J_A、J_B 和 J_C 等。管架类型及代号如表 6–8 所示。管架在平面图上画出后，一般不再标注定位尺寸。当管架较多时，可将管架依次编号，图中只注管架号，另列表说明管架的类型和数量等，如表 6–9 所示为管架一览表。

表 6–8 管架类型及代号

序号	管架类别	代号	序号	管架类别	代号
1	固定支架	A	6	弹簧支架	SS
2	基础支架	BC	7	托管	SH
3	导向支架	G	8	停止支架（止推）	ST
4	吊架	H	9	防风支撑	WB
5	托架	RS			

表 6–9 管架一览表

管架编号	所在管道编号	管架型号	非标准管架图纸编号	管架数量	所用材料规格数量

五、管道布置图的绘制

车间管道布置图一般只绘出平面图，根据需要可在管道平面布置图或单独的图纸上绘出需要表示的剖面图或立面图。

（一）管道平面布置图的绘制

（1）画出建筑物和构筑物平面图（厂房平面图），画法同设备布置图，标注柱网轴线编号和柱距尺寸。

（2）画出全部设备（如容器、换热器、反应器、加热炉、机、泵等）的外形轮廓和设备上连接管口和预留管口的位置，加注设备位号和名称。

（3）画出所有主要物料管道和辅助物料管道平面图，标注管段编号、规格、物料代号及其流向箭头。

（4）按规定的符号画出管件、管架、阀门和仪表控制点。

（5）标注厂房定位轴线的分尺寸和总尺寸、设备的定位尺寸、管道定位尺寸和标高。

建筑物或构筑物的外形、设备基础、设备外形、管件、阀门、仪表接头、尺寸线及剖视符号的箭头方向线等均用细实线绘制，中心线用点划线；主要物料管道用粗单实线画，其他管道用中粗实线画，大直径或重要管道可用中粗双实线绘制，管道中心线用细实线绘制。

管道布置图的常用比例为1∶25、1∶50和1∶100，图幅一般为1号图纸或2号图纸，有时也用0号图纸。

若车间（装置）范围较大，为清楚表达各工段管道布置情况，需要分区绘制管道布置图，一般以工段或工序为单位划分区段，每个区段以该区在车间内所占的墙或柱的定位轴线为分区界线。分区范围以粗点划线表示。用BL表示装置或工序的边界，在边界以内的分区线或拼接线用ML表示。

对多层建筑，需要按楼层或标高分别绘制各层平面布置图。这些平面图可绘制在同一张图纸上，也可分别绘制在几张图纸上。在各层平面图的下方注明其相应的标高。当一张图纸上只绘一层平面布置图时，可将其标高注在标题栏中。若平面图上还有局部平面或操作平台，则应单独绘制局部管线的平面布置图。

（二）管道立面剖视图的绘制

（1）画出地平线或室内地面、各楼面和设备基础，标注标高尺寸。

（2）画出设备简单外形及所有管口，并标注设备名称和位号。

（3）画出所有主物料和辅物料管道，标注管段编号、规格、物料代号及流向箭头和标高。

（4）按规定符号画出阀门、仪表控制点，标注阀门的公称直径、型式、编号和标高。

（三）管道材料表

管道布置图绘制完毕，还应将所需要的管道、管件、阀门、法兰、螺栓、螺母等按其规格、标准、材质、数量、型号等列表说明，管道材料一览表如表6-10所示。

表6-10 管道材料一览表

	普通材料一览表			工程号 第 共			
材料说明				部件号			
				程序编号			
无缝钢管 YB 231-70 20[#]							
3RIB PN 2.5MPa，$t=20\sim200℃$							
直径/mm	150	125	70	50	25		备注
壁厚/mm	4.5	4	4	3.5	3		
工程号或管段号	数量/m						
68301	5.0						
68302	8.0						
68303		12.6					
68304		9.4					
68305			6.8				
68306					10.4		
68307				3.8			

思考与练习题

（1）管道设计和管道布置设计各自的任务是什么？它们之间有什么关系？

（2）管道有哪些分类方法？管道公称尺寸与管道外径、内径有什么关系？

（3）管道布置设计的基本要求是什么？

（4）管法兰、设备法兰有什么区别？

（5）同一DN的管法兰为什么会出现平面尺寸、厚度和螺栓数量及尺寸不同的现象？主要影响因素是什么？

（6）管道布置时为什么要进行热补偿及保温？

（7）管道的常用连接方式有哪些？其特点是什么？

（8）解释Z41H-16P阀门型号的含义。

（9）管道敷设方式有哪几种？

（10）设计绘制以98%硫酸为原料，稀释生产30%硫酸、生产规模20000t/a的车间管道布置图。

（11）熟练掌握管道布置图视图的基本表示和标注方法。

第七章 非工艺专业

化工设计涉及的非工艺专业主要包括公用工程、土木建筑、自动化仪表、职业安全与环境保护等领域。

第一节 公用工程

公用工程包括给排水、供电、供热、冷冻、采暖通风及空气调节等工程。

一、给排水

（一）给水

在化工生产中，用水量很大，水是重要的建厂条件之一。化工厂工业用水包括生产用水（工艺用水、冷却用水和锅炉给水）、辅助生产用水（清洗设备及清洗工作环境用水）、生活用水和消防用水。

工厂用水可以取自工厂的自备水源或市政供水系统。如果企业生产规模大，需水量大，自备水源较为经济，自备水源可以是深井水（地下水）或河流水、湖泊水（地面水）。设计时厂内一般为环形供水，其优点是当任何一段供水管发生故障时，仍能供水不影响生产。生活用水和消防用水通常合并为一个供水系统进行设计。

为了节约工业用水量，大量使用冷却水的化工厂应尽量将水循环使用。工业用水经过一次使用后水温上升，将换热设备的热下水送入循环冷却塔（又称凉水塔）或喷水池与空气换热或部分蒸发降温，使水冷却。大型化工厂使用循环冷却水是十分普遍的，循环水水质好且稳定，能满足长期连续稳定操作的要求，只需要补充少量新鲜水和排出少量循环水，为防止循环水系统中产生腐蚀、结垢，在循环水中需要投入水质稳定剂。

（二）排水

排水是化工企业必须面对的问题，不仅要有利于污水排放，更重要的是要有利于污水处理，降低处理成本。工业企业的污水主要有：生活污水、生产污水和天然降水。其中生产污水量大且污染程度高，随生产工艺的不同波动较大，成分复杂且含有大量的有害物质，必须合理设计污水处理和排放系统，经过净化达到国家规定的排放标准才能排入河道，以降低对环境的危害。

（三）给排水设计条件

给排水设计条件表如表7–1和表7–2所示。

根据不同用途，提出给排水设计条件。例如，生产用水需要提出工艺设备布置图，标明用水设备名称；用水条件，如最大和平均用水量、需要水温、水压；用水情况（连续或间断）；用水处的进口标高及位置。生产排水需要提出工艺设备布置图，标明排水设备名称；排水条件，如水量、水管直径；水温；排水成分；排水压力；排水方法（连续或间断）；出口标高及位置。

表7–1 给水设计条件表

车间名称	设备名称	水的用途	热交换器性能					用水量/$m^3\cdot h^{-1}$		水温/℃		水压/MPa		水质要求	需水情况	进水口位置
			设备材质	冷却方式	用水压力/MPa	用水阻力降/MPa	热负荷/（$kJ/m^2\cdot h$）	平均	最大	进口	出口	进口	出口			
1	2	3	4	5	6	7	8	9	10	11	12	13	14	15	16	17

表7–2 排水设计条件表

车间名称	设备名称	排水量/$m^3\cdot h^{-1}$		是否有污染	污染情况					pH值	排水情况			备注
					水温/℃	化学成分		物理成分						
		平均	最大			名称	含量	悬浮物/$mg\cdot L^{-1}$	色度		排水余压/MPa	连续或间断	排水口位置	
1	2	3	4	5	6	7	8	9	10	11	12	13	14	15

二、供电、供热及冷冻工程

供电、供热及冷冻工程是化工企业生产正常运行的动力源和能量转化工程。

（一）供电

1. 供电电压及负荷等级

化工生产用电电压等级最高为 6000V，中小型电机为 380V，而输电网中都是高压电，一般为 10~330kV，有 7 个高压等级，因此必须经过变压才能使用。小型或用电量小的车间，由工厂变电所供电，可直接引入低压线；用电量较大的车间，通常用较高电压将电流送至车间变电室，降压后使用。车间高压一般为 3000V 或 6000V，低压为 380V。通常高压为 6000V 时，150kW 以上电机选用 6000V，150kW 以下电机选用 380V；当高压为 3000V 时，100kW 以上电机选用 3000V，100kW 以下电机选用 380V。

不同的用电设备对供电的可靠性有不同的要求，按照电力设计规范，根据电力设备的用电要求高低，将电力负荷分成一级负荷、二级负荷、三级负荷。一级负荷要求最高，用电设备要求连续运转，突然停电将造成火灾、爆炸、机械损失及人员伤亡。

2. 供电中的防火防爆

为便于选择合适的防爆电气设备和进行爆炸性环境的电力设计，在有爆炸危险物质存在的场所，《爆炸和火灾危险环境电力装置设计规范》（GB 50058—2014）根据爆炸性物质出现的频繁程度、持续时间与危险程度，将爆炸性气体环境分为 0 区、1 区和 2 区 3 个危险区域。正常情况下，连续、短时间频繁出现或长时间存在爆炸性气体混合物的环境定为 0 区；正常运行时可能出现爆炸性气体混合物的环境定为 1 区；正常运行时不可能出现爆炸性气体混合物的环境，或即使出现也仅是短时存在的环境定为 2 区。根据具体情况危险区域等级可做相应变动。

区域爆炸危险等级确定后，根据不同情况选择相应的防爆电器。属于 0 区和 1 区的场所都应选用防爆电器，线路应按防爆要求敷设。电气设备的防爆标志由类型、类别、级别和温度组别组成。类型指防爆电器的防爆结构，共 8 类：隔爆型（d）、防爆安全型（增安型，e）、本质安全型（i）、正压型（p）、防爆充油型（o）、防爆充砂型（q）、无火花型（n）、防爆特殊型（s）。类别、级别和组别指爆炸及火灾危险物质的分类，爆炸性物质按物态分为Ⅰ类、Ⅱ类、Ⅲ类 3 大类；爆炸性气体按其最大试验安全间隙和最小点燃电流比分为四级，以Ⅰ、$Ⅱ_A$、$Ⅱ_B$、$Ⅱ_C$表示；按引燃温度的不同分为6组，以 T_1、T_2、T_3、T_4、T_5、T_6 表示。类别、级别和组别按主体和部件顺序标出。例如，Ⅰ类隔爆型，标志为 dⅠ；Ⅱ类隔爆型 B 级 T_3 组，标志为 dⅡ BT_3；Ⅱ类本质安全型 ia 级 B 级 T_5 组，标志为 iaⅡ BT_5。如果采用 1 种以上的复合型防爆电气设备，需要先标出主体防爆型式后再标出其他防爆型式，如主体为增安型，其他部件为隔爆型 B 级 T_4 组，则标志为 edⅡ BT_4。

防爆电气设备应根据爆炸危险环境区域和爆炸物质的类别、级别、组别选型。气体爆炸危险区域电气设备防爆类型选型表如表 7-3 所示。

表 7–3 气体爆炸危险区域电气设备防爆类型选型表

爆炸危险区域	适用的防护型式	
	电气设备类型	符号
0 区	（1）本质安全型（ia 级）	ia
	（2）其他特别为 0 区设计的电气设备（特殊型）	s
1 区	（1）适用于 0 区的防护类型	
	（2）隔爆型	d
	（3）增安型	e
	（4）本质安全型（ib 级）	ib
	（5）充油型	o
	（6）正压型	p
	（7）充砂型	q
	（8）其他特别为 1 区设计的电气设备（特殊型）	s
2 区	（1）适用于 0 区或 1 区的防护类型	
	（2）无火花型	n

3. 电气设计条件

供电系统的设计是基于工艺对电气的需求而异。因此，供电设计往往是由工艺提供设计条件。化工生产的电气设计包括动力、照明、弱电、变电、配电及避雷设计。

动力条件：①生产特点，用电要求；②提出设备布置平面图，标明用电设备的名称和位置；③提供用电设备条件表，如表 7–4 所示；④电加热表（温度、控制精度、热量、工作时间）；⑤用电设备的自控要求及其他用电量。

表 7–4 用电设备表

序号	设备位号	设备名称	介质名称	环境介质	负荷等级	数量 / 台		正反转要求	控制联锁	防护要求	计算轴功率 / kW	电力设备							操作		备注
						常用	备用					型号	防爆标志	容量 / kW	相	电压 / V	成套或单机	立卧式	年运转时 / h	连续间断	
1	2	3	4	5	6	7	8	9	10	11	12	13	14	15	16	17	18	19	20	21	22

照明条件：在设备平面布置图上标明照明位置及照明度；照明地区的面积和体积及照度；照明四周的环境要求；特殊要求，如事故照明、检修照明、接地等。

弱电条件：在设备平面布置图上标明弱电设备位置（电讯设备、仪表仪器用电位置）；设置火警信号、警卫信号；生产联系讯号、电话、扬声器、电视监视器等。

避雷设计条件：按《建设物防雷设计规范》（GB 50057—2010）执行，根据工业建筑的防雷等级，针对不同情况采取相应的防雷措施，防雷等级分为3类。第一类是建筑物中存在爆炸物或经常产生爆炸性混合物，故有可能由于电火花而引起爆炸者。第二类类似于第一类，但仅在事故时才能形成爆炸性混合物的场合，并且不致引起大破坏和人身死亡者。第三类不属于第一类和第二类，但还需要保护的建筑物，如水塔、烟囱、木材加工车间等。一般化工厂房、车间建筑物都应设置避雷装置，如避雷针、避雷带、避雷网等。

（二）供热

化工厂的供热系统是必不可少的。设计中首先必须选择合理的热源，化工生产中的热源主要分为直接热源和间接热源。直接热源包括烟道气和电加热。烟道气加热温度高（可达到1000℃），经济简单，使用方便，但温度不易控制、加热不均匀，带有明火和烟尘。电加热加热均匀、温度高、易于调节控制、清洁卫生，但成本较高。间接加热有水蒸气和高温载热体。水蒸气是化工生产中使用最广的热源，其优点是使用方便，加热均匀，速度快，易控制，但温度高时压力过大，不安全，所以多用于200℃以下场合。高温载热体的加热温度为160~500℃，需要160~370℃的常用联苯与联苯醚的混合物，350~500℃常用熔盐混合物HTS（$NaNO_2$40%、$KNO_3$53%、$NaNO_3$7%）。如表7-5所示是以水蒸气为例的“蒸气、冷凝水条件表”。

（三）冷冻

化工生产如果需要低于环境的温度，则需要由冷冻系统提供低温冷却介质，即载冷剂，或者直接利用制冷剂蒸发吸热获取冷量。通常情况下将2种方法结合使用，先利用制冷剂蒸发冷却载冷剂，然后由载冷剂提供生产所需冷量，这种方式的优点是能集中供应，远距离输送，使用方便，便于管理，成本低。选用的载冷剂的冰点要低于制冷剂的蒸发温度，而使用温度通常比冰点高2~10℃，常用的有水、盐水及有机物。当冷却温度≥5℃时可选用水，冷却温度在−45~0℃范围内，可选用盐水，如NaCl水溶液适用于−15~0℃，$CaCl_2$水溶液适用于−45~0℃，盐的浓度越高，冰点越低。需要更低的冷却温度时，可选用乙醇、乙二醇、丙醇等有机物。

如表7-6所示是工程用冷负荷及参数设计条件（如用冷量、用冷方式、用冷温度等级、用冷量变化等）。

三、采暖通风设计

采暖是指在冬季调节生产车间及生活场所的室内温度，通风是为了排除车间的余热、余湿、有害气体及粉尘。采暖通风系统主要是保证厂房有良好的劳动卫生条件，即

表 7-5　蒸气、冷凝水条件表

<table>
<tr><td colspan="2">工程名称</td><td colspan="2"></td><td colspan="3">工程代号</td><td colspan="6" rowspan="3">蒸气、冷凝水条件</td><td colspan="2">审核</td><td colspan="4">设计阶段</td></tr>
<tr><td colspan="2" rowspan="2">项目（或工段）名称</td><td colspan="2" rowspan="2"></td><td colspan="3" rowspan="2"></td><td colspan="2">校核</td><td colspan="4">提资日期</td></tr>
<tr><td colspan="2">编制</td><td colspan="4">编号</td></tr>
<tr><td rowspan="4">序号</td><td rowspan="4">用气设备名称</td><td rowspan="4">蒸气用途</td><td rowspan="4">使用班次</td><td rowspan="4">（1）用气等级</td><td colspan="2">车间入口处</td><td colspan="6">蒸气用量 /t·h⁻¹</td><td colspan="5" rowspan="3">冷凝水回收</td><td rowspan="4">备注</td></tr>
<tr><td rowspan="3">蒸气压力（绝压）/MPa</td><td rowspan="3">（2）蒸气温度 /℃</td><td colspan="4">Ⅰ期</td><td colspan="2" rowspan="2">Ⅱ期</td></tr>
<tr><td colspan="2">冬季</td><td colspan="2">夏季</td></tr>
<tr><td>平均</td><td>最大</td><td>平均</td><td>最大</td><td>平均</td><td>最大</td><td>（3）回收量 /t·h⁻¹</td><td>温度 /℃</td><td>送出水压（绝压）/MPa</td><td>（4）送出方式</td><td>（5）水质</td></tr>
<tr><td>1</td><td>2</td><td>3</td><td>4</td><td>5</td><td>6</td><td>7</td><td>8</td><td>9</td><td>10</td><td>11</td><td>12</td><td>13</td><td>14</td><td>15</td><td>16</td><td>17</td><td>18</td><td>19</td></tr>
<tr><td></td><td></td><td></td><td></td><td></td><td></td><td></td><td></td><td></td><td></td><td></td><td></td><td></td><td></td><td></td><td></td><td></td><td></td><td></td></tr>
</table>

表 7-6　工程用冷负荷及参数设计条件

<table>
<tr><td colspan="3">工程名称</td><td colspan="2"></td><td colspan="2"></td><td colspan="2">工程代号</td><td colspan="6" rowspan="3">工程用冷负荷及参数设计条件</td><td colspan="2">审核</td><td colspan="3">设计阶段</td></tr>
<tr><td colspan="3" rowspan="2">项目（或工段）名称</td><td colspan="2" rowspan="2"></td><td colspan="2" rowspan="2"></td><td colspan="2" rowspan="2"></td><td colspan="2">校核</td><td colspan="3">提资日期</td></tr>
<tr><td colspan="2">编制</td><td colspan="3">编号</td></tr>
<tr><td rowspan="3">序号</td><td rowspan="3">设备位号及名称</td><td colspan="7">冷冻量 /MJ·h⁻¹</td><td colspan="4">用冷情况</td><td colspan="5">冷冻介质</td><td rowspan="3">最大流量 /t·h⁻¹ 或 /m³·h⁻¹</td><td rowspan="3">备注</td></tr>
<tr><td colspan="2">产品耗冷</td><td colspan="3">Ⅰ期</td><td colspan="2">Ⅱ期</td><td rowspan="2">连续</td><td colspan="2">间断</td><td rowspan="2">操作时数 /h·a⁻¹</td><td rowspan="2">名称</td><td colspan="2">温度 /℃</td><td colspan="2">压力 /MPa</td></tr>
<tr><td>/MJ·t⁻¹</td><td>/MJ·h⁻¹</td><td>最大</td><td>平均</td><td>最小</td><td>平均</td><td>最大</td><td>操作周期</td><td>持续时间</td><td>进入</td><td>返回</td><td>进入</td><td>返回</td></tr>
<tr><td>1</td><td>2</td><td>3</td><td>4</td><td>5</td><td>6</td><td>7</td><td>8</td><td>9</td><td>10</td><td>11</td><td>12</td><td>13</td><td>14</td><td>15</td><td>16</td><td>17</td><td>18</td><td>19</td><td>20</td></tr>
<tr><td></td><td></td><td></td><td></td><td></td><td></td><td></td><td></td><td></td><td></td><td></td><td></td><td></td><td></td><td></td><td></td><td></td><td></td><td></td><td></td></tr>
</table>

具有洁净的空气和适宜的温度和湿度。因为大多数化工厂都散发着大量的有害气体和粉尘，有些甚至在高温度、高湿度环境生产，给生产人员造成极大的不利影响，因此化工生产设计中必须考虑采暖和通风设计。

采暖系统分为局部供暖和集中供暖。化工厂大多采用集中供暖，按传热介质分为热水式、蒸气式、热风式及混合式，蒸气式采暖应用最普遍。但当气体（如乙醚和粉尘）与热管道或散热器表面接触会自燃时，宜采用热风供暖。采暖系统按蒸气压力分为低压蒸气采暖系统和高压蒸气采暖系统 2 种，界限是 0.07MPa，通常采用 0.05MPa~0.07MPa 的低压蒸气采暖系统。

通风分自然通风和机械通风，自然通风是利用室内外空气温差引起的相对密度差和风压进行自然换气，是有组织的、可以调节和管理的自然通风。机械通风是当自然通风不能满足车间的通风要求时，使用通风机械排风，分为局部通风、全面通风、有毒气体的净化和高空排放 3 种形式。

第二节　土建设计

土建设计包括全厂所有的建筑物、构筑物，包括框架、设备基础、平台、爬梯等构件的设计，分为建筑专业和结构专业。建筑设计主要是根据建筑标准对化工厂的各类建筑物进行设计，新建的建筑物的立面处理和内外装修的标准，应与建设单位原有的环境协调，对墙体、门、窗、地平、楼面和屋面等主要工程做法进行说明，对有防腐、防爆、防尘、高温、恒温、恒湿、有毒物和粉尘等特殊要求的车间，建筑结构上应提出相应的处理措施。结构设计主要包括地基（天然地基或人工地基）处理方案，厂房的结构型式确定，混合结构、框架和排架结构、钢结构、预制、现浇和预应力结构等的选用范围及其所考虑的因素，主要结构构件（如基础、柱、楼层梁、板、屋架等）的设计和选型，地区性特殊问题（如地震等）的说明及在设计中采取的措施，以及对施工的特殊要求等。统一模数制的采用，为工业和民用建筑设计的标准化、规范化、构件的预制化、施工机械化提供了必要条件。化工厂建筑物的设计在保证工艺生产正常进行的前提下，应最大限度考虑建筑模数制的应用。

化工生产的特殊性要求化工建筑设计中应注意以下 6 个方面的问题。

（1）有易燃、易爆产品及危险的生产车间必须在建筑结构和布置上考虑防火、防爆要求，并采取必要的措施。

（2）要考虑建筑结构的耐腐蚀性。

（3）散发有害气体的车间，建筑上要考虑保证工人的操作环境卫生和安全。

（4）考虑特殊的温度和湿度要求。

（5）有强烈振动的机械装置的工艺车间，如离心机、压缩机、破碎机等，要考虑建筑结构的抗震要求和坚固性。

（6）设备、工艺装置、构件布置、生产发展需要等带来的其他特殊要求。

第三节　自控设计

随着科学技术的不断进步，从化工生产环境对人体的危害和经济的角度，人们越来越关注化工生产的自动化。因此，化工生产的自动控制系统已在化工生产设计中占有十分重要的地位。

仪表自动控制是化工生产装置的监控设备，是确保连续安全运行的重要手段。自控设计不仅要有合理的控制方案和正确的测量方法，还需要根据工艺数据正确选择自动化仪表。化工厂的自动控制系统的设计包括：自动检测系统设计、自动信号联锁保护系统设计、自动操纵系统设计、自动调节系统设计。

在生产中，一个设备可能同时包括以上的几个方面，如既有测量，又有自动调节，还有自动警报装置等。

第四节　安全防火

化工生产的特点决定了其具有较大的危险性。据报道，在工业生产发生的爆炸事故中，化工企业占了1/3，随着生产技术的发展和生产规模的不断扩大，安全生产已成为社会关注的问题。生产安全事故不仅给企业经济带来较大的影响，更重要的是还会导致人身伤亡，给社会造成严重的负面影响。因此，不论是项目的论证、规划、设计、施工、安装，还是竣工验收、试车、投产，各环节都要严格遵守安全规范、条例和标准。随着生产技术的不断发展，人们对安全技术提出了更高的要求，只有彻底解决安全问题，才能保证各项工作的顺利进行。在化工生产过程中常见的安全事故主要是中毒、火灾和爆炸。

一、有毒物质的危害和防护

（一）工业毒物的危害

工业毒物，或称生产性毒物，是指生产中使用或产生的毒物，通常是较小剂量的化学物质。在化学工业中常接触种类繁多的毒物，这些毒物的来源多种多样，可以是原料、中间体、成品、副产品、助剂、夹杂物、废弃物、热解产物、与水反应产物等。在生产过程中，当毒物达到一定浓度时，便可对人体产生毒害作用。因此，在化工生产中预防中毒是极为重要的。

一般情况下，工业毒物常以一定的物理形态（气态、液态、固态）存在，但在生产过程中，主要以下列5种形式逸散于车间空气中。

（1）气体：常温常压下呈气态的物质，如氯气、一氧化碳、氮氧化物等。

（2）蒸气：由液体蒸发或固体升华而形成的气体，如熔磷时的磷蒸气、苯蒸气等可燃液体蒸气，以及汞蒸气、碘蒸气等。

（3）雾：混悬在空气中的液体微滴，多由蒸气冷凝或液体喷射所形成，如喷漆时所形成的漆雾、电镀和酸洗时形成的铬酸雾和硫酸雾等。

（4）烟尘：又称烟雾或烟气，是指悬浮在空气中的直径小于0.1μm的固体微粒，多为金属熔融后在空气中氧化冷却的结果。例如，熔铅时在空气中形成的氧化铅烟尘，煤和石油燃烧、塑料加工时产生的烟尘等。

（5）粉尘：能较长时间飘浮在空气中、直径多为0.1~10μm的固体颗粒。大多数是固体加工时形成的，如石棉粉尘、矿物粉尘、棉麻粉尘、塑料粉尘等。

常见的工业毒物有氮、氢、一氧化碳、氰化氢等窒息性毒物，酸蒸气、氯气、氨气等刺激性毒物和芳烃及其衍生物和醇类等麻醉性毒物及其他气体和挥发性毒物，如金属蒸气、砷和锑的有机化合物等。

毒物侵入人体后，在一定条件下作用于机体，通过血液循环分布到全身各组织，与细胞成分产生生物化学作用或生物物理变化，扰乱或破坏机体的正常功能，导致中毒，轻者引起各种疾病，如呼吸道炎症、溶血性贫血、肠胃炎和肝炎等，重则引起肿瘤、癌变直至死亡。

（二）防毒、防尘措施

（1）工艺选用：确定生产工艺时，优先选用不产生尘毒危害或尘毒危害较小的新工艺、新技术。以无毒、低毒的物料或代替有毒、高毒的物料，使生产过程中不产生或少产生对人体有害的物质。选用催化剂时，在催化剂活性差别不大的前提下，尽量采用无毒或低毒催化剂，如许多有机物的合成反应，用非汞型催化剂代替过去的汞催化剂。散发粉尘的作业应尽量采用湿式作业或以颗粒物料、浆料代替粉料。

（2）加强密闭与隔离，生产装置密闭化、管道化和机械化。采用密封装置，防止粉尘、毒物外逸；采用机械投料、真空投料和管道密闭出料，避免敞开式操作，减少作业人员的直接接触；加强设备、管道、法兰、阀门、机泵等的选材、选型，提高设计、加工、安装水平；日常加强维护、保养及检查，有效防止“跑、冒、滴、漏”。

尘毒危害严重或因生产条件的限制而无法将有毒气体浓度降到国家卫生标准时，可采用隔离操作的措施。常用的方法是把生产装置布置在半封闭或全封闭的建（构）筑物内，排风使封闭室处于负压状态，杜绝尘毒外逸；也可设置独立的操作室或控制室，用送风使隔离室保持正压，使尘毒不能进入，有效实现人员与尘毒物质的隔离。

（3）做好通风排毒工作。采用必要的通风措施将空气中的尘毒及时排走或稀释，使其符合国家卫生标准的要求，是一项重要的防毒措施。

（4）提高自动化与程序控制水平。加料、排料、取样、检测等过程实现自动化，免除工人直接接触的危险；工艺参数等的自动和程序控制使生产过程的非正常排放等事故频率大幅度减少，降低了工人短时间内处于高浓度尘毒环境的危险。

（5）消除“二次尘毒源”。粉尘和毒物因泄漏或储运过程而积存于车间、厂区，甚至渗入地面，因风力作用或蒸发作用等再次污染车间空气，形成二次污染源，因此尘毒危害严重的厂房和仓库等建筑物的墙壁、顶棚和地面应采用光滑的、不易渗透、不易吸收毒物的材料，必要时设防腐、防水等特殊保护层，并采用吸尘、冲洗等方式经常、彻底清扫。

（6）做好有毒气体的净化回收，将排出来的有毒气体、粉尘加以净化或回收利用。气体净化的基本方法有：洗涤吸收法、吸附净化法、催化氧化法、热力燃烧法和冷凝法。粉尘净化的基本方法有：重力沉降法、旋风分离法、湿式除尘法、过滤除尘法、电除尘法和超声波除尘法等。

其他还有设置必要的事故应急处理措施等。

国家根据各种有毒物质的性质，规定了生产操作岗位空气中有毒气体、蒸气和粉尘的最高允许浓度。在生产作业区，空气中的有毒气体、蒸气的最高允许浓度必须符合国家规定的标准，设计时必须根据国家最新规定的卫生标准进行。

二、化工生产中的防火防爆

火灾、爆炸事故是任何工业企业生产过程中最常见和不可避免的事故之一，同时也是设计、施工、生产中人们最关注的问题。化工、石油化工企业由于生产中使用的原料、中间体及产品多为易燃、易爆物质，一旦发生火灾、爆炸事故，会造成严重后果。历史上血的教训警示我们任何有悖于安全标准规范的设计都不能侥幸采用，否则就是犯罪。因此，每项设计都必须严格遵守各级政府和主管部门制定的各项法规、标准，积极采取有效措施，预防和减少损失。

（一）物质的燃烧

在化工生产中涉及的物料，特别是石油化工生产中常见的物料很多都是易燃易爆的，当然任何物质的燃烧、爆炸都必须具备一定的自身和环境条件。

1. 燃烧及燃烧条件

物质发生强烈的氧化还原反应，同时发出热和光的现象称为燃烧。它具有发光、放热、生成新物质3个特征。最常见、最普遍的燃烧现象是可燃物在空气或氧气中的燃烧。

燃烧必须同时具备以下3个条件。

（1）可燃物：凡能与空气中的氧或氧化剂起剧烈反应的物质，均称为可燃物。可燃物包括可燃固体，如煤、木材、纸张、棉纤维；可燃液体，如汽油、酒精、甲醇、苯等；可燃气体，如氢气、乙炔、一氧化碳等。

（2）助燃物：凡能帮助和维持燃烧的物质，均称为助燃物。常见的助燃物是空气、氧气、氯气和氯酸钾等氧化剂。

（3）着火源：即引起可燃物质燃烧的能源。例如，明火、火花、电弧、化学反应热、危险温度（一般指 80℃以上的温度）、高温灼热体、撞击或摩擦所产生的热量或火花、热辐射、绝热压缩等。

绝大多数可燃物质的燃烧是在气体（或蒸气）下进行的。气体最容易燃烧，只要达到其本身氧化分解所需要的热量便能迅速燃烧，分为混合燃烧（可燃气体和空气或氧气预先混合成混合可燃气体的燃烧）和扩散燃烧（可燃气体分子与空气中的氧分子通过相互扩散，边混合边燃烧）。可燃性液体燃烧时，通常液体本身不燃烧，而是液体受热蒸发产生的蒸气与氧发生氧化、分解，以致着火燃烧，这种燃烧称为蒸发燃烧。对于固体燃烧而言，像硫黄和萘这类简单的固体可燃物质，其燃烧过程是先受热融化，再蒸发成蒸气而燃烧，属于蒸发燃烧；复杂固体物质，如木材和煤的燃烧，是受热分解生成可燃烧的气体或蒸气再氧化燃烧的，这种燃烧称为分解燃烧。

2. 燃烧类型

1）着火

可燃物质在有足够助燃物（如充足的空气、氧气）存在的环境中，由着火源作用引起的持续燃烧现象，称为着火。引起着火的最低温度叫燃点或着火点。燃点越低，越容易着火。某些可燃物质的燃点如表 7–7 所示。

表 7–7 某些可燃物质的燃点

物质名称	燃点 / ℃	物质名称	燃点 / ℃
赤磷	160	聚乙烯	400
石蜡	158~195	聚苯乙烯	400
硝酸纤维	180	吡啶	482
硫黄	255	有机玻璃	260
聚丙烯	270	松香	216
醋酸纤维	320	樟脑	70

2）闪燃

可燃液体表面的蒸气与空气混合后，遇到明火后，只出现瞬间闪火而不能持续燃烧的现象称为闪燃，闪燃是将要起火的前兆。引起闪燃时液体的最低温度称为闪点，闪点是评价可燃液体危险程度的重要参数之一。可燃液体的闪点越低越易着火，可燃性液体的闪点如表 7–8 所示。

表 7–8 可燃性液体的闪点

液体名称	闪点 / ℃	液体名称	闪点 / ℃	液体名称	闪点 / ℃
戊烷	＜ –40	丙醇	15	乙醚	–45
己烷	–21.7	丁醇	35	苯	–11
庚烷	–4	甲酸	50	甲苯	4
环己烷	–16.5	乙酸	39	邻二甲苯	30
环氧乙烷	＜ –18	乙酸甲酯	–10	氯苯	28
二硫化碳	–30	乙酸乙酯	–4	二氯苯	66
乙炔	–18	乙酸丁酯	22	石油醚	＜ –18
甲醇	11	乙酸酐	49	汽油	–43
乙醇	12	丙酮	–20	重油	80~130

不同浓度的可燃性液体的闪点不同，如乙醇水溶液随浓度的降低，闪点升高，如表 7–9 所示为乙醇水溶液的闪点。

表 7–9 乙醇水溶液的闪点

溶液中乙醇的质量分数 / %	闪点 / ℃	溶液中乙醇的质量分数 / %	闪点 / ℃
100	12.0	20	35.5
80	19.5	10	47.5
60	22.5	5	60.0
40	25.5	3	无闪点现象

某些固体（如硫、樟脑和萘等）在室温或略高于室温的条件下即能挥发或升华，因此也有闪点。

液体的闪点越低，火灾的危险性越大，据此将可燃液体进行分级，以便于人们采取相应的措施。如表 7–10 所示为液体的分级。

表 7–10 液体的分级

种类	级别	闪点 / ℃	实例
易燃液体	Ⅰ	$T \leqslant 28$	汽油、甲醇、乙醇、乙醚、苯、甲苯、丙酮、二硫化碳
可燃液体	Ⅱ	$28 \leqslant T \leqslant 45$	煤油、丁醇
	Ⅲ	$45< T \leqslant 120$	戊醇、柴油、重油
	Ⅳ	$T \geqslant 120$	植物油、矿物油、甘油

液体的闪点低于它的燃点，两者的差与闪点高低有关。闪点高，差值大；闪点低，差值小。

3）自燃

可燃性物质在没有外界明火的直接作用下，由于受热或自行发热能引燃并持续燃烧的现象叫自燃。可燃物质发生自燃的最低温度为自燃点，也称引燃温度。某些可燃物质的自燃点如表 7–11 所示。

表 7–11 某些可燃物质的自燃点

物质名称	自燃点 / ℃	物质名称	自燃点 / ℃	物质名称	自燃点 / ℃
甲烷	537	硝基苯	480	丁醇	340
乙烷	472	萘	526	乙二醇	398
丙烷	450	石油醚	246	醋酸	463
丁烷	287	松节油	250	醋酐	316
乙炔	296	乙醚	160	乙酸乙酯	426
苯	560	丙酮	465	乙酸戊酯	375
甲苯	535	甘油	343	氨	630
乙苯	432	甲醇	385	一氧化碳	605
邻二甲苯	463	乙醇	363	二硫化碳	90
苯胺	615	丙醇	392	硫化氢	260

自燃可分为受热自燃和自热自燃。当有空气或氧气存在时，可燃物在外界热源作用下，由于传热使其温度升高，达到自燃点即着火燃烧，如化工生产中可燃物料靠近或接触高温设备、加热和烘烤过度及冲击摩擦，会导致受热自燃。而有些物质在没有外部热源的情况下，由于本身的氧化热、分散热等，使物质温度上升到自燃点而着火燃烧，称为自热燃烧。

影响可燃物质自燃点的主要因素有可燃物的浓度、压力、物质的存在形态、催化剂、挥发度等。

（二）爆炸

1. 爆炸及其分类

爆炸是指物系自一种状态迅速转变为另一种状态，并在瞬间以对外做机械功的形式放出大量能量的现象。爆炸时由于压力急剧上升而对周围物体产生破坏作用，爆炸的特点是具有破坏力、产生爆炸声和冲击波。

爆炸通常和燃烧紧密相连，当燃烧非常剧烈时，往往放出大量的能量，使周围体积剧烈膨胀，从而引起爆炸。与化工生产有关的爆炸通常有物理性爆炸、化学性爆炸和粉尘爆炸。

物理性爆炸是由物理因素（如状态、温度、压力等）变化而引起的爆炸，爆炸前后系统内物质的化学组成和化学性质均不发生变化，主要是指压缩气体、液化气体和过热液体在压力容器内超压爆炸。

化学性爆炸是由于物质发生剧烈的化学反应，使压力急剧上升而引起的爆炸，爆炸前后物质的化学组成和化学性质都发生了变化。化学性爆炸按爆炸时所发生的化学变化分为简单分解爆炸、复杂分解爆炸和爆炸性混合物爆炸。

粉尘爆炸是悬浮在空气中的可燃性固体微粒接触到火焰（明火）或电火花等任意着火源时发生的爆炸现象。金属粉尘、煤粉、塑料粉尘、有机物粉尘、纤维粉尘、农副产品谷物面粉等都可能造成粉尘爆炸。

2. 爆炸极限

1）爆炸性混合物

可燃气体、蒸气、薄雾、粉尘或纤维状物质，按一定比例与空气形成的混合物，遇着火源能发生爆炸，这样的混合物称为爆炸性混合物。按爆炸性物质的状态，分为气体（包括蒸气、薄雾）混合物和粉尘（包括纤维状物质）混合物2类。化工厂最常见的爆炸性混合物是可燃性气体、蒸气、粉尘和空气的混合物。

2）爆炸极限

可燃性气体、蒸气、粉尘和空气混合物并不是在任何浓度下都会发生燃烧和爆炸。可燃性气体、蒸气、粉尘和空气组成的混合物，遇着火源即能发生爆炸的最低浓度，称为该气体、蒸气或粉尘的爆炸下限（或燃烧下限）。可燃性气体、蒸气、粉尘和空气组成的混合物，遇着火源即能发生爆炸的最高浓度，称为爆炸上限（或燃烧上限）。浓度在下限以下或上限以上的混合物是不会着火或爆炸的。

在一定条件下，每种物质都有相应的爆炸极限，但随着条件（如初始温度、初始压力、惰性介质、容器大小、点火能源、点火位置、含氧量等）的变化而变化。粉尘爆炸也随着粒度大小及分布、分散度、挥发性物质含量、灰分含量、火源的性质、水分含量、温度等变化而变化。

爆炸极限一般用可燃气体或蒸气在混合物中的体积分数（φ/%）来表示，有时也用单位体积中可燃物含量（$g \cdot m^{-3}$ 或 $mg \cdot L^{-1}$）来表示。液体与气体的爆炸极限如表7–12所示，粉尘的爆炸下限如表7–13所示。

（三）发生火灾及爆炸的主要原因

在化工生产中尽管充分考虑了各种因素，但仍存在许多安全隐患。发生火灾及爆炸的主要原因如下。

（1）外界因素：如明火、雷击、烟火、电火花、静电放电。

（2）物料固有的化学性质，如可燃物质温度达到自燃点，危险物品的相互作用，

表 7-12 液体与气体的爆炸极限（20℃及 1 标准大气压下）

物质名称	爆炸极限 /%		物质名称	爆炸极限 /%	
	下限	上限		下限	上限
甲烷	5.0	16	丙酮	2.5	13
乙烷	3.0	16	氢氰酸	5.4	46.6
丙烷	2.1	9.5	乙酸	4.0	17
乙烯	2.7	36	乙酸甲酯	3.1	16
丙烯	1.0	15	乙酸乙酯	2.0	11.5
乙炔	2.1	80	乙酸戊酯	1.10	—
苯	1.2	8.0	氢	4	75
甲苯	1.2	7.0	一氧化碳	12	74
二甲苯	1.0	7.0	氨	15	30.2
甲醇	5.5	44	二硫化碳	1.0	60
乙醇	3.3	19	硫化氢	4.0	45.5
丙醇	2.0	13.7	乙醚	1.85	36.5
异丙醇	2.0	12.7	一氯甲烷	8.25	18.7
甲醛	7.0	73	溴甲烷	13.5	14.5
糠醛	2.1	—	苯胺	1.2	11

表 7-13 粉尘的爆炸下限

物质名称	爆炸下限 /g·m^{-3}	物质名称	爆炸下限 /g·m^{-3}
铝粉	40	硬脂酸铝	15
钛粉	45	硫黄	35
镁粉	20	醋酸纤维素	25
锌粉	480	酚醛树脂	25
马铃薯淀粉	40	聚苯乙烯	15
己二酸	35	尿素树脂	70
砂糖	35	咖啡	85

物料遇热或受光照自行分解。

（3）生产过程、生产设备在设计和管理上的不合理、不完善，如设计错误，不符合防火或防爆要求；设备缺少适当的安全防护装置，密闭不良引起可燃气体或可燃液体大量外漏；操作时违反安全技术规程等。

（4）生产场所形成爆炸性气体混合物或粉尘爆炸性混合物，又有火源即发生爆炸。

（四）防火、防爆措施

各种化工生产过程，根据其使用原料、过程条件和产品特性都会存在这样或那样的火灾和爆炸危险，因此应从设计工作开始，采取各种措施控制引起火灾和化学爆炸的“三要素”，主要有着火源控制与消除、工艺过程的安全控制和限制火灾蔓延。在化工设计中主要应从以下3个方面考虑。

1. 工艺设计中的防火防爆处理。

首先，采用安全合理的工艺过程。

（1）以火灾爆炸危险性较小的物质代替危险性较大的物质，不用或少用可燃可爆物质；需要使用溶剂时，尽量选择挥发性小、不燃或不易燃烧爆炸的溶剂，如四氯化碳或水取代易燃的苯、汽油等，以减少火灾爆炸的危险性；按照物质的不同性质采取相应措施，如遇空气能自燃的物质、遇水燃烧爆炸的物质，要采取隔绝空气、防水防潮或采取通风、散热、降温等措施；遇酸碱分解爆炸的物质，要防止与酸碱接触。

（2）采用封闭、循环操作或液封、负压操作，产生爆炸性物质的设备应有良好的密闭性，以防系统中有毒或可燃气体逸入厂房。

（3）生产过程连续化和自动控制。

（4）采用惰性介质保护。在可燃气体或蒸气与空气的混合气中充入惰性气体，降低氧气、可燃物的百分比，消除爆炸危险和阻止火焰的传播。

（5）注意通风排气，保证易爆易燃气体和粉尘迅速排除，保证在爆炸极限以外的浓度下操作，设备布置上应避免在车间中形成死角以防止爆炸性气体及粉尘的积累。

（6）尽量不采用明火加热，而用蒸气或熔盐加热。

其次，严格控制各种工艺参数，如温度、压力、流量、料比等在安全操作限度以内，通过工艺参数的自动调节和有效控制，防止超温、超压、溢料、跑料，也是防止火灾爆炸事故极其重要的方面。此外，设置安全保护装置，如信号报警、保险装置、安全联锁等，在出现危险状态时便于及时采取措施消除隐患。

2. 建筑设计中的防火防爆处理

在工业防火防爆安全设计中，建筑设计所采取的防灾措施对防止火灾爆炸事故起着重要的作用，《建筑设计防火规范（2018年版）》（GB 50016—2014）对此做出了详细的规定。

建筑设计中的防火防爆问题主要从2个方面处理。

一方面是总体布局、厂址选择、厂区总平面布置应符合防火、防爆的基本要求，满足设计规范及标准的规定。车间设备、管线、通道及交通运输道路的布置和空间布置合理，留有足够的防火间距，消除可能的爆炸隐患，缩小爆炸极限范围，保证工人的安全疏散。

另一方面是建筑防火、防爆的设计，从建筑材料、建筑结构上保证建筑物安全，减少建筑物在爆炸时所受的损失。为了限制火灾蔓延和减少爆炸损失，化工生产厂房必须有一定的建筑耐火等级，对那些火灾危险性特别大的，使用大量可燃物质和贵重器材设备的建筑，在条件容许下，应尽可能采用耐火等级较高的建筑材料施工。在建筑布置上，合理布置有爆炸危险的厂房，如采用单层建筑、敞开式或半敞开式建筑，并且不宜设在多层厂房及地下室中。对有爆炸危险的厂房，应选用耐火较好、耐爆较强的结构型式，设置必要的泄压面积。此外还可通过设置阻火装置（如阻火器、安全液封、阻火闸门）和防火分隔物（如防爆墙、防爆门、防爆窗、不发火地面等）来减轻爆炸时的危害；设置安全疏散设施（如安全出口、疏散门、过道、楼梯、事故照明和排烟装置），保证发生事故时能迅速撤出现场。

3. 其他

根据物质的危险特性和设计装置的爆炸危险性选用合理的防爆电气设备、照明灯具和仪表。所有能产生火花的电器开关等均应与防爆车间隔离，避免摩擦与撞击生成火花起火起爆。

防止静电放电现象的发生，在化工车间中，传动带的传动和物料在管路中的流动均能产生静电，因此应合理设计与选材，控制温度、物料流速及杂质和水分含量，在金属设备及管道上设置可靠的接地，防爆车间应设置避雷针。

第五节 环境保护

众所周知，化学工业所涉及的原材料、中间体及最终产品大多数是易燃、易爆、有毒、有臭味、有酸碱性的物质，在它们的储存、运输、使用及生产过程中都会造成环境污染，同时伴随产生一定量的废水、废气和废渣。很多化工企业，包括基础化工、石油化工、造纸、林产化工等行业，在每年消耗巨大数量的储量有限的矿藏和生长缓慢森林的同时，还向空气、水体和土壤中源源不断地排放大量的环境污染物，对人类赖以生存的生态系统内的物质循环和能量流动产生重要影响，必然会导致生态环境的恶化，并且在短时间内难以得到恢复。

一、环境污染物

化学工业中常见的一些主要环境污染物有：汞、氰、砷、酚、芳烃及其衍生物（如苯、甲苯、氯苯等）、饱和烃和不饱和烃及其衍生物（如石油、汽油、氯乙烯、丙烯、丁二烯、卤代烃等）、醇（如甲醇、丁醇、硫醇等）、二氧化硫、酸、碱等。

大气污染物的来源主要有：加热炉和锅炉排放的燃烧气体，生产装置产生的不凝性气体，反应的副产气体，轻质油品、挥发性化学试剂和溶剂在储运过程中的排放，化工厂物料往返输送所产生的跑、冒、滴、漏等。

二、化工设计中的环境保护措施

化工设计必须从全面规划、合理布局、综合利用、保护环境、防止污染方面全面考虑。

一个化工生产装置从设计开始，就意味着一个污染人们生存环境的实体即将诞生，因此在设计中应同时考虑如何尽可能减少和控制生产过程所产生的污染物，设计对这些污染物加以工程治理的手段，使之减少或完全消除。《建设项目环境保护管理条例（2017年修订版）》规定，从事对环境有影响的项目都必须执行环境影响报告书的审批制度，执行防治污染及其他公害的设施与主体工程同时设计、同时施工、同时投产运行的“三同时”制度。

在具体设计中，主要从以下方面考虑。

工艺设计中应选用先进的、不产生或少产生“三废”的生产工艺，尽量选用无毒或低毒的原料路线。一个产品的“三废”排放和它的生产工艺有直接的关系，改革工艺、提高产品得率、降低原料消耗，减少排污量是防治污染的最根本途径。同一产品，如果存在2条或2条以上原料路线，在经济上合理、工艺上可行的前提下，尽量采用无毒或低毒的原料路线；采用闭环工艺过程，如有些原料或中间产物是有毒的，但它们的某些成品却是无毒的（如聚氯乙烯、聚丙烯腈等），采用闭环工艺，有毒的原料和中间产物在系统内循环，只有无毒制成品出生产系统，可大大减少污染；工艺上还应考虑综合利用，把生产过程中的副产物加以回收，在增加经济效益的同时，还可减少污染。

设计中要考虑防止大气污染。工业废气中的污染物有二氧化硫、氮氧化物、各种有机物气体、蒸气及粉尘、烟雾、雾滴、雾气等，应回收或综合利用，如不能回收或综合利用时，应采取措施使其符合国家现行的有关排放标准和规范，如《大气污染物综合排放标准》（GB 16297—1996）和《环境空气质量标准》（GB 3095—2012）的相关规定。为确保居民的身体健康，应保证居住区大气中有害物质含量不得超过《工业企业设计卫生标准》（GBZ 1—2010）所规定的有害物质最高允许浓度。

设计中还要考虑防止水质的污染，即防止有毒物质排入地面水或渗入地下水，造成水质的恶化。所以要按照国家规定的相关标准来选择水源和设计污水处理、排放系统。有关国家标准有：《生活饮用水卫生标准》（GB 5749—2022）、《地表水环境质量标准》（GB 3838—2002）、《地下水质量标准》（GB/T 14848—2017）、《大气污染物综合排放标准》（GB 16297—1996）、《污水综合排放标准》（GB 8978—1996）等。

在工业“三废”排放试行标准中，规定了13类有害物质的排放标准，凡排放这些有害物质，其排出口的排放量（或含量）均不得超越此标准规定的值。

思考与练习题

(1) 简述工艺设计专业在化工厂设计过程中的作用。

(2) 深刻领会“工艺专业与其他专业设计人员协同合作是完成化工厂设计的保障”的意义。

(3) 土建专业需要工艺专业提供哪些资料?

(4) 公用工程专业与工艺专业有哪些分工?

(5) 仪表控制专业与工艺专业如何协调设计工作?

(6) 电气专业需要工艺专业提供哪些资料?

(7) 设备专业需要工艺专业提供哪些资料?

(8) 配管专业的设计需要工艺专业的哪些支持?

(9) 化工生产中的安全事故主要是哪些?

(10) 发生火灾及爆炸的主要原因是什么?

(11) 环境影响评价是什么样的方法与制度?可以起何种作用?

(12) 在什么范围内的何种建设项目需要进行环境影响评价?

(13) 建设项目环境影响评价分为多少类?划分的依据是什么?

(14) 化工设计中的环境保护措施有哪些?

第八章　工程设计概算与技术经济

经济是否合理是衡量一项工程设计质量的重要标志，化工工程建设项目在建设项目前期（即建设项目立项和可行性研究阶段）要进行投资估算、匡算，在初步设计阶段进行概算，施工图设计阶段进行预算，工程竣工后由建设单位进行决算。通过概算和预算可以帮助判断和促进设计的经济合理性。

概算是在初步设计阶段或扩大初步设计阶段对车间投资的大概计算，一般都是套用定额编制，主要提供车间设备、安装及建筑工程的大概费用。通过概算，工厂或车间各项工程的基本建设投资可用价值表示出来。它是投资者或国家控制基本建设项目投资、编制基本建设年度计划、建设单位和施工单位签订施工合同付款的依据，也是银行对基本建设单位贷款、签订建设项目贷（筹）款合同及控制施工预算的依据。因此，工程概算是建设项目完整的设计文件的重要组成部分，只有合理、准确地做好工程设计概算，才能准确地确定建设投资。

第一节　工程设计概算费用分类

一、设备购置费

设备购置费包括设备原价或进口设备到岸价及设备（国内）运杂费用。包括工程全部设备、工器具及生产家具购置费、备品备件购置费；作为生产工具使用的化工原料和化学药品及一次性填充物的购置费；贵重材料及制品等购置费；从设备交货地点到达施工工地仓库或堆放场地所发生的一切运杂费，如运输费、包装费、装卸费、搬运费、保险费、采购供销手续费等。

二、安装工程费

安装工程费包括生产、辅助生产、公用工程项目中需要安装的工艺、电气、自控、起重、运输、传动、机修、电修、仪修、通风空调、供热和医疗、实验等各种需要安装的机械设备的安装工程费；与设备相连的工作台、梯子、栏杆等的安装工程费；供热、供排水等各种管道、阀门及电线、电缆等材料的安装工程费；设备及管道防腐、绝缘、保温（冷）、油漆等的材料和安装费；工业炉窑的安装及砌筑、衬里等安装工程费。

安装工程费由直接工程费、间接费、计划利润和税金4个部分组成。

三、建筑工程费

建筑工程费包括一般土建工程，即生产、辅助生产、公用工程等的厂房、库房、行政及生活福利设施等建筑工程费；构筑物工程，即各种设备基础、气柜、油罐、工业炉窑基础、操作平台、栈桥、管架、管廊、烟囱、地沟、围墙、大门、水塔、水池、码头、公路、道路及防洪设施等工程费；大型土石方、场地平整、厂区绿化及与生活用建筑配套的上下水、煤气管道、电气照明、采暖通风和空调等工程费。

四、其他费用

其他费用是指工程费用以外的建设项目必须支出的费用，如建设单位管理费、临时设施费、研究试验费、生产准备费、土地使用费、勘察设计费、生产用办公与生活家具购置费、化工装置联合试运转费、供电贴费、工程保险费、工程建设监理费、施工机构迁移费、总承包管理费、引进技术和进口设备所需要的其他费用、固定资产投资方向调节税、财务费用、预备费、经营项目铺底流动资金等。

第二节 工程设计概算的内容

在工程设计中，概算项目的划分是按工程性质的类别进行的，由以下4个部分的费用组成。

一、工程费用

工程费用是指直接构成固定资产项目的费用，包括主要生产项目、辅助生产项目、公用工程项目、服务性工程、生活福利工程和厂外工程的费用。

主要生产项目是指直接生产产品的工程项目，包括原材料储存、产品的生产和包装、储存等全部工序，以及直接为生产服务的工程，如催化剂、空分、冷冻等工程和集中控制室等。

辅助生产项目是指为生产间接服务的工程，如机修、电修、仪修、中央实验室、空压站、设备及材料仓库等。

公用工程项目是指供排水、供电及电讯、供气、总图运输、厂区外管等。

服务性工程包括厂部办公室、食堂、汽车库、消防站、气体防护站、医务站、哺乳室、倒班宿舍、浴室、厂前区、招待所等。

生活福利工程包括宿舍住宅、食堂、托儿所、幼儿园、子弟学校、职工医院及其相应设施等。

厂外工程是指水源工程、厂外供排水管线、热电站、厂外输电线路、铁路、公路、厂外输油管线、原料管线等。

二、其他费用

其他费用指工程费用以外的建设项目必须支付的费用，有时也称为第二部分费用。主要包括建设单位管理费、征用土地费、青苗补偿费、研究试验费、生产职工培训费、办公和生活用具购置费、勘探设计费、供电贴费、施工单位管理费、联合试车费、涉外工程的出国联络费。

三、不可预见费

不可预见费有时也称为总预备费，为一般不能预见的有关工程及其费用的预备费，包括基本预备费和涨价预备费。例如，施工过程中的材料代用所发生的费用，修改设计所发生的费用和国家验收所发生的有关费用；工程建设过程中由于价格上涨、汇率变动和税费调整而引起的投资增加需要预留的费用。其费用一般按工程费用和其他费用之和的一定百分比计。

四、专项费用

专项费用包括投资方向调节税、建设期贷款利息、铺底流动资金等。

第三节　工程概算的编制依据

一、概算文件的组成

概算文件由以下4个部分组成。

（1）工程项目总概算：包括封面与签署页、总概算表、编制说明。

（2）单项工程综合概算：包括封面与签署页、编制说明、综合概算表、土建工程钢材木材与水泥用量汇总表。

（3）单位工程概算：包括各设计专业的单位工程概算表、各专业用于土建方面的钢材木材与水泥用量表。

（4）工程建设其他费用概算。

二、编制依据

（1）设计说明书和图纸。要求按说明书和图纸逐页计算、编制，不能随意漏项。

（2）设备价格资料。定型设备均有产品目录，可根据产品的型号、规格和重量按国家、地方主管部门当年规定的现行产品出厂价格计算，也可直接向生产厂家询价。非定型设备可按工业和信息化部在产品目录中规定的非定型设备价格计算。设备运杂费按生态环境部规定执行，为设备总价的5.5%。自控、供电等其他专业均按此编制。

（3）概算指标（概算定额）。按生态环境部规定的概算指标为依据编制，不足部分可按有关专业部，如中国石油化工集团有限公司的石油化工安装工程概算指标，建设项目所在省（自治区、直辖市）规定的概算指标编制。

（4）概算费用指标。按生态环境部化工设计概算编制方法中的概算费用指标计算，或者按建设项目所在省（自治区、直辖市）的有关规定计算。

查不到指标，可采用结构或参数相同或类似的设备或材料指标；直接与协作单位商量解决；或者参照类似工程的预算和决算进行计算。

第四节　工程概算的编制方法

一、单位工程概算编制方法

单位工程概算是按独立建筑物或生产车间（或工段）进行编制，包括以下5个部分。

（1）工艺设备部分：包括定型设备、非定型设备及其安装。

（2）电气设备部分：包括电动、变配电、通信设备及其安装。

（3）自控设备部分：包括各种计量仪表、控制设备及其安装。

（4）管道部分：包括厂房内外管路、阀门和保温、防腐和油漆等。

（5）土建工程部分：包括一般土建工程、电气照明和避雷工程、室内供排水、采暖通风工程等各项建筑工程费用的计算。每项工程都要计算设备费、材料费、安装费和施工管理费等。

前 3 项可按表 8–1 所示的格式编制，土建工程部分按表 8–2 所示的格式编制。

表 8–1　单位工程概算表（1）

序号	编制依据	设备及安装工程名称	单位	数量	重量 /t		概算价值 / 元					
					单位重量	总重量	单价			总价		
							设备	安装工程		设备	安装工程	
								合计	工资		合计	工资
1	2	3	4	5	6	7	8	9	10	11	12	13

表 8–2　单位工程概算表（2）

价格依据	名称及规格	单位	数量	单价 / 元		总价 / 元	
				合计	工资	合计	工资
1	2	3	4	5	6	7	8

二、单项工程综合概算编制方法

单项工程是指建成后可以独立发挥生产能力（或工程效益）并具有独立存在意义的工程。单项工程综合概算是在单位工程概算的基础上，以单项工程为单位编制综合概算。

综合概算编制是指计算一个单项工程投资额的文件。编制过程可按一个独立生产装置（或车间）、一个独立建筑物（或特殊构筑物）进行。它是编制总概算第一部分工程费用的主要依据。

每个单项工程一般分为：主要生产项目、辅助生产项目、公用工程、服务性工程、生活福利工程、厂外工程等。将各单位工程按此划分，分别填入综合概算表中，然后将单位工程概算表中的设备费、安装费、管路费和土建工程的各项费用按照工艺、电气、自控、土建、供排水、照明避雷、采暖通风等各项分类汇总后填入综合概算表（表 8–3）。

表 8–3　综合概算表

主项号	工程项目名称	概算价值/元	单位工程概算价值/元											
			工艺			电气			自控			土建构筑物	室内供排水	照明避雷	采暖通风
			设备	安装	管路	设备	安装	管路	设备	安装	管路				
一	主要生产项目 ×× 系统 ×× 系统 ……														
二	辅助生产项目 ……														
三	公用工程 供排水 供电和电讯 供气 总图运输														
四	服务性工程														
五	生活福利工程														
六	厂外工程														
	总计														

三、工程建设其他费用概算编制方法

工程建设其他费用概算要按各个不同项目分别编制，目前我国尚无统一的取费指标，可根据我国有关主管部委颁发的文件规定进行编制，其编制一般包括以下组成部分。

（一）建设单位管理费

以项目“工程费用”为计算基础，按照建设项目不同规模分别制定相应的建设单位管理费率，根据以下公式计算：建设单位管理费 = 工程费用 × 建设单位管理费率。

（二）临时设施费

以项目“工程费用”为计算基础，按照临时设施费率计算。临时设施费 = 工程费用 × 临时设施费率。新建项目，费率取 0.5%；依托老厂的新建项目，费率取 0.4%；改、扩建项目，费率取 0.3%。

（三）研究试验费

按设计提出的研究试验内容要求进行编制。

（四）生产准备费

包括核算人员培训费和生产单位提前进厂费。

（五）土地使用费

按使用土地面积，根据政府制定的各项补偿费、补贴费、安置补助费、税金、土地使用权出让金标准计算。

（六）勘察设计费

按国家计划委员会颁发的收费标准和规定编制。

（七）生产用办公及生活家具购置费

（八）化工装置联合试运转费

化工装置为新工艺、新产品时，联合试运转确实可能发生亏损的，可根据情况列入此项费用；一般情况，当联合试运转收入和支出大致可相互抵消时，原则上不列此项费用。不发生试运转费用的工程，不列此项费用。

（九）供电贴费

按国家计划委员会批准的收费标准计算。

（十）工程保险费

按国家及保险机构规定计算。

（十一）工程建设监理费

按国家物价局、建设部〔1992〕价费字479号通知中所规定费率计算。此项费用不单独计列，发生时，从建设单位管理费及预备费中支付。

（十二）施工机构迁移费

该项费用在设计概算中可按建筑安装工程费的1%计列；施工单位确定后由施工单位按规定的基础数据、计算方式及费用拨付规定编制施工机构迁移费预算。

（十三）总承包管理费

以总承包项目的工程费用为计算基础，以工程建设总承包费率 2.5% 计算。与工程建设监理费一样，不单独计列，而从建设单位管理费及预备费中支付。

（十四）引进技术和进口设备其他费

按“化工引进项目工程建设概算编制规定”计算。

（十五）固定资产投资方向调节税

该项税务的税目、税率按《中华人民共和国固定资产投资方向调节税暂行条例》所附“固定资产投资方向调节税税目税率表”执行。

（十六）财务费用

按国家有关规定及金融机构服务收费标准计算。

（十七）预备费

包括基本预备费和工程造价调整预备费。

基本预备费按如下公式计算：基本预备费 = 计算基础 × 基本预备费率。

计算基础包括工程费用、建设单位管理费、临时设施费、研究试验费、生产准备费、土地使用费、勘察设计费、生产用办公及生活家具购置费、化工装置联合试运转费、供电贴费、工程保险费、施工机构迁移费、引进技术和进口设备其他费。

基本预备费率按 8% 计算。

工程造价调整预备费需要根据工程的具体情况、国家物价涨跌情况，科学地预测影响工程造价的诸因素的变化（如人工、设备、材料、利率、汇率等）后综合确定。

（十八）经营项目铺底流动资金

流动资金的 30% 作为铺底流动资金。

四、总概算编制方法

（一）编制总概算说明

（1）总概算编制依据：列出工程立项批文，可行性研究报告批文，建设单位、监理、承包商三方与设计有关的合同书；列出主要设备、材料的价格依据；列出概算定额或指标的依据；列出工程建设其他费用的编制依据及建造安装企业的施工取费依据；列出其他专项费用的计取依据。

（2）工程概况：简要介绍建设项目的性质及特点，包括属于新建、扩建或技术改造等，介绍工程的生产产品、规模、品种及生产方法等，说明建设地点及场地等有关情况。

（3）资金来源：根据工程立项批文及可行性研究阶段工作，说明工程投资资金来源，如银行贷款、企业自筹、发行债券、外商投资或其他融资渠道。

（4）投资分析：着重分析各项目投资所占比例、各专业投资的比重、单位产品分摊投资额等经济指标及与国内、外同类工程的比较，并分析投资偏高或偏低的原因。

（5）其他说明：对有关上述未尽事宜及特殊需要注明的问题加以说明。

（二）估算表

编制主要设备、主要建筑和安装的三材用量表，如表 8–4 和表 8–5 所示。

表 8–4　主要设备用量表

项目	设备总台数	设备总重量 / t	定型设备		非定型设备					
			台数	重量 / t	台数	重量 / t				
						总重	碳钢	不锈钢	铅	其他
1	2	3	4	5	6	7	8	9	10	11

注：本表根据设备一览表填列各车间的生产设备。一般通用设备填入定型设备栏，非定型设备除填重量外，同时按材质填入重量。

表 8–5　主要建筑和安装的三材用量表

项目	木材 / m^3	水泥 / t	钢材 / t					
			板材	其中不锈钢	管材	其中不锈钢	型材	其中不锈钢
1	2	3	6	7	8	9	10	11

注：按单位工程概算表中的材料统计数填写。以上两表中“项目”一栏主要填写生产项目、辅助生产项目、公用工程等，其中主要生产项目按系统填写，其他不列细项。

（三）编制总概算表

按总概算编制方法，计算概算项目划分中各项的工程概算费用，列出《工程总概算表》。总概算表如表 8–6 所示。

表 8–6　总概算表

序号	主项号	工程和费用名称	概算价值 / 万元				价值合计		占总值百分率
			设备购置费	安装工程费	建筑工程费	其他费	人民币 / 万元	含外汇 / 万美元	
		第一部分　工程费用							
	一	主要生产项目							
1		×× 装置（车间）							
2		……							
		小计							
	二	辅助生产项目							
3		……							
		小计							
	三	公用工程项目							
4		供排水							
5		供电及电讯							
6		供气							
7		总图运输							
8		厂区外管							
		小计							
	四	服务性工程项目							
9		……							
		小计							
	五	生活福利工程项目							
10		……							
		小计							
	六	厂外工程项目							
11		……							
		小计							
		合计							
	七	第二部分　其他费用							
12		……							
		合计							
	八	第三部分　总预备费							
13		基本预备费							
14		涨价预备费							
15		……							
		合计							

续表

序号	主项号	工程和费用名称	概算价值/万元				价值合计		占总值百分率
			设备购置费	安装工程费	建筑工程费	其他费	人民币/万元	含外汇/万美元	
	九	第四部分　专项费用							
16		投资方向调节税							
17		建设期贷款利息							
18		……							
		合计							
	十	总概算价值							
	十一	铺底流动资金（不构成概算价值）							

第五节　化工设计工程的综合技术经济指标

评价化工工程设计成果技术上的先进性与经济上的合理性是通过对该工程的综合技术经济指标的分析来进行的，这些技术经济指标提供给人们一个量化概念。通常作为化工设计说明书，有一章专门论述“技术经济”，并且列出设计工程综合技术经济指标（表8–7）。

表8–7　设计工程综合技术经济指标

序号	指标名称	单位	数量	备注
1	设计规模	t/年		
2	原料及动力消耗	（以单位产品计）		
3	产品设计能力及规格			
4	“三废”排放量			
5	定员	人		对改扩建只需要列出增加定员
6	总投资	万元		
	外汇	万美元		
7	基建投资指标			
	按主要产品计	元/（年·t）		
	按总产值计	元/万元		
8	全厂总产值	万元/年		
9	年操作日			
10	产品单位成本	元/t		
	产品工厂成本	万元/年		

续表

序号	指标名称	单位	数量	备注
11	贷款偿还期	年		自基础建设之日起
12	投资利税率			
13	投资利润率			
14	生产车间建筑面积	m^2		如扩建工程，填写扩建车间
15	能耗指标			

第六节　投资与产品成本估算

一、投资估算

投资估算是在对项目的建设规模、产品方案、工艺技术及设备方案、工程方案及项目实施进度等进行研究并基本确定的基础上，估算项目所需资金总额（包括建设投资和流动资金）并测算建设期分年资金使用计划。投资估算是拟建项目编制项目建议书、可行性研究报告的重要组成部分，是技术经济分析和评价的基础资料之一，也是项目投资决策的重要依据。

（一）投资估算的作用

（1）项目建议书阶段的投资估算是多方案比选、优化设计、合理确定项目投资的基础，是项目主管部门审批项目建议书的依据之一，并对项目的规划、规模起参考作用，从经济上判断项目是否应列入投资计划。该阶段工作比较粗略，投资额的估计一般是通过与已建类似项目的对比得来的，因而投资估算的误差率为 30% 左右。

（2）项目可行性研究阶段的投资估算是项目投资决策的重要依据，是正确评价建设项目投资合理性，分析投资效益，为项目决策提供依据的基础。初步可行性研究阶段投资估算误差率一般要求控制在 20% 左右。详细可行性研究阶段投资估算的误差率应控制在 10% 以内。

（3）项目投资估算对工程设计概算起控制作用，它为设计提供了经济依据和投资限额，设计概算不得突破批准的投资估算额。投资估算一经确定，即成为限额设计的依据，用以对各设计专业实行投资切块分配，作为控制和指导设计的尺度或标准。

（4）项目投资估算是进行工程设计招标、优选设计方案的依据。

（5）项目投资估算可作为项目资金筹措及制订建设贷款计划的依据，建设单位可根据批准的投资估算额进行资金筹措向银行申请贷款。

（二）投资估算原则

投资估算是拟建项目前期可行性研究的重要内容，是经济效益评价的基础，是项目决策的重要依据。估算质量如何，将决定着项目能否纳入投资建设计划。因此，在编制投资估算时应符合下列原则。

（1）实事求是原则从实际出发，深入开展调查研究，掌握第一手资料，不能弄虚作假。

（2）合理利用资源、效益最高原则，市场经济环境中，利用有限经费、有限的资源，尽可能满足需要。

（3）尽量做到快、准的原则，一般投资估算误差都比较大。通过艰苦细致的工作，加强研究，积累资料，尽量做到又快、又准拿出项目的投资估算。

（4）适应高科技发展的原则从编制投资估算角度出发，在资料收集、信息储存、处理使用以及编制方法选择和编制过程应逐步实现计算机化，网络化。

（三）项目投资的构成

建设项目的总投资是指项目建成及投入生产并连续运行所需的全部资金，它主要由固定资产投资、建设期贷款利息、固定资产投资方向调节税（暂停征收）和流动资金等构成，如表 8–8 所示。

表 8–8　建设项目投资构成

<table>
<tr><td rowspan="8">建设项目总投资</td><td rowspan="5">固定资产投资</td><td rowspan="2">工程费用</td><td>设备、工器具购置费</td></tr>
<tr><td>建筑安装工程费</td></tr>
<tr><td>工程建设其他费用</td><td></td></tr>
<tr><td rowspan="2">总预备费</td><td>基本预备费</td></tr>
<tr><td>价差预备费</td></tr>
<tr><td>建设期贷款利息</td><td></td><td></td></tr>
<tr><td>投资方向调节税</td><td>（暂停征收）</td><td></td></tr>
<tr><td>流动资金</td><td></td><td></td></tr>
</table>

二、产品成本

（一）有关成本概念

1. 产品成本

产品成本是生产和销售产品所消耗的活劳动和物化劳动的总和，即企业所支出的生产资料费用、工资费用和其他费用的总和。

2. 生产成本

生产成本是按制造成本法核算的产品成本，也称为制造成本，是企业在生产单位（车间、分厂）内为生产和管理而支出的各种耗费，主要有原材料、燃料和动力、生产工人工资和各项制造费用。

3. 经营成本

经营成本是项目运营期间的生产经营费用，指项目总成本中扣除固定资产折旧费、无形资产及递延资产摊销费和贷款利息支出以后的全部费用。

4. 固定成本

固定成本是指在一定生产规模限度内不随产品产量增减而变化的费用，如固定资产折旧费、修理费、管理人员工资及福利费、办公费、差旅费等。这些费用的特点是产品产量发生变化时，费用总额保持不变，但将该部分成本分摊到单位产品中，则单位产品的固定成本是可变的，并与产品产量成反比变化。

5. 可变成本

可变成本也称为变动成本，是指随产量增减而变化的费用，如直接材料费、直接燃料和动力费等。这些费用的特点是当产品产量变动时，费用总额成比例地变化，反映在单位产品成本中的费用是固定不变的。此外，产品成本按管理环节和计算范围不同，可分为车间成本、工厂成本和销售成本等。

（二）产品成本的构成

在项目经济评价中，为便于计算，通常按照各费用要素的经济性质和表现形态将总费用分为以下 8 个部分。

（1）外购材料费包括预计消耗的原材料、辅助材料、备品配件、外购半成品、包装物、低值易耗品的费用及其他材料费用。

（2）外购燃料及动力费包括直接材料费中预计消耗的外购燃料及动力费、制造费、管理费及销售费用中的外购水电费等。

（3）工资及福利费包括企业或项目所有人员的工资及福利费。

工资及福利费 = 职工总人数 × 人均年工资指标（含福利费）

（4）折旧费是固定资产在使用过程中逐渐损耗的那部分价值。影响折旧额大小的因素主要有折旧基数、固定资产净残值、使用年限。折旧费的计算方法通常有直线折旧法（又称平均分摊法）、年数总和法和双倍余额递减法等。

（5）摊销费指无形资产和递延资产的摊销费用。

（6）修理费是指为恢复固定资产原有生产能力，保持其原有使用效率，对固定资产进行修理或更换零部件而发生的费用。它包括制造费用、管理费用和销售费用中的修理费。

固定资产修理费一般按固定资产原值的百分比计提，提取比例可根据经验数据、行业规定或参考同类企业的实际数据加以确定。其计算公式为：修理费 = 固定资产原值 × 计提比率。

（7）利息支出、生产经营期间发生的利息净支出、汇兑损失及相关的金融机构手续费，包括长期借款利息和短期借款利息。

（8）其他费用是制造费用、管理费用和销售费用之和中扣除上述计入各科目的费用后其他所有费用的统称。

（三）产品成本的估算

某单位产品成本估算如表 8–9 所示。

表 8–9 某单位产品成本估算

序号	费用名称	费用 / 元		备注
		生产负荷 80%	生产负荷 100%	
1	外购原材料	6594	6594	
2	外购燃料、动力	2180	2180	
3	工资及福利费	3830.4	3064.32	
4	折旧费	1031.78	825.42	
5	修理费	412.71	330.17	
6	摊销费	133.38	106.7	
7	财务费用	1647	1317.6	
8	其他费用	2282.16	1825.73	
9	总成本费用	18111.43	16243.94	
10	固定成本费用	9337.43	7469.94	
11	可变成本	8774	8774	
12	经营成本（= 9–4–6–7）	15299.27	13994.22	

产品成本估算说明如下。

（1）外购原材料及燃料、动力费用根据外购材料消耗定额、单价等计算，其计算公式如下。

外购材料费 = 主要外购材料消耗定额 × 单价 + 辅料及其他材料费

（2）外购燃料、动力费用根据外购燃料及动力消耗定额、单价等计算，其计算公式如下。

外购燃料及动力费 = 主要外购燃料及动力消耗定额 × 单价 + 其他外购燃料及动力费

（3）工资及福利费按车间定员和人平均工资计算，职工福利基金按人平均工资的 14%。

（4）折旧按平均年限法计算，固定资产原值为 260.66 万元，折旧年限为 10 年，残值率为 5%。

（5）修理费按年折旧额的 40% 提取。

（6）无形资产为 32 万元，按 10 年摊销。

（7）财务费用按流动资金额及其利息计算。

（8）其他费用中销售费用按产品售价的 1.5% 提取，其余费用按人均工资及福利费的 35% 提取。

利润是反映项目经济效益状况的最直接、最重要的一项综合指标。产品成本与企业利润、税金和销售收入之间的关系如表 8–10 所示。

表 8–10 产品成本与企业利润、税金和销售收入之间的关系

项目	计算分项	项目	计算分项
总成本费用	①原材料及燃料、动力费用；②工资及福利费；③折旧费；④修理费；⑤推销费；⑥利息支出；⑦其他费用	其他税及附加	①资源税；②教育附加；③调节税
		利润总额	①所得税；②税后利润
销售税金	①增值税；②城市维护建设税	销售收入（=1+2+3+4）	商品单价 × 销售量

第七节 工程投资经济评价

工程设计概算完成以后要结合项目生产规模、生产成本及产品价格和这些因素在工程项目寿命期内的变化情况进行综观分析，进而根据分析得到的经济指标，决策该项目在经济方面是否可行，这样的决策过程称为经济分析评价。项目经济分析评价是以时间、金钱和利润 3 种指标为基准，通常采用静态评价和动态评价 2 类评价方法。

一、静态评价方法

在评价项目经济效益的指标中，一类不考虑资金时间价值的指标称为静态评价指标，而利用静态评价指标对技术方案进行评价的方法则称为静态评价方法。静态评价指标主要包括投资收益率、静态还本期和累计现金价值等。

（一）投资收益率（ROI）

投资收益率的定义是年平均利润总数与项目投资之比。由于利润可以是指净利、净利与折旧之和、净利与各种税金之和，因而得到的投资收益率有投资利润率、投资利税率及资本金利润率之区别。

1. 投资利润率

投资利润率是指项目达到正常设计生产能力的年利润总额或项目生产期内年平均利润总额与项目总投资额的比率，其计算公式如下。

$$投资利润率=\frac{年利润总额或年平均利润总额}{总投资}\times 100\% \tag{8-1}$$

$$年利润总额=年产品销售收入-年总成本费用-年销售税金及附加 \tag{8-2}$$

总投资 = 固定资产投资 + 建设期利息 + 流动资金 + 固定资产投资方向调节税，计算出的投资利润率应与部门或行业的平均投资利润率进行比较，若项目的投资利润率高于或等于部门或行业的平均投资利润率，则认为项目在经济上是可以接受的。

2. 投资利税率

投资利税率是指项目达到设计正常生产能力的年利税总额或项目生产期内的年平均利税总额与总投资的比率，其计算公式如下。

$$投资利税率=\frac{年利税总额或年平均利税总额}{总投资}\times 100\% \tag{8-3}$$

$$年利税总额=年利润总额+年销售税金及附加 \tag{8-4}$$

投资利税率高于或等于行业基准投资利税率时，说明项目可以采纳。

3. 资本金利润率

资本金利润率是利润总额占资本金总额的百分比，它反映了投资者每百元（或千元、元）投资所取得的利润。资本金利润率越高，说明企业资本金的利用效果越好，企业资本金盈利能力越强；反之，则说明资本金的利用效果不佳，企业资本金盈利能力越弱。

$$资本金利润率=\frac{年利润总额或年平均利润总额}{资本金总额}\times 100\% \tag{8-5}$$

式中，资本金总额指的是项目的全部注册资金。

（二）静态还本期

这是经济分析评价的时间指标。静态还本期定义是全部投资靠该项目收益加以回收所需要的时间。我国所指全部投资，包括固定投资资金和流动投资资金。对回收期规定从项目投资开始时算起，即包含了项目建设期，评价时还应注明自投产开始时算起的投资回收期。

（三）累计现金价值

这里需要引进现金流通图这一概念，它是指在工程设计时预见该项目在寿命期间内任何时刻的现金流通情况，可以用现金流通图来表示，从该图可以直接读出任一时刻项目预计的现金位值。如图 8–1 所示为累计现金流通曲线，在曲线图中，把支出看作负现金流通，把收入看作正现金流通。显然，工程项目从时刻 0 开始，此时现金位值为 0，随工程项目开始进行，资金用于勘察设计、土建工程、设备材料采购、安装工程等建设工作展开时，负现金流通越来越多。当建设完成时，投入流动资金并开始投产运行，到达 *B* 点开始产出销售，随着销售收入超过生产经营成本，曲线开始上升，曲线通过累计现金流通值为 0 处，即所得收入刚好与以前用于该项目的支出相平衡，这一点称为盈亏平衡点。随着项目继续运行，累计正现金流通位值持续增加。到项目寿命终止时，由于回收流动资金和工厂残值，还可以收入最后一笔现金流通。作出现金流通图给人以形象、直观的累计现金流通运行轨迹，从图 8–1 可知该项目在任一时刻的累计现金位值及盈亏平衡点是何时刻。

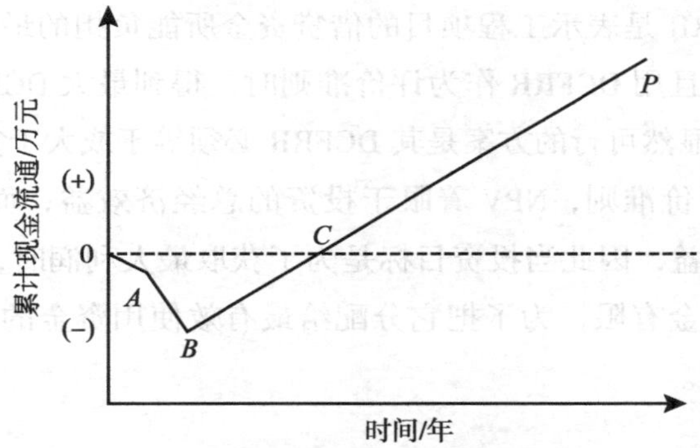

图 8–1　累计现金流通曲线

二、动态评价方法

静态评价方法简单、明了、形象，但由于它只考虑了资金的当前价值，没有考虑资金随着时间推移而产生时间价值的变化。通常主要用于项目可行性研究初始阶段的粗略分析和评价及技术方案的初选阶段。要对投资决策进行更精确更进一步的经济分析，必须把在不同时间发生的现金流通，按照同一时间基准进行换算，然后在相同的基准上进行比较与评价，这种考虑资金时间价值的分析评价称为动态评价方法，其主要评价指标有净现值、净现值比、折现现金流通收益率和动态还本期等。

（一）净现值

净现值法是将现金流通的每个分量根据它发生的时刻计算其折现因子和现值，并将项目在寿命期内的每个分量现值加和，得到该项目的净现值（NPV）。若 NPV>0，表示在规定的折现率下，项目有盈利；若 NPV<0，则表示在规定的折现率下，项目是亏损的，该方案不可取。对多个设计方案，计算的 NPV 均大于 0，则应取其中较大者。

（二）净现值比

因为净现值不能反映所得净现值是多少投资所产生的，为了得出单位投资可得到多少净现值，所以引入了净现值比（NPVR）这个概念。NPVR 是用净现值除以投资总额现值的比值，可以理解为它是考虑了金钱的时间价值的投资收益率。

（三）折现现金流通收益率

折现现金流通收益率（DCFRR）又名内部收益率，其定义是使该项目的净现值为 0 时的折现率，也即当贷款利率为 DCFRR 时，该项目在整个寿命期内的全部收益刚够偿还本息。因此，DCFRR 是表示工程项目的借贷资金所能负担的最高利率。当一个工程项目有多个方案，并且用 DCFRR 作为评价准则时，得到最大 DCFRR 的方案就是这些方案中最佳的方案，显然可行的方案是其 DCFRR 必须等于或大于贷款利率。

以上 3 种动态评价准则，NPV 着眼于投资的总经济效益，而 NPVR 与 DCFRR 是考虑了单位投资的效益，因此当投资目标是为了获取最大利润时，应以 NPV 作为投资的决策准则，如果资金有限，为了把它分配给最有效使用资金的项目时，用 NPVR 或 DCFRR 准则是合适的。

（四）动态还本期

动态评价方法中还有第四种基准，即动态还本期。当投资者特别关注投资的回收速度时，并且要考虑金钱的时间价值，就需要采用动态还本期法。根据静态还本期的定义，以投资开始的年份为基准，我们将静态评价方法中的各现金流通考虑资金的时间价值而乘以折现因子，得到折现现金流通量。然后按还本期的定义，从所算得各个时间的累计折现现金流通量列表中的数字，可以找到该项目的累计折现现金流通量从负值转变为正值的那一时刻，即对应累计折现现金流通为零的那一时刻就是动态还本期。显然动态还本期要比静态还本期时间长，因为前者考虑了金钱的时间价值。

思考与练习题

（1）概算编制的依据是什么？都包括哪些内容？如何进行编制？

（2）为什么要对建设项目进行概算？

（3）投资估算内容是什么？如何进行投资估算？

（4）简述项目可行性估算和项目概算的区别。

（5）产品生产成本都包括哪些内容？如何进行成本估算？

（6）经济评价有哪些方法？什么是投资效果的静态分析和动态分析？为什么还要进行不确定性分析？

第九章　计算机辅助化工设计

第一节　概述

随着计算机科学、信息科学、网络技术、优化技术、专家系统和人工智能技术等高新技术的高速发展，计算机、工程工作站和各种计算机辅助设计软件在化工过程和设备设计中得到了普遍应用，计算机已成为化工设计的重要工具。众多强大的设计软件不仅为设计人员提供传统的设计产品方案，而且还可提供三维的数字化工厂模型，形象而方便地提供各方面的信息。计算机辅助化工过程设计正在改变化工过程设计的方法和观念，设计人员已深刻认识到计算机辅助设计的巨大潜力。

计算机辅助化工设计涵盖物性数据查询、过程模拟优化、设备设计辅助以及工程方案数字化等核心模块。通常大型设计软件自带数据库，数据库的主要功能：输出所有存储的物质及其物性数据，检索某一物质的物性数据及其来源，根据给定的某一物性的数值范围检索出满足该值的相应物质，面向程序调用数据库中的相关数据；物性数据估算等。

进入 21 世纪以来，计算机辅助技术贯穿于化工设计全流程，主要应用于：技术文献检索、项目规划评估、投资估算，以及盈利利率分析等关键环节；化工物性数据的检索与推算，化工流程模拟与优化，工艺过程的物料衡算、热量衡算、设备计算，化工管道应力分析计算；物料流程图（PFD）和管道及仪表流程图（P&ID）的绘制，管路布置图与轴测图的绘制，各类化工设备的订货或制造图纸，仪表盘布置图和控制回路图；工艺设备、控制仪表、管路材料汇总表；各种设计文件的编制；设计单位的计划、财务、人事、资料管理等。国内外的化工设计，尤其是大型化工过程设计已进入以计算机辅助设计为主的阶段。作为现代化工专业的大学生，了解计算机辅助化工设计方面的知识是非常必要的。然而，因为计算机辅助化工设计涉及软件多、专业面广，本章仅概述在化工过程设计、化工装置设计和计算机辅助绘图中常用软件的相关知识，着重介绍化工工艺设计相关的过程模拟软件，有关软件的详细功能及使用方法请参考相关设计软件使用手册或专著。

一、计算机辅助过程设计

过程设计是工厂设计的基础和核心，它按照原料品种和生产规模计算出单位产品的能量、原料、辅料的消耗量，副产品的品种和数量及排污量等，对满足生产要求的各个工艺过程比较分析，确定过程的最优设计方案。

辅助化工过程设计用的软件发展十分迅速。早在20世纪50年代，一些发达国家的化学工程工程师在老式计算机上完成了闪蒸和精馏的计算机辅助计算，随后又应用FORTRAN语言进行单元操作的计算。化工过程的计算机模拟通常是从建立各种单元操作的模块着手的，然后将这些模块组成一个系统用来对整个流程进行模拟，即采用“流程模拟”的方法进行化工过程模拟、设计和优化。具体地说，化工流程模拟是将一个由许多单元过程组成的化工流程用数学模型来描述，通过在计算机上进行物料和能量衡算及设备的工艺尺寸、成本计算和过程的经济评价来模拟过程、设计设备和确定关键操作条件。化工流程模拟是计算机辅助过程设计的基础，既有可模拟某特定工厂或工厂的一部分的专用模拟系统，又有可用于各种化工流程模拟计算的通用流程模拟系统；既有稳态流程模拟系统，又有动态流程模拟系统。对化工流程进行模拟的计算技术有序贯模块法、联立方程求解法、联立模块法，其中序贯模块法的应用最广泛。

二、计算机辅助装置设计软件

计算机辅助装置设计软件是利用CAD技术在计算机上构造管道、设备、建筑结构等专业的工厂模型。目前应用较多的有英国CAD Center公司的PDMS、美国Computer Vision公司的Piping、美国Intergraph公司的PDS、美国REBIS公司的Autoplant、CV公司的DDM和Microstation等软件包，包括二维设计软件和三维设计软件。

二维设计软件是以点、线在*X-Y*平面上绘制图纸。例如，带控制点流程图、化工设备的零部件图和总装图、配电原理图、总平面布置图和土建结构图。

三维设计软件可使设计的装置真实地显示在屏幕上，便于审视和检查设计上有无差错，最早是线框式三维设计软件，即以点、线、棱等基本几何元素来建立三维装置模型，20世纪80年代中期发展了三维实体模型设计软件，能完成大型复杂的化工装置的设计。这类软件具有完美的真三维实体建模，碰、撞、缺、漏检查，绘图标注，消除隐藏线、光照、渲染等功能，不仅可以完成带控制点流程图、仪表回路图、管道三维模型、建筑结构三维模型、暖风和电缆槽架等方面的设计，还可自动高效生成管道轴侧图，设备及管道平、立面图，设备布置及设备数据表，材料统计表，工程数据库。

此外，场地工程、总图运输、土建、设备及公用工程等也有专门的 CAD 软件供设计时使用，它们已成为化工厂设计中不可缺少的工具和手段。

三、计算机辅助工程

计算机辅助工程（CAE）是工程公司的计算机信息网络系统将各类应用及不同专业的设计软件一体化，并将设计、订货、采购、施工集成化，所有设计用的信息数据、标准规范、定型设计资料等设计用基础资料均存入不同数据库中供用户调用。CAE 运用于全过程，实现"无图板"设计。工程公司的计算机网络与施工现场的计算机系统相连，实现资料共享，图纸资料信息远距离传送，建设现场按设计信息开工、备料，工程公司可随时指导施工、安装、工程管理和试车。

四、常用化工设计软件

化工设计软件包括过程模拟软件、流程组织与合成软件、设备分析和模拟软件、热工专业软件、系统专业软件、安全环保专业软件、经济分析与评价软件、工艺装置设计软件等诸多类别，用计算机辅助化工设计改造传统的设计方式，不但可以增加效率和节约成本，而且也提高了设计质量。目前，常用化工设计软件简介如表 9-1 所示。

表 9-1　常用化工设计软件简介

软件分类	软件名称	应用范围	主要功能
流程模拟软件	ASPENPLUS	稳态流程模拟，也可以教一些动态模拟	物料平衡、热量平衡
	PRO/I		
	HYSYS		
	ECCS（国产软件）		
	CHEMCAD		
	ASPEN DYNAMICS & CUSTOM MODELER	动态流程模拟	可以进行装量安全分析和预测、装量操作规律的研究、安全生产指导和调优、在线优化与先进控制等
	HYSYS DYNAMICS		
流程的组织与合成软件	ASPEN ENERGY ANALYZER	基于过程综合与集成的夹点技术的计算软件	应用工厂现场操作数据或 ASPENPLUS 模拟计算的数据为输入，设计能耗操作成本最低的化工厂和炼油厂过程流程
设备分析和模拟软件	FRI	塔器水力学计算软件	塔设计、校核计算等
	PFR	加热炉模拟软件	包括通用加热炉、经蒸气转化炉、裂解炉等传热计算软件包

续表

软件分类	软件名称	应用范围	主要功能
设备分析和模拟软件	ANSYS	非线性动态和静态有限元分析	包括计算流体功能
	SW6	钢制压力容器、管壳式换热器、塔设计计算软件	采用国标
	ASPEN-EDR	管壳式换热器设计	符合 ASWIE、TEMA 标准
	VESSEL	容器设计、局部应力分析	符合 AS 标准
热工专业软件	HTRI	换热器模拟、设计与校核计算软件	包括多种换热器设计、校核、模拟和机械设计计算软件包
	HTFS		
系统专业软件	SINET	工艺系统和设备尺寸选型计算及管网设计软件	设计管统和管网系统尺寸和工艺设备尺寸
	PIPENET	管路设计系统软件	解决管网内流场稳态和动态水力计算，并有专门针对消防系统设计开发的模拟软件
	PIPEPHASE	精确模拟稳态多相流程软件	应用于油气管路网络和管路系统
	VisualFLow	泄压系统的模拟计算与设计	从简单的火炬泄压阀核算到设计最复杂的泄压系统
	INPLANT	管网水力学计算	严格稳态模拟程序用来设计、核算和分析装置管线
	ASPEN FlareNet	火炬管网稳态模拟计算	可以完成单一或多重火炬系统的稳态设计、计算及消除瓶颈
安全环保专业软件	ADMS	大气扩散模拟软件	
	CADNA/A	环境噪声模拟软件	
	DNVSAFETI&LEAK	安全分析评估软件	SAFETI 是世界上著名的定量风险分析 DRA 的标准，LEAK 软件是收集完整的事故发生频率的专家系统与数据库，其计算结果提供给 SAFETI 进行风险分析
经济分析与评价软件	ICARUS2000	投资估算、预算和项目进度管理软件	包括工程与设备设计、工程经济、项目控制及管理的多功能软件，世界上知名的炼油和石化公司与工程设计公司都用此软件作为其成本计算、投资估算预算及报价的投资估算预算和项目的标准
	1CARUSProcess EVALUATOR（IPE）		在可行性研究时即可使用，有与 ASPENPLUS.PRO/I 等大型工艺流程模拟软件的接口
	ICARUSProject Manager（IPM）		在详细设计初期使用，较适用于炼油厂和石化工厂的改造或较小的项目
经济分析与评价软件	ASPEN PIMS	过程工业用的经济计划软件包	采用线性规划（LP）技术来优化生产作业计划优化、后勤及供应链管理、技术评价、工厂各单元规模估算及扩产研究等过程工业企业的运营计划

续表

软件分类	软件名称	应用范围	主要功能
工业装置设计软件	PDS	以装置为核心的集成化设计解决方案	能够应用于工艺、配管、仪表、结构、电气等专业，工程师在计算机上建立完整的材料、元件及设备数据库，建立整套装置的三维模型，自动生成平面图，抽取单管图和汇总材料，并可进行碰撞检查
	AUTOPLANT	专门为针对三维工厂设计系统的详细设计阶段提供的软件解决方案	紧密整合于项目数据库，直接和工艺流程与仪表设计系统共享工程资料。通过与全自动三维配管优化系统、全自动管路标注系统、实时浸游模拟系统、工厂知识管理系统等的相互补充，提供了针对工厂全生命周期的集成软件解决方案，系统包括三维管路设计模块 Pipirg、三维设备建模 Equipment、三维钢结构设计模块 Structura1、全自动单管图生成 ISOGEN、智能化单管图设计模块 Isometrics。通过与其他系统的集成，可以扩展系统的功能
	PDA（国产软件）	微机三线配管设计软件包	基本上包括了管路工程设计专业的所有功能，是唯一的国产商业化 CAD 软件，切合国情，性价比较好
	PDMS	能完成大型复杂的石化装置设计	用来完成设备布量、钢结构布置和设计，管路布置和设计、电缆槽架、采暖通风管路等方面的三维设计
	CASEAR Ⅱ	管路静、动力应力分析计算	按照 ANSIBS1 及其他主要规范，进行管系的静态（线性和非线性）和动态分析

第二节　化工流程模拟

在化工设计中，通常首先要确定装置的原则工艺流程（PFD），该流程对设计是非常重要的，它是后续设计的基础，是装置能否达到预期设计能力和产品质量的前提。在这个过程中，主要用到的计算机辅助设计工作是流程模拟，利用计算机强大的运算能力完成单元操作计算和多组分体系平衡计算，进行多种方案设计计算，选择最适宜的工艺流程。相比手工计算，用计算机进行流程模拟可以节约大量时间，在有限时间内提供更多可供选择的技术方案。

具体来说，化工流程模拟是根据化工过程的数据，如物料的压力、温度、流量、组成和有关的工艺操作条件、工艺规定、产品规格，以及一定的设备参数（如蒸馏塔的板数、进料位置等），采用适当的模拟软件，将一个由许多个单元过程组成的化工流程用数学模型描述用计算机模拟（“再现”）实际或设计的生产过程，在计算机上通过改变各种有效条件得到所需要的结果。

一、化工流程模拟软件用途

化工流程模拟软件是化工过程合成、分析和优化最有用的工具，依靠流程模拟软件才可能得到技术先进合理、生产成本最低的化工装置设计。一个化工过程设计人员只有经过流程模拟的训练，才能对工程有更深刻的判断能力。具体地说，流程模拟软件有如下 5 种用途。

（一）合成流程

有经验的设计人员常用探试规则合成初始流程，根据不同的探试规则常能生成几个不同的流程方案，最终判断流程的优劣需要对几个方案全流程的物料、能量及单元设备进行计算才能得出结论。没有流程模拟软件，要在一定时间内完成如此繁杂的工作是非常困难的，只能根据设计师的主观判断或少量方案的比较结果做出决策，多数情况下不能得到最优的流程。

（二）工艺参数优化

通过精确模拟装置操作，可预测操作参数、流程或设备改变对装置性能产生的影响，优化装置生产条件，如用流程模拟软件才能快速而全面地进行精馏塔参数优化、灵敏度分析或直接优化。也可对现有生产装置的运行情况进行严格的计算，根据计算结果提出可靠的调整方案，优化装置操作。现在很多装置都采用 DCS（数据控制系统）控制，通过流程模拟软件和 DCS 的接口，可以把实际装置运行的数据采集进来，进行在线的和离线的调优，国内已有实际运行案例。

（三）设计单元操作

流程模拟软件可以认为是一个具有各种单元设备的实验装置，能得到一定物流输入和过程条件下的输出。例如，可以用闪蒸模块来研究泵的进口是否会抽空，减压阀或调节阀后液体是否会汽化，为保持所需要的相态所应有的温度和压力等；也可利用精馏模块来研究进料组成变化对塔顶、塔底产品组成的影响和应怎样调节工艺参数，为设计和操作分析提供定量的信息。

（四）参数灵敏度分析

设计所采用的数学模型参数和物性数据等有可能不够精确，在实际生产过程中操作条件有可能受到外界干扰而偏离设计值，因此一个可靠的、易控制的设计应研究这些不确定因素对过程的影响，以及采取什么措施才能保证操作平稳，满足产品的数量和质量指标，这就必须进行参数灵敏度分析。而流程模拟软件是进行参数灵敏度分析最有效和最精确的工具。

（五）参数拟合

高水平的流程模拟软件的数据库都有很强的参数拟合功能，即输入实验或生产数据，指定函数形式，模拟流程软件就能对函数中的各种系数进行回归计算。

总之，应用流程模拟软件，在过程开发阶段，可以评价和筛选各种生产路线和方案，减少甚至取消中试的工作量，节省过程开发的时间和费用。在过程设计阶段，可以有效地优化化工设计概论流程结构和工艺参数，提高设计成品的质量；在生产过程中，是工程技术人员进行科学管理的有力工具。流程模拟系统还可对经济效益、过程优化、环境评价进行全面的分析和精确评估，并可对化工过程的规划、研究和开发及技术可靠性做出分析。

因此，当代的化工工程师应当掌握流程模拟软件的基本原理和方法，用这个有效的工具提高工作的效率和价值。

二、稳态模拟和动态模拟

化工流程模拟分为稳态模拟和动态模拟，前者应用较多且技术较为成熟。在化工设计中，稳态模拟可用物料衡算确定工艺流程中各流股的物料流量、温度、压力和组成，针对某一化工流程建立适当的数学模型，并在约束条件下，用计算机进行求解，预测一个过程。在生产中，稳态模拟主要有3个方面的作用：①为改进装置操作条件、降低操作费用、提高产品质量和实现优化运行提供依据；②指导装置开工，节省开工费用，缩短开工时间；③分析装置“瓶颈”，为设备检修与设备更换提供依据。

（一）动态模拟

动态模拟主要研究系统动态特性，又称为动态仿真或非稳态仿真。动态仿真数学型一般由线性或非线性微分方程组表达。仿真结果描述当系统受到扰动后，各变量随时间变化的响应过程。显然，仿真技术在工程设计中起着与稳态模拟互补且不可分割的特殊作用。

（二）动态模拟技术的用途

动态模拟技术在工程设计中的应用有：工艺过程设计方案的开车可行性试验；工艺过程设计方案的停车可行性试验；工艺过程设计方案在各种扰动下的整体适应性和稳定性，试验系统自控方案可行性分析及试验；自控方案与工艺设计方案的协调性试验；连锁保护系统或自动开车系统设计方案在工艺过程中的可行性试验；DCS组态方案可行性试验；工艺、自控技术改造方案的可行性分析。

（三）动态模拟软件的发展

动态模拟的发展较稳态模拟略迟。在20世纪80年代，美国杜兰大学的BOSS、英国剑桥大学的QUASLIN、美国威斯康星大学的POLYRED、德国BASF公司的CHEMSIM、Linde公司的OPTSIM等推出众多动态模拟软件。然而，商品化、通用化较好的动态模拟软件还是出自专业化的化工过程模拟公司，如美国ASPENTECH公司推出了著名通用动态模拟软件SPEEDUP，美国ABBSimcon公司推出了SIMCON系统，并成功地将其应用于大型乙烯装置的动态模拟，在工业界有较大影响。20世纪90年代中期，加拿大Hyprotech公司在其稳态模拟软件HYSIM的基础上，又推出了动态模拟软件HYSYS。HYSYS同时兼有稳态模拟和动态模拟的功能，用户可以很方便地应用。

在国外，动态模拟已经大量地应用于先进控制系统的设计，尤其是在著名的过程控制公司，如美国SetPoint公司和DMC公司（均于1996年为ASPENTECH公司兼并）等，并取得了极大的经济效益。近年来，动态模拟技术在国内也得到了较为广泛的应用。

随着稳态模拟技术日趋成熟和动态模拟系统的不断发展，要求稳态模拟与动态模拟相结合。稳态模拟是动态模拟的起点，也是动态模拟的终点。二者结合在一起便于方便切换，相互利用，将使流程模拟技术的应用范围不断扩大且更加实用。例如，ASPEN公司的HYSYS流程模拟软件就已将二者合二为一，相信将来会有更多的软件走相互结合的道路。

三、常用化工流程模拟软件简介

随着流程模拟软件微机版的问世和Windows操作系统的出现，流程模拟软件的应用水平进入一个新阶段。据报道，国外已有20多家软件公司相继推出了在石油化工过程专用和通用的流程模拟软件60多种，推出石油化工优化软件30多种，应用领域涉及天然气加工、原油炼制，以及蒸馏和分馏、烷基化、催化重整、化裂化、加氢、溶剂脱蜡、延迟焦化、硫回收、乙烯装置、合成氨、PET（聚酯）、苯乙烯和氯乙烯单体等生产装置。一些大公司推出了许多稳态过程模拟和部分动态模拟系统软件，陆续开发了许多专用的或有一定的通用性的模拟软件。

目前著名的微机版流程模拟软件主要有：美国ASPEN TECH公司的ASPEN PLUS和HYSYS、SimSci-Esscor公司的PRO/Ⅱ、Chemstations公司的CHEMCAD和WinSim Inc.公司的DESIGN Ⅱ、英国ICI（帝国化学公司）的FLOWPARCK Ⅱ、PSE公司的gPROMS、加拿大Virtual Materials Group的VMGSim等。

我国主要使用ASPEN PLUS、PRO/Ⅱ和CHEM CAD等流程模拟软件，并且各石油化工设计单位进行了大量的二次开发工作，使程序能更方便被设计。青岛化工学院（今青岛科技大学）也开发出我国第一个通用流程模拟软件ESSC。下面重点介绍ASPEN PLUS软件，其他软件则简要说明。

（一）ASPEN PLUS

ASPEN PLUS是目前最为流行的大型通用稳态模拟系统之一。我国石化、化工系统是从1994年开始引进的ASPENPLUS，已有几十个用户，以大型化工企业及国家级科研单位为主，如大庆油田建设集团有限责任公司、中国石化集团北京燕山石油化工有限公司、国家电力公司西安热工研究院有限公司等。广泛应用于化工过程的研究开发、设计、生产过程的控制、优化及技术改造等方面，在模拟大型化工系统和电站系统中，该软件系统流程设计的优势得到了充分的验证。近年来，ASPEN PLUS被越来越多的国内用户所接受，正在流程模拟领域发挥巨大作用。

ASPEN PLUS提供了操作方便、灵活的用户界面——Model Manager，以交互式图形界面（GUI）来定义问题、控制计算和灵活地检查结果。用数据浏览器（Data Browser）可以直接选择不同的运行类型来实现ASPEN PLUS的主要功能。ASPEN PLUS流程模拟软件主要功能及运行方法如下。

1. 基本流程模拟

Flowsheet是ASPEN PLUS最常用的运行类型，可以使用基本的工程关系式，如质量和能量平衡、相态和化学平衡及反应动力学预测一个工艺过程。在ASPEN PLUS的运行环境中，只要给出合理的热力学数据、实际的操作条件和严格的平衡模型，就能够模拟实际装置现象，帮助设计更好方案和优化现有装置和流程，提高工程利润。

2. 灵敏度分析

灵敏度分析功能在Data Browser页面下的Sensitivity Form表单中设定，其目的是测定某个变量对目标值的影响程度。分别定义分析变量和操纵变量，设定操纵变量的变化范围，即可执行灵敏度分析。这一功能可以直观地发现哪一个变量对目标值起着关键性的作用。

3. 设计规定

在灵敏度分析的基础上，当确定了一个关键因素，并且希望它对系统的影响达到一个所希望的精确值时，就可通过设计规定来实现。因而除了要设置分析变量和操纵变量外，还要设定出一个明确的希望值。ASPEN PLUS让以前烦琐的实验求证过程变得简单。设定设计规定后，必须迭代求解回路，此外带有再循环回路的模块本身也需要循环求解。

4. 物性分析

在运行流程之前，物性分析功能帮助确定各组分的相态及物性是否同所选择的物性方法相适应。如果对某种物质的物理属性不是很清楚，可借助ASPEN PLUS强大的物性数据库来获得。

5. 物性估计

如果所需要的物性参数不在 ASPEN PLUS 数据库中，可以直接输入，用物性估计进行估算，或用数据回归从实验数据中获取。与物性分析一样，物性估计也有 3 种运行方式，其中单独使用时只需要将运行类型设置为 Property Estimation 即可。估计物性所必需的参数有：标准沸点温度、相对分子质量和分子结构。另外，由于估计选项设定的不同，还可能要对纯组分的常量参数、受温度影响的参数及一元参数、UNIFAC 参数进行规定。

6. 物性数据回归

使用物性数据回归功能，可用实验数据来确定 ASPEN PLUS 模拟计算所需要的物性模型参数。将物性模型参数与纯组分或多组分系统测量数据相匹配，并进行拟合。可输入的实验物性数据有：气液平衡数据、液液平衡数据、密度值、热容值、活度系数值等。

7. ACM 模块（用户自定义模块）

ASPEN PLUS 可以编写外部用户 FORTRAN 子程序，在编译这些子程序后，模拟运行时会动态地链接它们。建立一个 FORTRAN 模块，首先应定义流程变量，然后输入 FORTRAN 语句，最后指定执行的时间，可以是在某个块前或后，也可以在整个流程的开始处和末尾处，这由用户自行定义。

（二）PRO/ Ⅱ

PRO/ Ⅱ是美国 SimSci-Esscor 公司开发的化工流程模拟软件，是一个历史最久的通用性化工稳态流程模拟软件。SimSci-Esscor 公司在烃加工行业的先进技术一直被公认为业界最高标准。1967 年 SimSci-Esscor 公司开发了世界上第一个蒸馏模拟器 P05，1973 年推出流程图模拟器，1979 年又推出基于 PC 机的流程模拟软件 Process（即 PRO/ Ⅱ的前身），自此 PRO/ Ⅱ得到长足的发展，客户遍布全球各地。PRO Ⅱ软件 20 世纪 80 年代进入中国，已在中国石化北京设计院（BDI）、中国石化北京石油化工工程公司（BPEC）等数十家单位使用，发挥出良好的效益。

PRO/ Ⅱ流程模拟程序广泛地应用于化学过程严格的质量和能量平衡，从油气分离到反应精馏，PRO/ Ⅱ提供了最广泛、最有效、最易于使用的模拟工具，广泛用于油气加工、炼油、化学、化工、工程、建筑、聚合物、精细化工和制药等行业。

SimSci 的计算模型已成为国际标准，国外不少企业已将 PRO/ Ⅱ和 ASPEN PLUS 定为企业标准。产品的 Provision 图形用户界面（GUI），提供了一个完全交互的、基于 Windows 的环境，无论是对于建立简单的模型，还是复杂的模型，它都是理想的环境。PRO/ Ⅱ用户界面主窗口如图 9-1 所示。

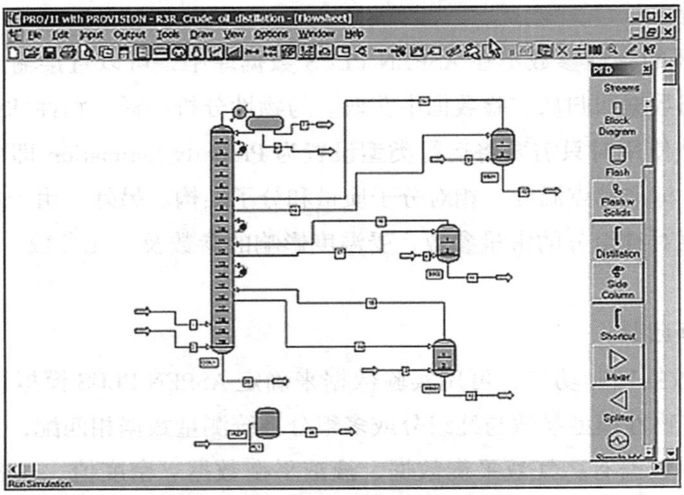

图 9-1　PRP/ Ⅱ用户界面主窗口

PRO/ Ⅱ有标准的 ODBC 通道，可同换热器计算软件或其他大型计算软件相连，还可与 Word、Excel、数据库相连，计算结果可在多种方式下输出。在实用性上，PRO/ Ⅱ要比其他同类软件更具优势，主要是该软件的开发思路就是针对炼油化工行业，SimSci 的计算模型已成为国际标准，公司拥有一批技术专家从事售后支持，可以解答用户所遇到的疑难问题。我国原使用 ASPEN 软件的单位，如 BPEC、BDI 等认 PRO/ Ⅱ数据库中有不少经验数据（因而 PRO/ Ⅱ被称为经验派），使其更具有工程实用性。

（三）CHEMCAD

CHEMCAD 是 Chemstations 公司开发的产品，始于 1984 年，是另外一个从 PC 机发展起来的流程模拟软件，一直以操作简单、界面友好而著称。CHEMCAD 具有图形用户界面，友好的图形人机对话界面使初学者很容易上手。通过 Windows 交互操作功能可使 CHEMCAD 和其他应用程序交互作用，使用者可以迅速而容易地在 CHEMCAD 和其他应用程序之间传送模拟数据，可以把过程模拟的效益大大扩展到工程工作的其他阶段。CHEMCAD 用户界面主窗口如图 9-2 所示。

CHEMCAD 是一个可广泛应用于化学和石油工业、炼油、油气加工等领域中的工艺过程的计算机模拟应用软件，是工程技术人员用来对连续、半连续或间歇操作单元进行物料平衡和能量平衡核算的有力工具。通过 CHEMCAD 可以在计算机上建立与现场装置吻合的数据模型，并通过运算模拟装置的稳态或动态运行，为工艺开发、工程设计及优化操作提供理论指导。CHEMCAD 现有 50 多个通用单元操作模型，用户还可以根据需要建立自己的模型。CHEMCAD 可以将各个单元操作组织起来，形成整个车间或全厂的流程图，进而完成整个流程的模拟计算，及时生成工艺流程图（PFD），支持动态模

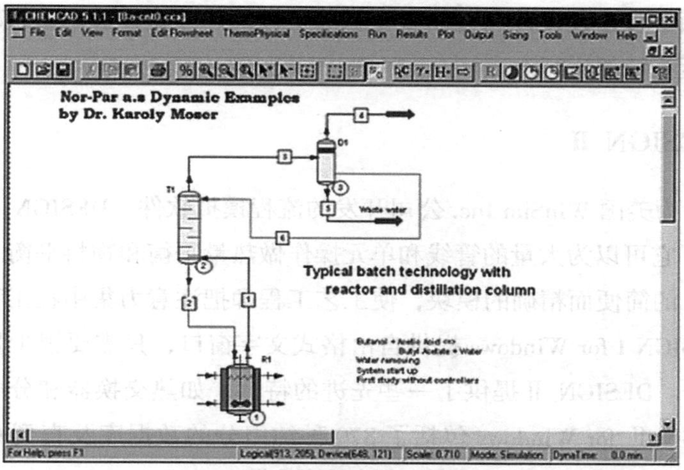

图 9–2　CHEMCAD 用户界面主窗口

拟，并具有强大的计算分析功能。

CHEMCAD 的特色在于和流程结合得非常紧密的换热器计算块。在我国由于 CHEMCAD 物性较少，设计院不太使用，高校使用较多。

（四）HYSYS

HYSYS 流程模拟软件原是加拿大 Hyprotech 公司产品，是 Hyprotech 公司在其稳态模拟软件 HYSIM 的基础上开发出的动态模拟仿真软件，主要用于化工及机械方面的专业流程模拟，它允许设计者通过概念上的设计在计算机上实现生产装置的模型化。

加拿大 Iyprotech 公司创建于 1976 年，是世界著名油气加工模拟软件工程公司，是最早开拓石油、化工方面的工业模拟、仿真技术的跨国公司，其技术广泛应用于石油开采、储运、天然气加工、石油化工、精细化工、制药、炼制等领域，它在世界范围内石油化工模拟、仿真技术领域占主导地位，率先开发出微机版动态模拟系统 HYSYS 1.0。动态模拟系统 HYSYS 的推广及应用给石油化工设计领域、生产领域、研究领域带来一场深刻的革命，成为石油化工领域划时代的里程碑。Hyprotech 已有 17000 多家用户，遍布 80 多个国家，其注册用户数目超过世界上任何一家过程模拟软件公司。目前世界各大主要石油化工公司都在使用 Hyprotech 的产品，包括世界上名列前茅的前 15 家石油和天然气公司，前 15 家石油炼制公司中的 14 家和前 15 家化学制品公司中的 13 家。

我国 HYSYS 用户已超过 50 家，所有油田设计系统全部采用该软件进行工艺设计，在中石油（中国石油天然气股份有限公司）和中石化（中国石油化工股份有限公司）系统应用也非常广泛，如中国海洋石油集团有限公司、壳牌能源（中国）有限公司、中国石油辽阳石油化纤有限公司、大庆石油化工设计院、中国石化扬子石油化工有限公司、中国寰球工程公司辽宁分公司等。HYSYS 软件分动态和稳态 2 大部分，其稳态部分主要用于油田地面工程建设设计和石油石化炼油工程设计计算分析，动态部分可用于指挥原油生产和储运系统的运行。

（五）DESIGN Ⅱ

DESIGN Ⅱ为美国 WinSim Inc. 公司开发的流程模拟软件。DESIGN Ⅱ是强大的流程模拟计算工程，它可以为大量的管线和单元操作做热量平衡和物料平衡。

DESIGN Ⅱ的简便而精确的模块，使工艺工程师把注意力集中在工程上而不是计算机操作上。DESIGN I for Windows 提供自由格式文字窗口，只需要很少量的输入数据和 DESIGN Ⅱ命令。DESIGN Ⅱ提供了一些先进的特性，如热交换器和分离器的核算及设计计算。DESIGN Ⅱ for Windows 包括了 879 种纯组分的数据库及直到 C20 的绝大部分碳氢化合物，包括了 38 种已知特性的世界原油数据。

（六）FLOWTRAN

FLOWTRAN（Flowsheet Translator）是20世纪60年代由美国孟山都公司（Monsanto）开发的一套流程模拟软件，它采用序贯模块法设计，共有 30 个通用单元操作模型，180 种物料的物性数据。程序开发采用一种连续修正的面向问题的语言（POL）。该流程模拟软件的一个最大特点是含有费用和尺寸计算子程序，实用性强。它不仅能进行物料和热量衡算，还能进行费用和尺寸计算，因此 FLOWTRAN 在化工设计部门得到广泛应用。与 SimSci-Esscor 公司的 PRO/ Ⅱ一样，FLOWTRAN 在高等院校承诺不用于商业目的的前提下为其提供教学用软件。

（七）DESIGN/2000

DESIGN/2000 是由美国 Chemshare 公司开发的第三代流程模拟软件，它采用先进的序贯模块方式进行程序设计，在循环收敛计算方面得到很大的改善。物性数据库系统采用 Chemshare 开发的 Chemtran，含有 1000 多种化合物，并可根据基团贡献估算参数。早期的 DOS 版本（5.0 版）支持交互式输入，能生成工艺流程图和通过屏幕显示帮助信息，但是不支持图像输入。DESIGN/2000 也提供教学用软件，价格约为商用价格的 1/6。

第三节 计算机辅助设备设计

计算机辅助设备设计工作的开展是与其他几种设计功能的作用结合在一起的，没有单独的设计软件。但是计算机辅助过程设备设计的重要性是不言而喻的，在化工行业生产过程中，设备是保障化工生产系统正常运行的基本条件，也是确保化工生产安全的重要条件。在进行设备设计时需要解决 2 个方面的问题：①在进行标准设备的选型设计时，需要根据过程设计提出的设备工艺条件参数，对设备的结构和规格进行合理选择，同时还要明确对应安装方式；②在进行非标准设备设计的机械设计时，需要全面考虑机械的结构设计、性能设计、加工工艺设计和安装方式设计，从而确保设备运行的稳定性和安全性。本节简单介绍在设备的工艺设计及系统设计过程中的常用软件。

一、反应器设计

反应器设计需要根据反应过程的具体特点确定反应器类型，如固定床反应器还是流化床反应器，绝热式固定床反应器还是换热式固定床反应器等。基于反应的动力学方程使用 Aspen Plus 软件中相对应的动力学反应器模块对反应过程进行模拟计算，得到温度、压力、转化率等基本数据之后，再根据理论公式，对反应器结构进行设计。使用 SW6 软件对设计的反应器进行强度校核。专用反应器模型软件及供应商如表 9–2 所示。

表 9–2 专用反应器模型软件及供应商

分类	主要厂商	产品	备注
国外	艾斯本	Aspen Refinery Reactor Models	主要炼油装置反应器模型
	剑维	SimSci ROMeo Reactor Models	施耐德旗下
	KBC	SIM Reactor Suite Modules	主要炼油装置反应器模型
	霍尼韦尔	UniSim Refinery Reactors	
	PSE	Advanced Model Library forFixed-Bed Catalyic Reactors（AML：FBCR）	固定床催化反应器
	PYROTEC	SPYRO Suite 8	中国石化乙烯装置全覆盖
国内	华东理工大学和根特大学	催化裂化工艺流程模拟软件、乙烯裂解炉系统模拟软件 COILSIM-CRAFT	华东理工大学与比利时根特大学联合研发
	广东辛孚科技有限公司	常减压装置 SP-CDU 加氢类装置 SP-HDP 重整装置 SP-REFORM 乙烯裂解装置 SP-CRACK 催化裂化装置 SP-FCC	SP-HDP 在 2 家企业应用； SP-FCC 在 3 家企业应用
	中国石油集团石油化工研究院有限公司和清华大学	乙烯裂解模拟软件 EqSOS	中国石油兰州石化公司、中国石油四川石化有限责任公司

二、换热器设计

换热器的详细工艺设计与强度校核需要 Aspen Plus、Aspen Energy Analyzer、Aspen Exchanger Design and Rating、SW6 4 种软件共同完成。流程模拟时，需要在 Aspen Plus

软件中对换热器进行建模，在使用 Aspen Energy Analyzer 软件对换热网络进行优化设计之后，需要根据优化设计结果，在 Aspen Plus 中调整换热器的数量与功能，尤其是有流股间换热时，需要增加流股间换热的换热器。基于 Aspen Exchanger Design and Rating 软件对换热器的操作参数及机构进行详细设计，然后使用 SW6 软件对换热器的机械强度进行校核。其中，换热器选型可以参考相关的化工设备选型手册。常见的热交换器设计软件及供应商如表 9–3 所示。

表 9–3　热交换器设计软件及供应商

主要厂商	产品	主要功能
艾斯本	Aspen EDR	热交换器设计与评估套件
剑维	HEXTRAN Heat Exchanger Design	热交换器设计与模拟
HTRI	HTRI Xchanger Suite	热交换器设计与评估套件
霍尼韦尔	UniSim Heat Exchanger	热交换器设计与模拟
HTFS	ATRI XV	热交换器设计与模拟

三、塔设备设计

在对塔设备进行设计选型与强度校核时，需要借助多种软件合作完成。通常使用 Aspen Plus 软件对板式塔和填料塔进行详细优化计算，从而获得水力学数据和塔径。可以用于塔设备的详细计算和内构件计算的软件较多，有 Koch Glitsch 公司研发的 KG Tower 软件、Sulzer 公司研发的 SUL.COL 软件、美国精馏工程研究中心研发的 FRI 软件。目前，在高版本的 Aspen Plus 中新引入了 Column Internals 模块，可以对塔设备进行详细设计与校核。大多数参赛队伍已经开始使用 Column Internals 模块。设计塔内部构件筒体等，以及确定塔高，再使用 SW6 软件进行强度校核。

四、泵与风机

泵和风机都属于标准设备，根据 Aspen Plus 软件模拟设计的结果进行选型，泵的选型软件有长沙中联泵业有限公司研发的泵选型软件，英飞同仁风机股份有限公司（INFINAIR）研发的英飞选型软件。其中，英飞选型软件既可以对泵进行选型，也可以对风机进行选型。

第四节　计算机辅助工厂设计

在化工设计中，当完成工艺流程设计、设备的工艺设计和系统设计后，化工工艺专业的设计任务转入施工图设计或装置工程设计阶段，进行化工装置布置设计。在化工厂建设中，工厂布置是非常重要的，设备及管道系统的设计不仅影响投资效益，也影响装置的操作及运行安全。随着计算机技术的发展，运用CAD绘制工程平面设计图已很普遍，而利用计算机进行三维的工程设计已成为当前发展的主流。本节简要介绍在此过程中主要涉及的车间设备布置三维设计、三维配管设计和工厂三维模型设计。

一、车间设备布置三维设计

目前国内外已经开发多种三维装置设计软件，如PLANTWISE、PDS、Smart Plant 3D、VANTAGE PDMS、BENTLEY AutoPLANT等。全球按照装机量排名前三位的三维工厂设计软件分别是PDS（美国Intergraph公司）、PDMS（英国剑桥公司）和AutoPLANT（美国Bentley公司）。

（一）PDS/Smart Plant 3D

PDS是美国Intergraph公司于20世纪80年代中期开发的计算机辅助设计系统，是在交互式图形设计IGDS和数据管理检索系统DMRS的基础上开发出来的。应用PDS的有关软件可完成工艺及仪表流程图、仪表索引、仪表回路图、设备数据表、设备布置、建筑结构三维模型、管道三维模型、管道轴测图及材料表、通空调风道及电缆槽架等方面的设计。PDS也具有消除隐藏线和干扰碰撞检查。经过不断地更新完善，目前该产品已经广泛地应用于石油化工、海上钻井平台、化工及制药、日用品生产、电力及污水处理等各种工程领域。许多国际知名的工程公司都选择PDS作为主要的设计系统和项目合作依据。

Smart Plant是Intergraph推出的新一代工厂设计软件。Smart Plant 3D作为Intergraph-Smart Plant软件家族的一员，是近20年来出现的最先进的工厂设计软件系统，这套intergraph工厂设计和信息管理软件公司推出的新一代、面向数据、规则驱动的软件，主要是为了简化工程设计过程，同时更加有效地使用并重复使用现有数据。Smart Plant 3D主要提供一个完整的工厂设计软件系统和在整个工厂生命周期中对工厂进行维护2个方面的功能。

（二）VANTAGE PDMS

VANTAGE PDMS是世界上优秀的三维设计系统之一，是一体化、多专业集成布置、设计数据库平台，在以解决工厂设计最难点——管道详细设计为核心的同时，解决设备、结构、建筑、暖通、电缆桥架、支吊架、平台扶梯等各专业详细设计，并充分联动，协同设计。

VANTAGE PDMS为了工程的需要还提供了与许多应用软件的接口端，如为了压力管道计算而设置的应力计算软件 CAESAR Ⅱ接口、结构计算软件 PKPM 接口。VANTAGE PDMS 在进行管道设计同时，还可以进行支吊架设计、设备建模、钢结构框架、楼梯平台、暖通设计、电气电缆桥架设计，这些都可在同一平台上进行多专业协同工作。

VANTAGE PDMS 除了能够生成模型，还能够将模型自动转变成工程需要的管道平面布置图、ISO 单管轴测图、断面布置图、任意剖面图、自动或手动标注、材料统计。PDMS 所提供的平面图还可转换到 AutoCAD 环境中进行修改，从而符合本院的设计风格。

VANTAGE PDMS 的最大优势在于能够集成化设计，利用多专业模型进行内部专业之间碰撞检查，这对设计质量的提高起到了显著的作用。装置涉及的配管、土建工艺、给排水、电控、仪表及暖通等多个专业共同协作，全面使用 VANTAGE PDMS 三维实体建模，充分发挥三维软件的优势，利用其基本的实时检查、实时发现设计碰撞的功能，在设计过程中发现问题、解决问题，有效地减少施工过程中的错、漏、碰、缺。

VANTAGE PDMS 三维工厂设计管理系统的功能强大，并且灵活方便，实际应用中能够较大幅度地提高设计工作效率，也使无差错设计和无碰撞施工成为可能。它以数据为核心的图形数据一体化技术的全新概念代表了全球三维工厂设计的主流和发展方向。如图 9–3 所示为 VANTAGE PDMS 建立的某装置部分 3D 布置图。

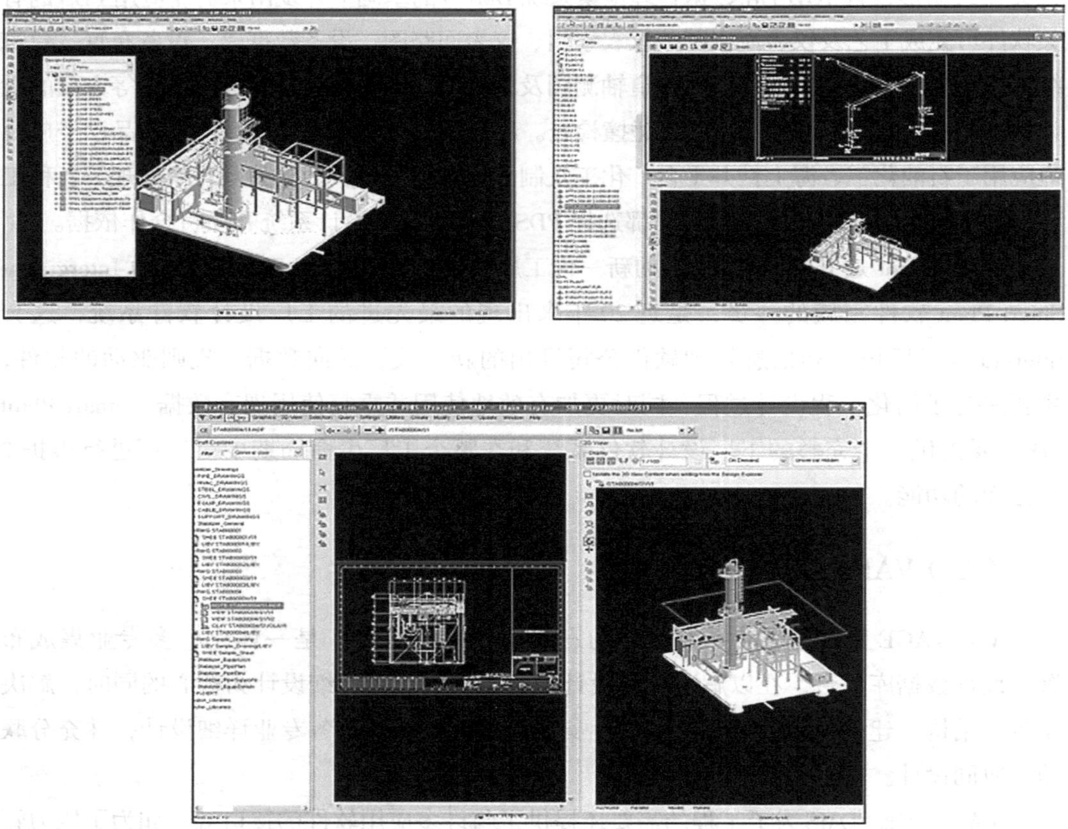

图 9–3　VANTAGE PDMS 建立的某装置部分 3D 布置图

（三）AutoPLANT

AutoPLANT 软件是美国 Rebis 公司开发的大型化工设计软件，它是在 AutoCAD 平台上第一个也是唯一成功的三维工厂设计软件，号称是工业标准软件。AutoPLANT 包括三维模型、二维配管、工艺流程、电器仪表及控制、钢结构等设计。该软件采用建立真实三维工厂模型方法，设计功能智能性较强，设计过程大大简化，可自动生成平面图、竖面图、剖面图，以及单管图和材料统计表等各种设计资料；采用标准 AutoCAD 文件结构、菜单和画图技巧。采用最新的程序开发框架，其功能已接近工作站级三维工厂设计软件。在国际上 AutoPLANT 已被公认为权威的三维工厂设计软件之一，代表了微机平台的三维工厂设计软件的世界最高水平。

近年来，AutoPLANT 与 AutoCAD 同步、迅速发展，同样达到了全面的功能集成。AutoPLANT 与 PDS 都在进一步完善各自功能和接口技术。

二、三维配管设计

各种设计软件的应用，使化工设计经历了从原始的绘图板方式，到 CAD 电子图板，再到三维工厂设计，继而到工厂全生命周期设计的发展过程。而三维工厂设计软件是后 2 个设计阶段的基础。大型化工装置往往有设备数百台，管道成千上万条，管子和管件材料可达数万乃至数十万件。这些管道的设计、材料采购、车间预制和现场安装都要靠计算机辅助设计绘制出准确的管段轴侧图与完备的管道材料表。如果实现三维配管（包括建立模型、应力分析、碰撞检查、绘图、材料统计），则可大幅提高工效，并确保设计质量。因此，实现管道的集成设计具有重要的现实意义，可以带来显著的经济效益。

（一）管道集成设计软件的发展

经过近 10 年的发展，已经逐渐涌现了一批出色的三维工厂设计软件，而其中应用较广泛、功能较强大的软件有 3 个：美国 Intergraph 公司的 PDS、美国 Bentley 公司的 AutoPLANT、AVEVA 公司的 PDMS。PDS 与 PDMS 有多年技术积累，其功能强大，数据库完备，目前在三维工厂设计领域应用最为广泛。AutoPLANT 软件近年来在吸收其他软件设计理念的基础上，不断增强软件功能，优化软件结构，加上相对其他软件在操作界面的友好性、软件的易用性方面的优势，发展十分迅速，目前稳居三维工厂设计软件前 3 名的位置。

目前，在一些比较大的三维设计软件中也集成了管道设计的模块，这也给我们提供了另外的一种选择。支持配套设计的三维设计软件主要有 SolidEdge、SolidWorks 和 Inventor Professional 等。这些三维设计软件中附带的管道设计的模块，在功能上已经比

较成熟，对原有设备模型也具有很好的兼容性，并且一般内部建有管件标准库、材质库等，在操作上十分便利，

功能较强的三维CAD软件还具有硬、软碰撞检查功能。在完成三维模型设计后，可以运行REVIEW模块来检查模型元件（结构、设备、管道）在坐标空间中的物理碰撞，还可以检查物理模型与操作维护通道（逻辑空间）之间的干扰情况。设计人员可以根据检查结果先期对三维模型加以修改，这样就可以保证设计质量，避免以后可能发生的施工修改和运行维护时碰到问题。

上海易用科技有限公司于2006年推出5WinPDA510版三维管道设计软件包，它可在Windows 98/ME/2000/XP系统下运行，与AutoCAD及Visual Foxpro配合使用。它的主要功能包括PID图（工艺流程图）、管道数据库、三维设备模型、三维管道模型、各种管道材料表、管段轴侧图、设备管道平（立）面布置图、建筑轮廓图、三维钢结构和厂房、管道两相流流型判别和压降计算，以及图纸文件管理。WinPDA已经在化工、石化、石油、医药、纺织、轻工和动力行业的30多个甲、乙级设计院中应用。

（二）设计软件的功能

三维工厂设计软件一般是由项目建立、工程数据库、设备、管道、钢结构、采暖通风、电气和仪表电缆桥架等模块组成。例如，PDMS软件具有以下主要功能：①全比例三维实体建模，而且以所见即所得方式建模；②通过网络实现多专业实时协同设计、模拟真实的现场环境，多个专业组可以协同设计以建立一个详细的三维数字工厂模型，每个设计者在设计过程中都可以随时查看其他设计者正在做什么；③交互设计过程中，实时三维碰撞检查，在整体上保证设计结果的准确性；④拥有独立的数据库结构，元件和设备信息全部可以存储在参数化的元件库和设备库中，不依赖第三方数据库；⑤开放的开发环境，利用Programmable Macro Language可编程宏语言，可与通用数据库连接，其包含的AutoDraft程序将PDMS与AutoCAD接口连接，可方便地将二者的图纸互相转换，PDMS输出的图形符合传统的工业标准，此外它也可以按照设定的风格和式样输出各种标准的工程报告、材料和设备报表。

在三维工厂设计软件中，若不进行全模块的应用，则可只做三维管道设计。管道模块一般具有对模型进行软、硬碰撞检查功能。硬碰撞检查是指管道之间及管道与其他专业的设备、风管、梁、柱、基础、钢结构和电缆桥架的碰撞检查。软碰撞检查是指管道与绝热层、维修预留空间的碰撞检查。这样能尽早发现问题并及时修改，提高设计质量，减少施工返工，避免时间和经济上的损失。部分工厂设计软件还配有“漫游”功能软件，使人有身临其境之感。设计审查直接在软模型上进行，比用图纸审查更直观、更逼真、更容易发现问题。

管道软件还有管道应力分析软件的接口。输出一定格式的文件，并将此文件输入

管道应力软件，可进行单根管道的应力计算。管道软件一般具有与工艺流程图核对的功能，还有的软件可根据 PID 图或管道特性一览表进行智能管道铺设。管道软件能在管道软模型的基础上产生施工图成品、管道轴测图、管道材料表、管道材料汇总等。

通过自动标注软件，能在管道软模型上切出管道平面图，并自动标注设备、管道的定位尺寸及属性、建筑轴线号、柱间距离等相关信息，大大节省了人力。

（三）PDS 软件在配管设计中的应用

1. PDS 的组织结构与优点

无论是配管、设备，还是结构、暖通、电气仪表等模块，都是为了创建三维模型，而利用三维模型又可以产生平面布置图、单管图及各种报告文件，并且可以对管线进行应力分析、碰撞检查和模型审查等工作。PDS 辅助设计的优点如下。

（1）自动化程度很高。

（2）提供了大量共享工作的环境。

（3）三维模型为操作者创造了一个比较直观的设计环境。

（4）多种模型检查有效地减少了现场的返工。PDS 提供了以下 5 种工具来保证设计质量：①碰撞检查；②连接性检查；③数据库完整性检查；④材料等级检查；⑤参考资料检查。

（5）统一的标准及规范提高了设计的准确性。

（6）提供了功能强大的报表系统。

（7）提供了准确的综合材料表。

（8）与第三方软件的接口更方便了 PDS 的广泛应用。

2. 应用 PDS 优化配管设计

1）基础设计阶段

在基础设计阶段，可以协助配管专业提供设备布置图，完成基础设计版的配管研究图，运用三维模型对设备及管道布置进行初步规划。主要包括以下内容。

（1）利用 PDS 建立设备模型，确定设备的管口方位和基础形式，并提供给设备专业和土建专业参考，确立初版的设备布置。

（2）提供管道应力计算的条件图，或者是 ASCII 码形式的模型文件，确定大型管道支架位置及荷载，从而向结构专业提出设计条件。

（3）按照仪表专业提供的安装要求，将仪表反映在 PDS 模型中，并将这些仪表的初版位置图反馈给仪表专业。同样，也可以通过此种途径与化验分析和工艺系统商定分析点的位置。

2）详细设计阶段

在详细设计阶段，PDS 的优势也得到更好的发挥，其中配管专业是联系各个专业的纽带，它与各个专业间中间文件的数量较多，这些中间文件可利用PDS实现。

3）施工阶段

直观的三维模型可以清楚地向施工单位交底，指导施工的进行。

4）应用PDS对设计过程进行控制

现代项目管理模式实现的核心基础是数据库。PDS的三维模型其实就是一个大型的数据库，从PDS的数据库中得到这些准确的“资料”就可以更加合理地控制项目的进度和费用。

5）对设计文件的质量保证

PDS提供了上述5种检查工具，其中3种是关于数据库的校核，另外2种是设计内容检查，可以依据规范有效地减少和避免设计错误。同类项目的主体数据库相同，由于数据库的可移植性，可以参考使用。三维模型用于粗轮廓的检查，再用从PDS得到的图纸和报告进一步校核，这样的质量保证较有针对性，便于简化操作、合理控制。

三、工厂三维模型设计

（一）三维工厂设计特点

三维工厂模型可认为是建筑信息模型（BIM）的一个子类，也可称为PIM。目前，建筑信息模型（BIM）非常流行。根据《建筑信息模型应用统一标准》（GB/T 51212—2016）的定义，BIM指在建设工程及实施全生命期内，对其物理和功能特性进行数字化表达，并依此设计、施工、运营的过程和结果的总称。工厂设计通常包括2类：流程工厂和离散工厂。流程工厂的物流主要是通过管道输送，因此包含大量管道，如化工厂、食品加工厂、石油加工厂、制药工厂等；而离散工厂通过流水线操作，设备之间相对更独立，物流运输则主要通过流水线、人力、推车等，如制衣厂、家用电器制造工厂、汽车制造厂等。当然，这2类工厂并没有严格区分，有些工厂（如制药厂）工艺前部分大量使用管道，而包装则使用流水线方式。显然化工厂设计符合流程工厂设计，而AutoCAD Plant 3D就是用于流程工厂设计的软件。

三维工厂模型由多个子信息模型组成，每个子模型又由信息模型元素构成。例如，一个化工厂包含了建筑模型、结构模型、管道模型、电气模型等。其中管道模型又由管道、管件、泵等组成。每个基本元素包含了物理特性数据和功能特性数据，或者说包含几何特性数据和工艺特性数据。例如，管道包含管道长度、直径、壁厚等几何特性数据，还包含材质、生产厂家、使用压力等工艺参数数据。其主要特点列举如下。

（1）由不同专业的多个子信息模型组成，多专业可协同操作，包括土建、给排水、工艺、设备、电气、空调等专业，可按各个专业分别创建子信息模型，各专业间可协同操作，最后再汇总成一个完整模型。例如，工艺设计部分，设备建模、公用工程、工艺管道可分别构成子模型。

（2）每个信息模型元素具有唯一性，如 1 号车间编号为 P–0101 的泵是和该车间泵的实体设备相对应的，无论从哪个专业哪种模式去表达该设备数据，或是从设计、施工到运营维护都是一致的。

（3）可视化和参数化各个模型元素可以具体化为立体实物，也可转化为数字模型，方便沟通、交流、决策，同时可以通过改变参数而便捷地修改和创建模型。

（4）采用标准约束和规格驱动，各个国家都有相应的建筑和施工标准。例如，工厂使用的管道在中国使用 CB 国家标准，美国使用 ASME 标准，德国使用 DIN 标准。而规格驱动则是指在建模过程中，按一定的标准来执行相应的操作，如管道连接时，如果管道两端的端点是法兰形式，则连接时会自动使用法兰连接。由于使用了规格驱动，大大减少了错误操作，简化了操作复杂性，提高了建模效率。

（5）数据量大，通常使用数据库管理，由于三维信息模型包含大量数据，所以如何高效管理数据就显得非常重要，通常三维设计软件都采用数据库来保存和管理相关数据。

（6）开放性，由于创建三维模型的软件非常多，生成的三维模型可以转化为常用文件格式或国际通用的标准模式，如 IFC 格式。

（7）可输出性，即可出图性，所有三维模型都可以输出为二维图纸，便于输出、打印。

（二）三维流程工厂设计软件概况

国内外已有相当多的三维流程工厂设计软件。计算机发展迅速，软件迭代也非常快。三维设计软件也在不断升级，总体趋势是更加易用，功能更加强大。走在前沿的三维软件已融入云计算、物联网概念。

1. AutoCAD Plant 3D

该软件是 Autodesk 公司基于 AutoCAD 平台开发的三维工厂设计软件，特点是易学易用。使用面向工厂设计和工程设计的行业专业化工具组合构建 P&ID，然后将它们集成到 3D 工厂设计模型中。鉴于其基于 AutoCAD 平台开发的通用性和便捷性，各功能模块详见 AutoCAD Plant 3D 实例教程，这里不再赘述。

2. AVEVA PDMS 和 AVEVA E3D

两软件是英国 AVEVA 公司的旗舰产品。PDMS 是国内大型企业用得比较多的一款软件。目前，PDMS 已升级换代为 AVEVA E3D。PDMS 项目可以无风险迁移成 E3D 项目，迁移后可以提升 30% 的工作效率。特点是以数据库为中心，有一套完整的数字化资产管理方法，采用一体化工程和设计，使合作者随时随地无缝地协同工作。

3. PDS、Smart 3D 和 CADWorx

这 3 款都是鹰图的产品。CADWorx 是鹰图 PP&M 针对中小工程项目推出的包括二维设计、三维设计、三维逆向建模和三维可视化的软件系列。PDS是鹰图早期产品，面向大型企业。Smart 3D 是鹰图 PP&M 的新一代三维工程设计解决方案，面向大型企业，采用最新的软件技术进行核心构架，是目前市面上先进、智能、开放和全面的解决方案。从 2014 版本开始，将原有针对不同工程领域独立封装的 SmartPlant 3D、SmartMarine 3D 和 SmartPlant 3D Material Handling Edition 统一封装为 Smarnt 3D 产品。

4. AutoPlant 和 OpenPlant 系列

该系列是 Bentley 公司产品，基于 MicromStation 平台。AutoPlant 为早期产品，最新产品为 OpenPlant。OpenPlant 通过基于开放式 ISO 15926 标准的协作化智能二维和智能三维工厂设计环境，优化工厂设计和运营。利用多专业三维工厂设计环境构建管道、HVAC 和电气组件模型，加速项目设计。通过该软件提供的开放数据模型和数据互用性，增强项目团队协作，并加速检查周期。通过使用 ISO 15926 开放数据标准可轻松共享智能工厂模型，优化工厂生命周期的各个方面。

5. MPDS4

MPDS4 是 CAD Schroer UK Ltd 的产品，起源于剑桥 CAD 中心的三维工厂设计软件，包含 P&ID、2D/3D 工厂布局、钢结构设计、HV AC 设计、电气设计、支吊架设计等。

6. PDSOFT 系列

PDSOFT 是中科辅龙的产品，国产三维布管软件，运行于 AunoCAD 2004—2012 平台，但更新较慢。

此外，还有许多其他的三维工厂设计软件，如基于 Coogle sketchUp 开发的工厂设计插件；基于达索系统（Dassault Systemes S.A）公司 Solidworks 开发的 SolidPlant；德国 CAD Partner GmhH 的 Smap 3D 软件；芬兰 Elomatic 的 CADMATIC Plant Design 软件等。

第五节　计算机辅助绘图

目前最为广泛使用的制图软件为 Autodesk 公司研制的 AutoCAD 制图软件，对 AutoCAD 进一步开发使用已经成为各个专业设计人员的主要课题，开发专业图形数据库，以便更详细、直观、准确地表达设计方案。

近年来，许多大型设计软件已经自带图形数据库，满足制作效果图需要，如由英国 CADCentre 公司开发研制的面向数据型大型工厂设计管理系统的 PDMS，提供由 2D 的逻辑模型到 3D 的实体模型，直至交互式虚拟实时模型显示的整体解决方案，涵盖工厂设计的全过程，它不同于以图形为核心的工厂设计系统，是一种以三维设计为主的设计软件。应用 PDMS 这类三维图制作软件已成为当今化工设计发展主流。我国许多设计院都在使用 PDS 软件和 PDMS 软件绘制化工设计图形文件。

一、绘图工具软件 AutoCAD

（一）AutoCAD 简介

AutoCAD 由美国 Autodesk 公司开发研制，于 1982 年 11 月发行，是国际上使用最广泛的计算机绘图软件。AutoCAD 2024 版是 AutoCAD 系列软件中的最新版本。它在以前版本的基础上又做了许多重要的改进，在运行速度、整体处理能力、网络功能等方面都达到了新的水平。AutoCAD 软件不仅能够使二维图形的绘制简便易行，而且还可以通过建立三维实体模型实现设计与制造的一体化。

（二）AutoCAD 的基本功能

（1）绘制图形。AutoCAD 最基本的功能就是绘制图形。它提供了许多绘图工具和绘图命令，用这些绘图工具和绘图命令，可以绘制直线、构造线、多段线、圆、矩形、多边形、椭圆等基本图形；可以将一些平面图形通过拉伸、设置标高和厚度转化为三维图形；可以绘制三维曲面、三维网络、旋转曲面等图形，以及圆柱、球体、长方体等基本实体。此外，用它还可以绘制出各种平面图形和复杂的三维图形。

（2）标注尺寸。标注尺寸是向图形中添加测量尺寸的过程，是整个绘图过程中不可缺少的一步。AutoCAD 的“标注”菜单包含了一套完整的尺寸标注和编辑命令，用这些命令可以在各个方向上为各类对象创建标注，也可以方便、快速地创建符合制图国家标准和行业标准的标注。标注显示了对象的测量值、对象之间的距离、角度或特征及自指定原点的距离。标注对象可以是平面图形或三维图形。

（3）渲染图形。在 AutoCAD 中运用几何图形、光源和材质，可以将模型渲染为具有真实感的图像。例如，要制作建筑和机械工程图样的效果图时，可通过渲染使模型表面显示出明暗色彩和光照效果，以形成更加逼真的效果。

（4）打印图纸。图形绘好后需要打印到图纸上，或者把图形信息传送到其他应用程序或软件进行处理。此外，图形打印输出设置的一个有效工具是布局，利用 AutoCAD 的布局功能，用户可以很方便地配置多种打印输出样式。

由于篇幅所限，有关 AutoCAD 绘图常用命令不在此详细介绍，学生可以根据自己对 AutoCAD 掌握的程度去查阅有关 AutoCAD 教材或资料。

由于篇幅所限，有关 AutoCAD 绘图常用命令不在此详细介绍，学生可以根据自己对 AutoCAD 掌握的程度去查阅有关 AutoCAD 教材或资料。

二、PFD 图的绘制

本节案例以某原料预处理工段精馏塔的 PFD 图为例，讲解其 CAD 快速绘制方法。在获得相关工艺设计结果和数据的前提下，开始 PFD 绘制，其过程简介如下。

（一）选定图幅，绘制图框及标题栏

这里基于已有模板文件新建包含图框、标题栏及相应绘图环境设置的图形。

（1）新建属于项目的新图形（图 9–4）：在“项目管理器”目录树→右击“P&ID 图形”节点→“新建文件夹”，命名为“CAD 图纸 A2”；单击“CAD 图纸 A2”文件夹→单击“新建图形”按钮→在“新建 DWG”对话框中输入图名、选择已创建的样板文件“acadiso–PID A2.dwt”。

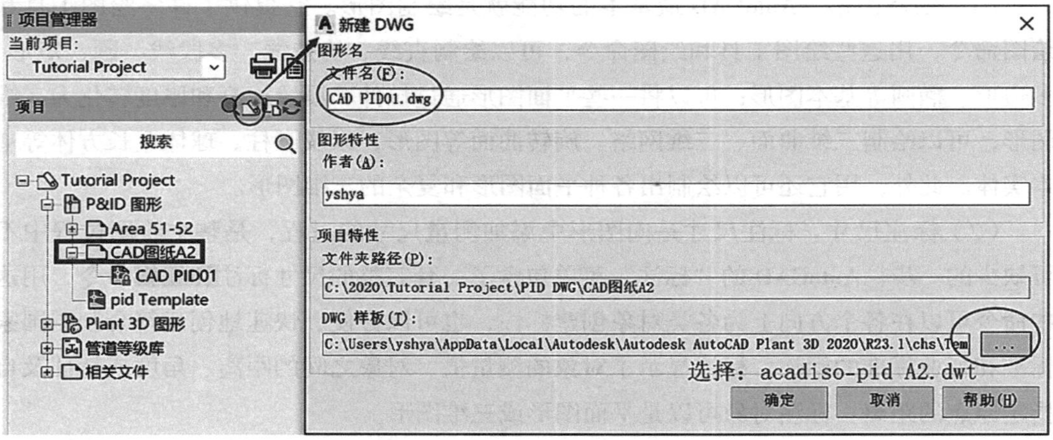

图 9–4　基于样板文件创建属于项目的新图形

（2）说明：这里新建的图纸是项目中的文件之一，通过“项目管理器”管理。

（二）初步布图

预留表格、文字说明的空间，定位线确定主体设备的分布（图 9–5）。

（1）切换工作空间和图层：将工作空间切换为“草图与注释”；并在功能区→“图层”面板将红色点划线的“定位线”图层置为当前。

（2）在左下角预留“物料平衡表”的位置：在图纸中心画垂直线作为核心设备精馏塔的位置参考；类似地，考虑进口泵和管线、塔顶设备、塔底设备及预留管线空间，完成初步布图。

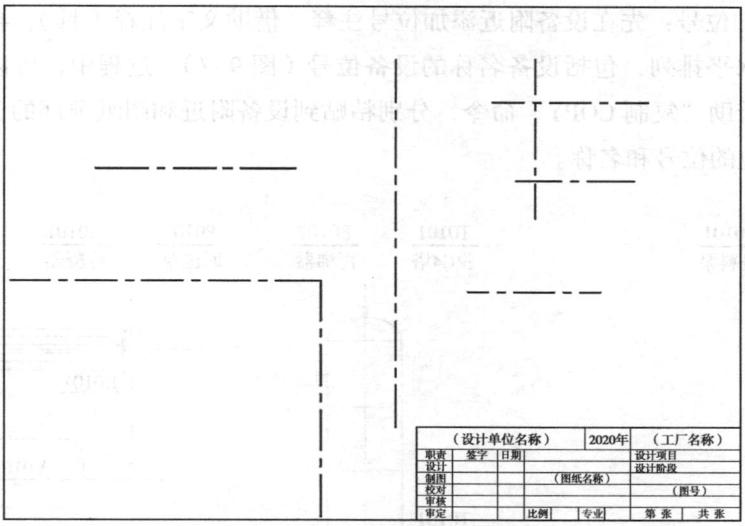

图 9-5 初步布图：预留空间和主体设备定位

（三）绘制设备，标注设备位号

（1）绘制设备：先绘制塔设备 T0101，切换到洋红色的“设备 - 细实线”图层；需要先绘制其外形轮廓，再添加塔内件和管嘴。类似地，逐个添加进料泵、塔顶和塔底设备，如图 9-6 所示。

T0101 的命令参考：LINE（PLINE）、ELLIPSE/ CIRCLE、TRIM 等。

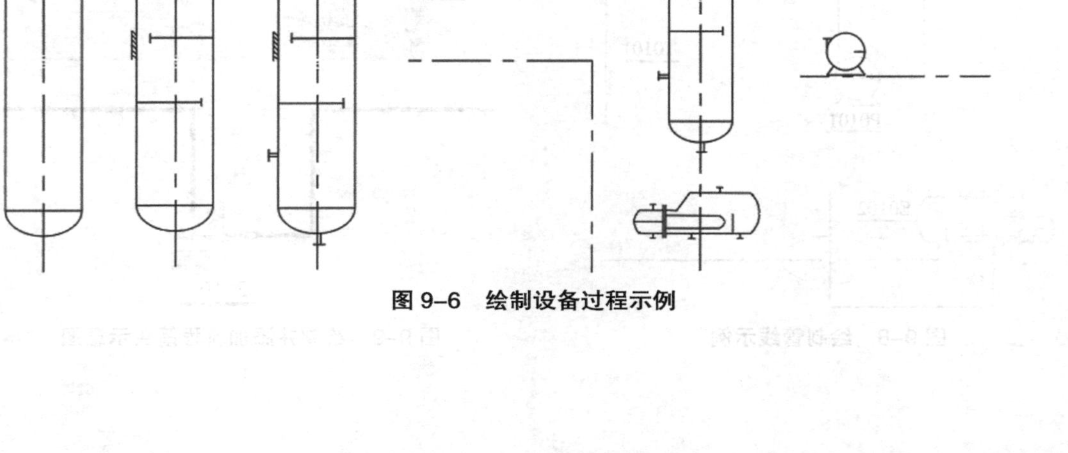

图 9-6 绘制设备过程示例

（2）添加位号：先在设备附近添加位号注释（借助文字注释工具），再依次在图纸顶部或底部水平排列，包括设备名称的设备位号（图 9–7）。过程中，可以添加一个设备的位号，借助“复制 COPY”命令，分别粘贴到设备附近和图纸顶部的位号注释，再编辑修改相应的位号和名称。

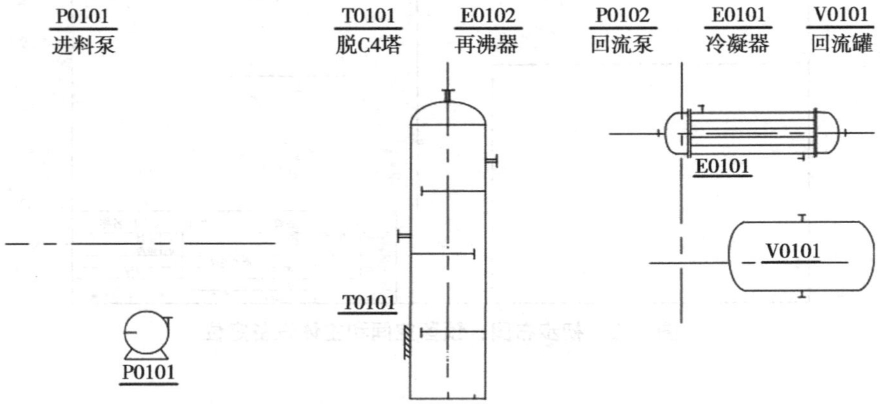

图 9–7 部分设备位号标注

（四）绘制管道草图线，标注“物料号”

（1）绘制管线示例（图 9–8），切换到“流程线 – 粗实线”图层；采用直线命令 LINE，借助“端点、中点”等捕捉，绘制进口、塔顶循环、塔底循环管线，注意交叉管线的打断（可以统一设为水平线打断）。

（2）绘制并添加流程箭头示意图（图 9–9），使用多段线命令 PLINE 进行绘制，设置不同的起点及端点宽度即可；也可以绘制完多段线，再右击→“特性”→几何图形参数。当前长度为 12mm，起始线段宽度为 4mm。借助“旋转”命令可以调整箭头指向，

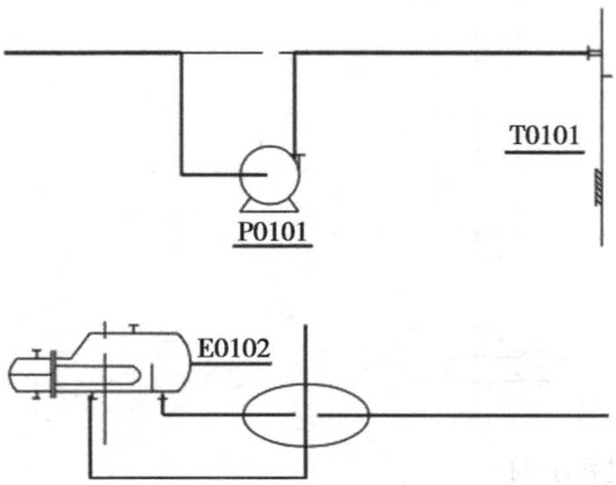

图 9–8 绘制管线示例

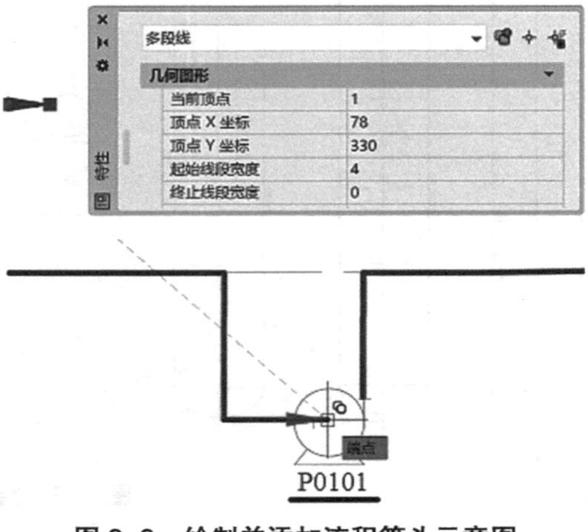

图 9–9 绘制并添加流程箭头示意图

借助“复制”命令可以实现快速添加箭头。

（3）标注物料编号：其方法类似设备位号标注，可以先绘制一个物料编号标识，再添加文字编号注释作为样本；然后借助“复制COPY”命令和“文字编辑”逐一添加、修改物料编号。

（五）填写物料衡算表

（1）插入表格：在功能区→“注释”面板或选项卡→“插入表格”按钮，弹出“插入表格”对话框。

方法一“从表格样式开始”（图9-10）：根据物料平衡表的内容人为选择表格样式，完成列和行的设置；插入表格后需要手动填写物料平衡表的内容。

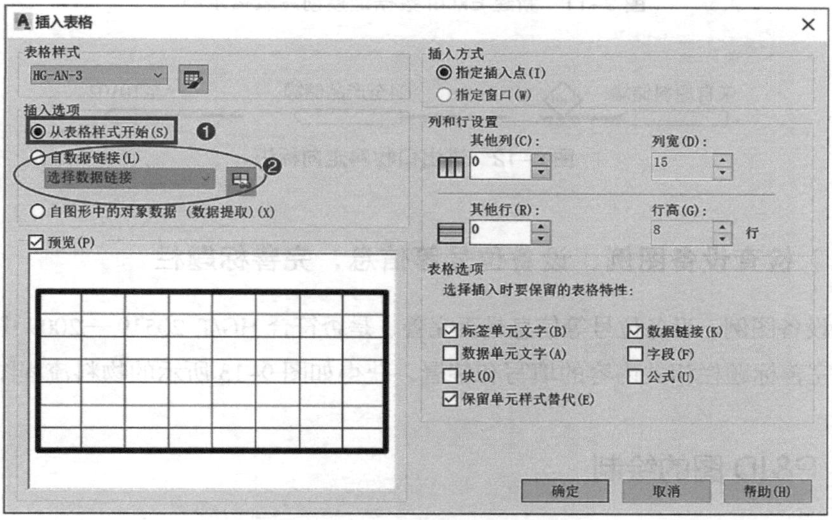

图9-10　“插入表格”对话框

方法二“自数据链接”（图9-11）：从下拉菜单选择“选择数据链接”，在弹出的对话框中，单击“创建新的Excel数据链接”；输入数据链接名称“PFD-T0101”，单击“确定”；浏览文件，找到Excel的物料平衡表文件，单击“确定”，插入表格就自动关联数据表。该方法需要提前在Excel中调整好数据内容和格式。

方法三：直接复制Excel或Word中的表格，但不宜编辑和调整。

（2）编辑、调整表格形式和内容：插入的表格其字体、内容可以进一步调整，还可以删除若干行或列，但通过链接Excel的表格在更新后，部分调整将会失效。

（六）完善区域分界，进出工段和图纸的物料标识及其他文字说明

完善界区、工段、设备间的物料走向标识，如图9-12所示为进出口物料走向标识。

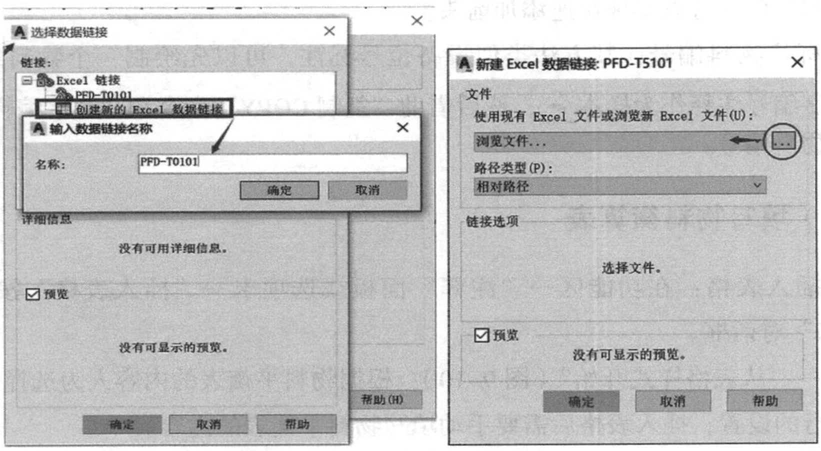

图 9-11 新建 Excel 数据链接创建表格示例

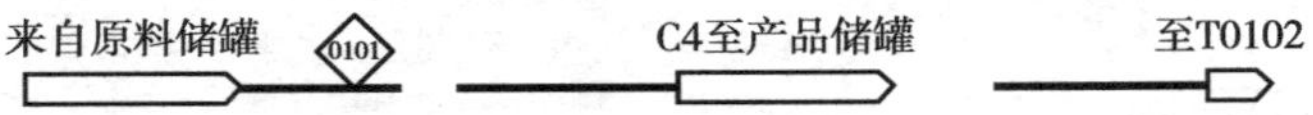

图 9-12 进出口物料走向标识

（七）检查设备图例、设备位号等信息，完善标题栏

检查设备图例、设备位号等信息是否完善、是否符合 HG/T 20519—2009 中的规范要求。然后完善标题栏相关内容的填写和签署，获得如图 9-13 所示的物料流程图（PFD）。

三、P&ID 图的绘制

以图 9-14 所示的管道及仪表流程图（P&ID）为示例，在获得相关工艺设计、管道计算、阀门等管件选择的结果和数据的前提下，本节讲解其 CAD 快速绘制方法开始 P&ID 绘制，其过程简介如下。

（一）选定图幅，绘制图框及标题栏

内容同“第九章第五节二、”中的（一）。

（二）初步布图

内容同“第九章第五节二、”中的（二）

（三）绘制设备，标注设备位号

内容同“第九章第五节二、”中的（三）

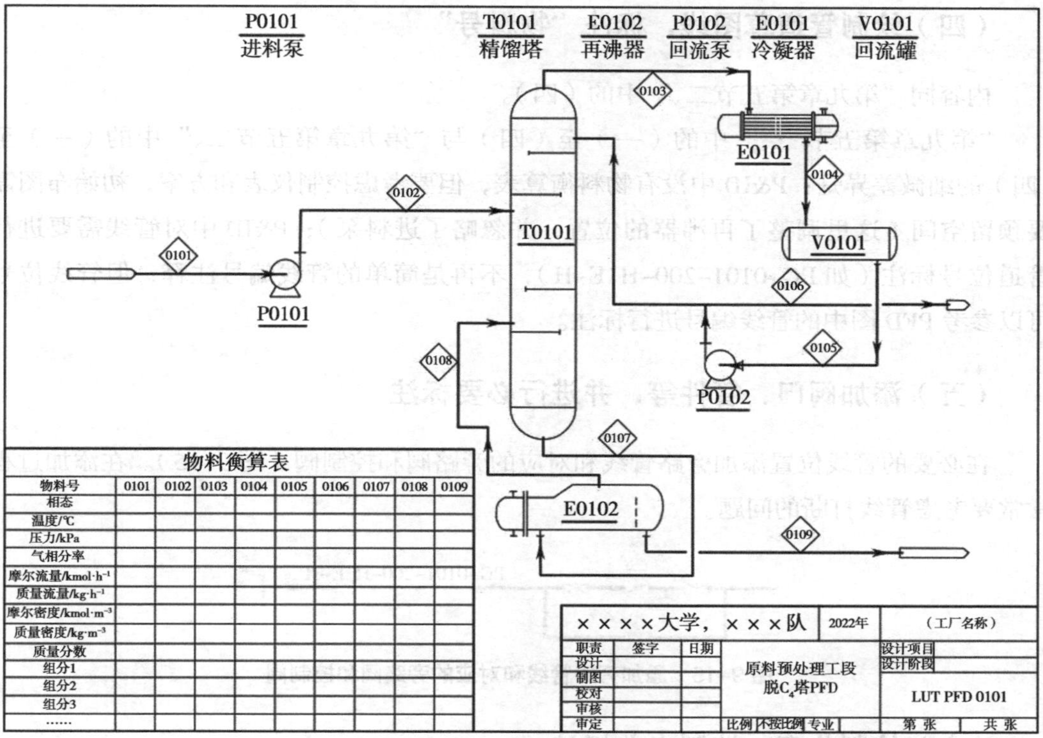

物料号	0101	0102	0103	0104	0105	0106	0107	0108	0109
相态									
温度/℃									
压力/kPa									
气相分率									
摩尔流量/kmol·h^{-1}									
质量流量/kg·h^{-1}									
摩尔密度/kmol·m^{-3}									
质量密度/kg·m^{-3}									
质量分数									
组分1									
组分2									
组分3									
……									

图 9–13 物料流程图（PFD）

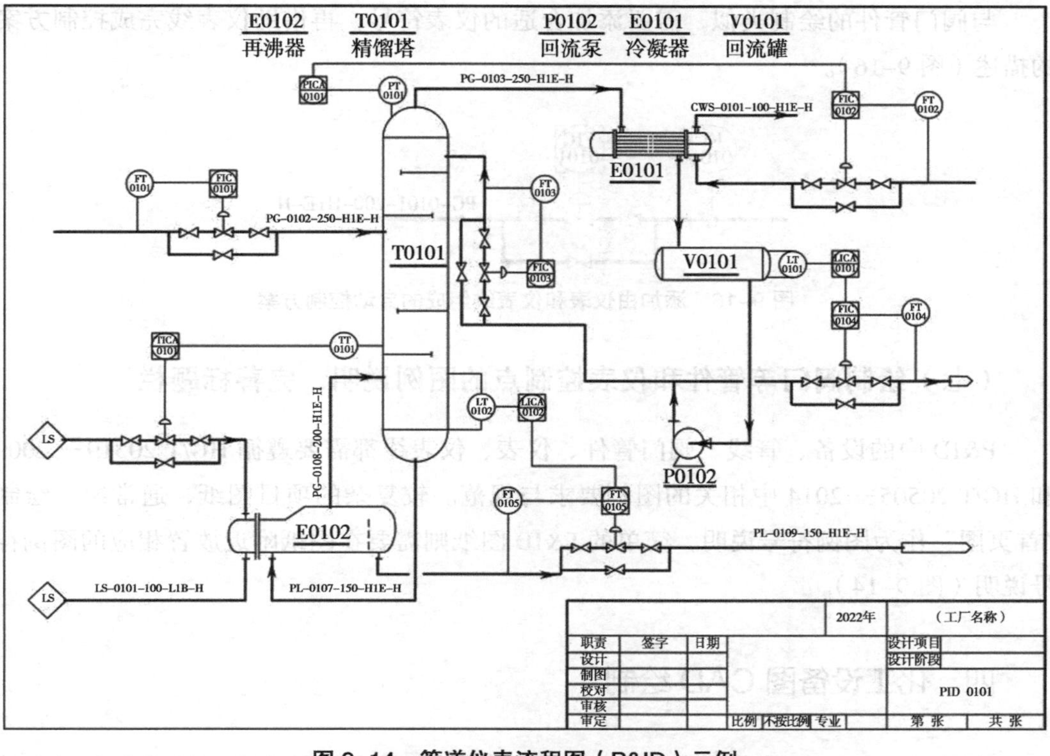

图 9–14 管道仪表流程图（P&ID）示例

（四）绘制管道草图线，标注“物料号”

内容同“第九章第五节二、”中的（四）。

“第九章第五节三、”中的（一）至（四）与“第九章第五节二、”中的（一）至（四）的细微差异是：P&ID 中没有物料衡算表，但要考虑控制仪表和方案，初始布图需要预留空间（这里调整了再沸器的位置，并忽略了进料泵）；P&ID 中对管线需要进行管道位号标注（如 PG–0101–200–H1E–H），不再是简单的管线编号注释，但管线位号可以参考 PFD 图中的管线编号进行标注。

（五）添加阀门、管件等，并进行必要标注

在必要的管线位置添加旁路管线和对应的旁路阀和控制阀（图 9–15）。在添加过程常常要考虑管线打断的问题。

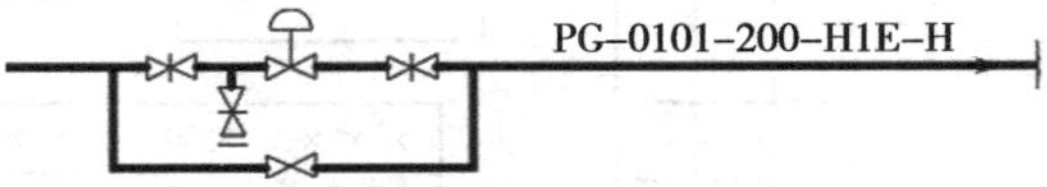

图 9–15　添加旁路管线和对应的旁路阀和控制阀

（六）绘制仪表、控制点并标注

与阀门管件的绘制类似，需要添加合适的仪表符号，再借助仪表线完成控制方案的描述（图 9–16）。

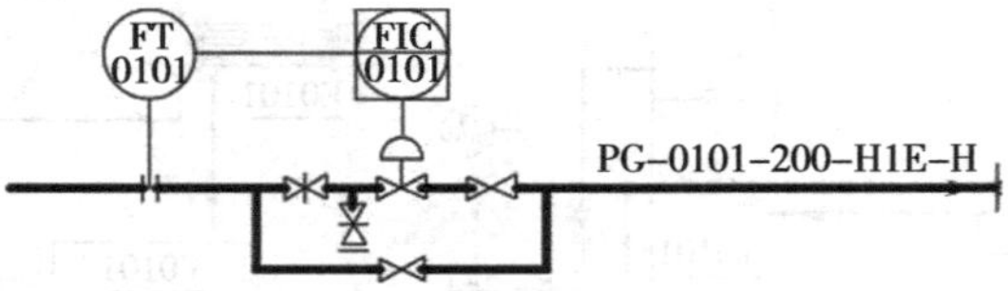

图 9–16　添加由仪表和仪表线组成的自动控制方案

（七）绘制阀门等管件和仪表控制点的图例说明，完善标题栏

P&ID 中的设备、管线、阀门管件、仪表、仪表线都需要遵循 HG/T 20519—2009 和 HG/T 20505—2014 中相关的图例要求与规范。较复杂的项目图纸，通常统一绘制“首页图”作为图例符号说明，简单的 P&ID 图纸则需要在图纸附近放置相应的图例符号说明（图 9–14）。

四、化工设备图 CAD 绘制

关于用 AutoCAD 绘制设备条件图和设备装配图等方面的内容，请学生参考有关

专著和手册。

五、化工设备布置图绘制

设备布置图绘制过程简介如下。

（一）确定视图配置

根据设备的复杂程度适当地选择视图，选择视图的比例和图幅。

（1）仍然采用多层平面图和立面图来表达设备布置；当前设备内容相对简单，不再采用剖视图，并且尝试将平面图和立面图放置在一张图纸上面。

（2）当前示例先按 1 : 1 绘制，然后再缩小到 A2 图纸上。

（二）确定车间的建筑结构布置

从底层平面开始绘制，包括平面图、立面图等，同时对照绘制。具体步骤如下。

（1）绘制建筑结构的定位轴线，如图 9–17 所示。选择定位线图层，绘制水平和垂直直线，可以采用“偏移 Offset”命令进行平行线的绘制；同时，可以考虑平、立面视图的“长对正”特性。

（2）用细实线绘制出厂房基本结构，如墙、门窗、楼梯等基本结构，如图 9–18 所示。切换到“结构、墙面图层”，绘制结构投影视图；平面图显示为“工”型结构梁，立面图为双线结构；同时可以在平面图上绘制楼梯（底层绘制了一半）、立面图的楼梯和扶手护栏等结构。

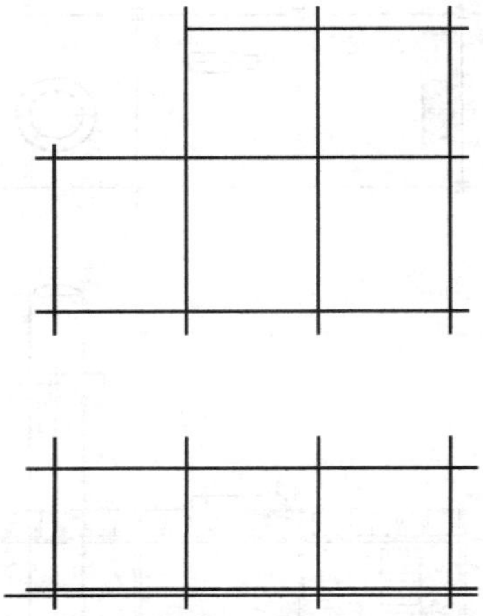

图 9–17 绘制建筑结构的定位轴线

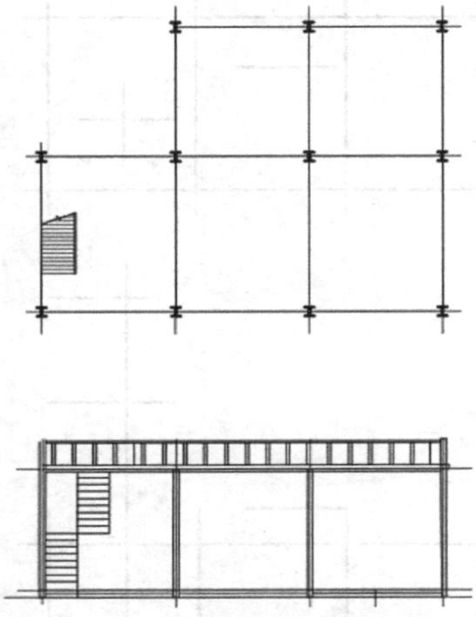

图 9–18 车间的建筑结构绘制

（3）绘制设备的定位轴线，如图 9–19 所示。切回到“定位线”图层，将精馏塔、进料泵、回流泵、换热器和缓冲罐等设备的定位线，在平、立面对应绘制。当前考虑图形的重叠，立面图中 4 个泵没有绘制。

（4）用粗实线绘制设备外形及管口、支架、基础、操作平台等轮廓形状，如图 9–20 所示。选择“设备”图层，绘制各个设备的外形轮廓，注意平面图和立面图的对应绘制。

（5）为建筑定位轴线编号，标注厂房轴线间的定位尺寸，如图 9–21 所示。在平面图上标注水平、垂直定位轴线编号，立面图仅考虑垂直轴线编号。

（6）设备的定位尺寸标注，如图 9–22 所示。在平面图上主要标注设备的定位尺寸，标注设备基础的定位尺寸（如支座等，当前省略）；在立面图上主要标注包括建筑结构模型的标高。

（7）标注设备位号、名称及支撑点标高，如图 9–23 所示的平面图主要进行设备位号、支撑点标高的标注；如图 9–24 所示的立面图主要进行设备位号、设备基础、平台、支撑的标高。

此外，伴随着 EL ± 0.000 面的布置，EL+6.000 平面图绘制过程如图 9–25 所示。

（三）图纸的布置

上述过程都是在 1 : 1 的比例下直接绘图，这里将缩放到 A2 图纸上。

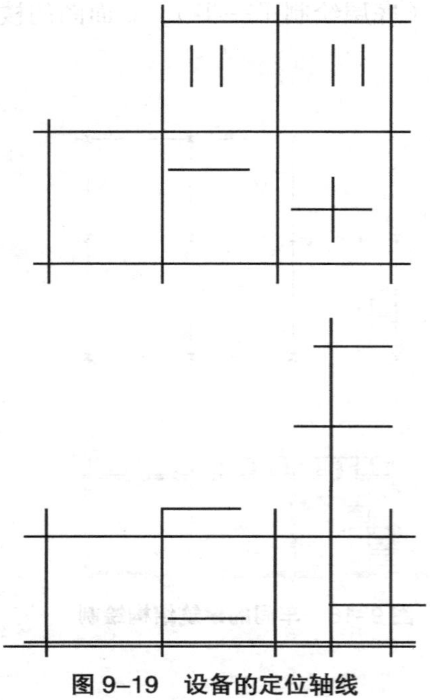

图 9–19　设备的定位轴线

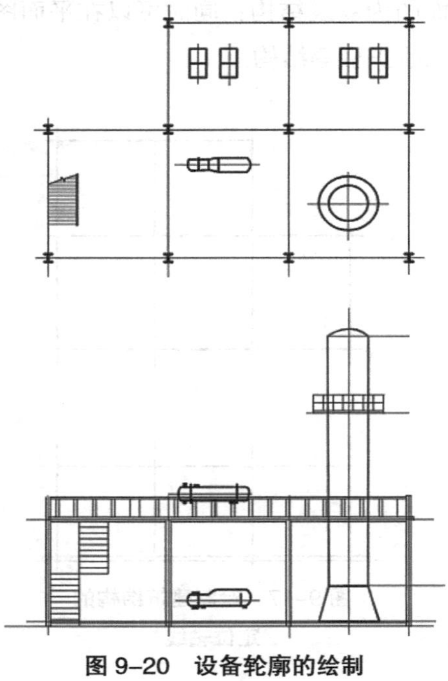

图 9–20　设备轮廓的绘制

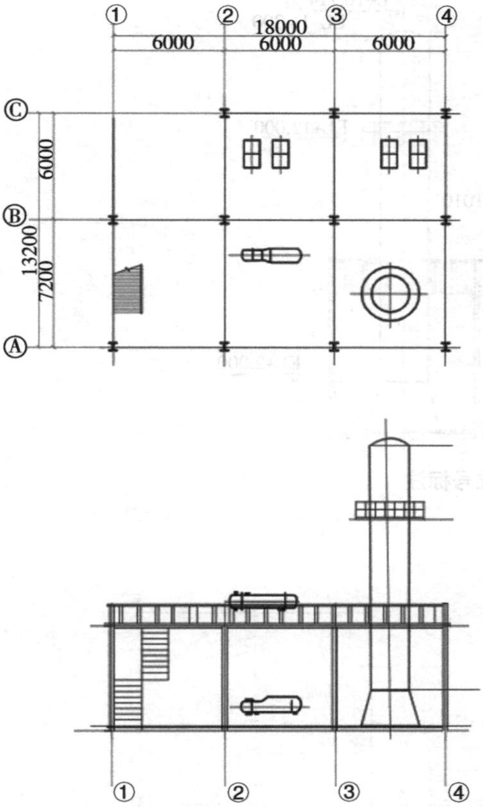

图 9-21　建筑结构的定位轴线编号和尺寸标注

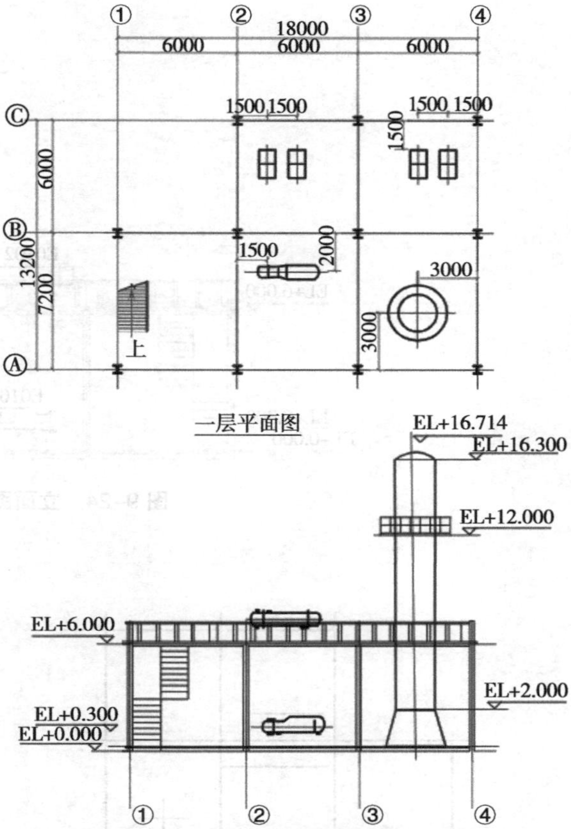

图 9-22　设备的定位尺寸标注

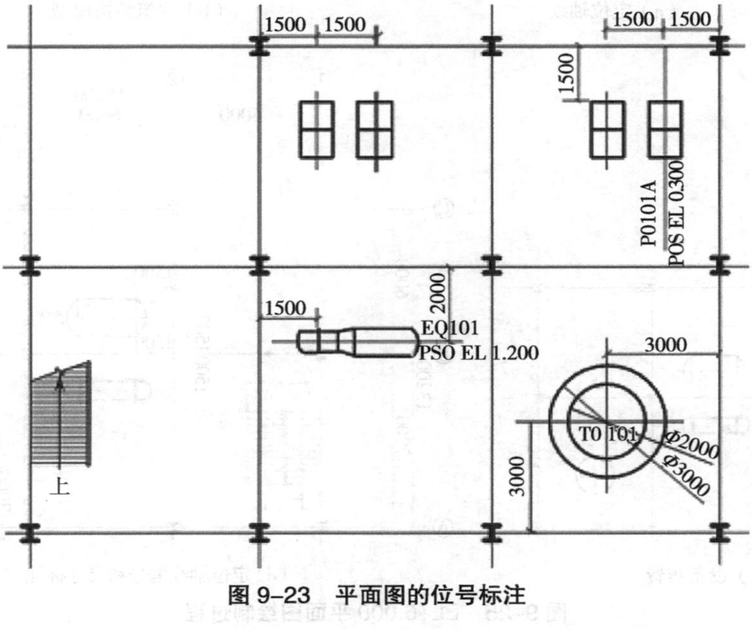

图 9-23　平面图的位号标注

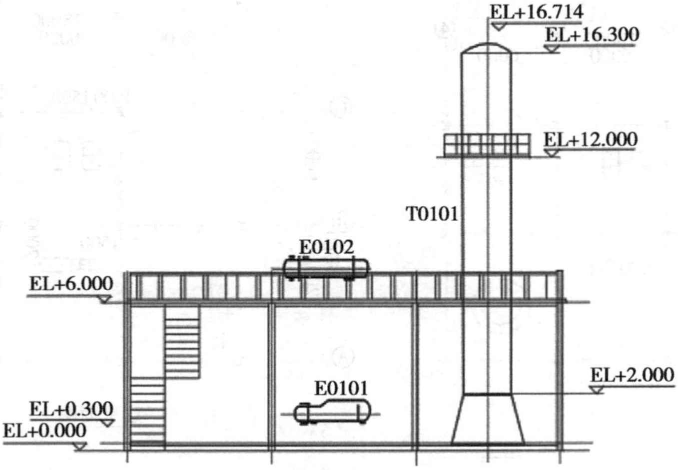

图 9-24 立面图的位号标注

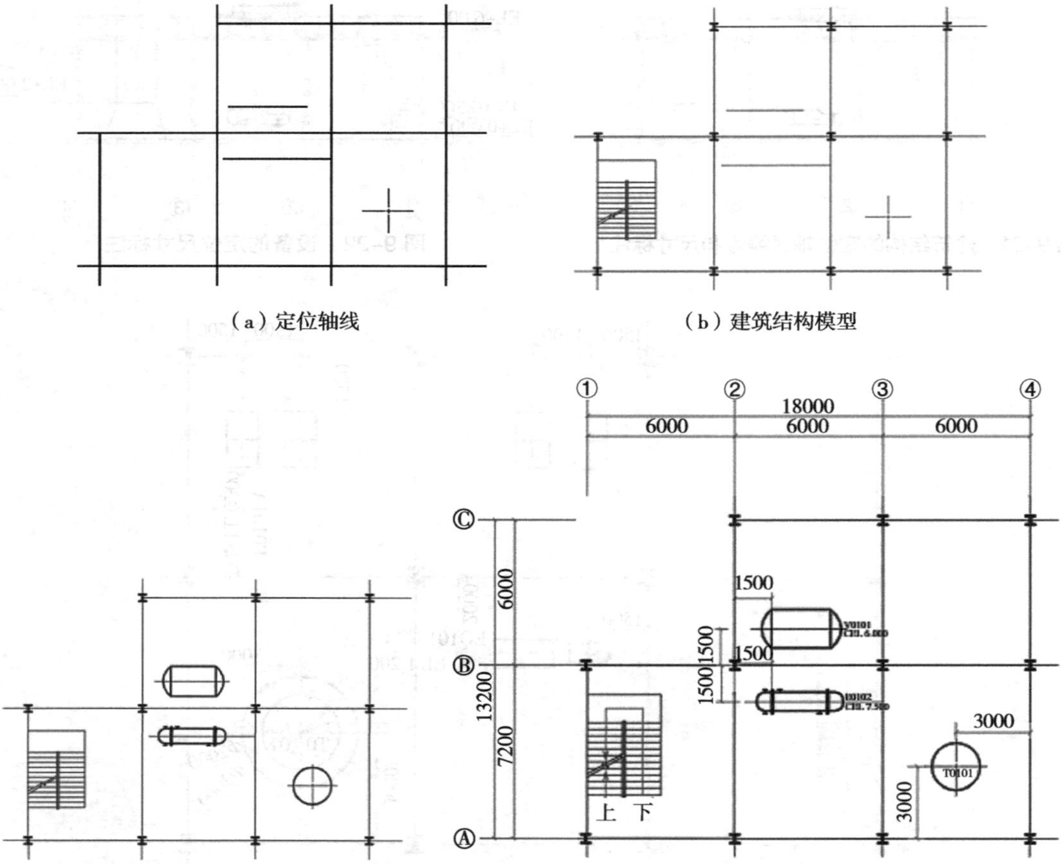

（a）定位轴线

（b）建筑结构模型

（c）设备布置

（d）定位轴线编号和尺寸标注

图 9-25 EL+6.000 平面图绘制过程

（1）将各视图分别或一起缩放，如 1∶125，参照三视图的原则放置各个视图。

方法一（推荐）：将各视图作成图块（“BLOCK”命令），再按比例缩放、布图。优点是可以将图样中已包含的块、特定设置保留，统一比例修改。必要时可以将图块“分解 EXPLODE（X）”。

方法二：直接选择各个视图，进行缩放“SCALE”，但是可能出现尺寸标注、图块并没有全部缩放的现象。

方法三：缩放后再添加注释、尺寸标注，需要设置其尺寸比例。

（2）添加绘制“方向标”。

（3）检查图样，绘制设备一览表，填写有关技术要求。

（4）检查、校核，完成标题栏，如添加图样比例“1∶125”，结果如图 9-26 所示。

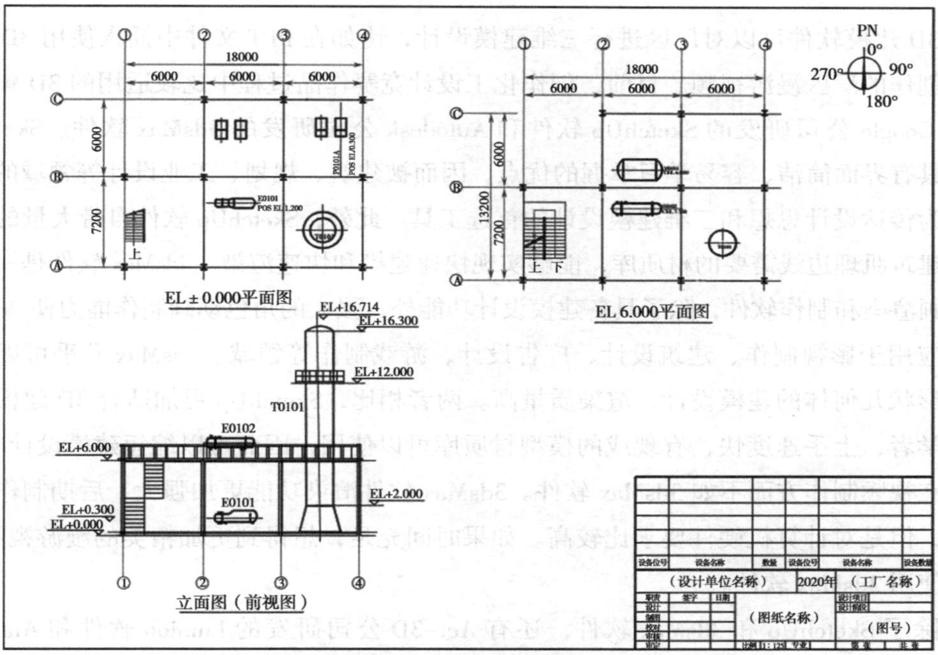

图 9-26 精馏塔的车间设备布置平面图和立面图

六、化工管道布置图绘制

化工管道布置通常是在设备 / 车间布置的基础上进行管道及其附件的布置。其绘图过程与前面化工设备布置图的过程相似，这里不再赘述。化工管道布置图图样请参照相关书籍。

（1）管道布置图主要表达管道布置，故此设备轮廓要用细实线表示，而管线（单线或双线）则需要用粗实线表示。

（2）管道布置需要参照HG/T 20519—2009标准中的管线、管件、阀门及管道特殊件的图例进行绘制。

（3）需要添加管线标注，除了管道中心标高，还有管底标高（BOP EL X.XXX）、管顶标高（TOP EL X.XXX）。

（4）管件、阀门、仪表也都需要标注位号。

（5）必要时，需要添加局部详图，可以是局部放大图，也可以是局部轴测图（管段图）。

（6）需要添加“设备接管表”，通常要附带分区图。

七、厂区漫游

3D建模软件可以对厂区进行三维建模设计，诸如在PPT文件中插入使用3D建模软件创作的厂区漫游视频。目前，创作化工设计竞赛作品过程中比较适用的3D建模软件有Google公司研发的SketchUp软件和Autodesk公司研发的3dsMax软件。SketchUp软件具有界面简洁、容易学习掌握的优点，因而被建筑、规划、工业设计等领域的设计师作为传达设计思想和三维建模设计的首选工具。此外，SketchUp软件自带大量的组件库和建筑肌理边线需要的材质库，能够实现快速建模和快速渲染。3dsMax软件是一款三维动画渲染和制作软件，除了具备建模设计功能外，强大的角色动画制作能力使3dsMax广泛应用于影视制作、建筑设计、广告设计、游戏制作等领域。3dsMax几乎可以实现任何形状几何体的建模设计，渲染质量高。两者相比，SketchUp更加适合3D建模设计的初学者，上手速度快，有现成的模型材质库可以使用，因而可以缩短建模设计时间，但是在视频制作方面不如3dsMax软件。3dsMax软件渲染功能更加强大，后期制作效果优异，但是对计算机硬件要求比较高。如果时间充足，想得到更加精美的漫游视频时，建议使用3dsMax软件。

除了SketchUp和3dsMax软件，还有Act-3D公司研发的Lumion软件和Autodesk公司的Maya软件等3D建模软件可以用于厂区三维建模设计和漫游视频的制作。

第十章 毕业设计

第一节 毕业设计的目的和要求

工程设计是工程师工作实践中最富创造性的内容。设计能力不同于理论分析能力、表达能力和动手能力，它是一种如何将思维形式的知识转化为客观上尚未存在而可以实现的物质实体的创造能力，即不仅是认识客观而且是创造客观的能力。因此，毕业设计是高等教育实现培养目标的重要教学环节。

本科毕业设计的基本教学目标是培养学生综合运用所学的基础理论、专业知识和基本技能，提高分析问题、解决问题的能力和初步进行工程设计的能力，培养优良的思想品质和追求真理的科学精神，提高综合素质。

一、毕业设计的目的

通过毕业设计的训练，使学生进一步巩固加深所学的基础理论、基本技能和专业知识，使之系统化、综合化。在毕业设计中着重培养学生独立工作、独立思考并运用已学的知识解决实际工程技术问题的能力，结合课题的需要更应注意培养学生独立获取新知识的能力。通过毕业设计加强对学生计算、绘图、编辑设计文件、使用规范化手册等基本的工作实际能力的培养。通过毕业设计的训练，使学生树立具有符合国情和生产实际的正确的设计思想和观点；树立严谨、负责、实事求是、刻苦钻研、勇于探索并具创新意识的工作作风。设计能力不同于理论分析能力、表达能力和动手能力，它是一种如何将思维形式的知识转化为客观的创造能力。因此，设计能力的培养对工科生来说尤为重要。

二、毕业设计的要求

为了使化工类本科毕业设计既达到教学的基本训练的目的，又能使学生对工程实际问题有初步的认识和了解，毕业设计应达到如下基本要求。

（1）掌握化工车间（装置）生产过程设计的基本要求及主要内容，掌握设计原则，了解车间（装置）布置内容、设计方法和布置应遵循的原则。

（2）论证设计方案，确定设计流程及方法，掌握化工过程的物料衡算、热量衡算及主要工艺设备（如反应器、分离设备、换热器等）的设计原则和方法。

（3）基本掌握过程和设备的物料参数（如温度、压力、流量、液位等）控制指标的确定方法和控制方案。

（4）掌握绘制物料流程图、带控制点工艺流程图、设备布置图及主要设备图的方法、要求和标准。

（5）初步掌握投资与成本估算及经济评价的基本内容和主要方法，了解经济分析与评价在工程设计决策中的意义。

（6）对水、电、气等公用工程有所了解，并能使所设计的工程项目与公用工程相互匹配。

（7）提出所设计工程项目对环境保护、安全卫生方面的要求，并能与有关部门（或专业）共同商讨解决办法和实施方案。

（8）初步掌握撰写设计说明书的基本内容和方法。

（9）应尽量运用有关计算机软件进行工程计算、绘图及文字输入编辑。

第二节　毕业设计的指导

一、毕业设计的选题

毕业设计的选题应符合培养目标，确保达到该专业毕业设计的基本要求。

（1）毕业设计课题的范围应符合学生在校所学理论知识和实践技能的实际情况，尽可能反映现代科学技术发展水平。毕业设计选题要注重课题的实用性与科学性，课题应尽可能结合生产和科研实际任务，促进教学、科研、生产的有机结合。

（2）题目难易要适当，题量要合理，过程要完整，使学生经过努力能够完成。对于学习较好的学生，可适当加大题量与难度。

（3）选题不一定一人一题，每个题目都必须有充分的文献、资料、数据规范等依据。同一设计课题多人合作完成的，参加的学生应有合理而明确的分工，又要有合作的结合点，培养学生的团队精神。

（4）鼓励各专业互相结合，不同专业的教师学生协同完成学科交叉领域的毕业设计工作，开阔学生眼界，促进学科间的相互渗透。

下列课题不宜安排学生做毕业设计。

（1）课题偏离专业培养目标。

（2）课题范围过专、过窄或课题内容简单，达不到综合训练的目的。

（3）课题范围过宽泛或过难，在规定时间内难以完成或取得阶段成果。

毕业设计备选课题应在大学四年级第一学期（秋季）由指导教师提出，院（系）对备选课题审查通过后向学生公布，由学生自主选择，便于学生在大学四年级第一学期完成文献调研和设计方案论证。

毕业设计题目最好不要太具体而是开放式的，只给定大概的设计内容（如设计一套氯乙烯生产装置），至于生产规模、生产工艺（乙烯法还是乙炔法）、厂址及设备等均由学生通过调查研究和分析论证后自己确定。

提倡学生根据自己的兴趣特长和就业意向自选毕业设计题目，经指导教师［或院（系）］同意后实施。对自选毕业设计题目，可以采用“导师负责，联合指导”的方式，即校内导师对设计方案、设计进程和设计成果负责指导和审核，校外导师负责毕业设计的具体实施，这样能充分调动学生的主观能动性和自主创新的积极性。

二、毕业设计的指导书

课题确定后，指导教师应认真填写毕业设计任务书，并提前落实到学生，同时报院（系）备案。课题一经落实不得随意更改，如因特殊情况确需变更，需要提交书面报告说明原因，经院（系）主管教学院长（系主任）批准。

指导教师还应根据毕业设计教学大纲和课题性质、任务、要求等，编写出内容翔实，要求具体、明确，能起到指导作用的毕业设计指导书。指导书是指导学生进行毕业设计的辅助教材和指导性资料，应包括以下主要内容。

（1）毕业设计的目的和作用。

（2）毕业设计的任务与要求。

（3）毕业设计的进程与安排。

（4）主要技术数据和参考资料。

指导书应根据课题对学生应完成的文献检索与翻译外文资料、设计的主要技术方案和工艺流程的要求，对经济分析、环保和安全评价及完成工程设计的计算内容和设计图纸及撰写的设计说明书等有明确的要求。

应鼓励学生在毕业设计中提出新的见解，有一定创新意识，对前人的工作有改进或突破。

三、毕业设计的评阅

毕业设计答辩前应由答辩小组一名或一名以上教师对学生的毕业设计进行详细评阅，重点审查学生对基础理论、基本技能和专业知识等综合运用的情况，同时还应审查毕业设计的文字表达、绘图质量、计算与结果分析及计算机运用等方面的情况，特别要考查学生完成课题过程中创造性工作能力与表现，据此写出评审意见并给出成绩。

指导教师应对学生的毕业设计进行全面考核，并给出评语。指导教师考核的主要内容如下。

（1）学生是否较好地掌握课题所涉及的基本理论、基本技能和专业知识。

（2）学生是否具有从事设计或担负专门技术工作的初步能力。

（3）学生是否按指导书或任务书中所提出的要求内容及时间，独立完成了毕业设计各环节所规定的任务。

（4）毕业设计完成的质量及在完成过程中所表现的创造性工作情况。

（5）外文翻译与写作水平及计算机运用能力。

（6）学习态度，毕业设计中所表现出来的工作、学习纪律情况。

（7）答辩情况和口头表达能力及独立工作、独立思考、组织管理能力及与他人合作交往能力。

四、毕业设计的答辩

毕业设计完成后要在规定时间内组织答辩，以检查学生是否达到毕业设计的基本要求和目的。毕业设计答辩的组织工作由院（系）整体负责。专业成立答辩委员会，下设若干答辩小组。答辩小组以3~7名具有指导教师资格的成员组成。

答辩前评阅人应根据课题涉及的内容和要求及有关基本概念、基本理论，准备好不同难度的问题，拟在答辩中提问选用。毕业设计答辩时间安排一般为：学生本人讲解15~20min，教师提问10~20min。

各院（系）、各专业在答辩前应制定出统一的答辩程序和关于答辩场地、人员、纪律等方面的规定。

为了避免答辩小组的局限性，保证成绩评定的公平性、公正性，建议拟评优和拟评中等以下成绩的学生在全专业范围内进行公开答辩，由全体指导教师评定毕业设计成绩。

五、毕业设计成绩的评定

各专业根据指导教师对学生的评价，结合答辩小组给学生的答辩成绩，参考毕业设计评分标准，初步确定学生的成绩。学生的毕业设计成绩单应注明设计题目，评分按照优秀、良好、中等、及格和不及格五级评分。各院（系）根据各专业上报材料，组织各专业负责人协调平衡学生成绩。成绩的评定必须坚持标准，从严要求。每个自然班成绩优秀学生比例一般为15%左右，不超过20%；优秀和良好的比例控制在50%以下；及格和不及格的学生比例一般不得低于15%。凡工作态度差或未完成规定任务的学生，应该从严评分，确实未达到毕业设计的基本目标的，应建议补做或评定为不及格。

具体评分标准如下。

（一）优秀：凡同时符合以下条件者，给予优秀成绩

（1）根据毕业设计任务书的要求，按计划完成了毕业设计，符合题目要求，并能正确运用所学知识分析和解决实际问题。对方案的制订、设计计算正确，无原则性错误，在某些方面表现出有独立见解和创造性。

（2）在设计中，能结合题目查阅和利用有关中外文资料（外文文献译文内容正确），设计的外文摘要规范正确，在上机操作过程中基本技术表现突出。

（3）设计说明书内容符合要求，文字、图表规范，语句通顺，能全面而有重点地说明问题。设计图纸齐全，制图符合规范，图纸质量好。

（4）答辩时，表现出对设计内容掌握得比较深透，对所提问题的回答正确。

（二）良好：凡同时符合以下条件者，给予良好成绩

（1）按计划完成了毕业设计任务书所规定的任务，能综合运用所学知识解决主要问题。对主要方案的制订、设计计算比较正确，但探讨的深度和广度不够，在个别次要问题上有错误。

（2）在设计中，能结合题目查阅和利用有关中外文资料（外文文献译文内容正确），设计的外文摘要基本正确，在上机操作过程中基本技术表现尚好。

（3）设计说明书内容基本符合要求，文字、图表规范，语句通顺。设计图纸齐全，制图符合规范，图纸质量较好。

（4）答辩时，表现出对设计内容比较熟悉，对所提问题的回答无原则性错误。

（三）中等：符合下列条件，给予中等成绩

（1）完成了毕业设计任务书所规定的基本内容，符合基本教学要求，对主要方案的制订、设计计算及结果分析基本正确。

（2）在设计中，能结合题目查阅和利用有关中外文资料（外文文献译文内容正确），设计的外文摘要基本准确，在上机操作过程中基本技术表现良好。

（3）设计说明书文字、图面清楚，语句通顺，但对主要问题理解不深，基本内容论述不当或有错误。

（4）答辩时，表现出对设计内容尚能掌握，但理解不深，回答问题时表现对基本知识掌握不牢固，在回答一些基本问题上没有重大错误。

（四）及格：符合下列条件，给予及格成绩

（1）基本完成了毕业设计任务书所给定的内容，对主要方案的制订、设计及结果分析无原则性错误，但有个别较大错误。

（2）译文内容和语法在非主要问题上有错误，上机操作的基本技能有些欠缺。

（3）设计说明书文字工整，但语句欠通顺，图面质量一般。

（4）答辩时，表现出初步掌握了自己所从事的设计内容，但理解肤浅，有一些原则性错误。

（五）不及格：凡有以下条件之一者，不能参加答辩或给予不及格成绩

（1）不能如期完成毕业设计任务书规定的最低教学要求。

（2）在毕业设计中，反映出对设计、计算有重大原则性错误，设计说明书语句不通，图纸不全，图面质量差，不能满足毕业设计最基本的教学要求。

（3）外文翻译能力、上机操作能力明显欠缺。

（4）答辩时，反映出对自己进行的设计中最基本的内容基本不掌握，对有关设计中的基本知识、基本概念模糊不清，没有达到毕业设计教学的最基本要求。

（5）设计被确认为抄袭或弄虚作假。

毕业设计成绩在答辩全部结束后，经各专业组审定，院（系）教学院长（系主任）批准，评定成绩报教务处备案。

由于一些院校教师没有工程设计实践经验，教师水平差别较大，建议适当聘请校外化工设计经验丰富的工程技术人员担任毕业设计指导教师，并请他们为学生开设有针对性的化工设计讲座。成立毕业设计指导小组，充分发挥集体智慧，以老带新，取长补短，提高毕业设计水平。

第三节　毕业设计说明书

学生在毕业设计完成后，要编制毕业说明书和绘制工程图纸。说明书和图纸是衡量学生的毕业设计完成与否的主要依据，也是考核毕业设计成绩的根据。因此，在进行毕业设计工作之前，就应先明确说明书所包括的内容，同时也是指导教师对学生的毕业设计要求，便于学生按照设计说明书的要求，安排设计工作计划和进程。

一、总论

总论包括以下5个部分。

（1）概述：说明所设计的产品性能、用途和在国民经济中或对人民生活的重要性；该产品的市场需求；简述该产品的生产方法及特点。

（2）文献综述：毕业设计中，首先要查阅文献（国内外期刊和有关图书），通过从文献中所了解的内容，简述有关该产品的生产试验概况，国内外生产现状和发展趋势等。

（3）设计任务书的依据或项目来源：说明选题情况，是由指导教师指定的课题，还是从生产实际中承接的项目。

（4）材料来源、动力及区域环境等情况说明：设计产品所需要的主要原材料规格、来源及水、电、汽（气）等的供应情况，结合设计地区供应情况进行说明。

（5）其他：如交通运输、节能和环保等措施；简要说明原料、产品及废渣的储运方式；简述能量综合利用情况，设计中所采取的节能措施；说明生产过程中可能产生的有害物质排放和处理措施。

二、生产流程或生产方案的确定

根据查阅文献和毕业实习或实际调查所掌握的情况确定，有时是依据科学试验报告和小试结果进行放大设计，分析各种生产方法及其特点。简要叙述自己设计所选定的生产方法的依据和特点，画出一个简单流程图。

三、生产流程简述

按生产顺序，从原料到成品依次叙述各种物料所经过的设备及其在该设备中所发生的变化；写出可能的化学反应方程式，说明其工艺条件，如温度、压力、流量及物料配比等；并说明原料、产品的储存方式及特殊要求，如涉及安全、环保的注意事项等。

四、工艺计算书

工艺计算是毕业设计中的主要工作，在实际工程设计中，也是必不可少的。它是设计过程中的重要内容，是设计最终结果的主要依据。它应包括物料衡算、热量衡算，必要时加上有效能衡算，其要求如下。

（1）写出计算基准。

（2）计算步骤清晰。

（3）计算已知条件要符合设计任务要求。

（4）数据来源要可靠。

（5）列出计算公式，并对公式中的符号加以必要说明。

（6）应尽量利用计算机进行计算。利用计算机进行计算时要列出数学模型及所用变量的含义，计算程序清单和程序使用说明。

（7）计算结果汇总于物料衡算表和热量衡算表中，并将计算基准转换为生产能力的基准，包括时间基准和单位产品基准。

五、主要工艺设备计算和设备选型

根据设计任务工作量大小，要选定几个主要设备（非定型设备）进行工艺计算。例如，主要反应器的工艺尺寸，催化剂的装填量，塔设备的直径、高度和填料的装填量或塔板数目和结构尺寸及流体流动阻力等。

其他设备都作为辅助设备，根据生产能力按物料衡算结果进行选型，如泵、压缩机、换热器和槽罐等，设备一览表如表 10–1 所示。

表 10–1　设备一览表

序号	位号	设备名称及规格	型号	单位	数量	质量 /kg		备注
						单重	总重	

六、原材料、动力消耗定额及消耗量

根据物料衡算和热量衡算结果，换算为单位产品（吨）的消耗量（及消耗定额）和单位时间（小时和年）的消耗量，并列入表 10–2 和表 10–3 中。

表 10–2 原材料消耗额定及消耗量

序号	位号	规格	单位	消耗定额	消耗量 /t		备注
					小时	年	

表 10–3 动力（水、电、气）消耗定额及消耗量

序号	位号	规格	单位	消耗定额	消耗量 /t		备注
					正常	最大	

七、车间成本估算

通过毕业设计，使学生建立经济核算观点。产品车间成本或工厂成本可以体现设计的经济合理性。产品的成本估算可按表 10–4 填写。

表 10–4 成本估算

序号	名称	单位	消耗额定	单价	单位成本	备注
1	原材料费					
	……					
	……					
	合计					
2	动力费					
	水					
	电					
	……					
	合计					
3	工资及福利					
	合计					
4	车间经营					
	折旧费					
	维修费					
	管理费					
	合计					

续表

序号	名称	单位	消耗额定	单价	单位成本	备注
5	副产品回收费					
	……					
	合计					
6	产品车间成本					
7	企业管理费					
8	工厂成本					

八、环境保护与安全措施

学生在毕业设计中应确定关键设备的化工安全措施，对排出的污染物提出合理的治理方案。生产装置的设计及生产过程的安全十分重要，在设计中应注意以下6点。

（1）主要设备材质需要有耐应力性、耐腐蚀性、耐火耐热、耐疲劳。

（2）生产车间内需要设置防火防毒等消防器材。

（3）应急逃生通道不能堆放杂物且保持通畅，通道内的消防门一定保持关闭状态。

（4）所有生产设备需要在投产使用前测试压力及密闭性。

（5）生产车间应当注意保持良好的通风性。

（6）生产设备需要有接地装置的设置。

对排出污物处理应包括：废水处理、废气处理和废渣处理。

九、设计体会和收获

通过毕业设计，自己有何体会和收获，特别是如何综合运用所学的理论知识方面的体会。对自己的设计哪些特点值得肯定，还有哪些不足或不当之处，如有可能提出今后改进意见和措施。另外，对毕业环节从教学上也可以提出一些意见和建议。

十、参考文献

本次设计中参考的文献资料，特别是一些重要的参数、公式的来源，都要在说明书最后一一列出。按作者、文献名称、出版单位和出版日期的顺序列出。

十一、附工程图纸

除文字说明书外，毕业设计应包括下列图纸。

（1）带控制点工艺流程图。

（2）主要设备装配图。

（3）设备平面布置图与剖面布置图。

（4）车间主要管道布置图。

要求:（1）项与（2）项是必须完成的;（3）项与（4）项可根据课题内容、任务要求及学时，由指导教师决定是否全部或部分绘制。

附录　毕业设计实例

100kt/a 乙醇酸生产车间工艺设计

1　总论

1.1　设计任务

设计任务是 100kt/a 乙醇酸生产车间工艺设计及对整个乙醇酸项目进行经济分析、环境评价与安全性预评价。采用甲醇、氧气，通过列管式固定床反应器发生甲醇氧化合成甲醛，再混入一氧化碳合成乙醇酸，采用减压精馏提纯、冷却结晶的方法，最终产品纯度乙醇酸要求大于 99.9%，满足乙醇酸生产车间的原料纯度需求。

1.2　设计依据

（1）设计任务书。

（2）有关法令、法规、政策、规定。

1.3　建设规模及产品方案

1.3.1　产品的技术规格及理化性质

乙醇酸理化性质如表 1 所示。

表 1　乙醇酸理化性质

中文名	乙醇酸
英文名	Glycolicacid
别称	羟基乙酸、甘醇酸
化学式	$C_2H_4O_3$
分子量	76.05
CAS 登录号	79-14-1
性状	纯品为无色易潮解晶体，可燃

续表

中文名	乙醇酸
密度	（g/mL，25℃）：1.416
熔点 / ℃	75~80
沸点 / ℃（常压）	100（分解）
闪点 / ℃	300
密度	1.25 g/cm³ 25 ℃
溶解性	溶于水、甲醇、乙醇、丙酮、乙酸和醚，几乎不溶于碳氢化合物溶剂
晶相标准燃烧热（焓）	–695kJ/mol
晶相标准生成热（焓）	–663.6kJ/mol

1.3.2 产品用途

乙醇酸可用于制造锅炉清垢剂、清洗剂等（图 1）。近年来广泛用作化妆品和医药品，其作为聚乙醇酸的原料也受到关注。乙醇酸可用于制备高分子塑料聚乙醇酸。传统塑料虽然给人们的生活带来了很多便利，在社会经济发展中承担着重要作用，但会造成严重的“白色污染”这一世纪难题，我国也颁发了“限塑令”。发展以可降解的、对环境友好的高分子材料对传统的不可降解的高分子材料的替代成了重要的研究方向。

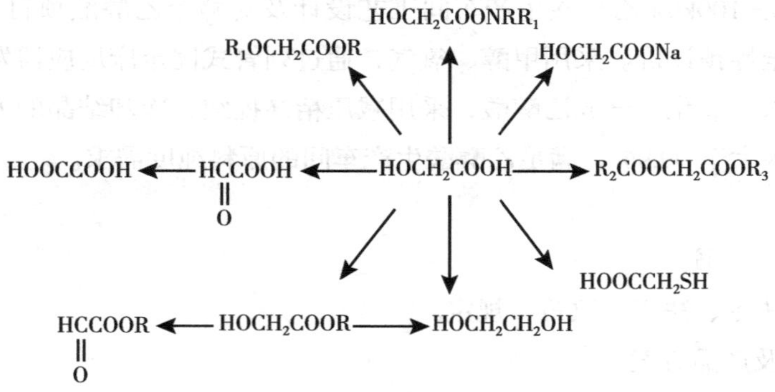

图 1 乙醇酸用途

1.4 主要原料的技术规格及来源

本项目中所涉及的主要原材料为甲醇、氧气和一氧化碳，催化剂为钴钼催化剂，原材料一览表如表 2 所示。

表 2 原材料一览表

项目	名称	来源	运输方式	规格
主要原料	甲醇	总厂供给	汽运	>99.5%
	一氧化碳	总厂供给	管道	>99.9%
	氧气	空分装置	管道	>99.2%

续表

项目	名称	来源	运输方式	规格
公用工程	冷却水	工业园区	管道	20~25℃
	冷冻盐水	工业园区	管道	−20~−15℃
催化剂	钴钼催化剂	催化剂公司	汽运	2mm / 颗和 5mm / 颗

1.5 厂址情况

本项目所在厂址具备以下良好条件。

（1）甲醇、氧气和一氧化碳原料供应充足，可由本厂自供，节约原料运输成本。

（2）水资源丰富。

（3）交通运输的基础设施条件好，需要建设的连接厂区与规划区道路很短。

（4）水文地质条件较好，项目所需要的工业用水和生活用水可以得到保证。

（5）厂区内电力供应充足，足以保障工业生产的需要。

（6）厂区距目标市场相对较近，可以有效地控制产品运输成本；劳动力资源丰富，节约成本。

（7）政府条件优越，可提供投资服务。

2 生产方法与工艺流程

2.1 生产工艺综述及选择

乙醇酸合成方法包括氯乙酸法、氰化法、草酸电解还原法、甲醛合成法。

氯乙酸法是在碳酸钙或碳酸钡下水解的方法，使用酸性催化剂，在一定的压力下，用水或水蒸气水解制得乙醇酸，该方法反应时间长，需要消耗大量草酸或硫酸，因此成本太高，不适宜工业化生产。氰化法是以甲醛和氢氰酸（或氰化钠）为初始原料，通过加氰反应制备羟基乙腈，并在温度为 100~150℃的酸性条件下进行水解反应制得乙醇酸，反应原料为有剧毒的氰化物，因此生产过程存在较大安全隐患，目前我国很少部分企业会采用该工艺生产乙醇酸。草酸电解还原法利用循环伏安法研究了草酸电解还原制备乙醇酸的工艺，该方法合成乙醇酸曾在德国早期工业化过，但是因为产物复杂、成本高，没有一直生产下去。甲醛合成法以甲醛和一氧化碳为原料，在硫酸、盐酸、磷酸或二氟化硼等酸性催化剂存在和约 70.9MPa 的压力、160~200℃的条件下合成了乙醇酸，我国甲醇产量丰富，价格低廉，因此选择用甲醇合成价值更高的乙醇酸。

2.2 工艺流程简述（总工艺路线图）

本设计项目包括 4 个工段：甲醛合成工段、乙醇酸合成工段、乙醇酸精制工段和朗肯（Rankine）循环工段。本项目工艺流程方框图如图 2 所示。氧气、甲醇先加压再升温，送入氧化反应工段，将甲醇氧化为甲醛，该过程甲醇和氧气按 2∶1 添加，反应转化率为 99%。甲醇氧化反应工段的产物经冷却、加压，与同温同压下的 CO 混合，进入甲醛羰基化反应工段。反应工段产物经节流膨胀、闪蒸，可分离出 CO、少量 HCHO 和少量水蒸气，闪蒸液相为乙醇酸产品、水和少量甲醛。由于乙醇酸 100℃下分解，并且熔点为 78℃，因此需要减压蒸馏，在高真空度，再沸器 85℃左右的条件下将乙醇酸分离，后自然冷却得到乙醇酸晶体，母液送回精馏塔脱水精制。

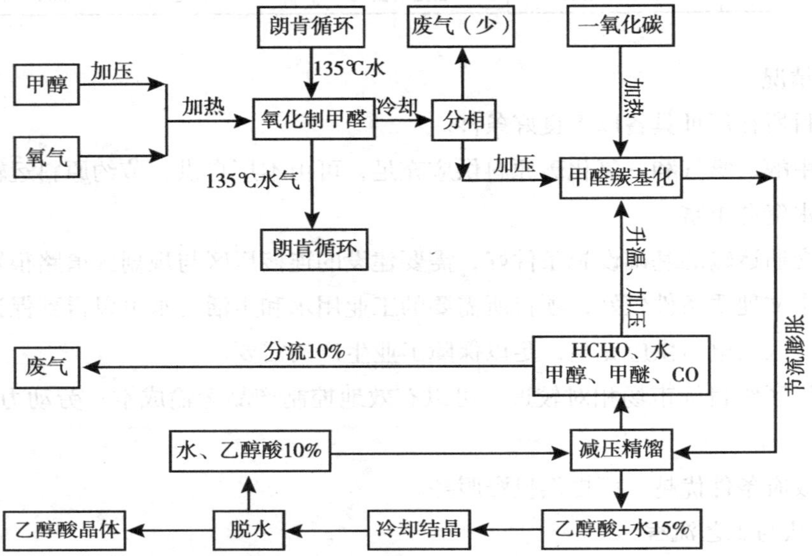

图 2　本项目工艺流程方框图

2.3　换热网络优化

换热网络优化是通过流股之间换热，用以实现能量回收利用的效果。可以降低公用工程消耗量，起到节能减排，降低生产操作费用的效果。

2.3.1　能量消耗情况图

根据 Aspen 流程模拟结束后，打开能量分析。分析结束后，将所有能耗数据导入 Aspen Energy Analyzer 程序，各操作单元能耗如图 3 所示。

Name		Inlet T [C]	Outlet T [C]	MCp [kJ/C-h]	Enthalpy [kW]	Segm.	HTC [kJ/h-m2-C]	Flowrate [kg/h]	Effective Cp [kJ/kg-C]	DT Cont. [C]
P-MIX_To_R1-IN		24.6	275.0	—	3006		—	9601	—	Global
4_To_5		132.7	112.8	—	7790		—	1.240e+004	—	Global
2_To_3		136.2	190.3	2.380e+004	357.6		720.00	1.240e+004	1.920	Global
MIX-3_To_R2-IN		16.8	60.0	—	909.7		—	2.228e+004	—	Global
R1-OUT-1_To_FF		350.6	93.8	—	3364		—	9601	—	Global
W1_To_F2		89.3	5.0	4.403e+004	1032		4238.82	1.478e+004	2.980	Global
To Reboiler@T_TO_W		60.5	89.3	—	4460		—	2.286e+004	—	Global
To Condenser@T_TO_D2		51.8	28.6	—	3715		—	7380	—	Global
V3_heat		48.9	30.0	1.516e+005	794.4		720.00	—	—	Global
V1_heat		93.8	30.0	8.493e+004	1504		720.00	—	—	Global
V4_heat		57.3	5.0	3.576e+004	519.5		720.00	—	—	Global
R2_heat		60.0	59.5	5.162e+007	7169		720.00	—	—	Global
New										

图 3　各操作单元能耗

全工艺流程的组合曲线图如图 4 所示，可以看出加热曲线被冷却曲线包含在内，热公用工程需求量为 0。

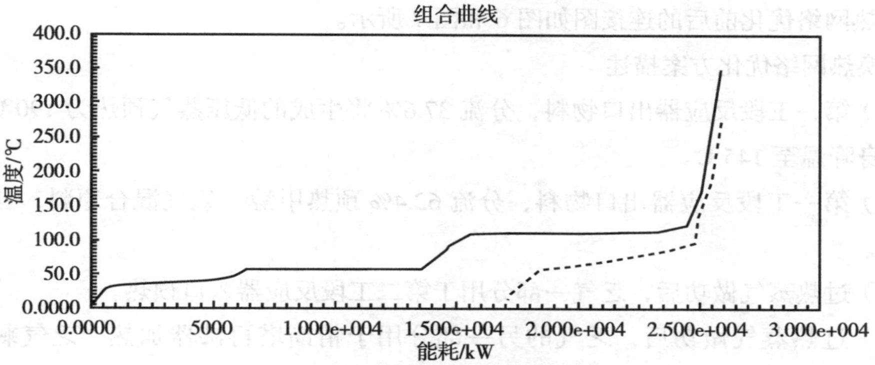

图 4 全工艺流程的组合曲线图

2.3.2 最小传热温差确定

换热网络优化中，最小传热温差越大，节能效果越低；但最小传热温差越小，需要换热面积越大，即设备制造费用越大，二者不可兼得，因此需要在流程运行费用和设备建造费用之间权衡。用 Aspen Energy Analyzer 程序计算出年总费用与最小传热温差图如图 5 所示，可以看出，最小传热温差为 5℃时，总费用最小。以此 Delta Tmin 设定值为 5.00。

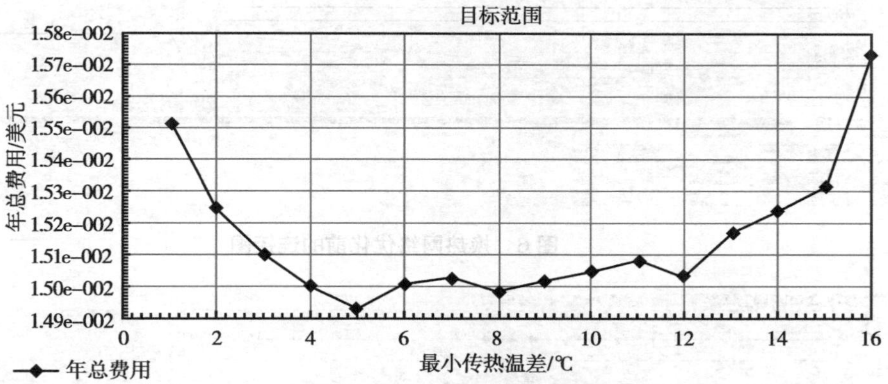

图 5 年总费用与最小传热温差图

2.3.3 换热网络优化

换热网络优化前后对比如表 3 所示。

表 3 换热网络优化前后对比

衡量指标	优化前	优化后
热公用工程能耗 / kW	8733	0
冷公用工程能耗 / kW	25890	17150
总费用 /（美元 /s）	481.6	170.2
热器数量	13	11

换热网络优化前后的连接图如图 6 和图 7 所示。

2.3.4 换热网络优化方案描述

（1）第一工段反应器出口物料，分流 37.6% 将生成的低压蒸气预热为 190℃过热蒸气，自身降温至 145℃。

（2）第一工段反应器出口物料，分流 62.4% 预热甲醇 – 氧气混合原料，自身降温至 35℃。

（3）过热蒸气做功后，乏气一部分用于第二工段反应器入口预热。

（4）过热蒸气做功后，乏气的另一部分用于精馏塔再沸器加热，乏气剩余 40% 左右。

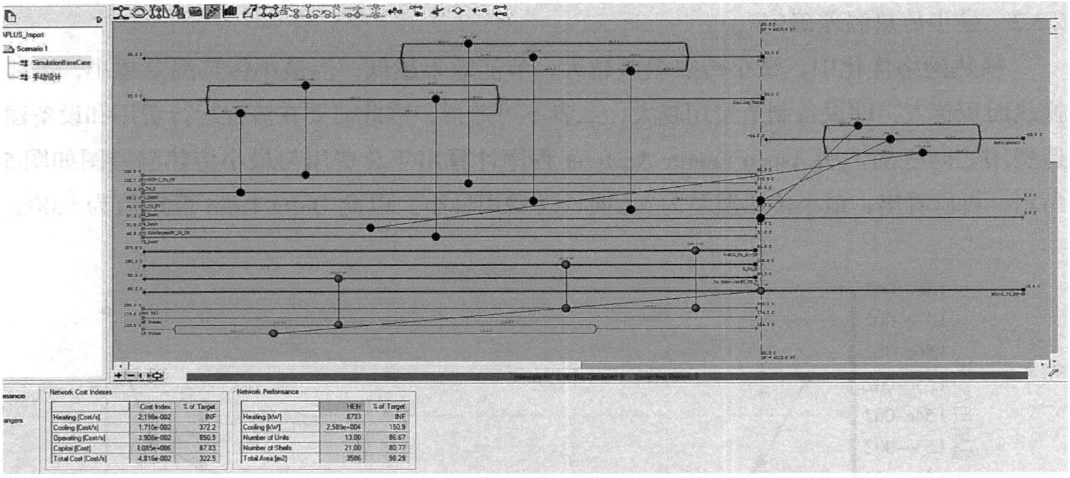

图 6　换热网络优化前的连接图

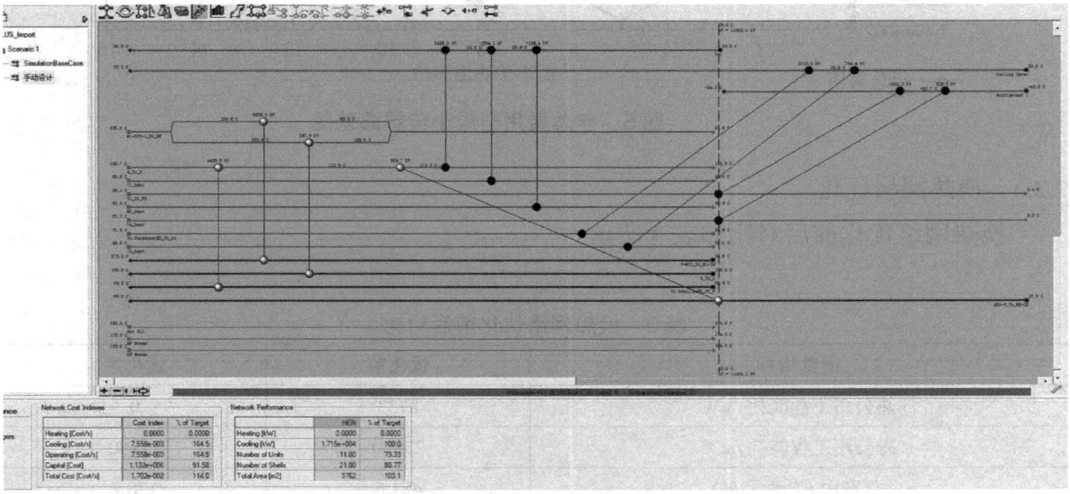

图 7　换热网络优化后的连接图

3 物料衡算与能量衡算

3.1 物料衡算

在工程设计中，物料衡算是基于材料与产品的定量转变关系来计算材料、产品和副产品在生产过程的各个阶段的消费和组成，为进行热量平衡和其他工艺计算及设备计算奠定了基础。

本次设计的工艺路线可以分为4个工段，分别为甲醇氧化工段、乙醇酸合成工段、乙醇酸精制工段、Rankine 工段。

3.1.1 甲醇氧化合成工段

如表4所示为甲醇氧化工段总物料衡算表。

表4 甲醇氧化工段总物料衡算表

描述	甲醇原料	氧气原料	反应器入口	反应器出口
温度 / ℃	30	30	275	283
压力 / atm	1	5	5	5
摩尔气相分率	0	1	1	1
摩尔液相分率	1	0	0	0
质量气相分率	0	1	1	1
质量液相分率	1	0	0	7.33E-15
摩尔密度 / $kmol \cdot m^{-3}$	24.6248	0.2010	0.1112	0.10956
质量密度 / $kg \cdot m^{-3}$	787.305	6.4254	3.5539	2.63492
平均分子量	31.9720	31.967	31.970	24.0492
摩尔流量 /（kmol/时）	200	100.30	300.30	399.212
N_2	0	0.8018	0.8018	0.8018
O_2	0	99.5	99.5	0.58966
CO	0	0	0	1.24254
C_2H_6O	0	0	0	0.21952
CH_2O	0	0	0	195.335
CH_4O	199	0	199	1.98281
H_2O	1	0	1	199.040
$C_2H_4O_3$	0	0	0	0
$C_2H_4O_3$-S	0	0	0	0
摩尔分率				
N_2	0	0.00799	0.00267	0.00201
O_2	0	0.99200	0.33133	0.00148
CO	0	0	0	0.00312

续表

描述	甲醇原料	氧气原料	反应器入口	反应器出口
C_2H_6O	0	0	0	0.00055
CH_2O	0	0	0	0.4893
CH_4O	0.995	0	0.66266	0.0050
H_2O	0.005	0	0.00333	0.49858
$C_2H_4O_3$	0	0	0	0
$C_2H_4O_3$-S	0	0	0	0
质量流量 /（kg/ 时）	6394.4	3206.34	9600.75	9600.75
N_2	0	22.4612	22.4612	22.4612
O_2	0	3183.88	3183.88	18.8686
CO	0	0	0	34.8041
C_2H_6O	0	0	0	10.1133
CH_2O	0	0	0	5865.20
CH_4O	6376.39	0	6376.39	63.5338
H_2O	18.0153	0	18.0153	3585.76
$C_2H_4O_3$	0	0	0	0
$C_2H_4O_3$-S	0	0	0	0
质量分率				
N_2	0	0.007005	0.002339	0.002340
O_2	0	0.99299	0.331628	0.001965
CO	0	0	0	0.003625
C_2H_6O	0	0	0	0.001053
CH_2O	0	0	0	0.610910
CH_4O	0.99718	0	0.664156	0.006618
H_2O	0.00282	0	0.001876	0.373488
$C_2H_4O_3$	0	0	0	0
$C_2H_4O_3$-S	0	0	0	0
体积流量（m^3/ 时）	8.12189	499.007	2701.457	3643.647

3.1.2 乙醇酸合成工段

如表 5 所示为乙醇酸合成工段总物料衡算表。

表 5 乙醇酸合成工段总物料衡算表

描述	闪蒸入口	闪蒸气相	闪蒸液相	CO 进料	反应器入口	反应器出口
相态	气相	气相	液相	气相		液相
温度 / ℃	283	30	30	25	60	60
压力 / kPa	506.625	486.36	486.36	3000	3000	3000
摩尔气相分率	1	1	0	1	0.21255686	0
摩尔液相分率	0	0	1	0	0.78744314	1
质量气相分率	1	1	0	0	0.24309834	0
质量液相分率	7.33E−15	0	1	1	0.75690167	1
摩尔密度 / kmol · m^{-3}	0.109564	0.19296255	34.2255314	1.21020567	4.54652007	25.9829754
质量密度 / kg · m^{-3}	2.634928	5.67912142	821.354574	33.8983449	111.731489	1071.05662
平均分子量	24.04924	29.4312112	23.9983001	28.0104	24.5751667	41.2214767
摩尔流量 / kmol · h^{-1}	399.2121	3.74279916	395.469337	188.158476	904.965736	539.516912
N_2	0.8018	0.55365281	0.24814719	0	0.25777283	0.25777283
O_2	0.589664	0.37886158	0.21080278	0	0.22139389	0.22139389
CO	1.242542	0.83836094	0.40418082	188.158476	188.809494	6.08508252
C_2H_6O	0.219526	0.00322335	0.21630223	0	1.3330124	1.3330124
CH_2O	195.3356	1.95023247	193.385355	0	304.540686	121.816274
CH_4O	1.982819	1.23E−13	1.9828193	0	24.784197	24.784197
H_2O	199.0402	0.01846801	199.021729	0	385.00631	202.281898
$C_2H_4O_3$	0	0	0	0	0.01286915	182.737281
$C_2H_4O_3$−S	0	0	0	0	0	0
摩尔分率						
N_2	0.002008	0.1479248	0.00062748	0	0.00028484	0.00047779
O_2	0.001477	0.10122413	0.00053305	0	0.00024464	0.00041036
CO	0.003112	0.22399303	0.00102203	1	0.20863718	0.01127876
C_2H_6O	0.00055	0.00086122	0.00054695	0	0.001473	0.00247075
CH_2O	0.489303	0.52106255	0.48900215	0	0.33652179	0.22578769
CH_4O	0.00496683	3.29E−14	0.00501384	0	0.02738689	0.04593776
H_2O	0.49858253	0.00493428	0.50325451	0	0.42543745	0.37493153
$C_2H_4O_3$	0	0	0	0	1.42E−05	0.33870538
$C_2H_4O_3$−S	0	0	0	0	0	0
质量流量 / kg · h^{-1}	9600.74693	110.155112	9490.59182	5270.39418	22239.6838	22239.6838
N_2	22.4612083	15.5097419	6.95146634	0	7.22111406	7.22111406
O_2	18.8685518	12.1231159	6.74543586	0	7.08433872	7.08433872
CO	34.8040915	23.4828252	11.3212663	5270.39418	5288.62946	170.445596

续表

描述	闪蒸入口	闪蒸气相	闪蒸液相	CO 进料	反应器入口	反应器出口
C_2H_6O	10.1133328	0.1484968	9.96483605	0	61.4106015	61.4106015
CH_2O	5865.20105	58.5582263	5806.64283	0	9144.22391	3657.68957
CH_4O	63.5338132	3.95E-12	63.5338132	0	794.139206	794.139206
H_2O	3585.76488	0.33270632	3585.43217	0	6935.99648	3644.16504
$C_2H_4O_3$	0	0	0	0	0.97872373	13897.5284
$C_2H_4O_3$-S	0	0	0	0	0	0
质量分率						
N_2	0.00233953	0.14079911	0.00073246	0	0.0003247	0.0003247
O_2	0.00196532	0.11005496	0.00071075	0	0.00031855	0.00031855
CO	0.00362514	0.21317962	0.00119289	1	0.23780147	0.00766403
C_2H_6O	0.00105339	0.00134807	0.00104997	0	0.00276131	0.00276131
CH_2O	0.61091091	0.5315979	0.61183148	0	0.41116699	0.1644668
CH_4O	0.00661759	3.58E-14	0.0066944	0	0.03570821	0.03570821
H_2O	0.37348812	0.00302034	0.37778805	0	0.31187478	0.16385867
$C_2H_4O_3$	0	0	0	0	4.40E-05	0.62489775
$C_2H_4O_3$-S	0	0	0	0	0	0
体积流量 / $m^3 \cdot h^{-1}$	3643.64719	19.3965059	11.5548049	155.476446	199.045803	20.7642468

3.1.3 乙醇酸精制及原料回收工段

如表 6 所示为乙醇酸精制及原料回收工段总物料衡算表。

表 6 乙醇酸精制及原料回收工段总物料衡算表

描述	主进料	残液进料	塔顶气相	塔顶液相	塔底采出	结晶体
相态	液相	液相	气相	液相	液相	固体
温度 / ℃	59.56	14.54	28.59	28.59	89.25	14.54
压力 / kPa	12	110	12	12	12	110
摩尔气相分率	0	0	1	0	0	0
摩尔液相分率	1	1	0	1	1	0.0003
摩尔固相分率	0	0	0	0	0	0.9997
质量气相分率	0	0	1	0	0	0
质量液相分率	1	1	0	1	1	1.00E-04
质量固相分率	0	0	0	0	0	0.9999
摩尔密度 / $kmol \cdot m^{-3}$	25.9166	46.2441	0.00478	40.2674	18.4574	19.5956

续表

描述	主进料	残液进料	塔顶气相	塔顶液相	塔底采出	结晶体
质量密度 / $kg \cdot m^{-3}$	1072.66	1098.63	0.12555	885.474	1242.44	1489.95
平均分子量	41.3888	23.7572	26.2499	21.9898	67.3140	76.0352
摩尔流量 / $kmol \cdot h^{-1}$	538.387	36.6172	131.536	223.968	219.497	182.880
N_2	0.27968	1.82E−16	0.27963	4.36E−05	1.82E−16	1.82E−16
O_2	0.238723	3.17E−16	0.23867	4.63E−05	3.17E−16	3.17E−16
CO	6.09416	5.07E−15	6.09314	0.00102	5.07E−15	5.07E−15
C_2H_6O	1.32505	5.73E−08	1.29708	0.02796	5.74E−08	9.15E−11
CH_2O	121.938	0.000146	79.4063	42.5317	0.00014	2.35E−07
CH_4O	24.7530	0.043278	1.84772	22.9053	0.04334	6.92E−05
H_2O	199.943	32.9615	42.3730	157.515	33.0142	0.05268
$C_2H_4O_3$	183.815	3.61232	0.00111	0.98623	186.439	0.00577
$C_2H_4O_3$–S	0	0	0	0	0	182.821
摩尔分率						
N_2	0.00051	4.98E−18	0.00212	1.95E−07	8.31E−19	9.98E−19
O_2	0.00044	8.65E−18	0.00181	2.07E−07	1.44E−18	1.73E−18
CO	0.01131	1.39E−16	0.04632	4.56E−06	2.31E−17	2.77E−17
C_2H_6O	0.00246	1.56E−09	0.00986	0.00012	2.61E−10	5.01E−13
CH_2O	0.22648	4.01E−06	0.60368	0.18990	6.71E−07	1.28E−09
CH_4O	0.04597	0.001181	0.01404	0.10227	0.00019	3.78E−07
H_2O	0.37137	0.90016	0.32213	0.70329	0.15040	0.00028
$C_2H_4O_3$	0.34141	0.09865	8.50E−06	0.00440	0.84939	3.16E−05
$C_2H_4O_3$–S	0	0	0	0	0	0.9996
质量流量 / $kg \cdot h^{-1}$	22283.2	869.926	3452.82	4925.01	14775.2	13905
N_2	7.83483	5.11E−15	7.83361	0.00122	5.11E−15	5.11E−15
O_2	7.63884	1.01E−14	7.63736	0.00148	1.01E−14	1.01E−14
CO	170.700	1.42E−13	170.671	0.02863	1.42E−13	1.42E−13
C_2H_6O	61.0440	2.64E−06	59.7555	1.28845	2.64E−06	4.22E−09
CH_2O	3661.34	0.004413	2384.27	1277.07	0.00442	7.06E−06
CH_4O	793.142	1.38672	59.2049	733.935	1.38894	0.00221
H_2O	3602.04	593.811	763.362	2837.68	594.760	0.94917
$C_2H_4O_3$	13979.5	274.724	0.08507	75.004	14179.1	0.43913
$C_2H_4O_3$–S	0	0	0	0	0	13903.9

续表

描述	主进料	残液进料	塔顶气相	塔顶液相	塔底采出	结晶体
质量分率						
N_2	0.00035	5.87E–18	0.00226	2.48E–07	3.46E–19	3.68E–19
O_2	0.00034	1.17E–17	0.00221	3.01E–07	6.86E–19	7.29E–19
CO	0.00766	1.63E–16	0.04942	5.81E–06	9.61E–18	1.02E–17
C_2H_6O	0.00273	3.03E–09	0.01730	0.00026	1.79E–10	3.03E–13
CH_2O	0.16430	5.07E–06	0.69052	0.25930	2.99E–07	5.07E–10
CH_4O	0.03559	0.00159	0.01714	0.14902	9.40E–05	1.59E–07
H_2O	0.16164	0.68259927	0.22108	0.57617	0.04025	6.83E–05
$C_2H_4O_3$	0.62732	0.31580	2.46E–05	0.01522	0.95965	3.16E–05
$C_2H_4O_3$–S	0	0	0	0	0	0.9999
体积流 / $m^3 \cdot h^{-1}$	20.7738	0.79182	27499.6	5.562009	11.89210	9.332704

如表7所示为物料加压回收工段的物料平衡表。

表7　物料加压回收工段的物料平衡表

描述	一次闪蒸		二次闪蒸		回收液	废液
相态	气相	液相	气相	液相	液相	液相
温度 / ℃	30	30	5	5	7.3091285	5.0022421
压力 / kPa	30	30	120	120	3000	120
摩尔气相分率	1	0	1	0	0	3.36E–08
摩尔液相分率	0	1	0	1	1	1
摩尔固相分率	0	0	0	0	0	0
质量气相分率	1	0	1	0	0	4.13E–08
质量液相分率	0	1	0	1	1	1
质量固相分率	0	0	0	0	0	0
摩尔密度 / $kmol \cdot m^{-3}$	0.01190	37.830388	0.051889	37.505975	37.389007	37.50499
质量密度 / $kg \cdot m^{-3}$	0.33822	856.64814	1.4845674	872.89993	870.17766	872.87702
平均分子量	28.4160	22.644445	28.61047	23.273623	23.273623	23.273623
摩尔流量 / $kmol \cdot h^{-1}$	45.7709	310.94771	7.4416427	349.28035	321.33792	27.942428
N_2	0.25743	0.0003391	0.2473103	0.0104627	0.0096256	0.000837
O_2	0.22103	0.0003614	0.209882	0.0115121	0.0105911	0.000921
CO	6.07647	0.0086085	5.8167848	0.2683013	0.2468372	0.0214641
C_2H_6O	1.12774	0.2052634	0.1192008	1.2138154	1.1167102	0.0971052
CH_2O	31.4546	90.361666	0.9952667	120.82101	111.15533	9.6656809

续表

描述	一次闪蒸		二次闪蒸		回收液	废液
CH_4O	0.01528	24.768853	3.07E-05	24.784106	22.801378	1.9827285
H_2O	6.61831	195.58864	0.0531674	202.15715	185.98458	16.172572
$C_2H_4O_3$	2.12E-06	0.0139862	6.59E-09	0.0139882	0.0128691	0.0011191
$C_2H_4O_3$-S	0	0	0	0	0	0
摩尔分率						
N_2	0.00562	1.09E-06	0.0332333	3.00E-05	3.00E-05	3.00E-05
O_2	0.00482	1.16E-06	0.0282037	3.30E-05	3.30E-05	3.30E-05
CO	0.13275	2.77E-05	0.7816533	0.0007682	0.0007682	0.0007682
C_2H_6O	0.02463	0.0006601	0.0160181	0.0034752	0.0034752	0.0034752
CH_2O	0.68721	0.2906008	0.1337429	0.3459141	0.3459141	0.3459141
CH_4O	0.00033	0.079656	4.12E-06	0.0709576	0.0709576	0.0709576
H_2O	0.14459	0.6290081	0.0071446	0.5787819	0.5787819	0.5787819
$C_2H_4O_3$	4.62E-08	4.50E-05	8.86E-10	4.00E-05	4.00E-05	4.00E-05
$C_2H_4O_3$-S	0	0	0	0	0	0
质量流量 / $kg \cdot h^{-1}$	1300.62	7041.2385	212.9089	8129.0194	7478.6978	650.32155
N_2	7.21161	0.009498	6.9280233	0.2930953	0.2696477	0.0234476
O_2	7.07277	0.0115642	6.7159716	0.3683727	0.3389029	0.0294698
CO	170.204	0.2411267	162.93047	7.5152254	6.9140074	0.601218
C_2H_6O	51.9543	9.4562879	5.4914681	55.91931	51.445765	4.4735448
CH_2O	944.464	2713.2247	29.884157	3627.8055	3337.5811	290.22444
CH_4O	0.48991	793.64756	0.0009823	794.1363	730.60539	63.530904
H_2O	119.230	3523.584	0.9578257	3641.9177	3350.5643	291.35342
$C_2H_4O_3$	0.00016	1.0636761	5.01E-07	1.0638301	0.9787237	0.0851064
$C_2H_4O_3$-S	0	0	0	0	0	0
质量分率						
N_2	0.00554	1.35E-06	0.0325398	3.61E-05	3.61E-05	3.61E-05
O_2	0.00543	1.64E-06	0.0315439	4.53E-05	4.53E-05	4.53E-05
CO	0.13086	3.42E-05	0.7652591	0.0009245	0.0009245	0.0009245
C_2H_6O	0.03994	0.001343	0.0257926	0.006879	0.006879	0.006879
CH_2O	0.72616	0.3853334	0.1403612	0.4462784	0.4462784	0.4462784
CH_4O	0.00037	0.1127142	4.61E-06	0.0976915	0.0976915	0.0976915
H_2O	0.09167	0.5004211	0.0044988	0.4480144	0.4480144	0.4480144
$C_2H_4O_3$	1.24E-07	0.0001511	2.36E-09	0.0001309	0.0001309	0.0001309
$C_2H_4O_3$-S	0	0	0	0	0	0
体积流量 / $m^3 \cdot h^{-1}$	3845.5024	8.2195222	143.41477	9.312659	8.5944494	0.7450323

3.1.4 Rankine 循环工程

甲醇氧化反应器的热负荷为7812kW（1kW=1kJ/s），水在310kPa下汽化热为2267.37kJ/kg，则Rankine循环所需循环水如下：

$$ms_{循环水} = \frac{7812\text{kJ}/\text{s}}{2267.37\text{kJ}/\text{kg}} \approx 3.4454\text{kg}/\text{s} \approx 12.40\text{t}/\text{h}$$

3.1.5 总物料衡算

如图8所示为总流程图。

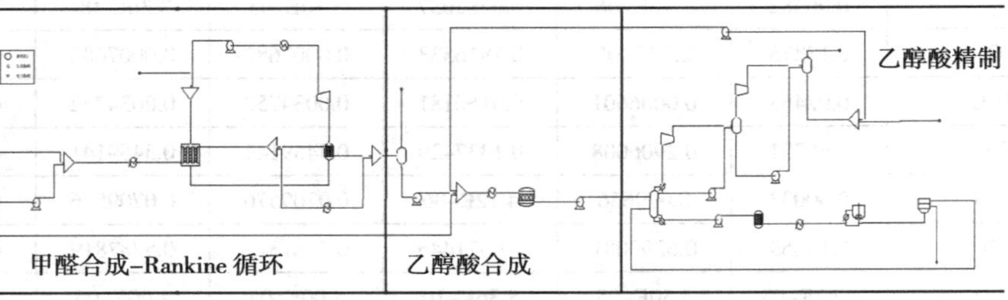

图8 总流程图

如表8所示为总物料衡算表（进口），如表9所示为总物料衡算表（出口）。

表8 总物料衡算表（进口）

描述	氧气进料	甲醇进料	一氧化碳进料	朗肯循环进水
相态	气相	液相	气相	液相
温度 / ℃	30	30	25	134
压力 / kPa	506.625	101.325	3000	315
摩尔气相分率	1.00E+00	0	1	0
摩尔液相分率	0	1	0	1
摩尔固相分率	0	0.00E+00	0.00E+00	0
质量气相分率	1	0.00E+00	1.00E+00	0
质量液相分率	0	1	0	1
质量固相分率	0	0	0	0
摩尔密度 / kmol · m^{-3}	0.201002651	24.62482012	1.210205669	48.92063058
质量密度 / kg · m^{-3}	6.425440071	787.3053793	33.89834488	8.81E+02
平均分子量	31.96694185	31.9720256	28.0104	1.80E+01
摩尔流量 / kg · h^{-1}	100.3018	200	188.1584762	9.16E-12
N_2	0.8018	0	0	0
O_2	99.5	0	0	0
CO	0	0	188.1584762	0

续表

描述	氧气进料	甲醇进料	一氧化碳进料	朗肯循环进水
C_2H_6O	0	0	0	0
CH_2O	0.00E+00	0	0	0
CH_4O	0	199	0	0.00E+00
H_2O	0	1	0	9.16E–12
$C_2H_4O_3$	0	0.00E+00	0.00E+00	0
$C_2H_4O_3$–S	0	0.00E+00	0.00E+00	0
摩尔分率				
N_2	0.007993874	0	0	0
O_2	0.992006126	0	0	0
CO	0.00E+00	0	1	0
C_2H_6O	0	0	0	0
CH_2O	0.00E+00	0	0	0
CH_4O	0	0.995	0	0
H_2O	0	0.005	0	1
$C_2H_4O_3$	0	0	0	0
$C_2H_4O_3$–S	0	0	0	0.00E+00
质量流量 / $kg \cdot h^{-1}$	3206.341808	6394.40512	5270.394182	1.65E–10
N_2	22.46120826	0	0	0
O_2	3183.8806	0	0	0
CO	0	0	5270.394182	0
C_2H_6O	0	0	0	0
CH_2O	0	0	0	0
CH_4O	0	6376.38984	0	0.00E+00
H_2O	0	18.01528	0	1.65E–10
$C_2H_4O_3$	0	0	0	0
$C_2H_4O_3$–S	0	0	0	0
质量分率				
N_2	0.007005244	0	0	0
O_2	0.992994756	0	0	0
CO	0	0	1	0
C_2H_6O	0	0	0	0
CH_2O	0	0	0	0
CH_4O	0	0.99718265	0	0
H_2O	0	0.00281735	0	1

续表

描述	氧气进料	甲醇进料	一氧化碳进料	朗肯循环进水
$C_2H_4O_3$	0	0	0	0
$C_2H_4O_3$-S	0	0	0	0.00E+00
体积流量 / $m^3 \cdot h^{-1}$	499.0073478	8.12188674	155.4764458	1.87E−13

表 9　总物料衡算表（出口）

描述	废气 1	废气 2	废液	产品
相态	气相	气相	液相	
温度 / ℃	30	5	5.002242107	14.88452245
压力 / kPa	486.36	120	120	110
摩尔气相分率	1	1	3.36E−08	0
摩尔液相分率	0	0	1.00E+00	0.000421707
摩尔固相分率	0	0	0.00E+00	0.999578293
质量气相分率	1	1	4.13E−08	0
质量液相分率	0	0	0.999999959	1.00E−04
质量固相分率	0	0	0	0.9999
摩尔密度 / $kmol \cdot m^{-3}$	0.192962545	0.051888955	3.75E+01	19.59735509
质量密度 / $kg \cdot m^{-3}$	5.68E+00	1.48E+00	872.8770222	1489.937741
平均分子量	29.43121117	28.61047014	23.27362349	76.02749114
摩尔流量 / $kmol \cdot h^{-1}$	3.742799159	7.441642728	27.94242809	182.8004057
N_2	0.55365281	0.247310341	0.000837012	6.84E−17
O_2	0.37886158	0.209881982	0.000920966	1.22E−16
CO	0.838360936	5.816784785	0.0214641	2.07E−15
C_2H_6O	0.003223353	0.119200836	0.097105232	7.13E−11
CH_2O	1.950232472	0.995266718	9.665680939	1.06E−07
CH_4O	1.23E−13	3.07E−05	1.982728498	5.49E−05
H_2O	0.018468007	0.053167403	16.17257228	0.077028804
$C_2H_4O_3$	0	6.59E−09	1.12E−03	4.30E−06
$C_2H_4O_3$-S	0	0	0.00E+00	182.7233176
摩尔分率				
N_2	0.147924798	0.033233299	3.00E−05	3.74E−19
O_2	0.101224128	0.028203717	3.30E−05	6.65E−19
CO	0.223993033	0.781653325	0.000768154	1.13E−17
C_2H_6O	0.000861215	0.016018081	0.003475189	3.90E−13
CH_2O	0.52106255	0.133742878	3.46E−01	5.80E−10

续表

描述	废气 1	废气 2	废液	产品
CH_4O	3.29E-14	4.12E-06	7.10E-02	3.00E-07
H_2O	0.004934277	0.007144579	0.578781924	0.000421382
$C_2H_4O_3$	0	8.86E-10	4.00E-05	2.35E-08
$C_2H_4O_3$-S	0	0	0	0.999578293
质量流量 / $kg \cdot h^{-1}$	110.1551124	212.9088971	650.3215507	13897.85623
N_2	15.50974192	6.928023297	0.023447628	1.91E-15
O_2	12.12311592	6.715971562	0.029469814	3.89E-15
CO	23.48282517	162.9304686	0.601218036	5.80E-14
C_2H_6O	0.148496795	5.491468078	4.473544823	3.28E-09
CH_2O	58.55822627	29.88415715	290.2244423	3.18E-06
CH_4O	3.95E-12	0.000982291	63.53090375	0.001759767
H_2O	0.332706319	0.957825656	291.353418	1.387695475
$C_2H_4O_3$	0	5.01E-07	8.51E-02	0.000327193
$C_2H_4O_3$-S	0	0	0.00E+00	13896.46644
质量分率				
N_2	0.140799111	0.032539849	3.61E-05	1.38E-19
O_2	0.110054955	0.031543875	4.53E-05	2.80E-19
CO	0.213179622	0.765259089	0.000924493	4.17E-18
C_2H_6O	0.00134807	0.025792572	0.006878974	2.36E-13
CH_2O	0.531597899	0.140361242	0.446278371	2.29E-10
CH_4O	3.58E-14	4.61E-06	0.097691525	1.27E-07
H_2O	0.003020344	0.004498758	0.448014398	9.98E-05
$C_2H_4O_3$	0	2.36E-09	0.000130868	2.35E-08
$C_2H_4O_3$-S	0	0	0	0.9999
体积流量 / $m^3 \cdot h^{-1}$	19.39650594	143.4147737	0.745032272	9.327810048

3.2 能量衡算

能量衡算的主要依据是能量平衡方程，即

$$\sum Q_{in} = \sum Q_{out} + \sum Q_i$$

式中，$\sum Q_{in}$ 为输入设备能量的总和，$\sum Q_{out}$ 为输出设备热量的总和，$\sum Q_i$ 为损失热量的总和。

对于连续系统：

$$Q + W = \sum H_{out} - \sum H_{in}$$

式中，Q 为设备的热负荷，W 为输入系统的机械能，$\sum H_{out}$ 为离开设备的各物料焓之和，$\sum H_{in}$ 为进入设备的各物料焓之和。

3.2.1 甲醇氧化工段

如表 10 所示为乙醇酸合成工段的热量衡算表。

表 10 乙醇酸合成工段的热量衡算表

描述	甲醇进料	加压甲醇	氧气进料	混合原料	预热原料	反应器出口
相态	液相	液相	气相		气相	气相
温度 / ℃	30	30.4545	3.00E+01	24.58351	275	350.60
压力 / kPa	101.325	506.625	506.625	506.625	506.625	506.62
摩尔气相分率	0	0	1	0.34085	1	1
摩尔液相分率	1	1	0	0.65915	0	0
质量气相分率	0	0	1	0.34083	1	1
质量液相分率	1	1	0	0.65917	0	0
摩尔焓 / $J \cdot mol^{-1}$	−238188	−238146	1.47E+00	−158555	−122516	−162605
质量焓 / $J \cdot g^{-1}$	−7449.90	−7448.58	4.59E+00	−4959.4	−3832.1	−6761.3
摩尔熵 /(J/mol/K)	−238.195	−238.063	−1.25E+00	−162.535	−66.314	−11.449
质量熵 /(J/kg/K)	−7.4E+00	−7.44598	−3.91E−00	−5.08383	−2.0742	−0.4761
焓流量 / kW	−13232.6	−1.3E+04	4.089655	−13226.2	−10219	−18031

根据 Aspen Plus 的模拟结果可得到进入乙醇酸合成工段的焓流量共计 −13228.6kW，出口的焓流量为 −18346.7kW。

3.2.2 乙醇酸精制及原料回收工段

如表 11 和表 12 所示分别为乙醇酸精制工段总热量衡算表（进料）和乙醇酸精制工段总热量衡算表（出料）。

表 11 乙醇酸精制工段总热量衡算表（进料）

描述	闪蒸进料	废气	闪蒸液相	液相加压	CO 进料	循环进料
相态	气相	气相	液相	液相	气相	液相
温度 / ℃	350.60	30	30	31.839	25	7.309
压力 / kPa	506.62	4.86E+02	486.36	3000	3000	3000
摩尔气相分率	0	1	0	0	1	0
摩尔液相分率	0	0	1	1	0	1

续表

描述	闪蒸进料	废气	闪蒸液相	液相加压	CO 进料	循环进料
质量气相分率	1	1	0	0	1	0
质量液相分率	0	0	1	1	0	1
摩尔焓 / $J \cdot mol^{-1}$	–162605	–82534	–207664	–207498	–110530	–228200
质量焓 / $J \cdot g^{-1}$	–6761.3	–2804.3	–8653.3	–8646.3	–3946	–9805.1
摩尔熵 /（J/mol/K）	–11.449	6.7439	–124.06	–123.54	61.114	–135.2
质量熵 /（J/kg/K）	–0.4761	0.2291	–5.1698	–5.1480	2.1818	–5.809
焓流量 / kW	–18031	–85.808	–22812	–22794	–5776.9	–20369

表 12　乙醇酸精制工段总热量衡算表（出料）

描述	混合原料	预热原料	反应结果	降压后
相态			液相	液相
温度 / ℃	16.8036	60	60	59.5673
压力 / kPa	3000	3000	3000	10
摩尔气相分率	0.19542	0.21255	0	0
摩尔液相分率	0.80457	0.78744	1	1
质量气相分率	0.22315	0.24309	0	0
质量液相分率	0.77684	0.75690	1	1
摩尔焓 / $J \cdot mol^{-1}$	–194687	–191073	–368284	–368345
质量焓 / $J \cdot g^{-1}$	–7922.13	–7775.05	–8934.29	–8935.75
摩尔熵 /（J/mol/K）	–87.8059	–76.6658	–216.630	–216.811
质量熵 /（J/kg/K）	–3.57295	–3.11964	–5.25529	–5.25966
焓流量 / kW	–48940.5	–48031.8	–55193.3	–55202.3

根据 Aspen Plus 的模拟结果可得到进入乙醇酸精制工段的焓流量为 –44178kW，出口的焓流量为 –55202kW。

3.2.3　乙醇酸精制及原料回收工段

如表 13 所示为乙醇酸精制工段总热量衡算表（进料 + 塔底），如表 14 所示为乙醇酸精制工段总热量衡算表（塔顶），如表 15 所示为乙醇酸精制工段总热量衡算表。

表13　乙醇酸精制工段总热量衡算表（进料 + 塔底）

描述	精馏进料	塔底采出	真空泵加压	结晶	晶体	残液
相态	液相	液相	液相		液相	
温度 / ℃	59.5673	85.1506	85.209	14.884	14.884	14.8845
压力 / kPa	10	10	110	110	110	110
摩尔液相分率	1	1	1	0.1492	1	0.00042
摩尔固相分率	0	0	0	0.8507	0	0.9995
质量液相分率	1	1	1	0.0399	1	1
质量固相分率	0	0	0	0.9600	0	0.9999
摩尔焓 / J · mol^{-1}	−368345	−594767	−594755	−61084	−286537	−667588
质量焓 / J · g^{-1}	−8935.7	−8825.6	−8825.4	−9064.2	−15893	−8780
摩尔熵 /（J/mol/K）	−216.81	−364.38	−364.35	−1930.1	−165.70	−2238.8
质量熵（J/kg/K）	−5.2596	−5.4070	−5.4065	−28.640	−9.1913	−29.447
焓流量 / kW	−55202	−35484	−35484	−36444	−2545.6	−33898

表14　乙醇酸精制工段总热量衡算表（塔顶）

描述	塔顶气相	塔顶液相	压缩气相	加压液相	闪蒸气相	闪蒸液相
相态	气相	液相	气相	液相	气相	液相
温度 / ℃	28.59	28.59	126.6	28.60	30	30
压力 / kPa	12	12	30	30	30	30
摩尔气相分率	1	0	1	0	1	0
摩尔液相分率	0	1	0	1	0	1
质量气相分率	1	0	1	0	1	0
质量液相分率	0	1	0	1	0	1
摩尔焓 / J · mol^{-1}	−153096	−252006	−149535	−252005	−128506.6	−236063
质量焓 / J · g^{-1}	−5832.2	−11460.1	−5696.6	−11460	−4521.467	−10333
摩尔熵 /（J/mol/K）	−0.5153	−1.47E+02	2.06467	−1.47E+02	4.34E+00	−1.35E+02
质量熵 /（J/kg/K）	−0.0196	−6.67	0.07865	−6.67E+00	1.53E−01	−5.90E+00
焓流量 / kW	−5593.8	−15678.1	−5463.73	−15678	−1642.17	−2.03E+04

表15　乙醇酸精制工段总热量衡算表

描述	闪蒸气压缩	闪蒸液加压	二次闪蒸气	二次闪蒸液	循环物料	废液
相态	气相	液相	气相	液相	液相	液相
温度 / ℃	196.68	30	5	5	5	5
压力 / kPa	135	12	120	1.20E+02	1.20E+02	1.20E+02

续表

描述	闪蒸气压缩	闪蒸液加压	二次闪蒸气	二次闪蒸液	循环物料	废液
摩尔气相分率	1	0.00	1	0.00E+00	0.00E+00	0.00E+00
摩尔液相分率	0	1	0	1	1	1.00E+00
质量气相分率	1	0	1	0	0	0
质量液相分率	0	1	0	1	1	1
摩尔焓 / J · mol^{-1}	−122218	−236057	−105704	−229193	−229193	−229193
质量焓 / J · g^{-1}	−4300.23	−1.03E+04	−3693.4	−9.77E+03	−9.77E+03	−9.77E+03
摩尔熵 /（J/mol/K）	8.27543	−1.35E+02	65.5550	−1.36E+02	−1.36E+02	−1.36E+02
质量熵 /（J/kg/K）	0.29116	−5.90E+00	2.29056	−5.81E+00	−5.81E+00	−5.81E+00
焓流量 / kW	−1561.82	−20294.4	−220.381	−22155.2	−20380	−1.77E+03

根据 Aspen Plus 的模拟结果可得精馏塔入口焓流量为 −55202kW，出口焓流量为 −56040kW。

3.2.4　Rankine 循环工段

如表 16 所示为 Rankine 循环工段总热量衡算表。

表 16　Rankine 循环工段总热量衡算表

描述	循环进水	加热后	过热后	做功后	乏气冷却	加压后
相态	液相	气相	气相	气相	液相	液相
温度 / ℃	112.8593	136.2306	190.3148	132.6745	112.7793	112.8594
压力 / kPa	315	315	315	143.2	157	315
摩尔液相分率	0	1	1	1	0	0
摩尔固相分率	1	0	0	0	1	1
质量液相分率	0	1	1	1	0	0
质量固相分率	1	0	0	0	1	1
摩尔焓 / J · mol^{-1}	−278909.6	−238046.2	−236175.8	−238168.2	−278916.4	−278909.6
质量焓 / J · g^{-1}	−15481.84	−13213.57	−13109.75	−13220.34	−15482.21	−15481.84
摩尔熵 /（J/mol/K）	−143.1464	−43.11294	−38.82243	−36.85787	−143.1634	−143.1464
质量熵 /（J/kg/K）	−7.945834	−2.393132	−2.154972	−2.045923	−7.946777	−7.945833
焓流量 / kW	−53318.23	−45506.5	−45148.94	−45529.82	−53319.52	−53318.23

4 主要设备的工艺设计、设计与设备选型

4.1 反应器工艺计算

4.1.1 概述

甲醇氧化反应器设计为固定床反应器，从而提高转化率，同时反应为强放热反应，所以设计成列管式反应器，催化剂和反应物物料走管程，冷却剂走壳程。

4.1.2 甲醇氧化反应器选型

反应器工艺条件在流程设计中已论证，动力学方程也已给出，这里不再重述。该反应为不可逆反应，为提高转化率，需要减小返混，故选择固定床反应器。

反应的绝热温升如下。

$$\lambda=\frac{-\Delta H\Delta n_{甲醇}}{c_{pm}F_{总}}=\frac{158400\text{J}/\text{mol}\times 1\text{mol}}{44.22\text{J}/(\text{mol}℃)\times 2\text{mol}}\approx 1791℃$$

符号说明：

λ：绝热温升，℃；

ΔH：反应焓变，J/mol；

$\Delta n_{甲醇}$：乙炔反应量，mol；

c_{pm}：平均恒压摩尔热容，J/（mol℃）；

$F_{总}$：总物料流量，mol。

因此，该反应为强放热反应，不可使用绝热反应器，应当设计为列管式反应器。以 1L 的反应物料为参照，反应放热式如下。

$$Q_R = 0.001R_{甲醇}\Delta H/3.6$$

根据资料查阅，选取反应器管径为外径 50mm × 5mm，以内径为基准的导热系数为 250W/（m^2℃），以 1L 的反应物料为参照，则取热量如下。

$$Q_{取}=250\times(4\times 0.001/0.05)\times(T-T_0)$$

符号说明：

T：管内反应物料温度；

T_0：管间冷却剂温度。

冷却剂为 135℃，可保证反应温度为 300~500℃。不同管径及不同反应阶段的热负荷曲线如图 9 所示。

由图 9 可知，管径为 3cm 时取热很强，转化率达到 90% 时就会出现反应放热恒小于取热的情况，即反应物料会被冷却，反应器出口转化率不可能达到 90%，因此考虑使用 5cm 管径的反应器。选定管径为 5cm，由取热线和反应放热线可知，在 450~500℃区间两线出现交点，同时该点满足：

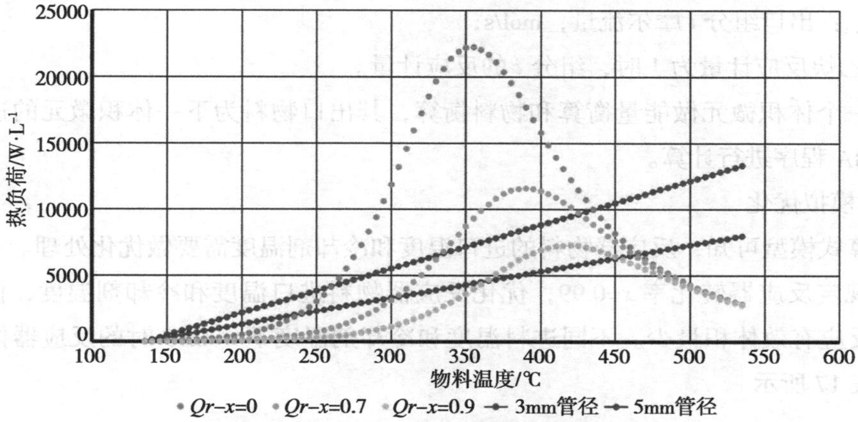

图 9　不同管径及不同反应阶段的热负荷曲线

$$Q_R = Q_{取热}$$

$$\frac{\partial Q_{取热}}{\partial T} > \frac{\partial Q_R}{\partial T}$$

该点存在取热 = 放热，物料温度低于该点温度时，反应放热更强，反应物料升温；高于该点温度，反应取热更强，反应物料降温。即该温度点为反应器的稳定点，反应器的操作温度在该温度区域。

4.1.3　甲醇氧化反应器模拟优化与设计

4.1.3.1　模拟方法

根据反应器的多级混合槽模型，将反应器分割为许多微小的全混反应器串联，取微小反应器体积为 0.2L。

热量衡算：

$$Q_{反应热} = R_{甲醇2} V_R \Delta H / 3600 = 158400 \times R_{甲醇} / 3600$$

$$Q_{取热} = K(4V_R / d)(T - T_0) = 250 \times (4 \times 0.0002 / 0.05)(T - T_0)$$

$$\Delta T_i = \frac{Q_{反应热} - Q_{取热}}{c_{pm} F_{总}}$$

物料衡算：

$$F_{i,\mathrm{in}} - F_{i,\mathrm{out}} = \frac{V_R R_{甲醇} i}{V_s}$$

符号说明：

V_R：体积微元，0.0002m^3；

$F_{i,\mathrm{in}}$：进口组分 i 摩尔流量，mol/s；

$F_{i,\ out}$：出口组分 i 摩尔流量，mol/s；

i：乙炔反应计量为 1 时，组分 i 的反应计量。

每一个体积微元做能量衡算和物料衡算，其出口物料为下一体积微元的进料，用 excel-VBA 程序进行计算。

4.1.3.2　模拟优化

据算式模型可知，反应器物料的进口温度和冷却剂温度需要做优化处理。

现规定反应器转化率 x=0.99，优化反应器物料进口温度和冷却剂温度，使 x=0.99 时所需反应有效体积最少。不同进料温度和冷却剂温度下 x=0.99 时的反应器体积（初步）如表 17 所示。

表 17　不同进料温度和冷却剂温度下 x=0.99 时的反应器体积（初步）

进料温度	冷却剂温度为 120℃	冷却剂温度为 125℃	冷却剂温度为 150℃	冷却剂温度为 175℃	冷却剂温度为 200℃	冷却剂温度为 225℃
245℃	—	1.352	1.291	1.331	1.396	1.478
265℃	1.353	1.263	1.255	1.308	1.380	1.467
285℃	1.351	1.260	1.254	1.309	1.383	1.471
305℃	1.356	1.267	1.262	1.318	1.391	1.480
325℃	1.367	1.277	1.273	1.330	1.404	1.495

其中进料温度为 245℃、冷却剂温度为 120℃时无数据，因为该点进料时物料温度未跨过不稳定点，因此几乎不发生化学反应。进料温度 - 冷却剂温度与所需反应器体积关系图（初步）如图 10 所示。

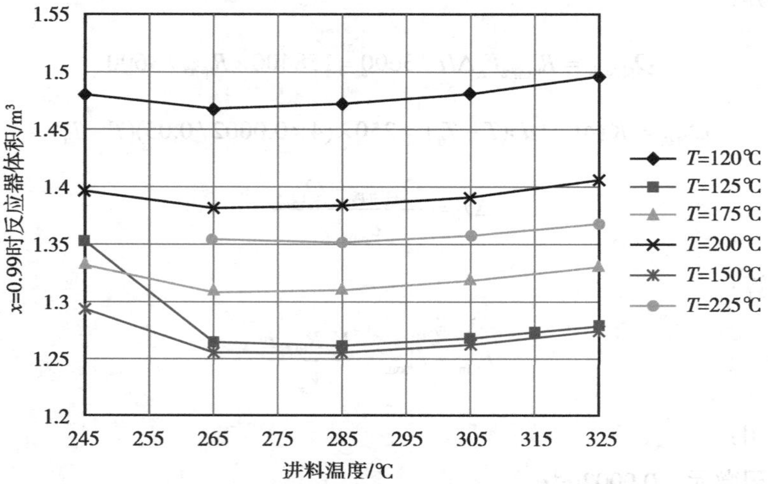

图 10　进料温度 - 冷却剂温度与所需反应器体积关系图（初步）

根据图 10 可知，最优解大致为：进料温度为 255~305℃、冷却剂温度为 125~150℃。再对上述区域进行细致划分，得到如表 18 所示的不同进料温度和冷却剂温度下 x=0.99 时的反应器体积（详细）。

表 18　不同进料温度和冷却剂温度下 x=0.99 时的反应器体积（详细）

进料温度	冷却剂温度为125℃	冷却剂温度为130℃	冷却剂温度为135℃	冷却剂温度为140℃	冷却剂温度为145℃	冷却剂温度为150℃
255℃	1.278	1.258	1.254	1.254	1.258	1.265
265℃	1.263	1.245	1.241	1.243	1.248	1.255
275℃	1.258	1.242	1.240	1.240	1.245	1.253
285℃	1.260	1.243	1.241	1.241	1.246	1.254
295℃	1.263	1.245	1.242	1.244	1.250	1.257
305℃	1.267	1.250	1.246	1.249	1.254	1.262

进料温度－冷却剂温度与所需反应器体积关系图（详细）如图 11 所示。

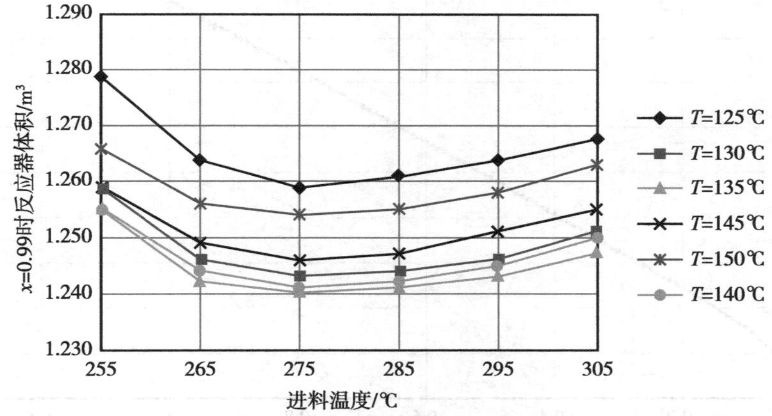

图 11　进料温度－冷却剂温度与所需反应器体积关系图（详细）

由图 11 可知，当反应器进料温度为 275℃、冷却剂温度为 135℃时，达到 0.99 转化率所需反应器体积最小。

由于图 11 纵坐标相对密集，再进行精细优化，反应器体积很小，因此没有精确优化的必要。

4.1.3.3　反应器转化结果

按照反应器进料温度为 275℃、冷却剂温度为 135℃时计算结果如图 12 至图 14 所示。

反应器有效体积为 1.24m³，出口转化率为 0.99，出口温度为 250.6℃。

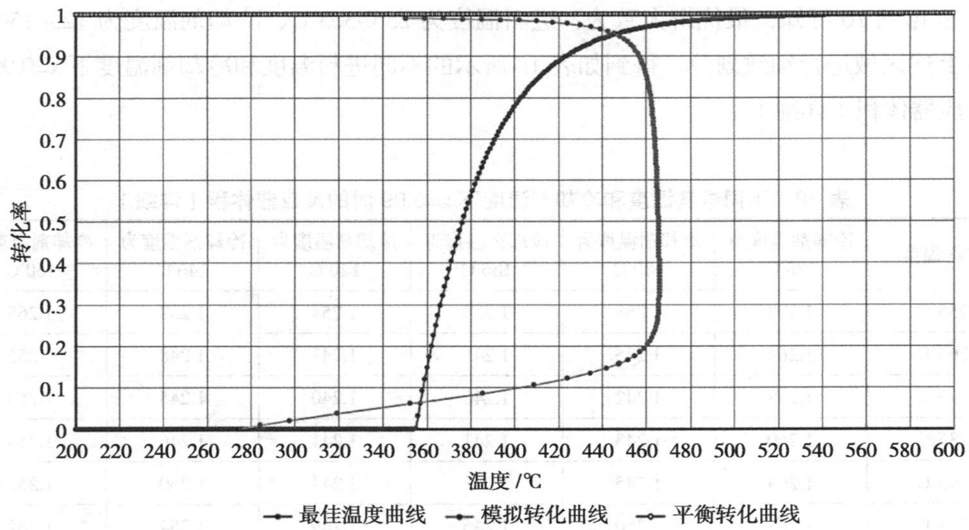

图12　反应器温升图

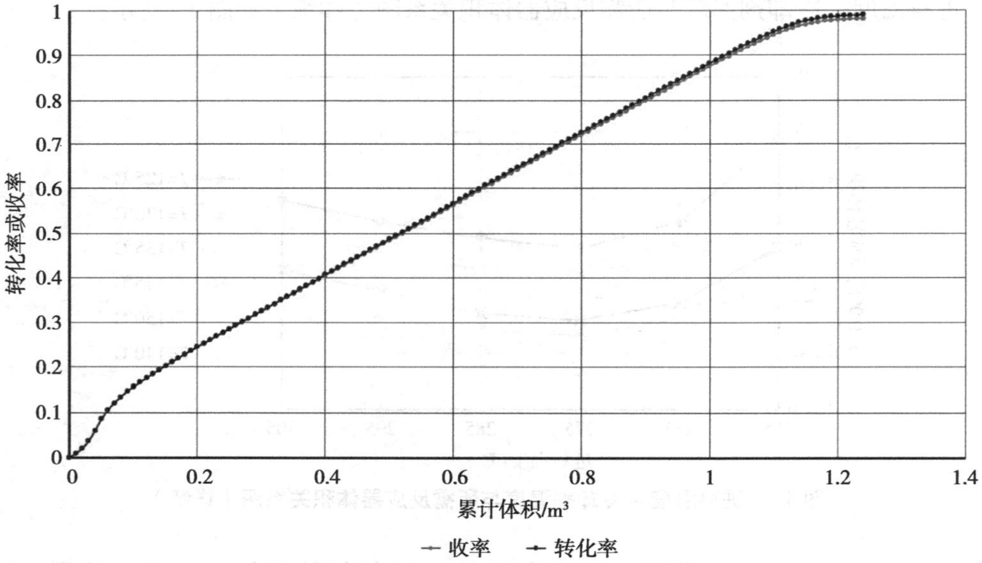

图13　反应器转化情况

4.1.3.4　反应器内件

根据郭锴的《化学反应工程》第五章内容，用excel计算出催化剂颗粒直径为2mm和5mm时不同位置的西勒模数，再由西勒模数导出内扩散效率因子，西勒模数分布－催化剂粒径关系图如图15所示。

根据郭锴的《化学反应工程》第五章内容，用excel计算出催化剂颗粒直径为2mm和5mm时不同列管数量的累计床层压降，床层累计压降－催化剂粒径关系图如图16所示。

由图16可知，催化剂粒径为5mm时，在反应器末端20%的床层内扩散不佳，

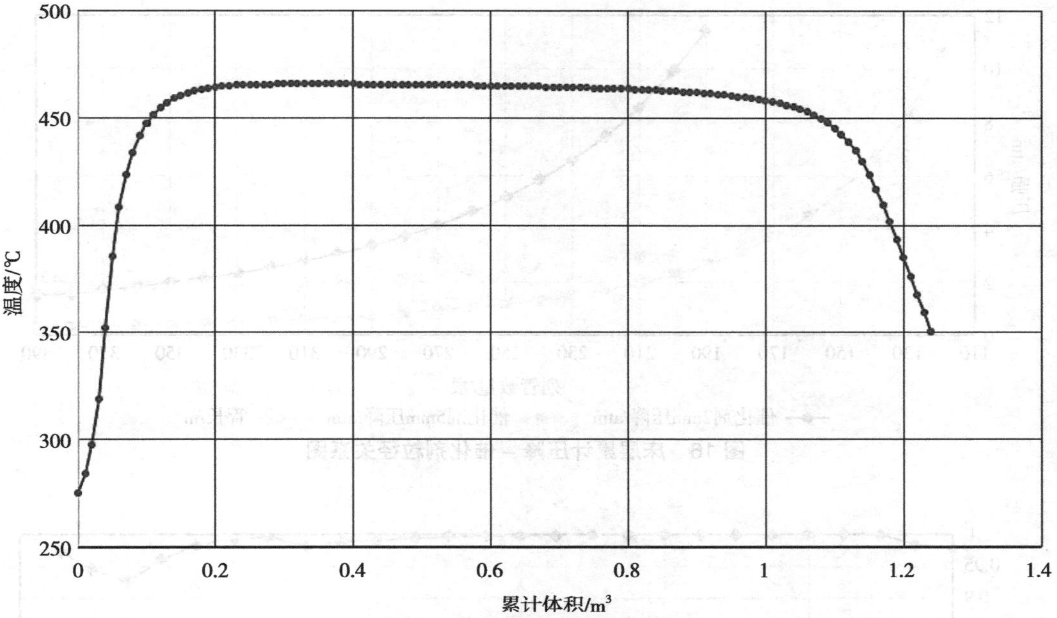

图 14 反应器温度分布图

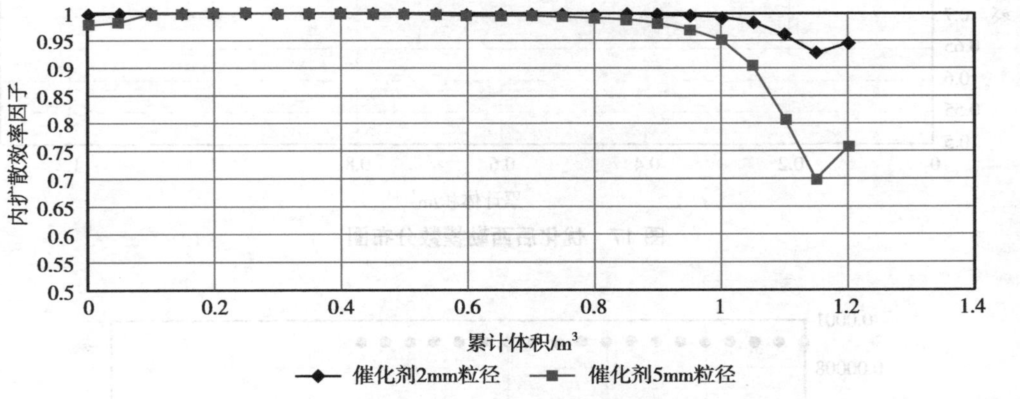

图 15 西勒模数分布－催化剂粒径关系图

但 2mm 粒径的催化剂床层压降太大。因此，考虑前 80% 的床层按 5mm 催化剂，后 20% 的床层用 2mm 催化剂。管长取整为 2m，列管数目为 316 根。此时的内扩散较好（图 17），累计床层压降为前 80% 的压降 0.48atm 加上后 20% 压降 0.34atm，共计 0.82atm 的压降。

如图 18 所示，经计算，外扩散速率始终在化学反应速率的 10000 倍以上，所以不考虑外扩散。

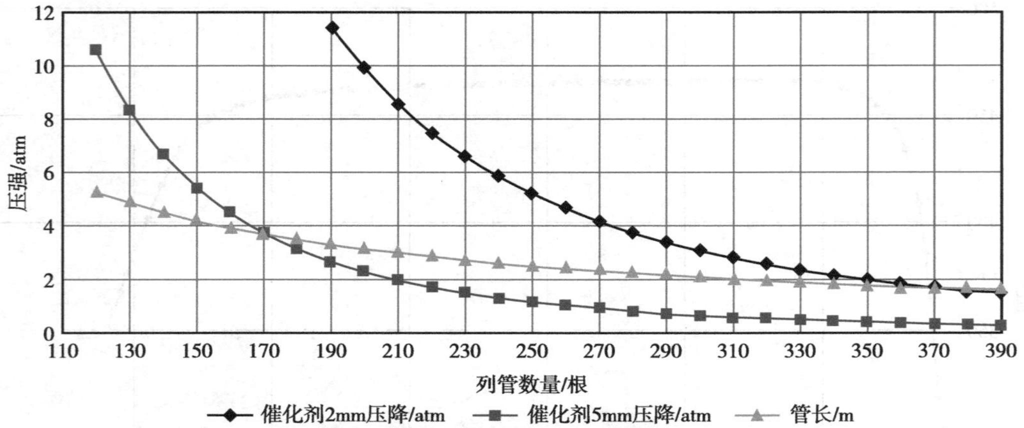

图16 床层累计压降－催化剂粒径关系图

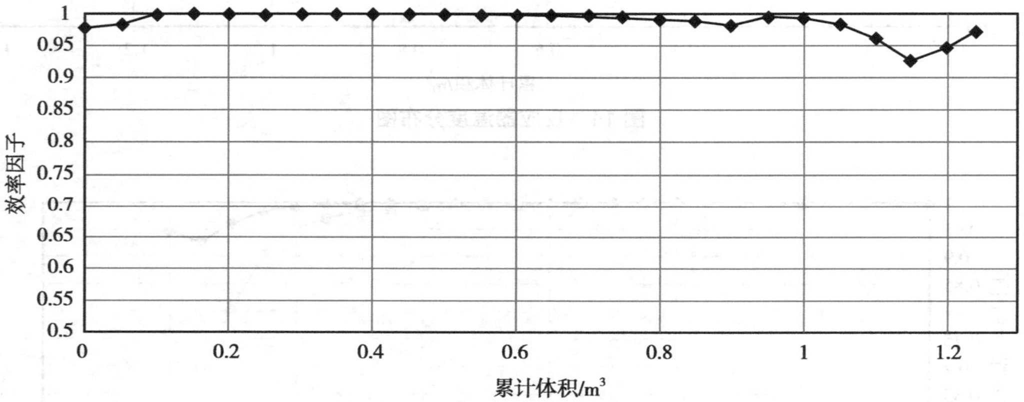

图17 优化后西勒模数分布图

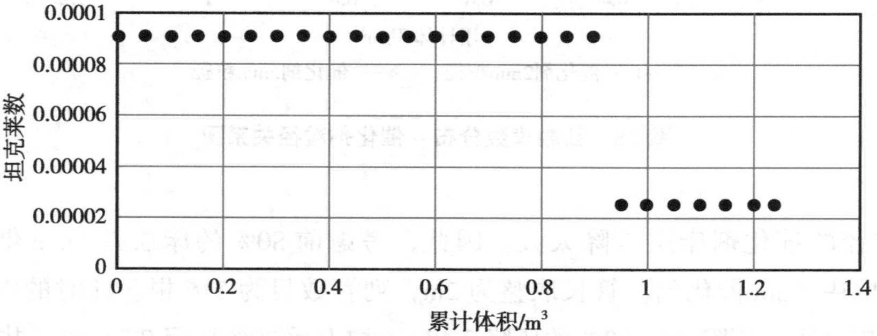

图18 外扩散影响分布图

4.1.3.5 列管排布与反应器直径

反应器列管为内径50mm、外径60mm，按照管心距80mm，正三角形排布，列管排列方式如图19所示。

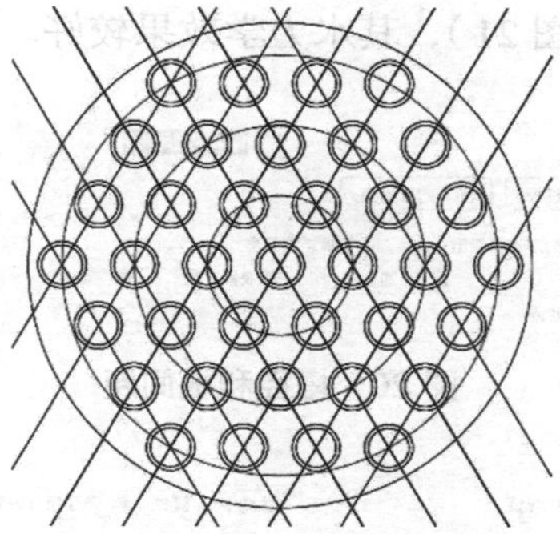

图 19 列管排列方式

可以看出，排满 1 圈累计管数为 7，排满 2 圈累计管数为 19，排满 3 圈累计管数为 37，以此类推，排满 m 圈累计管数如下。

$$N = 3m^2 + 3m + 1\text{（}N\text{ 为累计管数）}$$

列管数 N=316（根），解二次方程的 m=9.76，圆整为 10 圈，即需要排布 10 圈。排满 10 圈，累计管数为 331 根，则第 10 圈列管排布等距减少 15 根管。

反应器外壳至少处在第 11 圈，即反应器半径至少为

$$D=80\text{mm} \times 11 \times 2=1760\text{mm}$$

反应器外壳圆整为 1.8m，总长度为 0.9+0.9+2=3.8m。

4.1.4 甲醇氧化反应器设计一览表（表 19）

表 19 甲醇氧化反应器设计一览表

位号	名称	类型	尺寸 / mm	设计温度 / ℃	设计压力 / MPa	材料	厚度 / mm	总重量 / kg
R0101	甲醇氧化反应器	列管式固定床反应器	ϕ1800 ×3800	500	0.5	Q345R	20	3395

4.2 塔设备设计

4.2.1 塔设备简介

对塔设备进行系统介绍。

4.2.2 塔设备设计

（1）初步设计。

（2）塔内件设计。

使用 Aspen Plus 中 Radfrac 模块的 Column Internals 功能，添加 Interactive sizing，对精馏塔进行设计。系统给定的默认数据为塔径 2.1m 左右，板间距 1.6m 左右。

将 Interactive sizing 改为 rating 模式。根据谭天恩的《化工原理（下册）》第十一章讲到的塔部件对各种水力学结果的影响，对塔部件参数进行多次调试，经过多次调试计

算，给出如下数据（图 20 和图 21），其水力学效果较好。

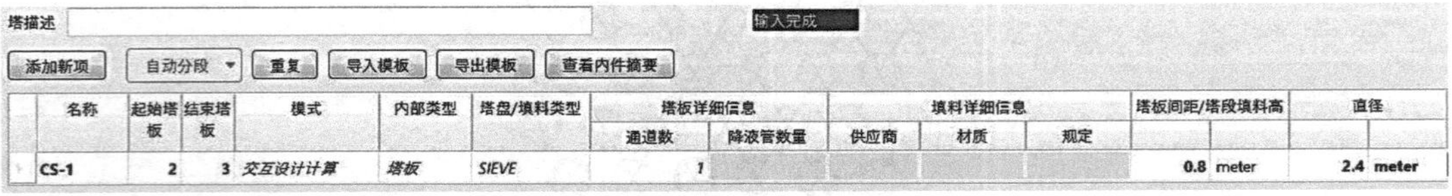

图 20 塔径和板间距

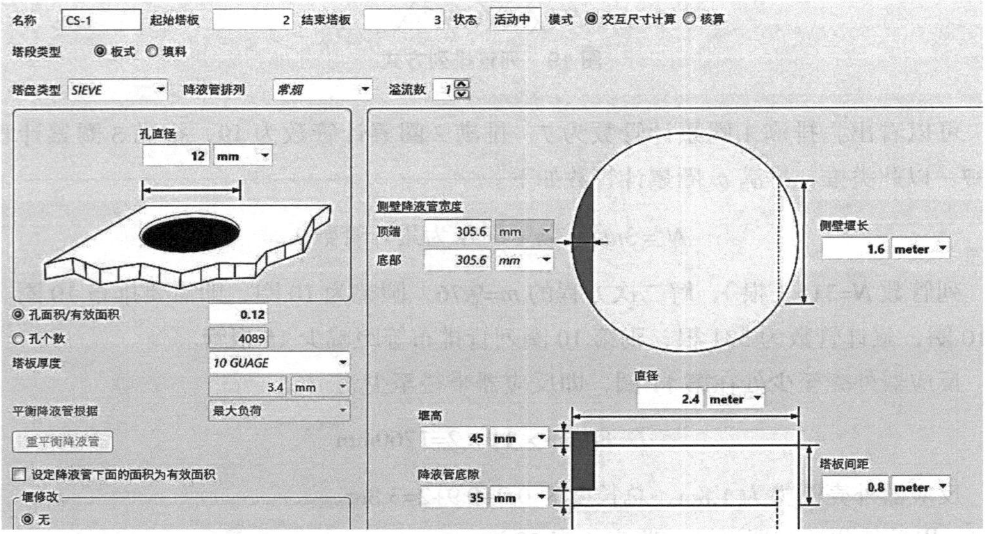

图 21 塔内件数据

（3）水力学校核。

对塔径圆整之后，再对模块进行模拟，得到水力学校核结果如图 22 和图 23 所示。

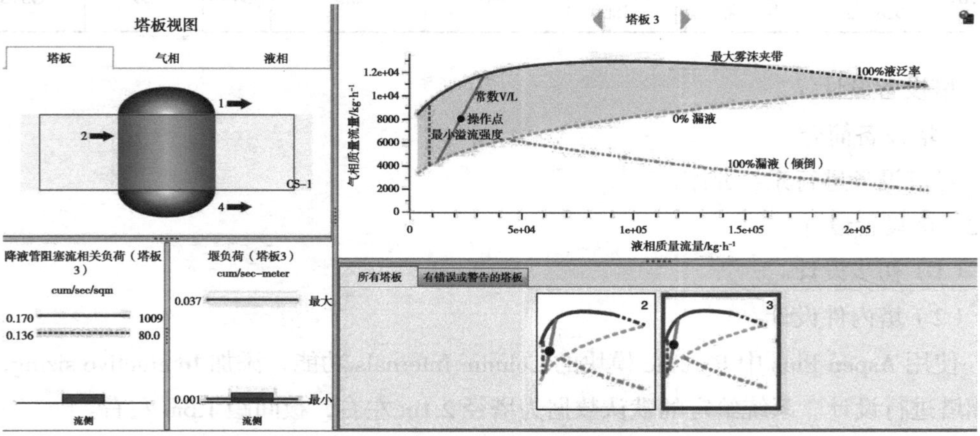

图 22 精馏塔气液性能负荷图

塔板/填料级数	2	
总高度	1.6	meter
总压头损失（热液相高度）	0.098658	meter
总压降	1.15535	kPa
塔段数	1	
直径数	1	
塔釜压降		kPa
总停留时间	10.3672	sec

图 23 精馏塔水力学结果

可以看出，经过优化调整后，每块塔板的操作点均在气液性能负荷图之中，并且具有一定的操作弹性。液泛因子为 0.6~0.85，降液管液位高度 / 板间距为 0.2~0.5，降液管停留时间大于 4s，满足设计要求，并且单板压降也不大，因此设计是合理的。TO301 设计结果参数表如表 20 所示。

表 20 T0301 设计结果参数表

参数	精馏段
理论塔板数	2
塔板间距（H_T）/m	0.8
塔径（D）/m	2.4
溢流形式	单溢流
降液管形式	弓形
溢流堰形式	平直堰
堰长（l_w）/mm	1.6
堰高（h_w）/mm	45
降液管底隙高度（h_0）/m	35
孔直径（d_0）/mm	12
筛板数目（n）	4089

注：理论塔板数不包括再沸器和分凝器。

（4）塔高的计算。

4.3 换热器选型

4.3.1 换热器选型示例（以结晶冷却器为例）

4.3.1.1 流股参数确定

精馏塔设计图如图 24 所示，流股参数一览表如表 21 所示。

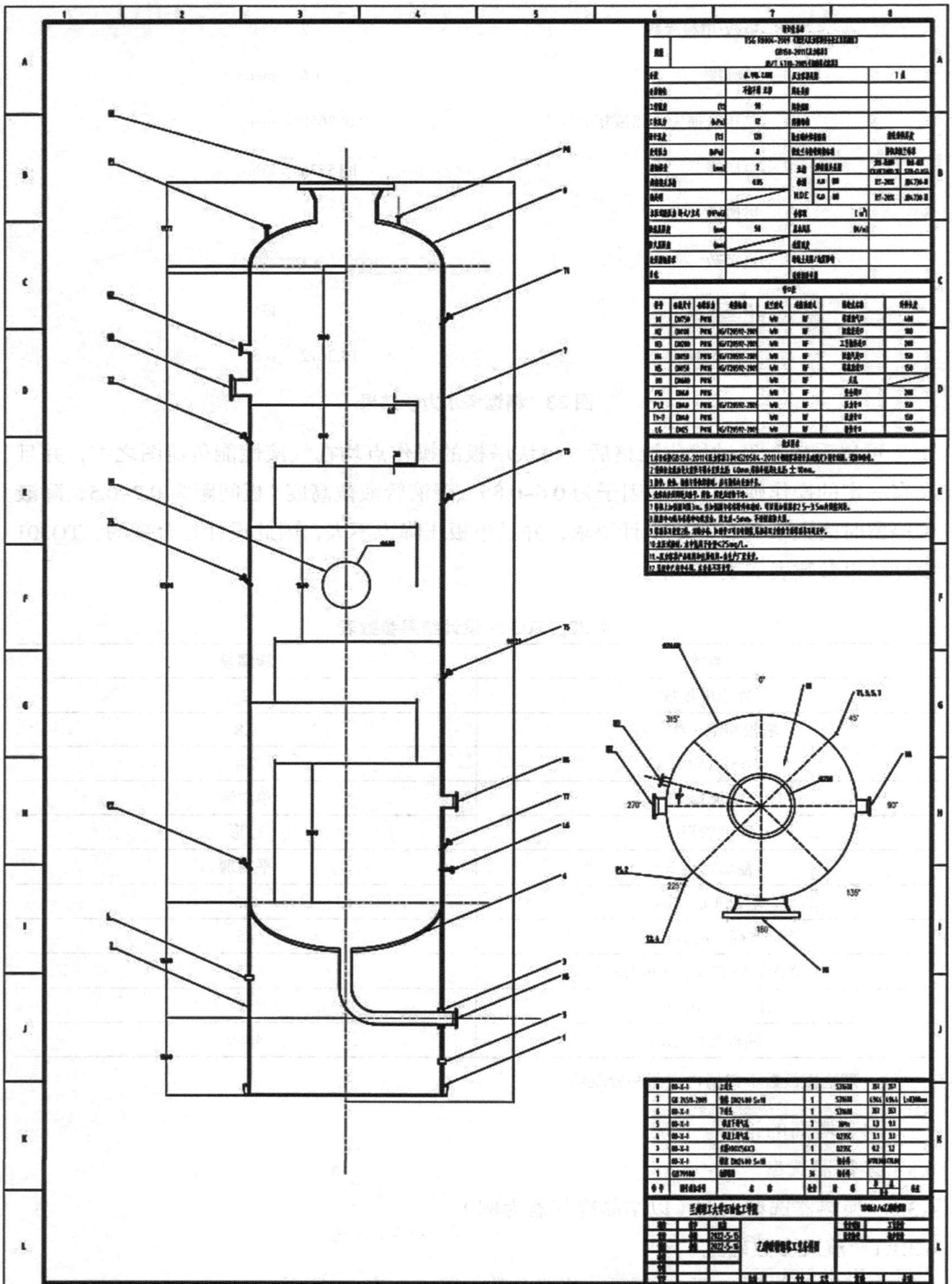

图 24　精馏塔设计图

表 21 流股参数一览表

流股名称	组成	压力 / atm	温度 / ℃	质量流量 / kg · s^{-1}	气相分率
壳程入口	乙醇酸	1.086	89.33	4.10	0
壳程出口	乙醇酸	0.976	35	4.10	0
管程入口	水	1	20	5.36	0
管程出口	水	0.891	50	5.36	0

4.3.1.2 设计压力

换热器 E0205 的操作压力为壳程 1.1atm，管程 1atm，通常设计压力为正常工作压力的 1.1 倍。所以取壳程设计压力为 1.2atm，管程设计压力为 1.1atm。

4.3.1.3 污垢热阻

传热阻力由 5 个部分组成，即壳程液膜、壳程污垢、管壁、管程污垢、管程液膜。该换热器为精馏塔底部采出的 85% 摩尔浓度乙醇酸水溶液；管程介质为公用工程中的冷却水，确定本换热器壳程和管程介质污垢热阻为 0.0001m^2 · K/W。

4.3.1.4 流体空间选择

热流体走壳程，冷流体走管程。

4.3.1.5 EDR 流股参数输入（图 25）

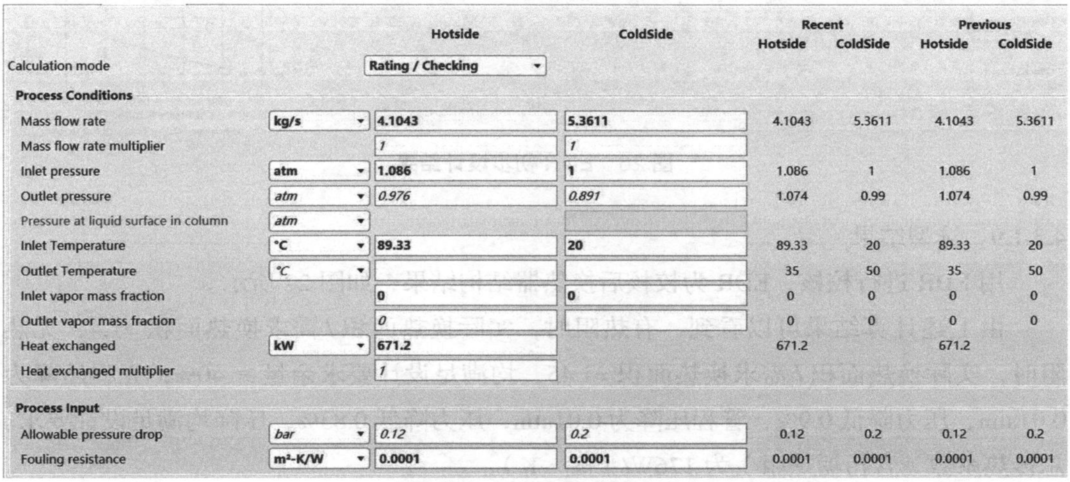

图 25 EDR 流股参数输入

4.3.1.6 换热器结构形式选择

（1）前端管箱的确定。由于管侧流体有结构倾向，为了易于清洗污垢，因此选用 B 型前端管箱。

（2）壳体型式选择。换热器的壳体选用使用最广泛的壳体型式——E 型壳体。

（3）后端管箱确定。后端管箱采取工业上常用的 M 型管箱。

4.3.1.7　EDR 初步设计结果

结合 JB/T 4715—1992 规定，选择换热管内径为 25mm，管厚为 2.5mm，管心距为 32mm，管长为 3000m，换热管数为 950 根。换热管排列方式为正三角形，壳程公称直径（内径）为 600mm，壁厚为 20mm。折流板为单弓形折流板，间距为 300mm，折流板数为 9，圆缺率为 30.76%。其余参数均为默认值。

4.3.1.8　主要结构参数

EDR 初步设计结果如图 26 所示。

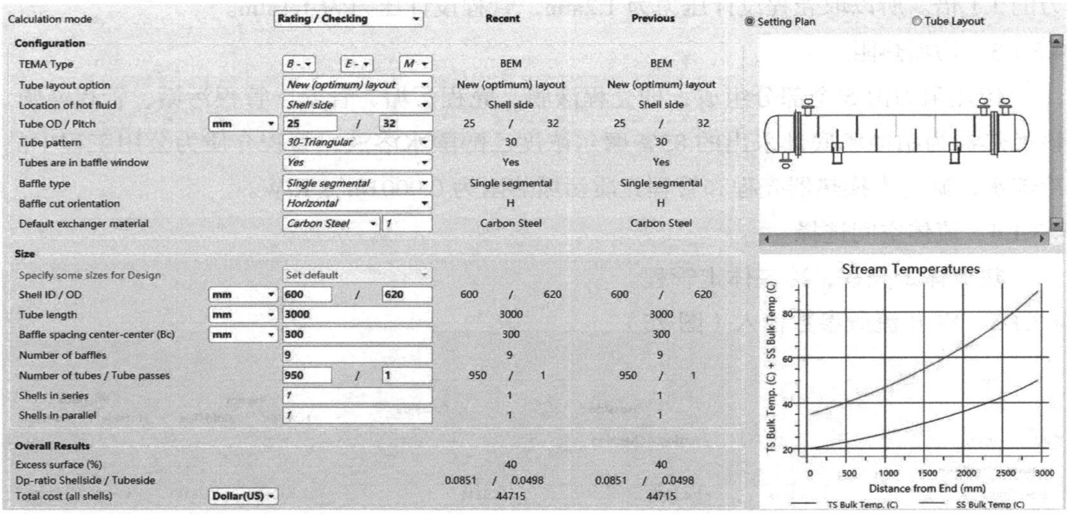

图 26　EDR 初步设计结果

4.3.1.9　选型结果

用 EDR 进行校核，EDR 为校核后换热器结构结果，如图 27 所示。

由上述计算结果可以看到，有热阻时，实际换热面积 / 需求换热面积 =1.4，无热阻时，实际换热面积 / 需求换热面积 =1.45，均满足设计要求余量≥ 40%；壳程压降为 0.01atm，压力降低 0.9%，管程压降为 0.01atm，压力降低 0.83%，压降均满足设计要求。总传热系数（含污垢热阻）为 176W/（m^2·K）。

参考《化工工艺手册（下册）》，得 E0205 的型号为 BEM450–0.6–89.7–6/19–1–I。

4.3.1.10　详细尺寸（图 27）

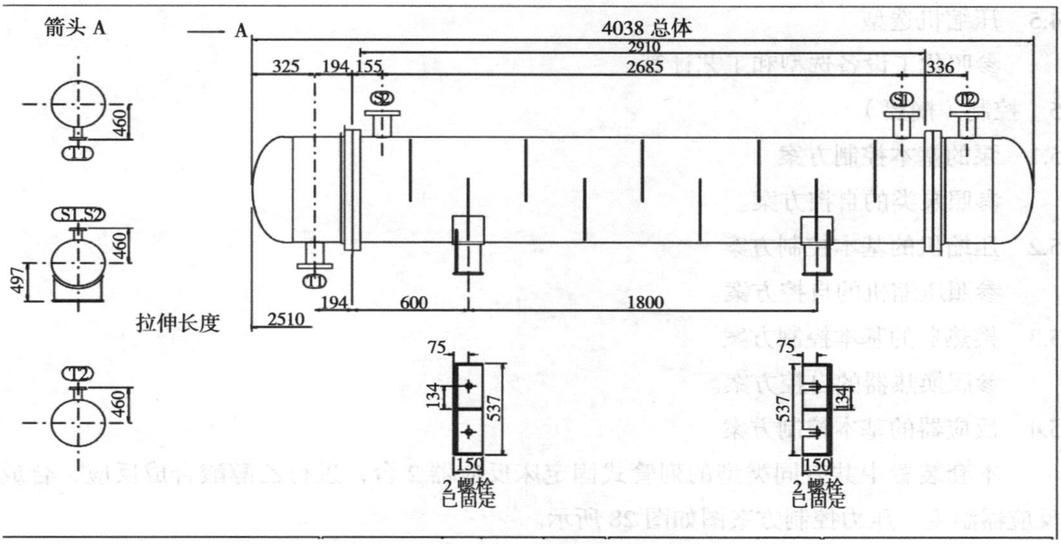

图 27 E0205 设备图

4.3.2 换热器选型一览表（表 22）

表 22 换热器选型一览表

设备位号	描述	型号	管数/根	换热面积/m^2	壳程材料	管程材料	数量
E0101	甲醇－氧气预热	BEM1200–4.0/1.0–482.5–4.5/19–1–I	6262	1475.4	Q345R	16Mn	1
E0102	甲醛产品初冷	BEM1600–0.9/0.1–1175.9–6/19–1–I	140	32.9	Q345R	16Mn	1
E0201	甲醛产品冷却	BEM1200–4.0/1.0–482.5–4.5/19–1–I	3140	739.8	Q345R	16Mn	1
E0202	乙醇酸合成反应前预热	BEM1600–0.9/0.1–1175.9–6/19–1–I	923	217.4	Q345R	16Mn	1
E0301	再沸器	BEM1600–1.0/0.1–1175.9–6/19–1–I	1917	451.6	Q345R	16Mn	1
E0302	冷凝器	BEM1100–1.0/1.4–517.7–6/19–1–I	7497	1766.4	Q345R	16Mn	1
E0303	结晶器初冷	BEM1100–1.0/1.4–517.7–6/19–1–I	950	223.8	Q345R	16Mn	1

4.4 泵选型

参照化工设备选型和工艺计算。

4.5　压缩机选型

参照化工设备选型和工艺计算。

5　控制（摘要）

5.1　泵的基本控制方案

参照泵类的自控方案。

5.2　压缩机的基本控制方案

参照压缩机的自控方案。

5.3　换热器的基本控制方案

参照换热器的自控方案。

5.4　反应器的基本控制方案

本套装置中共有同类型的列管式固定床反应器 2 台，进行乙醇酸合成反应，合成反应器温度、压力控制方案图如图 28 所示。

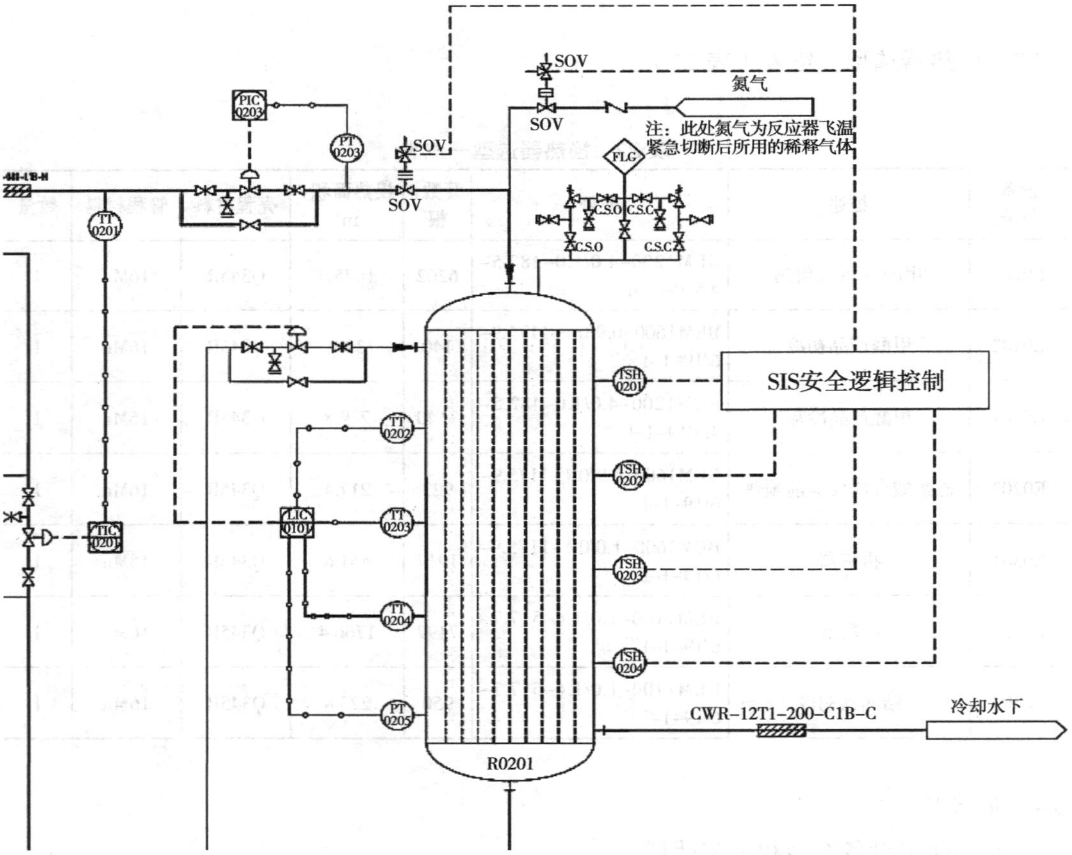

图 28　合成反应器温度、压力控制方案图

5.4.1 反应器温度控制

通过控制原料预热温度来控制反应器床层温度，该控制采用以热载体流量为操纵变量，以反应器进料温度为副变量，以反应器床层温度为主变量的串级控制，从而控制反应器床层温度。

5.4.2 反应器压力控制

根据其工作压力和泄放量选定合适的安全阀，当压力波动不大时可以由调节进料流量改变压力。当压力超过一定值时，安全阀打开，迅速泄压，达到保护设备的目的。

5.4.3 反应器防飞温控制

当温度、压力出现异常，系统识别为即将飞温，此时安全系统将关闭所有进料，同时打开氮气吹扫降温。

5.5 精馏塔的基本控制方案

蒸馏塔系统塔釜为液体，塔顶馏出为气体，气体经冷凝器冷却之后变为液体或气液两相状态。本装置中多为简单精馏塔，在这里以完整精馏塔 T0301 为例进行说明。

5.5.1 塔顶压力控制方案

通过塔顶压力仪表控制冷凝器冷却介质流量，通过改变冷却器出口工艺物流温度，进而改变回流罐压力，实现控制塔顶压力的目的。同时，压力过高时有安全阀起跳泄压。塔顶压力控制方案图如图 29 所示。

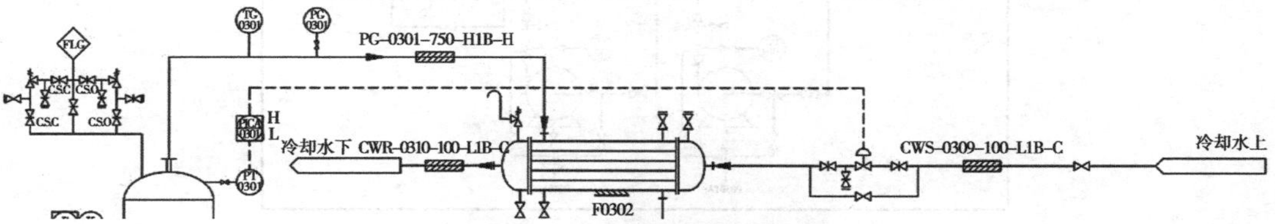

图 29 塔顶压力控制方案图

5.5.2 温度控制方案

T0303 采用提馏段温度控制方案，塔底温度要求为 90℃。如果塔底温度过高，DCS 系统会开小再沸器载热体管道的调节阀，减小载热体流量，降低塔底温度，从而把塔底温度控制在 89℃附近。提馏段温度控制方案图如图 30 所示。

5.5.3 塔釜液位控制方案

本装置依据塔釜液位变化，通过控制塔底引出管线上调节阀的开度（如果塔釜出料经过泵，调节阀应置于泵后），控制塔底引出物流的流量，从而达到控制塔釜液位的目的。精馏塔塔底液位控制方案图如图 31 所示。

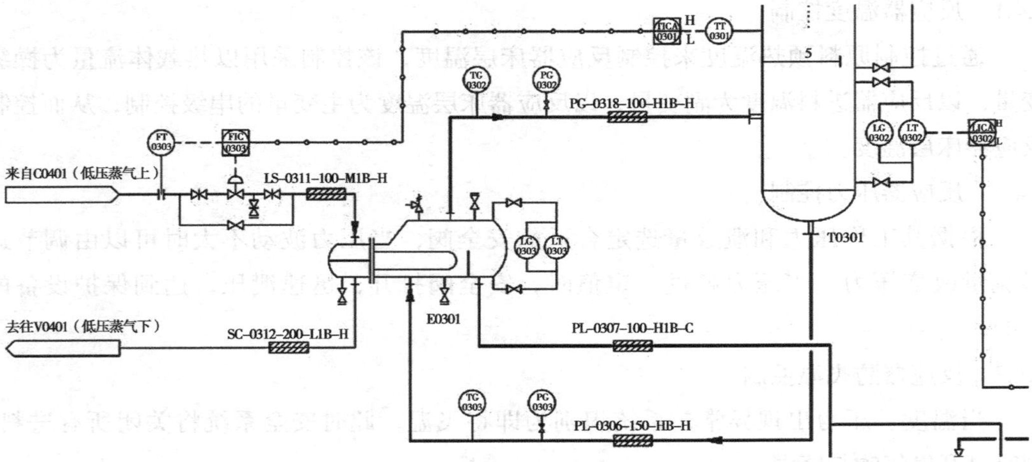

图30 提馏段温度控制方案图

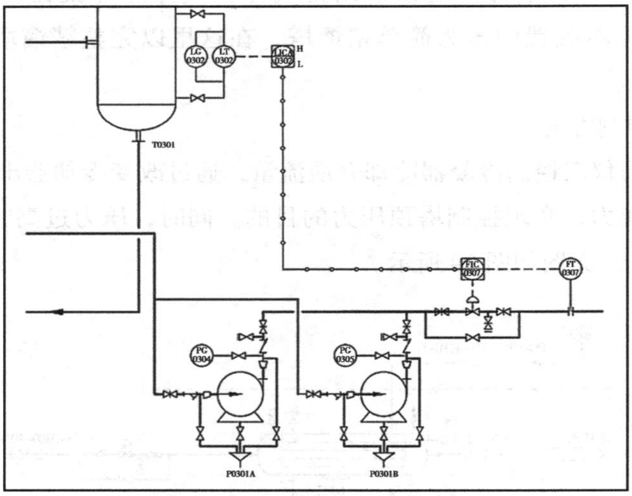

图31 精馏塔塔底液位控制方案图

6 项目经济分析（摘要）

6.1 设计依据

主要包括国家及行业相关经济政策、法规标准、项目可行性研究报告、基础数据、技术规范及同类项目经济指标等。

6.2 投资估算

6.2.1 项目总投资估算

项目总投资包括3个部分，即固定资产、建设期借款利息与流动资金3部分费用，满足以下条件：项目总投资 = 固定资产 + 建设期借款利息 + 流动资金。

6.2.2 成本和费用估算

包括产品生产成本估算、厂内职工工资估算、折旧及推销费用、其他费用等内容。

6.2.3 销售收入和税金估算

包括主要产品估算、销售税金及附加、现金流量表、资产损益表等内容。

6.3 财务分析报表

包括资产负债表、利润表、现金流量表等内容。

6.4 财务分析指标

通过财务报表数据计算得出的量化指标，用于评估企业的财务状况和经营绩效。

6.5 盈利能力分析

通过财务数据和指标，对企业获取利润的能力进行评估，重点分析企业收入、成本、利润的构成及变化趋势。

6.6 经济评价

经过计算及一系列静态分析、动态分析之后，发现该项目经济效益良好，有较宽的盈利区间，所以该项目可行。

7 环境评价

7.1 执行的环境质量标准及排放标准

7.1.1 废水处理

7.1.1.1 生产废水

在本项目中，排放的废水主要是甲醛水溶液，甲醛含量为 40%。

7.1.1.2 生活污水

生活污水的主要污染物为 COD、SS、氨氮、总氮、总磷，经污水管网接入生活污水处理系统中进行处理，处理后排入复用水池内。污水系统浓缩处理后的污泥可以送到煤场进行配煤燃烧。

7.1.1.3 地面洗水

经排水地沟收集，送至厂区污水处理站。

7.1.1.4 事故废水

装置事故时，消防水量为 55L/s，持续时间按 6h 计算，水量为 $1188m^3$。事故水主要为酸性事故水，排入扬子石化厂区事故水池。

7.1.1.5 排放指标

水质指标如表 23 所示。

表 23 水质指标

项目	pH 值	浊度	BOD_5	COD	NH_3-N	外观及嗅味
指标	6~9	5mg/L	10mg/L	60mg/L	1mg/L	无不快感

7.1.1.6 废水排放一览表（表 24）

表 24 废水排放一览表

废水名称	有害物成分及浓度 / wt%	排放量 / $kg \cdot h^{-1}$	排放点	排放方式	排放去向	处理方法
有机废水	水 44.1%、甲醛 44.5%、甲醇 9.7%、乙醇酸 0.09%、二甲醚 0.7%	653.6	循环物料弛放液	连续	污水处理站	回收甲醛

7.1.2 废气处理

本项目主要废气为大量 CO_2，通过膜分离技术可得到高纯度的二氧化碳，还有火炬燃烧产生的水蒸气、碳氧化合物等，废气排放一览表如表 25 所示。

表 25 废气排放一览表

序号	废气名称	主要污染物组成	排放量 / $kg \cdot h^{-1}$	排放方式	处理方法
1	一段反应废气	甲醛 51.1%、CO_2 2.2%、氦气 11.7%、氧气 11.5%、水 0.3%、二甲醚 0.1%	100.9	连续	火炬
2	循环物料弛放气	CO 75.9%、甲醛 14.1%、氦气 3.5%、氧气 3.4%、二甲醚 2.5%、水 0.4%	214.9	连续	火炬

7.1.3 固废处理

固废排放一览表如表 26 所示。

表 26 固废排放一览表

序号	排放固废名称	有害物名称	排放量 / $t \cdot a^{-1}$	排放方式	排放去向	处理方法
1	废催化剂	杂多酸金属化合物	2	间断	送至催化剂再生处理公司	回收
2	生活垃圾	有机物	14	连续	外运	集中处理

综上所述，本项目所产生的固废催化剂可回收再生，送回供应商回收处理，同时以旧换新，减少生产成本。全厂固体废弃物经采取上述措施后，实现“零排放”。

7.1.4 “三废”总量

“三废”总量一览表如表 27 所示，经过处理，对环境均无害。

表 27 “三废”总量一览表

废液	废气	固废
653.6kg/h	315.8kg/h	16t/a

7.2 节能减排

为响应国家双碳目标的政策，必须对本工艺流程设计进行节能优化。本设计通过换热网络优化和 Rankine 循环进行节能减排。

7.2.1 换热网络优化减排

本工艺流程设计通过换热网络，煤炭燃烧热为 2.5×10^7kJ/t，则换热网络优化年节省煤炭如下。

$$8733\text{kJ/s}\times3600\text{s/h}\times7200\text{s/h}\div(2.5\times10^7\text{kJ/t})=9054\text{t}$$

7.2.2 Rankine 循环减排

本工艺流程附带 Rankine 循环，输出机械功率为 380kW。100kW 以上的发电机组供电效率为 90% 以上，我国火力发电平均为 0.3kg 煤炭 /kW · h 电，则 Rankine 循环年节省煤炭如下。

$$0.9\times380\text{kW}\times7200\text{h}\times0.0003\text{t 煤炭 /kW·h 电}\approx739\text{t}$$

7.2.3 二氧化碳减排量

按煤炭燃烧成为二氧化碳换算，则二氧化碳年减排量如下。

$$(9054\text{t}+739\text{t})\times44/12\approx35908\text{t}$$

8 安全性预评价（摘要）

8.1 设计规范

主要涵盖依据法规标准明确安全设计原则，对工艺、设备、布局等进行安全分析，设计配套安全设施与风险防控措施，并验证设计合规性以从源头把控项目安全风险。

8.2 重大危险源分析

8.2.1 主要有害物质

主要危险物有害物质有甲醇、甲醛、乙醇酸、火炬气中的 CO 等，危险物性质如表 28 所示。

表 28 危险物性质

序号	物质	可燃等级	闪点 / ℃	沸点 / ℃	爆炸上限 / %	爆炸下限 / %	毒性
1	甲醇	甲级液体	12	68	36	5.5	有毒
2	甲醛	乙级气体	50	–19.5	37	7	无毒
3	一氧化碳	乙级气体	<–50	–191	74	12.5	有毒
4	乙醇酸	甲级液体	129	—	—	—	有毒

8.2.2 火灾、爆炸危险

生产过程中使用的物料大多数属于易燃和易爆的物质，其中火灾危险性属于甲级的有甲醇、一氧化碳、甲醛。

8.2.3 毒物危害

本项目生产过程中的主要有毒物质是甲醇、甲醛、一氧化碳、乙醇酸等，吸入、误食、经皮肤吸收将会对人体造成不同程度的危害。

8.2.4 静电、雷电的危害

生产过程中，在有易燃、易爆物质存在的场所，静电放电、雷电放电均可成为引起爆炸的点火源，导致火灾、爆炸事故发生，雷电可能损害带电设备。

8.2.5 设备的危险、有害因素

设备的设计、制造、安装及使用等不能满足有关要求，也可能造成设备损坏，物料的泄漏，引发火灾甚至爆炸。

8.2.6 自然条件的危险、有害因素分析

在防雷、防静电等方面措施未落实，也会受到雷击、静电危害，引发火灾等事故。

8.3 职业安全

8.3.1 工业毒物

毒性大小一般以毒物引起实验动物某种毒性反应所需的剂量来表示，所需的剂量越小，表示毒性越大。常用LD50表示半致死量。

8.3.2 燃烧与爆炸

防火防爆措施如下。

（1）设置消防警报及灭火措施。

（2）将人员密集区（如控制室、行政楼）与生产区、储罐区隔离。

（3）对车间、控制室、压缩机房等建筑选用不同的建筑材料达到防火防爆的要求。

（4）在生产区及储罐区设置安装自动报警系统。

8.3.3 危险作业的危害

8.3.3.1 噪声危害分析

噪声级均在85~120dB（A），长期接触会使听力下降，甚至耳聋。

8.3.3.2 高温、低温危害性分析

高温设备或低温设备加装隔热层和防护网。

8.3.3.3 机械伤害

设备外露转动部分安全防护装置不完善，以及人体触及运转件，可能发生辗绞、挤压等机械伤害，或者因操作失误或设备上缺少应有的防护装置造成人员机械伤害。

8.3.3.4 高处坠落

各类外界或自身因素导致作业人员从钢梯、平台、防护栏杆、脚手架等高处坠落的事故发生。

8.3.3.5 触电

电器设备、线路存在缺陷，使用或检修中绝缘层漏电，可能发生触电事故。

8.4　工业卫生

8.4.1　防尘防毒

加强密闭措施，避免人为直接操作，并应结合生产工艺采取通风措施。

8.4.2　防中暑

厂房的迎风面与夏季主导风向的夹角为 60~90℃。

8.4.3　防辐射

生产过程中某些设备可能会产生微波或高频电磁场，防止电磁辐射能的泄漏。

8.4.4　自然灾害预防

生产场地可能会存在地质、洪水、雷电、暴雨、地震等自然性危害。

8.4.5　建筑布局安全

充分考虑总体布置的安全性，严格执行有关标准、规范，并考虑各类工艺生产装置之间的防火间距，设备布置尽量露天化，以保持良好的通风环境。

9　总结

本工艺流程假设以甲醇为主要原料生产乙醇酸，并基本完成设计任务要求，产量、纯度均达标。首先将甲醇置于 300℃、5atm 左右被氧气氧化为甲醛，冷却至常温。由于压力较大，甲醛 99% 以上进入液相，因此加压进入乙醇酸工段时，避免了对气体做功，大幅度减少能耗。在乙醇酸合成工段，采用文献所述的甲醛羰基化法，加入一氧化碳合成乙醇酸。随后对乙醇酸减压精馏提浓，根据乙醇酸 – 水二元泡点组成图，可知设定塔底温度为 90℃，乙醇酸浓度仅为 85%。再根据乙醇酸 – 水溶解度表进行冷却结晶模拟，最终得到高纯度乙醇酸晶体。乙醇酸精制后，未反应的物料循环进入反应器。另外，本设计进行了换热网络优化，消除了热公用工程，达到了节能的理论极限值。本设计中包含多股循环物流，包括塔顶未反应原料经弛放循环至反应器、冷却结晶残液循环至减压精馏塔和 Rankine 循环。前两个工艺物料的循环，可大幅度提高原料利用率；后者通过输出机械功，粗略估算其年发电量可超过 200 万千瓦 · 时，可进一步节约能量，减少能耗。本设计用 Aspen 对全流程进行了模拟与优化，对反应器、精馏塔、换热器、泵、压缩机做了设备设计、选型与校核，绘制 P&ID 图、PFD 图、精馏塔和换热器工艺条件图、车间设备平立面布置图，对主要设备设计了自动控制方案，注重化工安全与环境保护，对整个设计的经济进行了分析与核算，产品纯度达到 99.99%，符合国家优等品的生产标准，设计方案绿色环保、经济可行，满足毕业设计要求。

10　参考文献

根据实际参考情况列出参考文献。

11　附工程图纸

根据实际情况附相应的工程图纸。

第十一章　大学生化工设计大赛

第一节　大学生化工设计竞赛简介

为贯彻实施教育部“高等学校本科教学质量与教学改革工程”，全面推动本科生素质教育，培养学生的创新思维和工程能力，激发化工类专业学生科技创业、实践成才的热情，鼓励化工学子成长为牢固掌握核心专业知识、熟悉交叉新兴学科知识、善于将科技成果转化为生产力及开拓广阔市场的复合型人才，近几年许多学校和省份直至全国都举办了大学生化工设计竞赛。

《教育部关于实施卓越工程师教育培养计划的若干意见》(以下简称《意见》)提出了“高等工程教育要面向工业界、面向世界、面向未来，培养造就一大批创新能力强、适应经济社会发展需要的高质量各类工程技术人才，为建设创新型国家、实现工业化和现代化奠定坚实的人力资源优势，增强我国的核心竞争力和综合国力”。《意见》是大学生化工设计竞赛的强大推动力，激发了广大学生和教师参加化工设计竞赛的积极性，参加全国大学生化工设计竞赛的院校和学生人数逐年增加，2023 年参赛院校已达百所以上。

为了适应全国性大学生化工设计竞赛的需要，本教材特增设了相关化工设计竞赛的内容与实例，以起到抛砖引玉的作用。

一、化工设计竞赛的目的意义

全国大学生化工设计竞赛由中国化工学会化学工程专业委员会主办，是目前国内规模最大、影响最广的大学生专业性顶级赛事，该赛事是对学生的化工知识综合运用能力、化工设计软件的应用能力和创新意识的全方位考查，其宗旨是通过大学生化工设计竞赛，激发学生科技创业、实践成才的热情，提高化工类学生的现代工程设计、工程实践和创新能力，培养学生的团队协作精神，丰富校园科研与学术氛围，促进专业之间、学校之间的交流与合作。

二、参赛对象和竞赛形式

全国大学生化工设计竞赛的参赛者为全日制在校本科生。以团队形式参赛，每队 5 人，设队长 1 人。每位学生只允许参加一支代表队，鼓励多学科学生组队参赛。

竞赛分为预赛和决赛 2 个阶段。预赛分华东、华南、华西、华北、华中、东北和西南 7 个赛区进行，首先进行预赛，参赛作品经赛区初赛评审委员会评分，并遴选出本赛区的优秀作品参加赛区决赛。赛区决赛时先由参赛队进行口头报告和现场答辩，由赛区决赛评审委员会与参赛学生代表共同评定成绩，各参赛团队的最终成绩由决赛和预赛成绩共同决定（其中预赛占 40%，决赛占 60%）获奖作品的等级，并从赛区决赛队中甄选出参加全国总决赛的参赛队。

全国总决赛时先进行分组决赛，各参赛队必须在规定时间内提交参赛作品，并在指定的时间和地点参加口头报告和现场答辩，由决赛评委和学生代表评分，并甄选出参加第二轮决赛的团队；第二轮决赛时，先由团队的 1 人或多人对参赛作品进行陈述和展示，然后接受决赛评委与参赛学生的提问，并即时答辩。评委和学生代表进行评议，由总决赛评审委员会与参赛学生代表共同评选获奖队伍和获奖等级。

三、竞赛设计任务书及重点辅导

（一）设计题目

参赛队以准赛通知中的账号和密码登录竞赛网获取设计题目。

（二）设计基础条件

1. 原料

原料类型及原料规格由参赛队根据资源调研结果自行确定。

2. 产品

产品结构及其技术规格由参赛队根据本队的市场规划自行拟订。

3. 生产规模

生产规模由参赛队根据本队的资源规划和市场规划及国家的有关政策自行确定。

4. 安全要求

在设计中坚决贯彻安全第一的指导思想，从提高装置的本质安全性出发，尽量采用新的安全技术和安全设计方法。

5. 节能、降耗与环保要求

尽量采取可行的物耗、能耗低、废物排放少的生产技术，从本质上减少能源和资源消耗对环境的不利影响，并对可能造成环境污染的副产物提出合理的处理方案。

6. 公用工程

与总厂公用工程系统集成。

（三）工作内容及要求

1. 项目可行性论证

（1）建设意义。

（2）建设规模。

（3）生产技术。

（4）用文字说明副产物的综合利用方案。

（5）与企业的系统集成方案。

（6）厂址选择。

（7）社会及经济效益分析。

2. 工艺流程设计

（1）工艺方案选择及论证。

（2）能量集成与节能技术。

（3）工艺流程计算机仿真设计。

（4）绘制物料流程图和带控制点工艺流程图。

（5）编制物料平衡及热量平衡计算书。

3. 设备选型及典型设备设计

（1）典型非标准设备——精馏塔／吸收塔的工艺设计，编制计算说明书。

（2）典型标准设备——换热器的选型设计，编制计算说明书。

（3）其他重要设备的设计及选型说明。

（4）编制设备一览表。

4. 车间设备布置设计

选择主要工艺车间进行车间布置设计。

（1）车间布置设计。

（2）车间主要工艺管道配管设计。

（3）绘制车间设备平面布置图。

（4）绘制车间设备立面布置图。

（5）运用三维工厂设计工具软件进行车间布置和主要工艺管道的配管设计。

5. 工厂总体布置设计

（1）对主要工艺车间、辅助车间、原料及产品储存区、中心控制室、分析化验室、行政管理及生活等辅助用房、设备检修区、“三废”处理区、安全生产设施、厂区内部道路等进行合理的布置，并对方案进行必要的说明。

（2）工厂布置设计。

（3）绘制工厂总平面布置图。

6. 经济分析与评价

根据调研获得的经济数据（可以参考以下价格数据）对设计方案进行经济分析与评价。

（1）304 不锈钢设备：48000 元 / 吨。

（2）中低压（≤ 4MPa）碳钢设备：18000 元 / 吨。

（3）高压碳钢设备价格：22000 元 / 吨。

（4）其他特殊不锈钢按市场调研数据定价。

（5）低压蒸气（1.8MPa）：255 元 / 吨。

（6）中压蒸气（3.8MPa）：265 元 / 吨。

（7）高压蒸气（9.8MPa）：285 元 / 吨。

（8）电：0.70 元 / 千瓦时。

（9）工艺软水：10 元 / 吨。

（10）冷却水：0.5 元 / 吨。

（11）污水处理费：5 元 / 吨（COD<500）。

（12）人工平均成本：12000 元 / 月 · 人（包括五险一金）。

（13）技术来源：知识产权费用鼓励采用专业软件进行过程成本的估算和经济分析评价。

7. 参赛作品应提交的材料

1）必须提交的基本材料

（1）项目可行性研究报告（篇幅控制在 60 页以内，字数控制在 4 万字以内）。

（2）初步设计说明书（篇幅控制在 200 页以内，字数控制在 15 万字以内）。

（3）典型设备（标准设备和非标准设备）工艺设计计算说明书（字数控制在 5 万字以内，若采用相关专业软件进行设备计算和分析，则必须同时提供计算结果和计算模型的源程序）。

（4）设计图集（包括 PFD 图和 PID 图、车间设备平面布置图和立面布置图、装置平面布置总图、主要设备工艺条件图）。

（5）工艺流程的模拟及流程优化计算结果和模拟源程序。

2）计入作品评分的材料

（1）若进行危险性和可操作性（HAZOP）分析，则提供相关的文档（若采用专业软件实施，则必须同时提供能在该软件平台上打开的设计源文件）。

（2）若进行能量集成与节能技术运用，则提供相关的结果（若采用专业软件计算，则必须同时提供能在该软件平台上打开的设计源文件）。

（3）若采用专业软件进行过程成本的估算和经济分析评价，则必须同时提供能在该软件平台上打开的设计源文件。

（4）若采用专业软件进行容器类设备的结构设计，则必须同时提供能在该软件平台上打开的设计源文件。

（5）能在所采用的三维工厂设计工具软件平台上打开的设计源文件。

四、竞赛进程

（一）报名组队

全国大学生化工设计竞赛报名应登录全国大学生化工设计竞赛网站，在线填写报名表。获准参赛的团队名单将陆续在竞赛网站上公布，并通过 E-mail 通知参赛团队。

（二）发放竞赛题目及参赛指导书

竞赛题目公布在大学生化工设计竞赛网站上，获准参赛的团队可以通过准赛通知中的账号和密码登录竞赛网站，下载竞赛题目和参赛指导书。

（三）实施设计

团队应在规定的时间内完成全部设计工作。

（四）提交作品

在规定的时间内，各团队应将仿真设计模型的计算机文件（注明所用软件的版本号）、设计说明书、表格、图纸等设计文档汇总编目（如有必要，请提供阅读相关文件的软件）上传到竞赛网站的作品提交目录中。

各进入决赛的参赛队应根据赛区组委会在大学生化工设计竞赛网站上公布的初赛结果和反馈的评阅意见，对竞赛作品进行修改，并于规定时间内完成修改并提交最终决赛文本。

（五）预赛评审

赛区初赛评审委员会将对参赛作品进行评阅，根据各队提交的电子文档质量评选出全国三等奖获奖队，同时遴选出赛区决赛团队，竞赛网站通知栏目发布通知，公布各赛区决赛团队名单，并通过 E-mail 通知相关参赛队。

（六）赛区决赛

赛区决赛时间由各赛区竞赛组织委员会确定后另行通知。赛区决赛采用答辩会的形式，各参赛队依次报告本队的作品，接受赛区决赛评审委员会的质询，即时答辩。赛区决赛评审委员会与参赛学生代表根据参赛队的口头报告质量和答辩表现进行评议，评定各参赛队的获奖级别，并甄选出参加全国总决赛的参赛队。各赛区参加全国总决赛的名额，将由竞赛委员会根据各赛区参赛学校和提交作品的参赛队数量分配，并在竞赛网站的通知栏目中公布。

（七）全国总决赛

参加全国总决赛的通知和参赛队名单在通知栏目中公布，并通过 Email 通知相关参赛队。全国总决赛时各参赛队应提交电子文档和书面设计文档，并参加总决赛答辩会。书面设计文档在总决赛报到注册时提交，内容应与提交的电子文档一致。2011 年总决赛不再提交任何纸质打印文档，改为提交电子文档，包括仿真设计模型的计算机文件、设计说明书、表格、图纸等设计文档等。决赛报告的 PowerPoint 电子文档，要求所有图表中的文字同时用中英文表达。

各队在总决赛答辩会上的出场顺序通过抽签决定，各参赛队依次报告本队的作品，接受总决赛评审委员会的质询，即时答辩。

总决赛评审委员会与参赛学生代表根据各队提交的电子文档质量、书面文档质量、口头报告和答辩表现进行评议，随后公布评奖结果并举行颁奖仪式。获奖名单将在大学生化工设计竞赛网站上公布。

五、化工设计竞赛作品自评

根据历年化工设计竞赛的情况，各参赛队伍完成设计任务以后，可以根据下面的评分细则对自己的作品进行初步判断，并在薄弱的环节进行改进。

（一）技术创新性（10 分）

（1）绿色发展 2025 指标（3 分）。
（2）反应技术及分离技术创新（3 分）。
（3）过程节能技术创新（2 分）。
（4）新型过程设备应用技术创新（2 分）。

（二）现代设计方法及工具应用（30分）

（1）过程仿真设计模型（6分）。

（2）反应器设计模式（3分）。

（3）分离过程设计（3分）。

（4）过程热集成（3分）。

（5）计算机辅助设备设计（9分）。

（6）计算机辅助工厂设计（6分）。

（三）“工程图纸”质量（30分）

（1）格式规范性（6分）。

（2）PFD（8分）。

（3）PRID（8分）。

（4）设备布置（8分）。

（四）设计文档的编制质量（30分）

（1）可行性报告（9分）。

（2）初步设计说明书（15分）。

（3）设备设计文档（6分）。

第二节　大学生化工设计竞赛实例

其团队竞赛作品主要包括设计文档、设计图册、设计源文件、项目摘要、设计电子图册、三维厂区漫游和项目小结视频等文件夹。其中设计文档主要包括可行性研究报告、初步设计说明书和附录；设计图册有工艺PFD流程图、带控制点工艺流程图（PID）、设备设计图、厂区平面布置图、车间布置图、厂区三维图、车间三维图、管道轴测图等；设计源文件有ASPEN模拟源文件、CAD源文件、反应再生车间三维——SP3D源文件、分离车间三维布置——PDMAX源文件、封面设计源文件、三维厂区源文件和经济核算源数据等；项目摘要包括项目小结的中英文摘要，设计电子图册主要展示工艺流程图、带控制点工艺流程图、厂区布置平面图、厂区布置3D图、车间布置图、车间SP3D及PDMAX图和车间管道轴测图；厂区三维漫游和项目小结视频等都是MP4视频文件。

一、竞赛作品内容介绍

（一）现代设计方法

（1）流程结构。
（2）工艺参数。
（3）换热网络设计。
（4）设备条件、选型。
（5）非标准设备设计。

（二）工程图纸

（1）工艺图纸（PFD、P&ID）。
（2）设备图纸（设备装配图）。
（3）布置图（平、立面布置）。
（4）总图。

（三）设计文档

（1）可行性研究报告（经济）。
（2）初步设计说明书。
（3）创新性说明。
（4）设备设计说明书。

（四）其他材料

（1）答辩材料。
（2）三维模型。

二、年产 13 万吨 ADN 项目设计概述

下面以 2023 年全国化工设计竞赛特等奖获得代表队 C 团队的作品为例，说明化工设计竞赛作品要求。

尼龙 66 主要用于服装、包装、轮胎、工业输送带、汽车、电子电器等领域，其中汽车和电子电器是主要的消费领域。近年来，我国新能源汽车发展迅速，产量在 2013 年至 2017 年间，从 1.75 万辆增加到 79.40 万辆。对于新能源汽车，轻量化是非常重要的发展方向，通过以塑代钢可以减轻汽车自重以获得更大的续航里程，尼龙 66 是该方

案中的重要材料，这将直接带动上游原材料己二腈的需求量。据统计，自2010年以来，我国每年对己二腈的需求量均在10万吨以上，并且总体呈增长趋势。目前国内尼龙66市场需求量约占世界市场总量的1/4，但核心原料己二腈长期依赖进口，并且国内进口己二腈的80%左右来自美国，是中美贸易中少数完全依赖于进口的化工产品之一，这种高度的依赖关系极其容易受到国际形势及突发事件的影响，对我国尼龙66产业链发展安全造成了严重威胁，2018年受国外己二腈、己二胺装置一系列突发停车事件的影响，我国己二胺市场价格一度超过8万元/吨，对尼龙66产业链影响巨大。虽然近期国内建成了己二腈生产装置，但产能远不能满足市场需求。突破国外技术封锁，提升国内己二腈产能已是迫在眉睫。本厂最终选址于山东省淄博市齐鲁化学工业区，项目建设地为齐翔腾达工业园南方规划空地，占地面积约9万平方米。

（一）工艺介绍

1. 设计工艺简述

通过对不同方案投资成本、原料成本、能耗、己二腈收率、环保、流程繁简等方面的比较，按各项目影响性高低对不同工艺方案进行遴选，本小组认为丁二烯直接氢氰化法己二腈收率高，生产流程简单，生产规模大，产品质量高。本项目依托母厂的氢氰酸装置和齐翔腾达的丁二烯抽提装置，原料来源充足，并且能够与原有设备相兼容，延伸工艺路线，提高产品的附加值，同时能够根据市场变化灵活调配产品的产出比例，从而提高本项目的生存能力。考虑到生产过程的环保性、节能和经济效益，本项目最终选择丁二烯直接氢氰化法。

本项目以现有的工艺技术为基础进行技术升级，以达到绿色发展目标，并进一步开发成工艺并加以推广，降低生产成本，实现节能减排，增强市场竞争力，打开下游市场，促进产业整体升级。

2. 工艺创新

1）环保创新

该法具有原料成本低、无污染、产品质量及收率高、工艺路线短、相对投资较低等优点，但反应原料需要使用剧毒且易挥发的HCN，对生产设备、操作及管理具有极高的要求，该工艺采用的含磷配体与零价金属镍组成的配合物催化剂易水解易氧化，因此对生产原料需要严格控制，避免有水分且操作过程需要全密闭，不过该法仍是目前最先进的己二腈生产技术，适合大规模工业化生产。

2）产品分离工艺高效节能

运用双效精馏，塔釜出料（272℃）与塔顶出料（305℃）进行换热后未达到回流的流股要求温度，因此再经过加热器进行加热后回至塔釜，而塔顶出料经过换热后达到回流温度要求，于是回流至塔顶。双效精馏前后两塔节约能耗约56%。可以看出该方案具有较好的节能效果。

3）采用复合废水处理技术

项目产生的工艺废水主要分为含氰废水、腈类有机废液及废催化剂。其中，废催化剂来自一级氢氰化工段、异构化工段及二级氢氰化工段，可收集后送至原厂处理。含氰废水和腈类有机废液处理难度较高，送至总厂污水处理厂进行处理，总厂污水处理厂采用专利《一种丁二烯直接氢氰化制己二腈中产生的工业污水的处理系统及其处理方法》中工艺：预处理＋生化处理＋深度处理组合工艺。

（二）工艺流程说明

我们以氢氰酸、丁二烯为原料，经过一级氢氰化、异构化、二级氢氰化、产物精制工段，最终制得纯度为99.99（wt%）的产物己二腈、纯度为98.0（wt%）的副产物二甲基戊二腈、纯度为98.0（wt%）的副产物乙基丁二腈。某公司年产13万吨己二腈总工艺流程如图11-1所示，一级氢氰化工段流程图如图11-2所示。

1. 一级氢氰化工段

原料丁二烯、氢氰酸及催化剂、溶剂经加压、升温后混合，进入一级氢氰化反

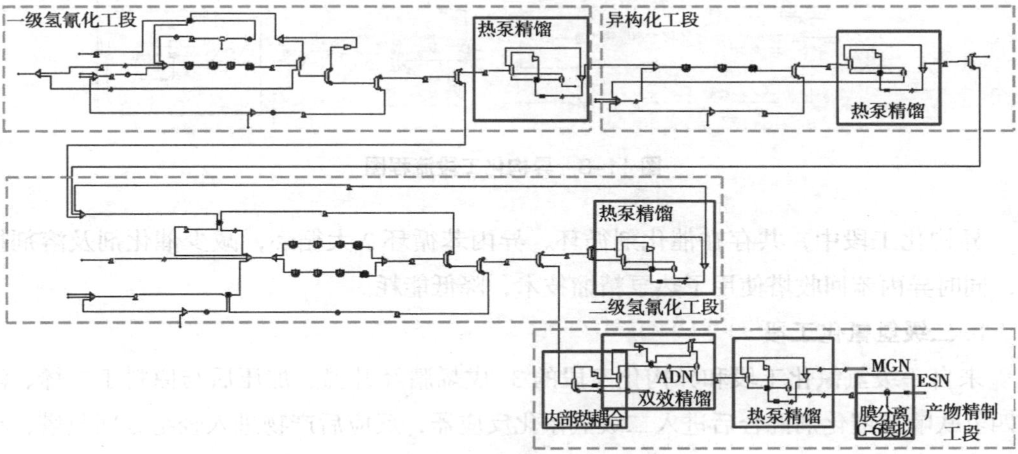

图11-1　某公司年产13万吨己二腈总工艺流程

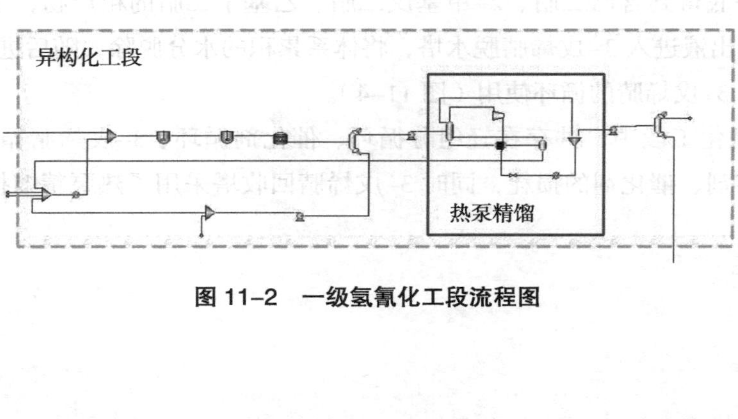

图11-2　一级氢氰化工段流程图

应器进行反应，生成3-戊烯腈及2-甲基-3-丁烯腈，反应后产物进入丁二烯汽提塔，回收未反应的氢氰酸，然后进入轻组分回收塔进一步回收溶剂甲苯、丁二烯和氢氰酸，随后来到催化剂回收塔，实现催化剂的循环利用，剩余物料进入3-戊烯腈，在塔底得到提纯后的3-戊烯腈，送至二级氢氰化工段继续反应，塔顶馏出液进入2-甲基-3-丁烯腈精制塔，对物料中的2-甲基-3-丁烯腈提纯后送至异构化工段进行反应。

在一级氢氰化工段中，共存在氢氰酸循环、轻组分循环、催化剂循环3大循环，减少催化剂及原料损失，同时在2-甲基-3-丁烯腈精制塔使用了热泵精馏技术，大幅降低能耗。

2. 异构化工段

催化剂、溶剂混合加压后与来自一级氢氰化工段的2-甲基-3-丁烯腈混合，进入异构化反应器，反应产物首先进入催化剂回收塔，在塔底回收催化剂，塔顶馏出液经加压后进入异丙苯回收塔，对溶剂异丙苯进行回收，剩余物料进入3-戊烯腈分离塔，对产物中的3-戊烯腈进行提纯，送至二级氢氰化工段继续反应（图11-3）。

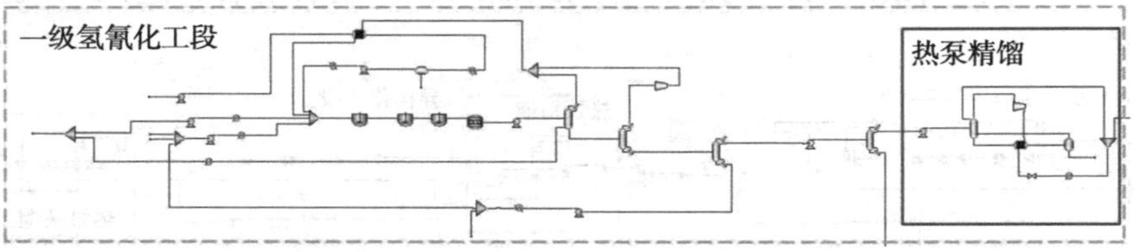

图11-3　异构化工段流程图

异构化工段中，共存在催化剂循环、异丙苯循环2大循环，减少催化剂及溶剂损失，同时异丙苯回收塔使用了热泵精馏技术，降低能耗。

3. 二级氢氰化工段

来自一级氢氰化工段和异构化工段的3-戊烯腈经升温、加压后与原料丁二烯、溶剂四氢呋喃及催化剂混合后进入二级氢氰化反应器，反应后产物进入轻组分回收塔，在塔顶回收氢氰酸等轻组分，随后进入催化剂回收塔，在塔底回收催化剂，接着进入产物粗分塔，在塔底得到含己二腈、2-甲基戊二腈、乙基丁二腈的粗产物，送至产物精制工段，塔顶馏出液进入3-戊烯腈脱水塔，将体系累积的水分脱除，随后进入3-戊烯腈回收塔，实现3-戊烯腈的循环使用（图11-4）。

二级氢氰化工段中，共存在轻组分循环、催化剂循环、3-戊烯腈循环3大循环，减少原料、溶剂、催化剂的损耗，同时3-戊烯腈回收塔采用了热泵精馏技术，实现节能降耗。

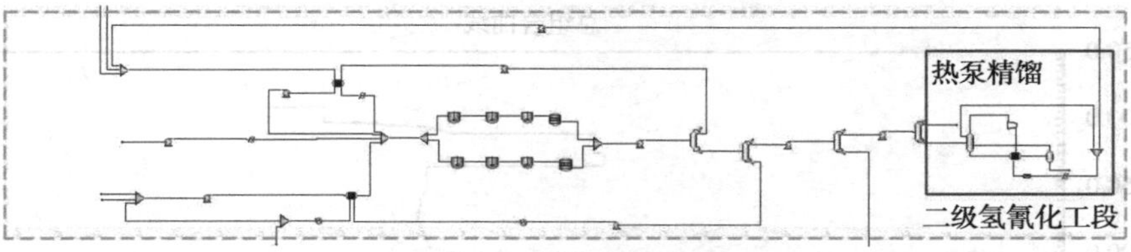

图 11-4　二级氢氰化工段流程图

4. 产品精制工段

来自二级氢氰化工段的粗产物首先进入己二腈精制塔，在塔底得到高纯度的己二腈（99.5%wt），其余部分主要为 2- 甲基戊二腈和乙基丁二腈的混合物，进入脱轻组分塔，脱除 3- 戊烯腈等杂质，随后进入副产物精制塔，塔顶得到 2- 甲基戊二腈产品，塔底产物经膜分离后，得到乙基丁二腈产品（图 11-5）。

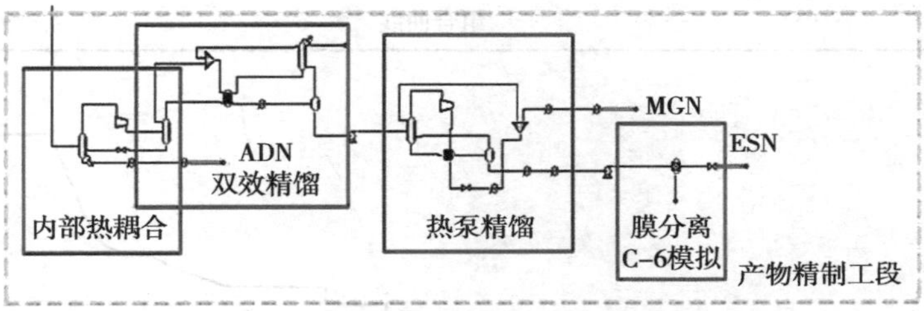

图 11-5　产物精制工段流程图

产物精制工段中采用内部热耦合技术、双效精馏技术、热泵精馏技术，3 大节能技术的运用大幅降低了能耗，同时在乙基丁二腈分离过程中，采用了膜分离技术，实现高效分离。

（三）热集成

1. 组合曲线

利用 Aspen Energy Analyzer V7.0 进行系统能量消耗分析，得出的总组合曲线、组合曲线和平衡组合曲线如图 11-6 至图 11-8 所示。

2. 总费用最少换热网络

利用 Aspen Energy Analyzer V7.0，采用内嵌的美国化工界公用工程消耗费用经验公式及换热器购置费用与换热面积的经验公式（其中换热器为 10% 的回报率，设备寿命为 5 年），得到换热网络进行理论上的平均年换热成本最优化设计的网络（图 11-9）。

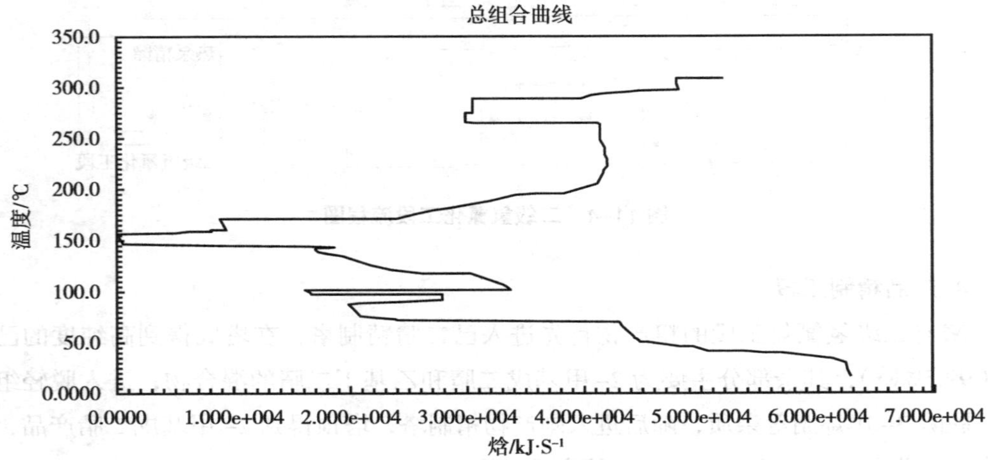

图 11-6　总组合曲线

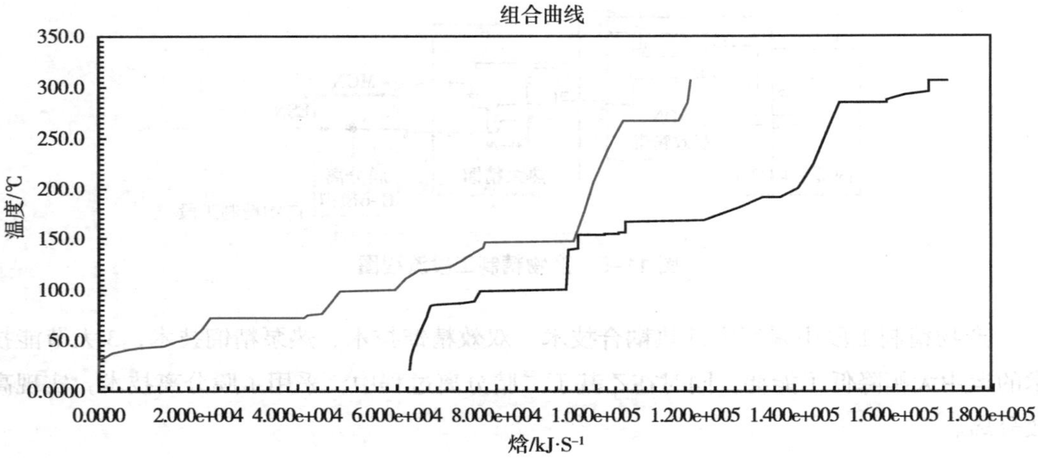

图 11-7　组合曲线

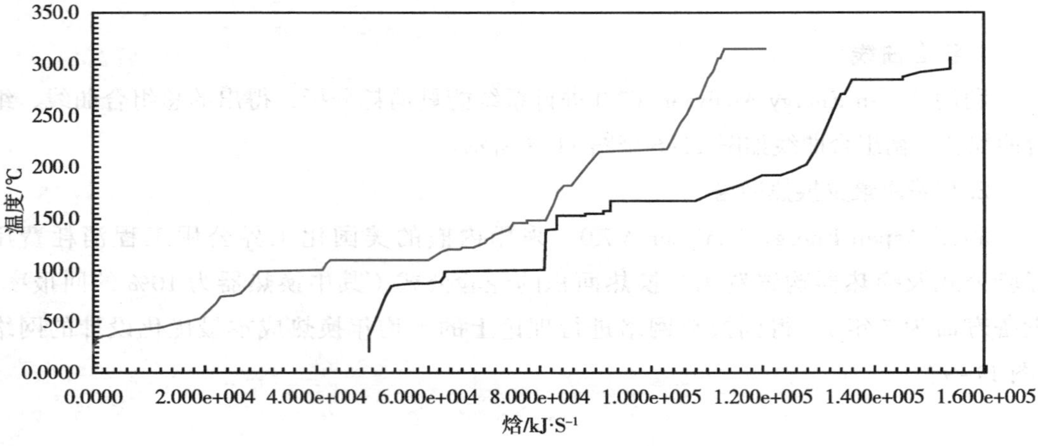

图 11-8　平衡组合曲线

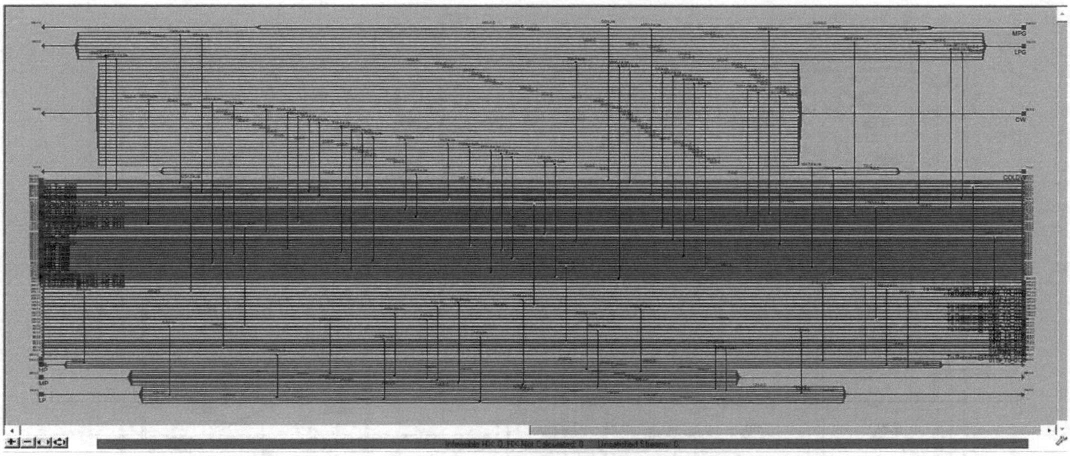

图 11-9　总费用最少换热网络

（四）主要设备设计

根据本项目的工艺特点，设计了主、副反应的流化床反应器和催化剂再生器，分离过程的精馏塔、吸收塔，对换热器、泵和压缩机进行选型，计算了各主要设备工艺参数。

（五）工厂及车间布置设计

根据本项目的具体情况，经过国内不同化工园区的筛选，最终确定总厂为山东省淄博市齐鲁化学工业区，位于齐翔腾达工业园南方规划空地，占地面积约 9 万平方米。地理位置优越，淄博市地处环渤海经济区和沿黄经济协作带的交会地区，既是山东半岛沿海经济开放区的重点城市，也是中国经济发展速度较快的城市之一。交通网络发达，淄博市是山东省铁路、公路交会点和重要的交通枢纽城市。东临青州市，北与广饶县、博兴县接壤，西与张店区、桓台县相邻，南与淄川区、青州市连接，地理适中，交通发达，是沟通中原地区和山东半岛的咽喉要道。基础设施完善，区内基础设施建设实现“九通一平”，即通上水、通下水、通雨水、通蒸汽、通工业气体、通天然气、通电、通路、通信及土地平整。政策支持，按照国家规定可以给予企业各项优惠政策，并结合投资企业的产业关联性和先进技术特性给予特殊的优惠。根据相应的国家标准，考虑安全、运输等因素的基础上，采用 AutoCAD 进行了厂区及车间平面绘制，再用 3dsMax 和 Pd-max 等分别对厂区和车间进行三维制作，厂区平面布置图如图 11-10 所示，全厂三维效果图如图 11-11 所示，车间三维效果图如图 11-12 所示。

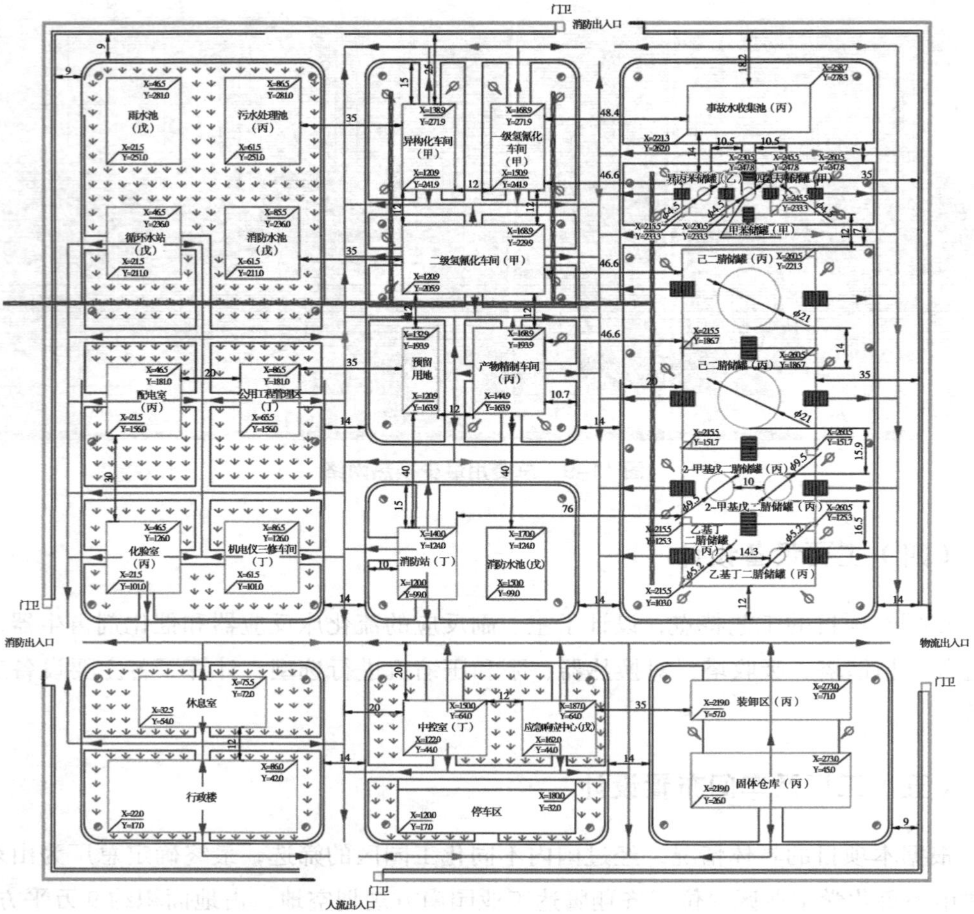

图 11-10　厂区平面布置图

图 11-11　全厂三维效果图

（a）产品车间

（b）离预处理车间

图 11-12　车间三维效果图

（六）总结

主要完成了 Aspen Plus 流程设计与模拟、物料衡算、热量衡算、换热网络、设备选型、工艺流程图、带控制点工艺流程图、车间布置图（平面图和三维图）、总厂布置图（平面图和三维图）、职业安全及环保、营销、投资及经济分析。另外，还完成了储运、供电、公用工程、消防、给排水、电信等内容。

附录 化工设备图

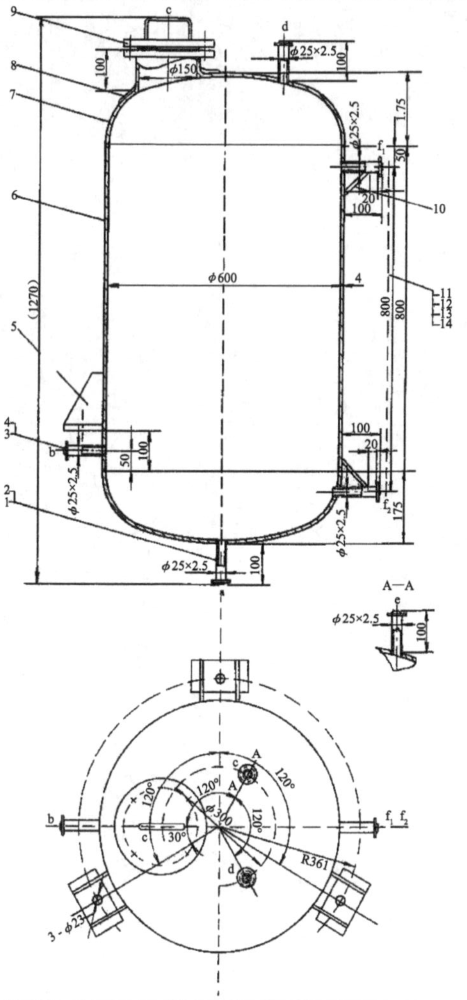

技术要求

1. 本设备按《常压容器 第1部分：钢制焊接常压容器》（NB/T 47003.1—2022）。
2. 焊接采用电焊，焊条为不锈钢之间及不锈钢与碳钢之间为A132，碳钢之间为J422。
3. 设备制造完毕后，装水试漏。
4. 管口方位如图所示。

技术特性表

名称	指标
设计压力/MPa	常压
设计温度/℃	常温
物料名称	甲醛
全容积/m^3	0.28
焊缝系数（ϕ）	0.6

管口表

符号	公称尺寸	连接尺寸标准	连接面形式	用途或名称
a	20	HG/T 20592—2009*DN* 20 *PN* 10	平面	物料出口
b	15	HG/T 20592—2009*DN* 15 *PN* 10	平面	取样口
c	150			手孔
d	20	HG/T 20592—2009*DN* 20 *PN* 10	平面	物料入口
e	20	HG/T 20592—2009*DN* 20 *PN* 10	平面	放空
f_1、f_2	20	HG/T 20592—2009*DN* 20 *PN* 16	平面	液面计口

件号	图号或标准号	名称	数量	材料	单 质量/kg	总 质量/kg
14	GB/T 97.1—2002	垫片 φ58×2.5×2	2	石棉橡胶		
13	GB/T 5782—2016	螺栓 M12	8	Q235		0.255
12	GB/T 6710—2015	螺母 M12	8	Q235		0.09
11	HG 21592—1995	液面计DA Ⅱ PN16 *L*=800	1	组合件		7.9
10	NB/T 47042—2014	支承 4×20L=150	2	Q235	0.01	
9	JB/T 4736—2002	常压手孔 *DN* 150	1	组合件		5.8
8	JB/T 4736—2002	补强圈 *DN* 150 δ=4	1			1.56
7	GB/T 150.3—2024	封头 *DN* 600×4	2	1Cr18Ni9Ti	13.8	27.6
6		筒体 *DN* 600×4 *H*=800	1	1Cr18Ni9Ti		48
5	NB/T 47042—2014	支座	3	Q235	0.9	2.7
4	HG/T 20592—2009	法兰 *DN* 15 *PN* 10	1	1Cr18Ni9Ti		0.334
3		接管 φ18×3 *L*=100	1	1Cr18Ni9Ti		0.024
2	HG/T 20592—2009	法兰 *DN* 20 *PN* 10	5	1Cr18Ni9Ti	0.42	2.10
1		接管 φ25×2.5 *L*=100	5	1Cr18Ni9Ti	0.10	0.50

（设计单位名称）				工程名称	
职责	签字	日期	计量罐	设计项目	
设计				设计阶段	
校对				S/JL 053-1	
审核					
审定		比例	1∶6	第1张	共1张

图 1 计量罐—化工设备图

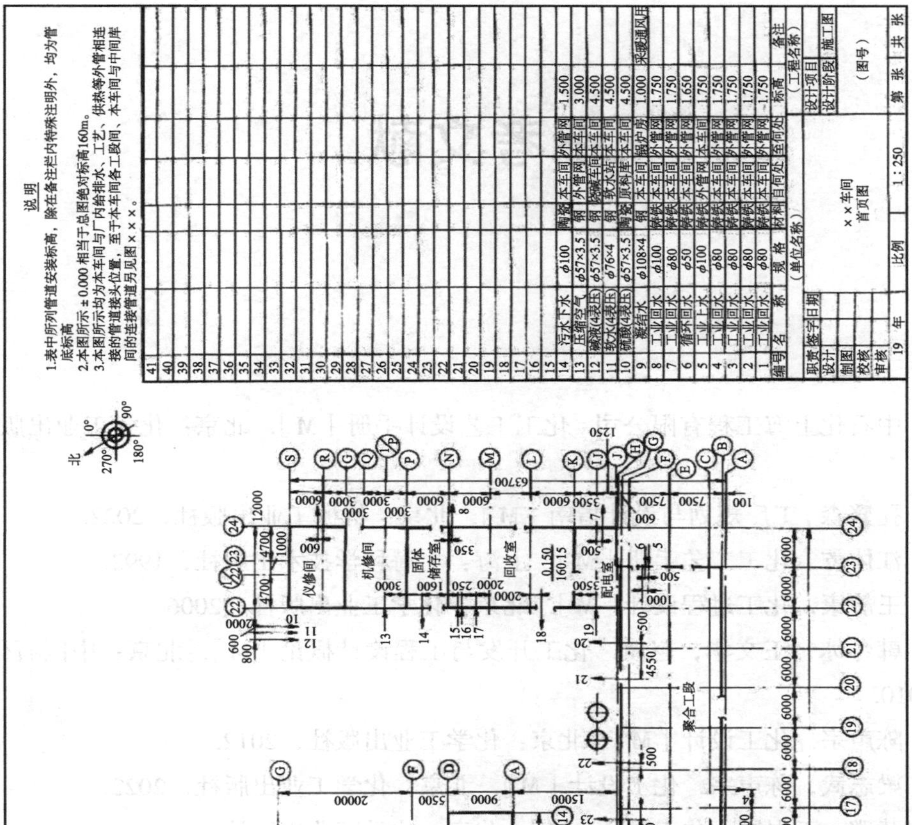
说明
1.表中所列管道安装标高，除在备注栏内特殊注明外，均为管底标高
2.本图所示±0.000相当于总图绝对标高160m。
3.本图所示均为本车间与厂内给排水、工艺、供热等外管相连接的管道接头位置，至于本车间各工段间、本车间与中间库间的连接管道另见图×××。
建筑指标表
指标名称 生产部门 生产及辅助部门 总计
占地面积/m² 3091 383 3474
建筑面积/m² 9234 1149 16383
体积/m³ 54141 3638 57779
中间罐区
泵房
聚合工段
蒸馏工段
合成工段
控制室
休息室
配电室
回收室
固体储存室
机修间
仪修间
××车间
首页图
比例 1:250

图2　车间首页图

参考文献

[1] 中石化上海工程有限公司 . 化工工艺设计手册 [M]. 北京：化学工业出版社，2018.

[2] 孔繁森 . 工厂规划与设计指南 [M]. 北京：机械工业出版社，2022.

[3] 江体乾. 化工工艺手册 [M]. 上海：上海科学技术出版社，1992.

[4] 王静康. 化工过程设计 [M]. 北京：化学工业出版社，2006.

[5] 韩冬冰，王文华，赵旗. 化工开发与工程设计概论 [M]. 北京：中国石化出版社，2010.

[6] 陈声宗. 化工设计 [M]. 北京：化学工业出版社，2012.

[7] 梁志武，陈声宗. 化工设计 [M]. 北京：化学工业出版社，2022.

[8] 黄璐，王保国. 化工设计 [M]. 北京：化学工业出版社，2008.

[9] 陈砺，王红林，严宗诚. 化工设计 [M]. 广州：化学工业出版社，2017.

[10] 杜军. 化工计算 [M]. 北京：科学出版社，2019.

[11] 李文原，刘兵. 化工计算 [M]. 北京：化学工业出版社，2011.

[12] 杨庆春. 化工过程模拟 [M]. 安徽：合肥工业大学出版社，2022.

[13] 彭秉璞. 化工系统分析与模拟 [M]. 北京：化学工业出版社，2001

[14] 倪进方. 化工过程设计 [M]. 北京：化学工业出版社，1999.

[15] 邱彤. 化工过程模拟 [M]. 北京：化学工业出版社，2020.

[16] T. 迈克尔 . 邓肯，杰弗里 .A. 雷默 . 化工过程分析与设计：导论 [M]. 陈晓春，李春喜，译 . 北京：化学工业出版社，2004.

[17] 李文兵，梁玉河. 化工工程设计 [M]. 北京：化学工业出版社，2016.

[18] 陈昀. 聚合物合成工艺设计 [M]. 北京：化学工业出版社，2004.

[19] 包宗宏，武文良. 化工计算与软件应用 [M]. 北京：化学工业出版社，2018.

［20］方利国，陈砺．计算机在化学化工中的应用［M］．北京：化学工业出版社，2010.

［21］袁渭康，王静康，费维扬，等．化学工程手册（第三版）［M］．北京：化学工业出版社，2019.

［22］吴志泉，涂晋林，徐泛．化工工艺计算［M］．上海：华东化工学院出版社，1995.

［23］吴指南．基本有机化工工艺学［M］．北京：化学工业出版社，2012.

［24］董大勤，高炳军，董俊华．化工设备机械基础［M］．北京：化学工业出版社，2012.

［25］潘国昌，郭庆丰．化工设备设计［M］．北京：清华大学出版社，1996.

［26］王学生．化工设备设计［M］．上海：华东理工大学出版社，2011.

［27］温瑞媛，严世强，江洪，等．化学工程基础［M］．北京：北京大学出版社，2002.

［28］李绍芬，辛峰．反应工程［M］．北京：化学工业出版社，2025.

［29］陈甘棠，陈建峰，陈纪忠．化学反应工程［M］．北京：化学工业出版社，2021.

［30］朱炳辰．化学反应工程［M］．北京：化学工业出版社，2012.

［31］朱有庭，曲文海，于浦义．化工设备设计手册（上下卷）［M］．北京：化学工业出版社，2005.

［32］Seider W D，Seader J D，Lewin D R. Process Design Principles，Synthesis，Analysis and Evaluation［M］. New York：John Wiley & Sons，1999.

［33］林大钧，于传浩，杨静．化工制图［M］．北京：高等教育出版社，2021.

［34］李平，钱可强，蒋丹．化工工程制图［M］．北京：清华大学出版社，2011.

［35］左识之，徐全保，廖道华．精细化工反应器及车间工艺设计［M］．上海：华东理工大学出版社，1996.

［36］张洪流，张茂润．化工单元操作设备设计［M］．上海：华东理工大学出版社，2011.

［37］苏健民．化工技术经济［M］．北京：化学工业出版社，2014.

［38］谭天恩，窦梅．化工原理［M］．北京：化学工业出版社，2013.

［39］周忠元，陈桂琴．化工安全技术与管理［M］．北京：化学工业出版社，2002.

［40］易争明，李正科，吴志民．化工过程模拟 AspenPlus 教程［M］．北京：化学工业出版社，2023.

[41] 张晨. 化工流程模拟AspenPlus实例教程 [M]. 北京：化学工业出版社，2023.

[42] 孙兰义. 化工流程模拟实训：AspenPlus教程 [M]. 北京：化学工业出版社，2014.

[43] 罗明检. 化工过程模拟AspenPlus教程 [M]. 北京：化学工业出版社，2024.